Beiträge zur Physik und Chemie
des 20. Jahrhunderts

# *Beiträge zur Physik und Chemie des 20. Jahrhunderts*

Lise Meitner Otto Hahn Max von Laue

zum 80. Geburtstag

Herausgegeben von

O. R. Frisch, F. A. Paneth †, F. Laves

P. Rosbaud

Springer Fachmedien Wiesbaden GmbH 1959

ISBN 978-3-663-19866-6 ISBN 978-3-663-20204-2 (eBook)
DOI 10.1007/978-3-663-20204-2
Softcover reprint of the hardcover 1st edition 1959
Das Buch erscheint gleichzeitig in Gemeinschaft
mit Interscience Publishers, Inc., New York, unter dem Titel
„Trends in Atomic Physics“

Die Porträtaufnahmen fertigte
Lotte Meitner-Graf A. R. P. S., W. I. London

*Dreifach ist der Schritt der Zeit:*
*Zögernd kommt die Zukunft hergezogen,*
*Pfeilschnell ist das Jetzt entflogen,*
*Ewig still steht die Vergangenheit*
Sprüche des Konfuzius

SCHILLER

# Vorwort

Drei große deutsche Wissenschaftler vollenden im Verlaufe von wenigen Monaten das achtzigste Lebensjahr, und zwar LISE MEITNER (gebürtige Österreicherin) am 7. November 1958, OTTO HAHN am 8. März 1959 und MAX VON LAUE am 9. Oktober 1959. Zur Feier dieses dreifachen Festes haben sich Kollegen aus aller Welt zusammengetan um mit ihren Beiträgen zu diesem Band die Jubilare gebührend zu ehren.

Als die „Drei" kurz nach der Jahrhundertwende ihre ersten wissenschaftlichen Arbeiten schrieben, sah die Welt der Physik und Chemie wesentlich anders aus als heute. Die Entdeckung der Röntgenstrahlen (1895) hatte ungeheures Aufsehen erregt und rasch zu wichtigen medizinischen Anwendungen geführt; und kurz darauf folgte die Entdeckung der Radioaktivität in Frankreich und die in Canada und England gewonnene Erkenntnis, daß es sich hier um die Umwandlung von chemischen Elementen handelt. Damit eröffneten sich dem Chemiker wie dem Physiker ganz neue, ungeahnte Probleme und Möglichkeiten.

Aber die Werkzeuge, materiell wie gedanklich, mit denen er diesen neuen Problemen gegenüberstand, waren primitiv. Zur Messung der radioaktiven Strahlen diente hauptsächlich das Blättchenelektroskop, nach heutigen Begriffen unempfindlich, ungenau und unbequem. Zum Nachweis einzelner Alphastrahlen mußte man im Dunkeln mikroskopische Lichtblitze zählen. Röntgenröhren gaben ein schwaches, flackerndes Strahlenbündel. Begrifflich herrschte große Verwirrung: Die Quantentheorie war neu und unerprobt, die Struktur des Atoms unbekannt, die Natur der Röntgenstrahlen bloß vermutet. Am wenigsten hat sich vielleicht die Methodik der Chemie geändert; aber die Erkenntnis, daß ein Element eine Mischung von mehreren verschiedenen Atomarten — Isotopen — sein kann, war für das chemische Denken eine schwer errungene Revolution, aber dann auch ein sehr wichtiges Hilfsmittel der chemischen Forschung.

Daß wir heute ein volles Instrumentarium und weitgehende begriffliche Klarheit besitzen, dazu haben unsere drei Jubilare wesentlich beigetragen. Der Zusammenarbeit von HAHN und MEITNER verdanken wir die Entdeckung und das genaue Studium einer Reihe von radioaktiven Elementen. Gemeinsam mit OTTO VON BAEYER begannen sie frühzeitig das Studium der Betastrahlen durch ihre Ablenkung im Magnetfeld, ein Gebiet, auf dem wir in den allerletzten Jahren Überraschungen größter Tragweite erfahren haben. Ihre gemeinsame Rolle in der Entdeckung der Uranspaltung, welche HAHN und STRASSMANN gelang, kurz nachdem LISE MEITNER Hitler-Deutschland verlassen hatte, ist allgemein bekannt.

Durch die Idee MAX VON LAUES und deren experimentelle Verwirklichung durch FRIEDRICH und KNIPPING, gelang 1912 der Nachweis, daß die Röntgenstrahlen Wellennatur besitzen und daß die Kristalle in der Tat derart periodisch aufgebaut sind, wie es vorher auf Grund von Hypothesen nur vermutet werden konnte. Es ergab sich ein Weg, die jeder Substanz eigene spezielle Atomanordnung zu ermitteln und die Beziehungen zwischen chemischer Zusammensetzung, Kristallstruktur und physikalischen Eigenschaften der Materie aufzuklären. Und auch die für die Physik so bedeutungsvolle Erkenntnis, daß sich Elektronen- und Neutronenstrahlen ebenfalls wie Wellen verhalten, wenn sie auf Kristallgitter treffen, hat ihre Wurzeln in jenem ersten durch v. LAUE angeregten Experiment. Wenn auch der Beugungsversuch und dessen durch v. LAUE gegebene erste theoretische Behandlung an Breite des Einflusses auf die gesamten Naturwissenschaften das größte Gewicht haben, so sollten andererseits darüber nicht seine wichtigen Leistungen auf anderen Gebieten übersehen werden. Insbesondere hat v. LAUE wichtige Beiträge zur Relativitätstheorie geliefert. Diese enthalten u. a. die Anwendung dieser damals neuen Theorie auf elektrodynamische und hydromechanische Phänomene und die Theorie von gewissen, für die Relativitätstheorie grundlegenden Experimenten.

Dieser Band hatte ursprünglich drei Herausgeber: Wir sind tief erschüttert, daß einer von ihnen — F. A. PANETH — nicht mehr am Leben weilt. Es war ihm jedoch noch vergönnt, die Beiträge sicherzustellen, die OTTO HAHN gewidmet sind. Ihm verdanken wir auch den Gedanken eines Gemeinschaftsbandes. Auch den Tod eines Mitarbeiters müssen wir beklagen: F. JOLIOT hatte bereits an einem Artikel zu arbeiten begonnen, der LISE MEITNER gewidmet war. Und schließlich beklagen wir auch den Tod von ALBERT EINSTEIN, der auch in diesem Jahre seinen achzigsten Geburtstag hätte feiern können.

Die Beiträge dieses Bandes sind in ihrer Vielgestaltigkeit Spiegelbild der vielfältigen Gebiete, auf denen die Jubilare wissenschaftlich gearbeitet haben. Manche berichten über neuere Forschungen, anknüpfend an ein Arbeitsgebiet eines der Jubilare; wieder andere beschreiben die Entwicklung und Wandlung eines der Wissensgebiete, zu denen HAHN, MEITNER oder LAUE wesentlich beigetragen haben, aber auch die

Irrwege, die sich nicht immer vermeiden ließen; andere bringen Erinnerungen persönlicher Art an vergangene Zeiten und Persönlichkeiten. Zusammen bilden sie ein suggestives Mosaik der stürmischen Entwicklung der Physik und Chemie im 20. Jahrhundert.

Cambridge, London und Zürich, Mai 1959

## Inhaltsverzeichnis

Für LISE MEITNER


K. PRZIBRAM, Erinnerungen an ein altes physikalisches Institut . . . . . . 1

S. ROSENBLUM, Spectres Magnétiques des Particules Alpha . . . . . . . . . 7

W. HEITLER, The Penetration of Gamma-Rays through Matter and the Development of Radiation Theory . . . . . . . . . . . . . . . . . . 23

W. GENTNER, Einiges aus der frühen Geschichte der Gamma-Strahlen . . . . 28

C. S. WU, History of Beta Decay . . . . . . . . . . . . . . . . . . . . 45

H. OLSEN und H. WERGELAND, Bremsstrahlung . . . . . . . . . . . . . . 66

A. FLAMMERSFELD, Zur Geschichte der Atomkernisomerie . . . . . . . . . 74


Für OTTO HAHN


K. E. ZIMEN, Einige Erinnerungen an das Kaiser-Wilhelm-Institut für Chemie 79

ALEXIS C. PAPPAS, Radiochemical Studies and Short-Lived Fission Products 85

B. KARLIK, Zu den Grundlagen der Szintillationsspektrometrie . . . . . . . 101

GLENN T. SEABORG, Early Radiochemical Investigations of Plutonium . . . 104

G. VON HEVESY, Einige Anwendungen des radioaktiven Eisens . . . . . . . 115

A. H. W. ATEN Junior, Some Experiments with Astatine . . . . . . . . . 121

N. RIEHL, Untersuchungen über Kristallwachstum und Mischkristallbildung als Anwendungsgebiet für radioaktive Isotope . . . . . . . . . . . . . 124

H.-J. BORN, Zur Frage der geochemischen Folgerungen aus den Hahnschen Arbeiten über Mitfällungen . . . . . . . . . . . . . . . . . . . . . 130

H. BADDENHAUSEN, H. GÖTTE und L. WIESNER, Die Herstellung radioaktiv markierter Farbstoffe, ausgehend von Benzol, das aus $^{14}C$-Acetylen gewonnen ist . . . . . . . . . . . . . . . . . . . . . . . . . . 135

Für MAX von LAUE


P. P. Ewald, Vor Fünfzig Jahren . . . . . . . . . . . . . . . . . . . 145

W. L. Bragg, The Diffraction of Röntgen Rays by Crystals . . . . . . . . 147

F. Laves, Kristallstruktur und Kristallchemie von Elementen und metallischen Verbindungen . . . . . . . . . . . . . . . . . . . . . . . . . 152

A. Guinier, L'Etude des Structures Cristallines Imparfaites par les Rayons X . . . 178

H. Jagodzinski, Struktur- und Phasenbegriff in Mischkristallen . . . . . . 188

Kathleen Lonsdale, Vibrating Atoms in Crystals . . . . . . . . . . . . 210

W. Hoppe, Organische Moleküle und Röntgenstrahlen . . . . . . . . . . . 220

J. M. Bijvoet, Anomalous Scattering in the Determination of Phase and of Absolute Configuration . . . . . . . . . . . . . . . . . . . . . . 234

R. Hosemann, Struktur von Atomen und Atomaggregaten . . . . . . . . . 243

G. Borrmann, Röntgenwellenfelder . . . . . . . . . . . . . . . . . . 262

EPILOG von S. Rosenblum . . . . . . . . . . . . . . . . . . . 283

## Verzeichnis der Mitarbeiter

Professor A. H. W. ATEN JUNIOR, Instituut voor Kernphysisch Onderzoek, Amsterdam-O.

HILDEGARD BADDENHAUSEN, Max-Planck-Institut für Chemie, Mainz.

Professor J. M. BIJVOET, Laboratorium voor Kristalchemie der Rijksuniversiteit, Utrecht.

Professor Dr. H.-J. BORN, Institut für Radiochemie an der Technischen Hochschule München.

Professor Dr. G. BORRMANN, Fritz-Haber-Institut der Max-Planck-Gesellschaft, Berlin-Dahlem.

Professor Sir LAWRENCE BRAGG, O.B.E., F.R.S., The Davy-Faraday Laboratories, Royal Institution, London W. 1.

Professor P. P. EWALD, F.R.S., The Polytechnic Institute, Brooklyn 1.

Professor Dr. A. FLAMMERSFELD, Zweites Physikalisches Institut der Universität Göttingen.

Professor O. R. FRISCH, O.B.E., F.R.S., The Cavendish Laboratory, Cambridge

Professor Dr. W. GENTNER, Max-Planck-Institut für Kernphysik, Heidelberg.

Privatdozent Dr. H. GÖTTE, Leiter des Radiochemischen Laboratoriums der Farbwerke Hoechst AG., Frankfurt (Main)-Höchst.

Professor Dr. A. GUINIER, Conservatoire National des Arts & Métiers, Paris.

Professor W. H. HEITLER, F.R.S., Seminar für theoretische Physik der Universität Zürich.

Professor GEORG VON HEVESY, For. Mem. R.S., Institutet för Organkemisk Forskning, Stockholm 6.

Privatdozent Dr. W. HOPPE, Physikalisch-Chemisches und Elektrochemisches Institut der Technischen Hochschule München.

Professor Dr. R. HOSEMANN, Fritz-Haber-Institut der Max-Planck-Gesellschaft, Berlin-Dahlem.

Professor Dr. H. JAGODZINSKI, Max-Planck-Institut für Silikatforschung, Würzburg.

Dr. BERTA KARLIK, Institut für Radiumforschung und Kernphysik, Wien IX.

Professor Dr. F. LAVES, Mineralogisch-petrographisches Institut, Eidg. Techn. Hochschule, Zürich 6.

Professor Dame KATHLEEN LONSDALE, D.B.E., F.R.S., Department of Chemistry, University College, London W. C. 1.

Professor H. OLSEN, Fysisk Institutt, Norges Tekniske Høgskole, Trondheim.

Professor F. A. PANETH †, F.R.S., Max-Planck-Institut für Chemie, Mainz.

Professor ALEXIS C. PAPPAS, Kjemisk Institutt, Universitet, Oslo.

Professor K. PRZIBRAM, Wien XIII.

Professor Dr. N. RIEHL, Laboratorium für Technische Physik der Technischen Hochschule München.

Dr. P. ROSBAUD, London SW 1.

Professor S. ROSENBLUM, Laboratoires de Bellevue, Bellevue (S.-&-O.).

Professor GLENN T. SEABORG, Department of Chemistry, University of California, Berkeley 4.

Professor HARALD WERGELAND, Fysisk Institutt, Norges Tekniske Høgskole, Trondheim.

Dr. L. WIESNER, Institut für Erdölforschung, Hannover.

Professor C. S. WU, Department of Physics, Columbia University, New York 27.

Professor Dr. K. E. ZIMEN, Hahn-Meitner-Institut für Kernforschung Berlin — Sektor Kernchemie — Berlin-Wannsee.

Lise Meitner

K. PRZIBRAM

# Erinnerungen an ein altes physikalisches Institut

In vorgerücktem Alter erinnert man sich gerne an alte Zeiten — in mir wenigstens klingt immer öfter der Wildganssche Vers an: „Nimm Deine Geige, Frau Vergangenhait!" — und so wird der Jubilarin hoffentlich eine Erinnerung an das alte physikalische Institut in Wien IX. Türkenstraße 3 nicht unwillkommen sein, wo sie ihre wissenschaftliche Laufbahn begonnen hat.

Wien an der Jahrhundertwende: noch die Hauptstadt eines großen Reiches, die Stadt des Heurigen, der Fiaker und des Walzers, als welche sie der Film nur allzuoft der Welt vorgeführt hat, aber auch eine Stadt großer wissenschaftlicher Leistungen. Und da kommt gerade dem IX. Gemeindebezirk eine besondere Rolle zu: Hier stehen die Kliniken, in denen der Ruhm der Wiener medizinischen Schule weiterlebt; in der von der Währingerstraße steil abfallenden Berggasse wohnte SIEGMUND FREUD, und in der benachbarten, sanfter geneigten Parallelstraße der Türkenstraße, hatten LOSCHMIDT und STEFAN gewirkt und wirkte noch BOLTZMANN, um zunächst nur die Größten zu nennen.

Eine recht uninteressante Vorstadtstraße, in die nur die Seitenfront des Eckhauses Währingerstraße 10, von THEOPHIL HANSEN erbaut, etwas Abwechslung bringt. Es war dies das alte chemische Institut, das jetzt das medizinisch-chemische und das pharmazeutische-chemische Institut enthält und wo seinerzeit im Laboratorium von ADOLF LIEBEN AUER VON WELSBACH das Leuchtvermögen der Seltenen Erden untersuchte und so zur Erfindung des Gasglühlichtes geführt wurde.

Das Haus Türkenstraße 3 unterschied sich nicht wesentlich von seinen Nachbarn, von denen das Eckhaus an der Währingerstraße ein Kaffeehaus enthielt, das von den jungen Physikern gerne aufgesucht wurde. Dieses Eckhaus ist einem anspruchsvollerem Neubau gewichen und anstelle des Kaffeehauses befindet sich ein Photograph, in dessen Auslage manchmal die Porträts akademischer Größen prangen.

Nr. 3 hat eine recht schmucklose, nur durch zwei wenig vorspringende, vom I. zum II. Stock reichende Erker belebte Fassade; es sieht heute nach mannigfachen Wechselfällen äußerlich nicht viel anders aus als damals, nur nach sichtlicher Renovierung nicht ganz so schäbig, und ebenerdig ist jetzt ein Delikatessenladen eingebaut. Als Zinshaus gebaut, umschloß das Gebäude als fast 40jähriges „Provisorium" die 1875 vom Erdberg im III. Bezirk übersiedelten physikalischen Institute der Universität. Die Innenräume waren nichts weniger als für Laboratorien und Hörsäle geeignet und zu der Zeit, von der hier die Rede ist, recht baufällig, da die Balken, welche die Decken trugen, schon sehr morsch waren. Ich bewahrte lange Zeit als Reliquie ein Stückchen eines solchen Balkens, das aussah, als wäre es von Termiten zerfressen. Insbesondere die Benützung der Hörsäle war geradezu lebensgefährlich; dies war so allgemein bekannt, daß die Wiener „Arbeiterzeitung" einmal die Notiz brachte: „Wieder hat sich ein Student in das Physikalische Institut in der Türkenstraße begeben; unglückliche Liebe soll das Motiv der Tat gewesen sein."

Trat man durch das Haustor ein, so hatte man im Parterre rechts das Musikhistorische Institut unter der Leitung von GUIDO ADLER, links ging es in das Institut von

Victor von Lang, ursprünglich „Physikalisches Kabinet" benannt, weil der Grundstock der Apparate noch aus der Privatsammlung der Habsburger stammte, später das I. Physikalische Institut.

V. v. Lang war ein schöner, stattlicher Mann mit gepflegtem weißem Vollbart, Präsident der Akademie der Wissenschaften, bekannt als Verfasser des ersten Lehrbuches der theoretischen Physik in deutscher Sprache und durch kristalloptische Untersuchungen, sowie durch glänzende Vorlesungsexperimente. Der Text seiner Vorlesungen war allerdings etwas dürftig, denn Lang war außerordentlich wortkarg, so wortkarg, daß die Sage ging, er habe nach der wochenlangen Unterbrechung durch die Weihnachtsferien seine Vorlesung genau da wieder aufgenommen, wo er sie abgebrochen hatte, und zwar mit den Worten: „Mit dem des Zylinders verhält es sich ebenso." Wenn Lang aber etwas sagte, war es witzig und treffend. Wegen seines Witzes war er gefürchtet bei den Medizinstudenten, die er zu prüfen hatte. Von den ungezählten Prüfungsgeschichten, die wohl wert gewesen wären, gesammelt zu werden, sei hier nur ein Beispiel angeführt, das eines meiner Arbeitsgebiete betrifft:

*v. Lang* zu einem Mediziner, der schon eine Reihe von Fragen sehr mangelhaft beantwortet hatte: „Was ist Fluoreszenz ?"

*Student*, zögernd: „Fluoreszenz ist, wenn man einen Körper schief anschaut und er leuchtet."

*v. Lang:* „Hm, dann fluoreszieren Sie nicht, denn ich schau Sie schon so lange schief an und Sie leuchten noch immer nicht."

Im Langschen Institute arbeiteten J. Tuma, der durch Demonstration der damals neuen Teslaschen Versuche Aufsehen erregte, und A. Lampa, der eine Zeit lang den Rekord für die kürzesten Hertzschen Wellen hielt. Hier fand auch F. Ehrenhaft zuerst seine vermeintlichen „Subelektronen", die ihn in einen lebenslangen Konflikt mit der großen Mehrheit der Physiker stürzte. Sein Beharren auf einem offensichtlichen Irrtum war sehr bedauerlich, da sonst seine experimentelle Geschicklichkeit und die zahlreichen interessanten aber durchaus erklärbaren, an ultramikroskopischen Teilchen gefundenen Erscheinungen mehr anerkannt worden wären. Es ist schade, daß die letzte von Ehrenhaft und seinem Assistenten Reeger beobachtete Erscheinung, die stabilen geschlossenen Schraubenbahnen kleiner Teilchen in einem Lichtstrahl, nun nicht mehr weiter untersucht wird; es ist dies meiner Meinung nach der einzige von Ehrenhaft gefundene Effekt, der noch einer „normalen" Erklärung harrt. Die junge Physikergeneration, die sozusagen das Elementarquantum $4{,}80 \cdot 10^{-10}$ e. s. E., pardon: $1{,}60 \cdot 10^{-19}$ Amperesekunden, mit der Muttermilch eingesogen hat, kann sich kaum die Heftigkeit der Debatten vorstellen, von denen damals insbesondere das oben erwähnte Kaffeehaus widerhallte. Auch R. v. Ettenreich arbeitete damals im Langschen Institute, der später eine wichtige Rolle in der österreichischen Radioindustrie spielen sollte. Damals untersuchte er die Brownsche Bewegung in Wasser fallender Quecksilbertröpfchen.

Stieg man die etwas ausgetretenen Treppen zwei Stockwerke höher, so kam man zu dem damals noch von Loschmidts Zeiten her so genannten „Physikalisch-Chemischen Institut", dem späteren II. Physikalischen Institut. Hier war das Reich Franz Seraphin Exners, unter dem Lise Meitner ihre Doktordissertation machte. Exner hat viel zur Lehre von der atmosphärischen Elektrizität beigetragen durch Konstruktion eines praktischen transportablen Instrumentariums und durch die

Anregungen, die er seinen Assistenten H. Benndorf, E. v. Schweidler und H. Mache sowie einer Anzahl jüngerer Mitarbeiter gegeben hat. Gleichzeitig arbeitete Exner mit E. Haschek an dem großen Tabellenwerk der Linienspektren der Elemente.

Exner hat es verstanden, einen größeren Kreis jüngerer Physiker, dem auch G. Jäger, St. Meyer und F. Hasenöhrl angehörten, nicht nur als Schüler sondern auch als Freunde um sich zu sammeln. Begeistert für alles Schöne in Natur und Kunst, wußte er diese Begeisterung auch seiner Umgebung mitzuteilen und es entstand so eine Gemeinschaft, die weit über das übliche Verhältnis von Lehrer und Schüler hinausging. Es ist bezeichnend, daß insbesondere Benndorf in späteren Jahren nie ohne Tränen in den Augen von jener Zeit und seinem Lehrer sprechen konnte. Gefördert wurde diese Gemeinschaft durch Einladungen in Exners behagliches Heim in dem einstöckigen Altwiener Häuschen Währingerstraße 29, das auch heute noch eine angenehme Abwechslung zwischen den benachbarten, es weit überragenden Zinshäusern bietet; es besitzt sogar einen von der Straße aus nicht sichtbaren Hausgarten. Dem von Schweidler verfaßten Nachruf auf Exner im Almanach der österreichischen Akademie der Wissenschaften ist ein vorzügliches Bild Exners beigegeben; es zeigt ihn im weißen Laboratoriumskittel, den unvermeidlichen Tschibuk in der Hand, bequem im Lehnstuhl zurückgelehnt; das Bild strahlt etwas von der Gemütlichkeit aus, die damals in jenem Kreise herrschte.

Exner hielt damals eine hauptsächlich für Pharmazeuten bestimmte Vorlesung, die aber durch ihre Klarheit und Übersichtlichkeit eine sehr geeignete Einführung in die Physik bot. Ich besuchte sie in meinem ersten Universitätsjahr zusammen mit dem mir schon vom Gymnasium her bekannten Robert von Lieben, dem nachmaligen Erfinder der Verstärkerröhre, von ihm „Telephonrelais“ genannt, und ich hatte in der Folgezeit das Glück, die Entstehung dieser Erfindung verfolgen zu können. Es ist vielleicht nicht allgemein bekannt, daß Lieben zuerst die magnetische Ablenkung der Kathodenstrahlen zur Verstärkung benutzte, bis er bemerkte, daß bei Zuführung der zu verstärkenden Spannung zu der die Kathodenstrahlen begrenzenden Blende die magnetische Ablenkung gar nicht nötig war; so entstand die Drei-Elektrodenröhre. Ich glaube nicht, daß Lieben außer der Exnerschen und später wohl der Nernstschen in Göttingen viele Vorlesungen besucht hat; er war jedem Zwang abhold und im Grunde Autodidakt.

Es war damals noch etwas Ungewöhnliches, daß Frauen Physik oder überhaupt studierten. Der erste weibliche Doktor an der Winer Universität war die Medizinerin Gabriele Baronin Possanner (1897). An der philosophischen Fakultät promovierte als erste die klassische Philologin Adele Gräfin Wartensleben, mit dem Hauptfach Physik als erste Olga Steindler (1903), die nachmalige erste Gattin F. Ehernhafts und Schöpferin und langjährige Leiterin der ersten Handelsschule für Mädchen in Wien, als zweite Lise Meitner (1906). Mit ihr zugleich promovierte eine andere Physikerin, Selma Freud, die im gleichen Zimmer in der Türkenstraße gearbeitet, sich aber später anscheinend nicht mehr wissenschaftlich betätigt hat.

Die Promotion fand am 1. Februar 1906 statt; es war uns, wie hier nebenbei bemerkt sei, eine besondere Freude, Lise Meitner anläßlich der Überreichung ihres goldenen Doktordiploms im Jahre 1956 hier in Wien begrüßen zu können.

Das Thema ihrer Dissertation war die Prüfung einer Formel Maxwells, die dieser für die Elektrizitätsleitung in inhomogenen Körpern abgeleitet hatte und die, wie

Lise Meitner experimentell nachweisen konnte, auch für die *Wärme*leitung in Quecksilberemulsionen gilt. Die Arbeit ist unter dem Titel „Wärmeleitung in inhomogenen Körpern" in den Wiener Berichten 1906 erschienen. Im selben Jahr erschien daselbst eine zweite Arbeit Lise Meitners: „Über einige Folgerungen, die sich aus den Fresnelschen Reflexionsformeln ergeben". Es wird gezeigt, daß gewisse Erscheinungen, die bei der Reflexion an der Grenzfläche zweier Medien auftreten, die für eine bestimmte Wellenlänge, aber nur für diese, den gleichen Brechungsindex haben, und nach Lord Rayleigh mit dem Fresnelschen Formeln in Widerspruch stünden, tatsächlich sich aus diesen Formeln ableiten lassen.

Lise Meitner wandte sich dann einem ganz anderen Gebiete zu, nämlich der damals noch jungen Radioaktivität, wozu Stefan Meyer die Anregung gegeben hat. Dieser war damals Assistent bei Boltzmann am Institut für theoretische Physik. Über Boltzmann braucht hier nicht viel gesagt zu werden, sind doch seine genialen Leistungen allbekannt und gibt das anläßlich der 50. Wiederkehr seines Todestages erschienene Buch „Ludwig Boltzmann", F. Deuticke, Wien 1955, von E. Broda eine ausführliche Biographie und Würdigung seines Lebenswerkes. Hier sei nur angeführt, daß seine Vorlesungen von geradezu leuchtender Klarheit waren und wir uns förmlich zu ihnen drängten. Schüler Boltzmanns war vor allem F. Hasenöhrl, die Siegfriednatur unter den Professoren, wie ihn H. Thirring in einem Nachruf genannt hat. Seine wissenschaftliche Großtat, der Nachweis der Massenäquivalenz der Hohlraumstrahlung vor Bekanntwerden des Einsteinschen Äquivalentsatzes, fällt auch in die Zeit des alten Hauses. Dieser Nachweis schließt sich enge an den Boltzmannschen Beweis des Stefan-Boltzmannschen Strahlungsgesetzes an. Ich erinnere mich bei Boltzmanns Vorlesungen auch Philipp Frank, den Einsteinbiographen, und den Mathematiker Hans Hahn getroffen zu haben.

St. Meyer hatte immer auch einige experimentelle Mitarbeiter, und zu diesen gesellte sich nun auch Lise Meitner. Auch ich arbeitete bei St. Meyer und lernte so Lise Meitner kennen; so bin ich wohl unter den Kollegen derjenige, der sie am längsten kennt, denn das war ja noch ehe sie zu Otto Hahn nach Berlin ging.

Das Institut für Theoretische Physik befand sich im Stockwerk zwischen dem Langschen und dem Exnerschen Institut. Lise Meitner arbeitete im Zimmer neben meinem. Die Fenster gingen in den Hof des Hauses: ein trübseliger grauer Vorstadthof, in dem Katzen herumschlichen und ab und zu Werkelmänner und Straßensänger — jetzt längst aus dem Straßenbild verschwunden — ihre Kunst zum Besten gaben. Die heutige junge Physikergeneration kann sich kaum vorstellen, unter wie primitiven Verhältnissen damals gearbeitet wurde; sie sind gewohnt in wahren Institutspalästen zu arbeiten und an komplizierten elektronischen Apparaten herumzubasteln, wenn sie nicht gar irgendwo im Ausland zu einer der modernen Riesenmaschinen zur Teilchenbeschleunigung zugelassen werden. Damals aber war die Blütezeit der Blättchenelektroskope, die mittels Zambonisäulen aufgeladen wurden, Instrumente, die heute so ziemlich ausgestorben sind wie Lichtputzschere und Stiefelknecht, Es sei hier daran erinnert, daß Exner einen wesentlichen Anteil an der Entwicklung des Blättchenelektroskopes zu einem brauchbaren Meßinstrument hatte; von ihm, der es für seine luftelektrischen Messungen brauchte, stammte das zylindrische, beiderseits durch Glasplatten abgeschlossene Metallgehäuse und die Bernsteinisolierung, sowie die seitlichen Schutzbacken. Verbessert wurde das Elektroskop dann durch Elster und Geitel durch Verlegung der Isolierung in das Innere und durch die Ablesung mit Spiegel und Lupe. Primitive Apparate, und doch wurde Grundlegendes mit ihnen geleistet. Aber wie ärgerlich war es, wenn bei unvorsichtigem Aufladen die Blättchen an die Schutzbacken anschlugen und kleben blieben oder gar abrissen! Und doch erfaßt uns Ältere manchmal das Heimweh nach jenen idyllischeren Zeiten!

1900 hatten MEYER und SCHWEIDLER die magnetische Ablenkung der „Radiumstrahlen" entdeckt, die ziemlich gleichzeitig auch von GIESEL, ELSTER und GEITEL und H. BECQUEREL gefunden wurde. MEYER und SCHWEIDLER waren aber die ersten, die den richtigen Ablenkungssinn erkannten; es handelte sich, nach der zwei Jahre später von RUTHERFORD getroffenen Unterscheidung, um die $\beta$-Strahlen. MEYER und SCHWEIDLER fanden, daß sich dagegen die „Poloniumstrahlen" nicht ablenken ließen; die Ablenkung dieser, der $\alpha$-Strahlen, gelang erst RUTHERFORD.

Zu jener Zeit war es der Ehrgeiz vieler Physiker neue radioaktive Stoffe zu finden und es drohte ein Chaos in der Radioaktivität zu entstehen, bis es MEYER und SCHWEIDLER gelang zu zeigen, daß es sich bei manchen dieser „neuen" Stoffe um Glieder der schon bekannten Zerfallsreihen, um die „induzierten Aktivitäten" handelte. Wie wichtig damals dieser Nachweis war, geht aus einem Brief RUTHERFORDS vom 5. November 1904 hervor, in dem er die Wiener Forscher zu ihrer Leistung wärmstens beglückwünschte.

Es wurde auch intensiv an den Meßmethoden für radioaktive Substanzen gearbeitet, und so entstand noch im alten Hause das von ST. MEYER und H. MACHE ersonnene und vom Institutsmechaniker KARL KORNHERR konstruierte Fontaktometer, das in der Folgezeit viel zur Bestimmung des Emanationsgehaltes von Quellwässern benutzt worden ist.

Auch noch im alten Hause beschäftigte sich ST. MEYER mit der Verfärbung durch Radiumstrahlen und entdeckte die auffallende Farbänderung des Kunzits von Rosa in Grün. Die weitere Erforschung der Verfärbungserscheinungen, insbesondere an den Alkalihalogeniden, hat dann einen solchen Umfang angenommen und so wichtige Erkenntnisse über den Bau der Festkörper geliefert, daß F. SEITZ (Rev. Mod. Phys. 26, 7, 1954) in diesem Zusammenhang von „something like a branch of physics" sprechen konnte.

Es ist nicht uninteressant, daß ST. MEYER auf dem Umwege über seine magnetischen Untersuchungen zur Beschäftigung mit der Radioaktivität geführt worden ist. Mittels eines großen, von BOLTZMANN zu anderen Zwecken angeschafften Elektromagneten hatte er die Magnetisierungszahlen vieler Elemente bestimmt und wollte dies nun auch für das neue Element Radium durchführen. Das erste Radiumpräparat erhielt er von GIESEL, und wenn dieses auch viel zu schwach radiumhaltig war um einen richtigen Wert für die Magnetisierungszahl des Radiums zu liefern, so lenkte es doch MEYERS Aufmerksamkeit auf die Radioaktivität, der er sein ganzes weiteres Leben mit so viel Erfolg widmen sollte. Er hatte sich bald internationales Ansehen erworben und unterhielt eine umfangreiche Korrespondenz mit ausländischen Gelehrten, die manchmal auch heitere Seiten aufwies, wie zum Beispiel wenn ein Brief aus Frankreich mit der Adresse „Université Turque à Vienne" einlangte, ein durch die Bezeichnung „Türkenstraße" verursachter Irrtum, oder wenn ST. MEYER als „Saint Meyère" apostrophiert wurde.

Die Arbeit LISE MEITNERS betraf die Absorption der $\alpha$- und $\beta$-Strahlen (Phys. Zs. 7, 588, 1906). Die Absorptionsmessungen wurden mit ThB- und AcB-Präparaten und an Pt, Au, Ag, Cu, Sn und Al ausgeführt. Es waren dies erst tastende Versuche zu einer Zeit, da die Kenntnisse der Zerfallsreihen und ihrer Strahlungen noch nicht so vorgeschritten waren wie heute, aber die Arbeit machte LISE MEITNER mit den Erscheinungen bekannt, deren Studium ihr später so glänzende Erfolge einbringen sollte.

Noch im alten Hause schuf auch SCHWEIDLER seine Theorie der radioaktiven Schwankungen, das Vorbild aller statistischen Interpretation atomarer Vorgänge, und K. W. F. KOHLRAUSCH brachte die erste angenäherte experimentelle Bestätigung.

Immer lauter wurde indessen der Ruf nach einem neuen Institutsgebäude, und schließlich wurde nach langen Verhandlungen vom Staate zum Bau der neuen physikalischen und chemischen Institute ein Grundstück zur Verfügung gestellt. Damals bemerkte V. v. LANG mit dem ihm eigenen bissigen Witz: „Bisher zweifelten wir ohne Grund an der Errichtung der neuen Institute, jetzt zweifeln wir daran mit Grund.“

Mit dem ersten Jahrzehnt des 20. Jahrhunderts ging aber dann doch auch die Bedeutung der Türkenstraße für die Physik zu Ende, denn 1910 wurde das Institut für Radiumforschung eröffnet und 1913 konnte die physikalische Sektion der Versammlung Deutscher Naturforscher und Ärzte schon im neuen physikalischen Institut empfangen werden.

Nach dem Auszug der physikalischen Institute hatte das alte Haus wechselnde Schicksale. Erst wurden vom Religionsfond, dem das Haus gehörte, Wohnungen an Private vermietet. Nach 1938 waren hier nationalsozialistische Organisationen untergebracht, nach Kriegsende eine Zeit lang die Leitung der kommunistischen Partei. Schließlich übersiedelte der Wiener Stadtschulrat in das Haus, da sein eigenes am Burgring während der Besatzungszeit den Russen als Kommandantur diente. Was mit dem Hause geschehen soll, wenn der Stadtschulrat wieder sein eigenes Heim bezieht, scheint noch ungewiß. Für diejenigen aber, die noch als Physiker dort gearbeitet haben, wird es immer das alte physikalische Institut bleiben!

*L'atome du corps radioactif est un monde.*
HENRI POINCARE Dernières Pensées 1913

S. ROSENBLUM

# Spectres Magnétiques des Particules Alpha

Je regarde mon pouce. Si je multiplie son diamètre, de 2 cms environ par $7 \cdot 10^{12}$ j'obtiens la distance qui sépare le soleil de la terre; en divisant 2 cms par le même nombre je tombe sur le diamètre apparent du volume des nucléons à l'intérieur des parties centrales de tous les atomes et me voilà placé à mi-chemin entre les dimensions «infinies» du système solaire et celles «infiniment» petites des noyaux atomiques. Je matérialise ainsi pour un instant l'ancien dicton qui veut que l'homme, suspendu entre deux infinis, est la mesure de toute chose.

Il faut dire que certains physiciens et chimistes ont rompu l'équilibre en regardant de trop près vers «l'infiniment» petit, ce qui a eu de nos jours quelques conséquences tragiques sur le plan politique et militaire. A vrai dire cet équilibre entre les deux infinis n'existait pour nous que dans le système solaire, poussière infime perdue dans l'immensité cosmique. Quoiqu'il en soit, constatons que depuis une quarantaine d'années des données de plus en plus sûres et précises se sont accumulées sur les noyaux nucléaires qui semblaient jadis inaccessibles à notre investigation. Nous avons ainsi appris que les forces électriques qui interviennent pratiquement seules dans la périphérie électronique des atomes ne sont guère suffisantes pour expliquer la cohésion de la matière dans son état le plus condensé et que des forces, dont les lois de variation exacte nous échappent encore, règnent au sein même des atomes. On peut espérer que la solution de l'énigme des forces nucléaires donnera lieu à une théorie unifiée de la matière et ouvrira des horizons insoupçonnés dans notre compréhension du monde.

Dans ces quelques pages je tâcherai d'exposer un aspect de la Physique Nucléaire qui se révèle par l'étude des spectres magnétiques des rayons $\alpha$; en même temps, je voudrais faire ressortir le rôle, un peu oublié peut-être, que les travaux de LISE MEITNER et de HAHN et MEITNER ont joué dans le développement expérimental et l'interprétation du phénomène de la structure fine du spectre magnétique des rayons $\alpha$. J'aimerais aussi insister par cet exemple sur l'interpénétration des idées scientifiques, telle que nous l'avons connue entre les deux guerres en Europe.

Bien que le travail scientifique ait repris assez rapidement après la guerre de 1914, nous pouvons constater une nette diminution de la production scientifique dans le domaine de la radioactivité et un déplacement de l'intérêt porté à certains sujets. On peut, par exemple, se demander si sans la guerre le phénomène de la structure fine dans l'émission $\alpha$ n'aurait pas été découvert plusieurs années auparavant. Rappelons que dès 1914, MEYER, HESS et PANETH avaient signalé deux parcours distincts, c'est-à-dire une structure complexe, pour l'émission $\alpha$ du Radioactinium, travail tombé presque dans l'oubli par la suite [1].

[1] ST. MEYER, V. F. HESS et F. PANETH, Wien. Ber., **123**, 1459 (1914).

Il est vrai qu'en 1914 l'idée qu'à chaque groupe de vitesses correspondait nécessairement un seul élément était encore tellement bien ancrée dans les esprits, que ces auteurs pensaient plutôt à la présence de deux espèces chimiques différentes. Il est probable que la poursuite de ce travail avec des moyens plus perfectionnés aurait montré qu'il fallait admettre une autre explication. On peut également penser que la théorie sur la constitution nucléaire se serait développée autrement sans l'interruption de certains travaux due à la guerre; la liaison entre émission $\gamma$ et émission corpusculaire aurait été probablement reconnue bien avant. Je fais ces remarques parce que l'on a trop souvent tendance à faire ressortir les grands progrès en Physique Nucléaire, dûs à la dernière guerre et au travail d'équipes dirigées et l'on oublie l'interruption des liens existant entre savants du même pays ou des pays différents, formant implicitement des équipes libres, quoique quelquefois «concurrentes» et dont la collaboration ou compétition se trouve brusquement interrompue.

Quelques mots d'abord sur la particule $\alpha$ elle-même, qui est comme on le sait constituée par deux neutrons et deux protons et qui possède par conséquent un spin résultant 0. En admettant 938,1 MeV pour l'énergie correspondant à la masse du proton et 939,5 MeV pour celle du neutron, on trouve pour les quatre nucléons qui forment la particule $\alpha$ 3.755,3 MeV. En réalité, on attribue à la particule $\alpha$ une masse correspondant à 3.727,15 MeV; les quatre constituants de la particule $\alpha$ sont donc intimement liés et il faudrait fournir une énergie de dissociation d'environ 28 MeV pour séparer complètement les quatre nucléons. Cette grande énergie de cohésion explique la nature quasi-élémentaire de cette particule composite et son émission comme entité lors des transformations radioactives.

On sait que tous les noyaux atomiques sont constitués par un assemblage de protons et de neutrons, les neutrons étant en surnombre. Les protons et les neutrons sont fortement liés au reste du noyau et il faut fournir une énergie de l'ordre de 4—7 MeV pour arracher un nucléon. En englobant neutrons et protons sous le même nom, on tient compte du fait que le neutron libre se transforme spontanément en proton par émission d'électrons négatifs. On sait que d'après les conceptions actuelles l'émission $\beta^+$ et $\beta^-$ a lieu suivant qu'un neutron change en proton ou un proton en neutron à l'intérieur du noyau émetteur. Le proton et le neutron sont, d'après cette conception, deux formes dans lesquelles le nucléon peut exister. On désigne donc par nucléon le proton ou le neutron si l'on fait abstraction de la charge et la petite différence de masse au repos de deux particules.

Pour que l'émission $\alpha$ puisse avoir lieu avec quelque énergie, il faut admettre que la somme des liaisons des quatre nucléons avec les noyaux émetteurs $\alpha$ avant émission est inférieure à environ 28 MeV. Nous sommes là en présence d'un processus un peu spécial de «conversion interne», l'énergie due à la condensation de quatre nucléons servant dans des conditions favorables à l'expulsion d'une particule $\alpha$. La particule $\alpha$ sortira en général d'autant plus facilement que son énergie est plus grande ou que la barrière de potentiel du noyau restant est moins élevée et plus étroite [2].

La conception d'une conversion nucléaire interne avec émission d'une particule $\alpha$ est justifiée par le fait que certaines radiations $\gamma$ très énergiques peuvent être absorbées par les noyaux lourds en donnant lieu à l'émission de un ou plusieurs groupes de particules $\alpha$ [3].

---

[2] Gamow, Zeit. f. Phys., T. **51**, 204 (1928); M. v. Laue, Zeit. f. Phys., **52**, 726 (1928). Condon et Gurney, Nature London, **122**, 439 (1928).
[3] P. Erdös, P. Scherrer et P. Stoll, Helv. Phys. Acta., **30**, 639—690 (1957).

Les idées de base de la théorie de la désintégration $\alpha$ ont été annoncées preque en même temps par Georges Gamow et Max von Laue en Allemagne et Condon et Gurney en U.S.A. Le jeune et insouciant physicien russe a publié son travail sur les énergies $\alpha$ et les constantes de désintégration $\lambda$ pendant son séjour en Europe occidentale. On sait que la théorie basée sur la mécanique quantique permet de retrouver les relations empiriques de Geiger-Nuttall qui relient par des relations linéaires les logarithmes des constantes de désintégration $\lambda$ à ceux des parcours $\alpha$ qui sont proportionnels aux énergies $\alpha$ des différents émetteurs $\alpha$.

Max von Laue a joué pendant très longtemps, parmi les physiciens en Allemagne, un rôle un peu analogue à celui que Paul Langevin tenait dans la Physique en France et nous lui devons la théorie de diffraction des rayons X par les cristaux, qui devait conduire par la suite aux célèbres expériences effectuées avec Friedrich et Knipping. Ces expériences ont établi d'une façon éclatante la vraie nature des rayons X qui restait un peu énigmatique jusqu'alors.

L'histoire se répète-t-elle ?

Les distances régulières entre les atomes alignés que la nature nous offre dans les réseaux cristallins ont permis de montrer les ondes associées aux radiations les plus pénétrantes émises par les cortèges électroniques des atomes, dont les longueurs d'onde sont justement de l'ordre de grandeur des interstices atomiques. Les «interstices spatiaux réguliers» que la nature nous offre par les diamètres des sphères nucléaires permettront-ils de mettre en évidence la nature ondulatoire des particules $\alpha$ émises par les noyaux nucléaires et considérées jusqu'à maintenant comme «vraies» corpuscules ? En même temps les longueurs d'onde associées aux particules $\alpha$ et qui sont de l'ordre de grandeur des dimensions nucléaires permettront-elles d'expliquer, comme le propose Gamow, la variation systématique et rapide des vies moyennes des émetteurs $\alpha$ avec une variation relativement faible de l'énergie ?

Le physicien aîné en lisant le travail de Gamow s'est-il rappelé sa propre jeunesse à Munich où il a trouvé, vers le début du siècle, le temps de rédiger son livre sur la relativité tout en continuant ses expériences sur la diffraction des rayons X ?

Max von Laue a presque immédiatement repris le point de départ de Gamow pour le développer de la manière élégante et précise qui lui est propre, consacrant ainsi les idées de Gamow, et de Condon et Gurney par la grande autorité dont il jouissait parmi les physiciens.

Les énergies des rayons $\alpha$ sont étudiées le plus commodément par déviation magnétique dans le vide et se répartissent entre 3 et 11 MeV environ. En effet, la particule $\alpha$ n'est soumise le long de sa trajectoire dans un champ magnétique qu'aux seules forces données par l'équation bien connue:

$$B e v = \frac{m v^2}{R} \tag{1}$$

et pour les particules $\alpha$

$$v = B R \frac{2e}{m} \tag{2}$$

$m$ est donné par la formule relativiste

$$m = \frac{m_0}{\sqrt{1 - \left(\frac{v}{c}\right)^2}} \tag{3}$$

et on trouve pour l'énergie cinétique $E$

$$E = m_0 c^2 \left\{ \sqrt{1 + \left(\frac{BR}{c}\right)^2 \left(\frac{2e}{m_0}\right)^2} - 1 \right\}. \tag{4}$$

Dans ces formules, $R$ est le rayon de courbure du faisceau des particules $\alpha$ dans le vide, soumis à l'action d'un champ magnétique homogène $B$ perpendiculaire à sa direction; $m_0$ est la masse de la particule $\alpha$ au repos, $2e$ sa charge égale à deux charges élémentaires.

Comme les particules $\alpha$ naturelles ont en général des vitesses qui ne dépassent pas $^1/_{15}$ de $c$, la vitesse de la lumière, on peut si l'on ne cherche pas une précision de l'ordre de $^1/_{1000}$ confondre $m$ et $m_0$. On peut alors appliquer la formule classique

$$E \cong \frac{1}{2} m_0 v^2. \tag{5}$$

Il y a une trentaine d'années, seuls les champs magnétiques homogènes étaient utilisés pour déterminer les rayons de courbure des particules électrisées dans le vide permettant de calculer les énergies d'après les formules (4) et (5).

Dans la plus ancienne méthode, dite méthode directe, on interceptait la radiation à examiner au voisinage de la source émettrice des radiations, placée parallèlement aux lignes de force magnétique. La radiation sortant de l'émetteur linéaire très étroit était canalisée par une ou deux fentes très fines parallèles à l'émetteur. En plaçant une plaque photographique sensible à la radiation au-dessus de la fente, on pouvait déterminer la déviation du faisceau à partir de sa direction primitive rectiligne en absence de champ magnétique.

Dans le cas de la méthode de focalisation à 180° utilisée un peu plus tard, la détection du faisceau dévié se faisait dans le plan de la fente assez largement ouverte, la source linéaire étant fine. (Quelquefois on a intérêt à utiliser une source large et on se sert alors d'une fente fine, dans ce cas, on place la plaque dans le plan de la source large.)

Si l'on utilise la méthode directe, les distances restent relativement petites, la largeur des images croît rapidement quand on cherche à augmenter la dispersion et une dispersion plus grande n'est acquise qu'au détriment de la netteté des images. Par contre, cette méthode peut se contenter de champs magnétiques peu étendus. Dans le cas de la méthode de focalisation, il est nécessaire de disposer de champs magnétiques très étendus, mais on obtient les images dans une région où la dispersion est maxima et le rayonnement très concentré. C'est à l'existence d'un foyer à l'endroit même où la dispersion est maxima qu'est due la supériorité de la méthode de focalisation sur la méthode directe.

Remarquons qu'au moment de l'inauguration de l'étude des spectres magnétiques $\alpha$ par la méthode de focalisation semi-circulaire en 1929 [4], on savait très peu de

[4] S. Rosenblum, C. R., **188**, 1401 (1929); J. de Physique **I**, 438 (1930); Origine des rayons $\gamma$; Hermann et Cie, Paris 1932 (voir biliographie); Cahiers de Physique, **53**, 38—44 (1955).

chose sur la structure des noyaux — le neutron n'était pas encore découvert — et d'après l'opinion généralement admise, la particule $\alpha$ préexistait comme entité dans les noyaux. On admettait également que les rayons $\alpha$ émis par un même élément avaient tous la même énergie. Cette opinion — séduisante par sa simplicité — était justifiée par le fait que les éléments radioactifs étudiés avec quelque précision avaient des vies courtes. La matière rayonnante était dans ce cas pratiquement impondérable et l'émission $\alpha$ se faisait sans ralentissement. Or. les éléments à vie courte connus à l'époque se trouvent vers la fin des filiations radioactives et nous allons voir que la présence d'une complexité dans l'émission $\alpha$ diminue alors pour les noyaux de numéros de masse et de charge pairs comme Po, RaC' et ThC' étudiés de préférence.

On admet actuellement par analogie avec nos conceptions sur l'enveloppe électronique des atomes que les systèmes nucléoniques qui forment les noyaux des atomes sont décrits par la théorie ondulatoire et obéissent au principe d'exclusion de PAULI. On croit, d'autre part, que les protons et les neutrons gardent une certaine individualité à l'intérieur des noyaux et qu'ils se groupent en général séparément en des couches comportant 2, 8, 20, (28), 50, 82 protons ou neutrons et 126 et 152 neutrons. Les nombres 82 et 126 interviennent seuls directement pour les émetteurs $\alpha$ lourds qui nous intéressent. On désigne souvent les nombres maxima de nucléons dans chaque couche par nombres «magiques», sans doute parce que la signification profonde de leur intervention était assez obscure au début. Remarquons que la particule $\alpha$ est doublement «magique», puisqu'elle contient deux protons et deux neutrons, elle est par conséquent extrêmement stable.

L'influence du nombre magique 126 se manifeste directement pour les énergies $\alpha$ dans les courbes de FOURNIER [5]. En effet, si l'on porte les énergies $\alpha$ en fonction des nombres atomiques, on trouve que les énergies $\alpha$ du même numéro atomique augmentent quand le nombre des neutrons contenus dans les émetteurs radioactifs diminue par suite des désintégrations $\alpha$ successives dans les filations radioactives et s'approche du nombre magique 126*). La même tendance existe pour les écarts énergétiques des premiers niveaux de structure fine $\alpha$; en effet, ces écarts énergétiques sont de l'ordre de 50—100 keV pour les noyaux pairs-pairs (c'est-à-dire ayant un nombre pair de neutrons et un nombre pair de protons) écartés des nombres magiques 126 et 82 et elles peuvent atteindre 1 MeV ou plus pour certains isotopes du Po, qui se transforment par émission $\alpha$ en isotopes du Pb, dont le numéro de charge est justement 82. Remarquons qu'à la suite de la désintégration $\alpha$ du ${}_{84}\mathrm{ThC}'^{212}$, on arrive au ${}_{82}\mathrm{Pb}^{208}_{126}$ contenant les couches fermées de 82 protons et 126 neutrons. Le premier niveau d'excitation du ${}_{82}\mathrm{Pb}^{208}_{126}$ est de 2,6 MeV, tandis que le premier niveau de structure fine de ${}^{228}_{90}\mathrm{RTh}\xrightarrow[\gamma]{\alpha}{}^{224}_{88}\mathrm{ThX}_{136}$ est de 84 keV environ.

On sait, d'autre part, que les vies moyennes des élements radioactifs $\alpha$ s'étalent entre $10^{10}$ et $10^{-14}$ ans, tandis que les énergies couvrent un domaine compris entre 4 et 11 MeV. Si deux groupes de vitesses, nettement différents, sont présents dans la désintégration $\alpha$ d'un même élément, le groupe plus lent aura donc une probabilité

*) On aperçoit l'importance du nombre pair de nucléons pour la stabilité nucléaire, en remarquant que le nombre «magique» 126 peut s'écrire comme

$$\sum_{n=1}^{n=6} 2^n, \text{ soit } 2+4+8+16+32+64=126.$$

[5] FOURNIER, C. R., T. **184,** 878 (1927).

très réduite de sortie et, par conséquent, une vie moyenne beaucoup plus longue, et on conçoit qu'il soit très difficile d'observer des groupes de structure fine au voisinage des nombres magiques où ces groupes ont des vitesses très différentes du groupe principal et contiennent par conséquent un nombre très faible de rayons $\alpha$.

On sait que d'après les théories de la désintégration $\alpha$ basées sur la mécanique quantique, la particule «emprisonnée» dans les noyaux atomiques a une certaine probabilité de sortie, même si son énergie est inférieure à la hauteur de la «barrière de potentiel», qui d'après la théorie classique formait un obstacle infranchissable pour les particules $\alpha$ venant du dehors ou dirigées vers l'extérieur.

D'après la théorie, la probabilité de passage d'une particule $\alpha$ à travers la barrière de potentiel est fonction de la charge $Z - 2$ du noyau émetteur $\alpha$, de son rayon $r_0$ et de la vitesse de la particule $\alpha$.

Soit $V_\alpha$ la vitesse de la particule et $2\,r_0$ le diamètre du noyau émetteur. La particule $\alpha$ parcourra donc ce diamètre en $\frac{2\,r_0}{V_\alpha}$ secondes et rencontrera donc les parois de la barrière de potentiel $\frac{V_\alpha}{2r_0}$ fois par seconde. On sait que les rayons nucléaires des atomes lourds radioactifs varient peu et on admet qu'ils sont de l'ordre de $A^{1/3} \cdot 1{,}4 \cdot 10^{-13}$ cms, $A$ étant le nombre atomique.

En admettant pour $V_\alpha \sim 10^9$ cms par seconde, on trouve donc que la particule $\alpha$ rencontrera la barrière de potentiel $10^{21}$ fois par seconde. En admettant une certaine «pénétrabilité» de la barrière de potentiel à chaque rencontre, croissant elle-même d'une façon exponentielle avec $V_\alpha$, on conçoit que le passage à travers la barrière de potentiel doit très vite augmenter avec la vitesse en accord avec l'expérience.

Remarquons que l'émission $\alpha$ du ThC′ se présente même aujourd'hui, malgré les méthodes d'investigation plus perfectionnées, comme strictement monocinétique. Je fais ici abstraction des rayons $\alpha$ dits de long parcours et qui existent dans une proportion de l'ordre de quelques dix-millièmes ou quelques millionièmes dans l'émission $\alpha$ du ThC′ et RaC′ et dont les énergies dépassent franchement celles des groupes principaux*).

Ces rayons $\alpha$ de long parcours étaient bien connus avant 1929, mais ils n'ont trouvé une explication théorique qu'après la découverte et l'explication de la structure fine $\alpha$ du ThC. C'est alors qu'on a lié l'existence de ces groupes de grande énergie à l'excitation des noyaux à vie très courte du ThC′ et RaC′ (vies moyennes de l'ordre de $10^{-7}$ et $10^{-4}$ sec.) par les émissions $\beta$ du ThC ($_{83}Bi^{212}$) ou RaC ($_{83}Bi^{214}$) précédentes. Les particules de long parcours sont émises *avant* le retour du noyau excité à son état normal par émission $\gamma$ ou électrons de conversion et emportent l'excès d'énergie sous forme d'énergie cinétique accrue de la particule $\alpha$.

En effet, par analogie avec la structure fine $\alpha$ on a été amené à considérer la présence d'une structure fine dans le cas ou une désintégration $\beta$ est accompagnée par une émission $\gamma$. Du point de vue expérimental les conditions sont beaucoup plus complexes

---

*) Tout récemment Walen et Bastin-Scoffier ont trouvé une structure fine pour le RaC′ considéré jusqu'à maintenant comme strictement monocinétique. L'intensité de la composante de structure fine se trouve à environ 800 keV de la raie principale et son intensité est inférieure à $10^{-4}$.

dans ce cas, puiqu'il s'agit de décomposer un fond continu en plusieurs fonds continus superposés. On sait que les limites du côté grande énergie ne sont pas toujours faciles à déterminer pour un fond continu $\beta$. Dans le cas que nous venons de considérer, où les particules $\alpha$ de long parcours emportent quelquefois l'énergie d'excitation, les conditions sont plus favorables.

Il est par contre intéressant de remarquer que LISE MEITNER qui, avec HAHN, avait étudié le spectre d'électrons de conversion émis par le Ra dès 1909, avait en 1922 [6] suggéré la possibilité que l'émission $\alpha$ du Ra pourrait être hétérogène par suite de l'émission $\gamma$ qu'elle étudiait par l'intermédiaire des électrons de conversion. «La dispersion des parcours $\alpha$ devait être plus grande pour les émetteurs $\alpha + \gamma$ que pour les émetteurs $\alpha$ purs»*).

C'est donc le Ra que j'aurais dû étudier comme premier élément du point de vue méthodique, en poursuivant l'idée de L. MEITNER de 1922**), quand l'application de la méthode de focalisation était devenue possible en 1929, grâce au Grand Electro-Aimant dû à COTTON et MABBOUX [7].

Il est probable — vu les difficultés expérimentales et mon inexpérience à ce moment — que la structure fine du spectre magnétique du Ra n'aurait pas été décelée.

En réalité les choses se sont passées autrement et c'est seulement en 1932 que j'ai pu attaquer le problème de la structure fine du radium. La source de carbonate de radium qui m'a servi a d'ailleurs été préparée par ANDRE DEBIERNE d'après le

*) A cette époque il était généralement admis que le noyau pouvait exister dans différents états quantifiés correspondant aux quanta $\gamma$ observés. On savait également que des relations du type $\gamma 1 + \gamma 2 = \gamma 3$ etc. ... existaient, surtout pour les émetteurs $\beta$, mais on ne voyait aucun lien entre ces niveaux donnés par les $\gamma$ et les émissions $\beta$ et $\alpha$ des éléments en transformation. C'est le grand mérite de GAMOW d'avoir clairement montré, une fois la structure fine des rayons $\alpha$ découverte, la nécessité d'admettre des relations du type $\Delta E i \beta$ ou $\Delta E_i \alpha = \gamma_i$ émis par les atomes après les transformations. D'accord avec les expériences de MEITNER de 1925 sur le RAc et AcX, la conversion des radiations $\gamma$ a lieu après une transformation $\alpha$ sur l'atome transformé $Z$-2.
Il est vrai que dès mon premier travail sur la structure fine des rayons $\alpha$, FEATHER avait remarqué que les différences énergétiques trouvées dans le cas de la structure fine du ThC coïncidaient approximativement avec certains groupes de rayons $\gamma$ observés dans l'émission ThB+ThC+ThC″, mais c'est GAMOW qui avait lié les rayons $\gamma$ émis pendant la transformation ThC $\xrightarrow[\alpha]{\gamma}$ ThC″ à la structure fine du ThC et qui avait également prévu la liaison entre l'émission $\gamma$ et l'émission $\beta$ [8, 9].

**) Dans un travail ultérieur de 1924 L. MEITNER semble avoir abandonné son point de vue de 1922 et elle partage l'opinion généralement admise à l'époque que par suite de l'émission $\alpha$ (ou $\beta$) le noyau peut exister dans différents états excités sans que cela se manifeste nécessairement dans l'émission $\alpha$ [10]. Par contre, elle maintient le point de vue que les radiations $\gamma$ se convertissent après désintégration sur les atomes formés en bon accord avec les conceptions d'aujourd'hui. Elle pense également que l'énergie de la radiation $\beta$ est bien définie à l'émission, mais se dégrade ensuite par des effets secondaires. Cette conception se rapproche également du point de vue actuel où à la place de « l'effet secondaire » nous admettons l'existence du neutrino pratiquement inobservable, qui emporte la différence d'énergie entre l'énergie maximum bien définie et celle qui se manifeste dans les rayons individuels $\beta$ du fond continu.

[6] HAHN et MEITNER, Zeit. f. Phys., **2**, 60 (1920); L. MEITNER, Zeit. f. Phys., **9**, 152 (1922); A. SMEKAL, Zeit. f. Phys., **9**, 300 (1922); HAHN et MEITNER, Zeit. f. Phys., **34**, 807 (1925).
[7] A. COTTON, C. R., **187**, 77 (1928).
[8] N. FEATHER, Phys. Rev., **34**, 1558—1565 (1929).
[9] G. GAMOW, Nature, **126**, 336 (1930).
[10] L. MEITNER, Zeit. f. Phys., **25**, **26**, 169—177 (1924).

procédé que HAHN et MEITNER ont utilisé pour examiner le spectre d'électrons de conversion émis par le radium.

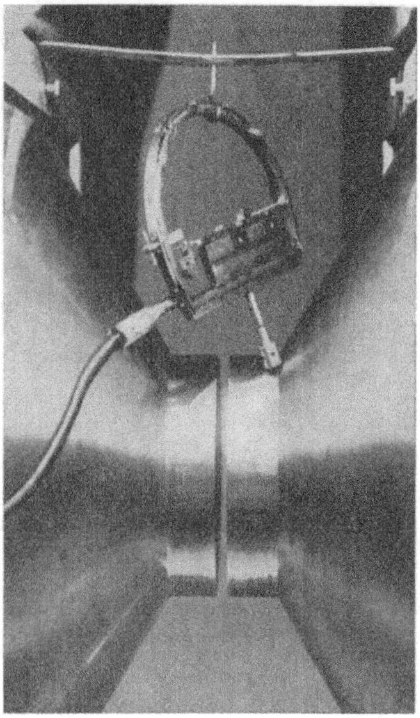

Fig. 1 *). Premier appareil de focalisation suspendu au-dessus des pièces polaires de 25 cm de diamètre du Grand Electro-Aimant de l'Académie des Sciences. On voit à gauche les systèmes de fentes et un cache qui permet de masquer la source avant l'exposition. La plaque photographique se trouve à droite. L'appareil peut être serré entre les pièces polaires et le vide se fait par le tube flexible à gauche.

Mais revenons à 1929. L'expérience que j'avais acquise avec le ThB + C + C', dont j'ai étudié le spectre $\alpha$ par la méthode de déviation directe au cours de mon travail de thèse sur le ralentissement des rayons $\alpha$ par la matière, m'a fait penser que le spectre $\alpha$ du ThC n'était peut-être pas homogène. Les beaux résultats obtenus en spectroscopie $\beta$, à l'aide de la méthode de focalisation, m'ont donc encouragé à tenter l'expérience avec le ThB + C où un résultat positif ou négatif devait être immédiat et rapide, vu l'intensité des sources émettrices de plusieurs millions d'$\alpha$ par seconde, dont nous pouvions disposer. Il faut dire que l'hypothèse émise par LISE MEITNER dans le cas du Ra d'une liaison entre émission $\gamma$ et une hétérogénéité dans l'émission $\alpha$, n'était pas applicable dans le cas du ThC.

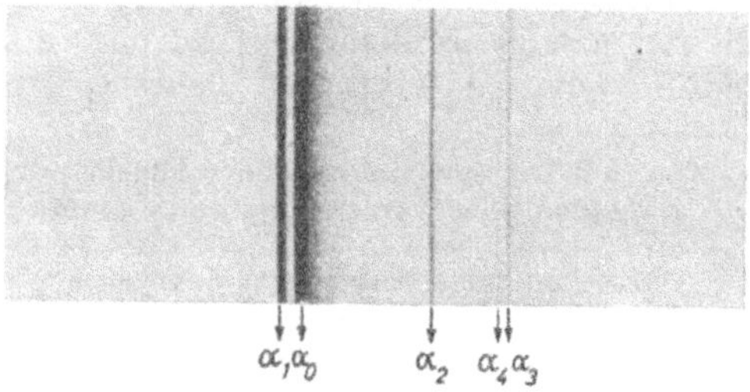


Fig. 2. Spectre magnétique des rayons $\alpha$ emis par ThC obtenu avec des pièces polaires de 75 cms (ROSENBLUM, 1931)

On sait que c'est seulement à la suite de la découverte de la structure fine du spectre magnétique $\alpha$ du ThC et son interprétation par GAMOW que l'on a pu montrer que le ThC émettait également des rayons $\gamma$ liés à la présence de structure fine et qui ont passé inaperçus ou étaient attribués d'une manière erronée au passage ThC'' $\xrightarrow[\gamma]{\beta}$ ThD. Or, on sait que d'après GAMOW l'émission $\gamma$ se fait presque simultanément avec l'émission $\alpha$ qui la précède et la conversion interne devait se faire sur les atomes de Z = 81. D'accord avec la théorie, la plupart des différences énergétiques $\Delta E_i$ entre les différents groupes $\alpha$ correspondent à des groupes $\gamma$.

*) Les photographies qui figurent dans le texte proviennent du Laboratoire de Photographie et Cinématographique Technique du C.N.R.S. de Bellevue. Nous adressons tous nos remerciements au Docteur J. COMANDON qui a bien voulu nous fournir ces photographies.

Or, le rayonnement $\gamma$ observé par les électrons de conversion dans la transition ${}_{83}\mathrm{ThC}^{212}$ vers ${}_{82}\mathrm{Pb}^{208}$ était attribué au moment où je faisais mes expériences en totalité à la transformation $\mathrm{ThC}'' \xrightarrow[\gamma]{\beta} \mathrm{ThD}$, ou $\mathrm{ThC} \xrightarrow[\gamma]{\beta} \mathrm{ThC}'$, on ne connaissait donc pas une émission $\gamma$ attribuable au $\mathrm{ThC} \xrightarrow{\alpha} \mathrm{ThC}''$, comme c'était le cas pour l'émission $\mathrm{Ra} \xrightarrow[\gamma]{\alpha} \mathrm{Rn}$.

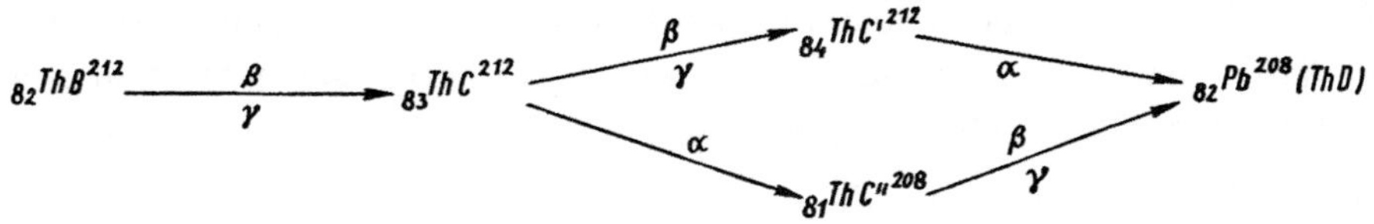


Schema de désintegration avant 1929

Remarquons que la demi-période du ThC″ est relativement longue et d'environ 3 minutes. Les groupes d'électrons de conversion attribuables au passage $\mathrm{ThC}'' \xrightarrow[\gamma]{\beta} \mathrm{ThD}$ s'expliquaient en admettant une conversion sur les atomes de Pb $Z = 82$ et ils sont dús à l'excitation du noyau formé à la suite de l'émission $\beta$ du ThC″.

Les idées de Gamow [9, 10] étaient d'ailleurs conformes aux résultats de Lise Meitner, qui a pu montrer quelques années auparavant que la conversion $\gamma$ dans la transmutation $\mathrm{RAc} \xrightarrow[\gamma]{\alpha} \mathrm{AcX}$ se faisait sur un élément $Z = 88$ après le départ de la particule $\alpha$ et la réorganisation du cortège électronique de cet élément. Pourtant, Meitner s'opposait aux vues de Gamow dans le cas du ThC. En effet, Meitner et Philipp avaient préparé des sources de ThC″ par recul $\alpha$ à partir de ThB et avaient trouvé par déviation magnétique que la raie d'électrons $A$, qui pouvait correspondre à une forte radiation $\gamma$ d'environ 40 keV, différence entre les deux composantes fortes de la transmutation ${}_{83}\mathrm{ThC}^{212} \xrightarrow[\alpha]{\gamma} {}_{81}\mathrm{ThC}''^{208}$, semblait suivre la transmutation $\mathrm{ThC}'' \xrightarrow[\beta]{\gamma} \mathrm{Pb}^{208}$ en contradiction avec les prévisions théoriques. Ellis [11], par contre, avait conclu que la raie $A$ était convertie sur un numéro $Z = 81$, en accord avec Gamow, puisque le rapport des intensités des raies de conversion $A/J$ était beaucoup plus petit quand on l'examinait à l'aide de sources renouvelées continuellement par recul $\alpha$ dans le vide à l'intérieur du spectrographe magnétique. Comme la raie $J$ appartient au passage $\mathrm{ThC}'' \xrightarrow[\beta]{\gamma} \mathrm{Pb}$, ce rapport devait être le même si on l'examine sur des sources préparées par recul ou sur des sources comportant également le ThC, la vie moyenne du ThC″ étant petite par rapport à celle du Th. C. Ellis a donc conclu que la raie $A$ appartient tout au moins en grande partie à la transformation ${}_{83}\mathrm{ThC}^{212} \xrightarrow[\gamma]{\alpha} {}_{81}\mathrm{ThC}''^{208}$. Ayant à notre disposition un spectrographe de grande dispersion, Valadares et moi-même avons repris l'étude des électrons de conversion de ThB + C et nous avons trouvé en 1931 qu'en réalité la raie $A$ consistait en deux raies très rapprochées et conclu, en accord avec Ellis, que les prévisions théoriques étaient confirmées, mais qu'il pouvait exister un autre rayonnement $\gamma$ d'environ 40 keV attribuable au ThC″ et dont la raie de conversion $A_{\mathrm{I}}$ était observée par Meitner et Philipp [12].

---

[11] Ellis, Proc. Roy. Soc. A. **136**, 407 (1932).
[12] Meitner et Philipp, Naturwiss., 1007 (1931).

En réalité, il n'en est rien. On admet depuis quelques années que $A_I$ appartient à la transformation ThB $\xrightarrow{\beta}$ ThC et est la raie de conversion $K$ d'une radiation $\gamma$ de 116 keV. Il est donc probable que par recul $\alpha$ on entraîne un peu de ThB + C, responsable des anciennes observations et que notre argument en faveur de la théorie était en réalité fortuit. Il est vrai que la spectroscopie $\beta$ a acquis depuis un degré de précision tel que l'attribution de la raie $\gamma$, d'environ 40 keV, au passage ThC $\xrightarrow[\gamma]{\alpha}$ ThC″ ne fait aucun doute, mais il semble amusant de montrer avec le recul des années, que même les arguments les plus convaincants sur le moment peuvent être contredits par des faits ultérieurs.

Vers 1930 la radioactivité n'était pas encore au centre de l'attention des physiciens ou même du public, comme c'est le cas maintenant pour la Physique Nucléaire. Le nombre des laboratoires qui s'occupaient de radioactivité était très petit et un des plus actifs à l'époque était le laboratoire dirigé par Hahn et Meitner à Dahlem, près de Berlin. Me trouvant en été 1929 à Berlin j'ai profité de l'occasion pour visiter le laboratoire à Dahlem et j'ai pu exposer à L. Meitner et O. Hahn le travail que je venais de publier sur le ThC. Otto Hahn m'a reçu fort aimablement et il m'a exposé en détail le problème dont il s'occupait à ce moment-là et qui l'intriguait beaucoup. Il voulait comprendre pourquoi certains composés d'éléments radioactifs laissaient échapper les gaz radioactifs comme le radon. Pourquoi le pouvoir émanatif était-il si capricieux ? A ce moment j'ai senti que Monsieur Hahn était plus qu'un chimiste ou un physicien, c'était un «philosophe» de la nature comme diraient les anglais. Un problème de la nature dont il s'occupait lui faisait oublier le côté pratique ou théorique dont il est parti, il voulait comprendre la chose en elle-même en gardant un respect profond pour les données premières de l'expérience. Otto Hahn ne cachait pas son scepticisme envers la nouvelle complication de l'émission $\alpha$. Il était un peu plus rassuré quand je lui ai expliqué que j'avais répété plusieurs fois — en variant les conditions — l'expérience avec le ThC, et que dans le mêmes conditions le ThC′ semblait être monocinétique, conformément à l'opinion admise. Lise Meitner n'était pas non plus persuadée de l'existence du phénomène de structure fine. Je me rappelle lui avoir cité son propre travail avec Freitag [13] sur la distribution des longueurs des traces $\alpha$ dans une chambre Wilson, obtenue avec une source de ThB + C + C′ et où on voyait une faible «bosse» du côté des petits parcours et qui n'existait pas dans la distribution des longueurs du ThC′. Selon mon opinion, cet excès de faibles parcours pouvait correspondre aux groupes $\alpha_2$ et $\alpha_3$ que je venais de signaler. Une non-homogénéité dans la distribution de la matière aurait dù se manifester également pour le ThC′. Lise Meitner s'est montrée bon joueur et j'ai pris congé du Laboratoire à Dahlem avec le sentiment d'avoir eu gain de cause. Avant de partir Professeur Hahn m'a demandé: Herr Doktor où est votre chapeau, votre canne, votre pardessus ? Je dois avouer que j'ai été un peu confus, car je n'avais aucun de ces attributs d'un jeune Herr Doktor.

C'est seulement lorsque d'autres cas de structure fine ont été trouvés que le phénomène de structure fine a été réellement admis par les physiciens. Rutherford, Ward et Wynn-Williams, à Cambridge, pensaient ainsi que la présence de structure dans l'émission $\alpha$ du ThC était liée au nombre Z impair de ce corps et par une méthode d'ionisation différentielle ils ont pu montrer l'existence d'une structure fine im-

---

[13] Meitner et Freitag, Zeit. f. Phys., **37**, 496 (1926).

portante pour l'AcC et et le RaC, isotopes du ThC [14]. D'après la théorie de GAMOW sur la structure fine $\alpha$, une liaison numérique étroite devait exister entre les groupes $\alpha$ de structure fine et les groupes $\gamma$ qui accompagnent l'émission $\alpha$.

On sait que la complexité et l'intensité de l'émission $\gamma$ augmentent en remontant les filiations radioactives; comme la théorie de GAMOW admettait une liaison étroite entre structure fine et émission $\gamma$, on pouvait prévoir des spectres très complexes pour le Radioactinium, Actinium X et le Radiothorium. En effet, grâce au concours de Madame PIERRE CURIE, Mademoiselle M. PEREY et MARCEL GUILLOT, nous avons pu étudier la famille de l'Actinium, ce qui a permis de donner des nouvelles preuves pour la liaison $\alpha$—$\gamma$ prévue par la théorie. Nous allons revenir ultérieurement sur le cas du Radiothorium.

Moi-même je me suis laissé guider par le rapport Z/A des émetteurs $\alpha$; en effet, ce rapport diminue en descendant dans une filiation radioactive tant que les émissions $\alpha$ ne sont pas interrompues par une émission $-\beta$ qui augmente ce rapport. La diminution du rapport Z/A par émission $\alpha$ est due au fait que la charge spécifique de cette particule est beaucoup plus élevée que celle de l'élément en transmutation. Ce rapport est égal à un $^1/_2$ pour la particule $\alpha$ et seulement de l'ordre de $^1/_{2{,}57}$ pour le Radium et $^1/_{2{,}58}$ pour le Radon par exemple. L'émission d'une particule $\alpha$ diminue donc la charge spécifique du noyau restant. La règle très sommaire que la structure fine va de pair avec Z/A est sans doute en liaison avec les couches fermées de 82 protons et 126 neutrons. Nous avons déjà montré que l'écart énergétique des premiers niveaux de structure fine diminue avec le nombre croissant des nucléons ajoutés aux couches fermées 82 et 126. Or, d'après la théorie les groupes de rayons $\alpha$ des niveaux de structure fine et qui ont par conséquent contribué à l'excitation des noyaux formés, sont en général d'autant plus intenses que leur énergie diffère peu de l'énergie du groupe le plus énergique. Les groupes de structure fine étant plus intenses, ils sont donc plus facilement observables au fur et à mesure que l'on s'écarte des nombres magiques.

Pour pouvoir attaquer le problème des éléments à demi-période longue et écartés par conséquent des nombres magiques, nous avons projeté dès 1937 [15] avec Monsieur TSAÏ un Grand Aimant Permanent. Le Centre National de la Recherche Scientifique a accordé les fonds nécessaires, mais par suite de la guerre l'aimant n'a pu être mis en service qu'en 1946. Cet aimant a permis l'étude et la mise en évidence de plusieurs structures fines d'éléments à vie longue, grâce à un spectrographe à 180° et au comptage individuel des traces $\alpha$ dans les émulsions spéciales. La grande constance du champ magnétique permet des expositions de l'ordre d'un mois et on a pu étudier des éléments d'une demi-période de l'ordre de $10^5$ ans.

Vers 1928 [16] LISE MEITNER pouvait montrer que les électrons «secondaires» ou électrons de conversion émis par le $_{90}$RTh $\xrightarrow{\alpha}$ $_{88}$ThX consistaient presque entièrement en quatre groupes $A$, $B$, $C$, et $D$ formant deux doublets. La présence de ces électrons pouvait s'expliquer en admettant que par suite de l'émission $\alpha$ certains atomes de ThX formés étaient ionisés dans la couche K. En revenant à leur état

[14] RUTHERFORD, WARD et WYNN-WILLIAMS, Proc. Roy. Soc. A. **129**, 211 (1930); RUTHERFORD, WYNN-WILLIAMS, LEWIS et BOWDEN, Proc. Roy. Soc. A. **139**, 617 (1932).
[15] S. ROSENBLUM et B. TSAÏ, C. R. T. **224**, 1278 (1947).
[16] L. MEITNER, Zeit. f. Phys. **52**, 637 (1928).

Fig. 3. Grand aimant-permanent pour rayons $\alpha$ (Rosenblum et Tsaï, 1946). On voit entre les anneaux en acier doux, qui ferment le circuit magnétique et les cylindres qui contiennent l'acier spécial des aimants. Ces cylindres sont entourés par les bobines d'aimantation et sont prolongés par les deux pièces polaires de forme spéciale en fer doux. L'entrefer contient l'appareil de déviation dans l'axe horizontal sur la photo. Les bobines d'aimantation ne servent que rarement pour la désaimantation et la réaimantation des aimants.

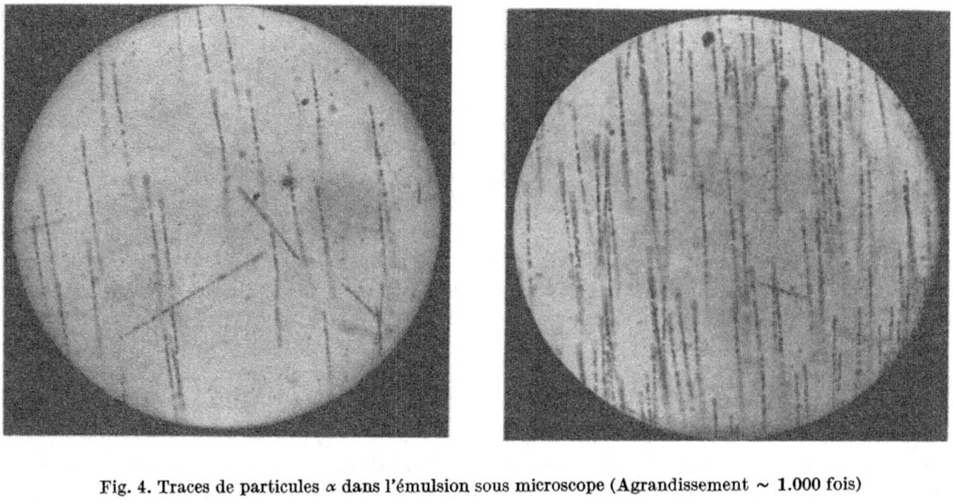

Fig. 4. Traces de particules $\alpha$ dans l'émulsion sous microscope (Agrandissement ~ 1.000 fois)

normal par effet Auger de $K\alpha_1$: $K \longrightarrow L_{III}$ et de $K\alpha_2$: $K \longrightarrow L_{II}$, les quatre raies seraient émises par les atomes ionisés. Ainsi, les raies $A$ et $C$ correspondraient à des électrons extraits des couches $L_i$ et $M_i$ par $K\,\alpha_2$, tandis que $B$ et $D$ seraient dûs aux électrons extraits des mêmes couches par $K\,\alpha_1$. On aurait donc les différences

$K - L_{III} - L_i$ et $K - L_{II} - L_i$ et $K - L_{III} - M_i$ et $K - L_{II} - M_i$. Les groupes observés étaient de 84 et 87 KeV environ. Quand le phénomène de structure fine $\alpha$ s'est trouvé généralisé et sa liaison avec l'émission $\gamma$ bien établie, on a pu se demander si l'interprétation des deux rayonnements observés par Meitner comme étant dûs

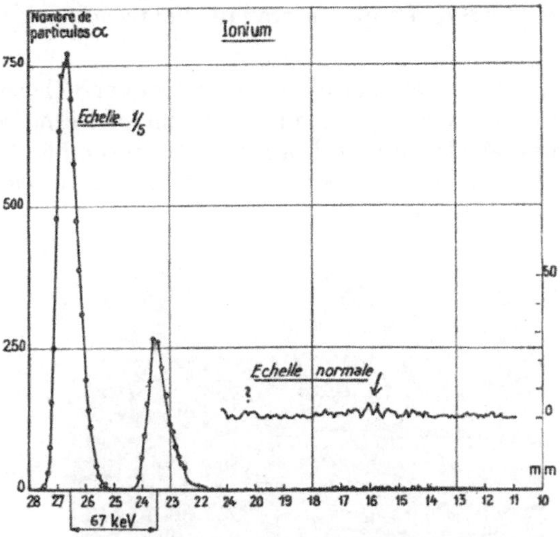


Fig. 5. Courbe de distribution des rayons $\alpha$ dans le spectre de ${}_{90}Th^{230}$ (Ionium) (Rosenblum, Valadares, Blandin-Vial, Bernas, 1954)

à des radiations extra-nucléaires était encore valable et on a admis en général qu'il s'agissait de deux groupes $\gamma$ voisins. Comme la structure fine du RTh, mise en évidence par Chamie et moi-même [17], indiquait deux groupes séparés d'environ

Fig. 6. Appareil de projection pour compter les particules $\alpha$ (Agrandissement sous microscope ~ 1.000)

[17] S. Rosenblum et Chamie, C. R. **194**, 1154 (1932).

84 KeV en bon accord avec la valeur plus faible de MEITNER, on pouvait se demander si l'une des composantes $\alpha$ n'était pas double, ou s'il n'existait pas quelques autres complications dans l'émission $\alpha$ du RTh. L'hypothèse d'une ionisation de la couche K, qui aurait donné lieu à émission $K\alpha_1$ et $K\alpha_2$ pouvait être écartée, car dans ce cas on aurait une différence énergétique pour les composantes de structure fine $\alpha$ de l'ordre de 104 KeV, correspondant au travail d'extraction d'un électron K sur un élément $Z = 88$.

Les résultats de VALADARES et moi-même pour trouver l'élargissement prévu pour une des composantes $\alpha$ du RTh, à l'aide de l'Aimant-Permanent, étaient négatifs et nous nous sommes décidés, en 1952, à reprendre ensemble l'étude des spectres de conversion, à l'aide d'un spectrographe magnétique pour électrons à très grand rayon de courbure, de l'ordre de 50 cms.

Fig. 7. Spectographe à rayons $\beta$ à 180° (1950). On voit l'appareil à focalisation pour électrons entre les pièces polaires d'un émetteur Poulsen transformé en aimant permanent. L'acier à aimant se trouve dans deux cylindres des deux côtés sur les montants entre les bonines d'aimantation permettant l'aimantation et la désaimantation des aciers d aimants.

Dans l'hypothèse de deux radiations électromagnétiques, on devait trouver le même intervalle énergétique entre $A - B$ et $C - D$. Or, nous avons trouvé systématiquement que $A - B$ était inférieur de 0,5 keV à l'intervalle $C - D$. En plus, nous avons trouvé deux raies supplémentaires $C' - D'$ non résolues antérieurement. Les coefficients de conversion qui venaient d'être calculés par GELLMANN, GRIFFITH et STANLEY [18] nous ont permis d'interpréter le spectre d'électrons observé comme étant dû à la conversion d'un seul rayonnement $\gamma$ E 2 = 84,47 keV, en accord avec la valeur 84,3 keV observée directement par FRILLEY, par diffraction cristalline.

Nos connaissances sur les phénomènes nucléaires ont notablement progressé depuis quelques années. Nous savons depuis longtemps que les forces qui assurent la stabilité

---

[18] GELLMAN, GRIFFITH et STANLEY, Phys. Rev. **85**, 1154 (1952).

des noyaux sont une centaine de fois plus fortes que le seraient les forces électromagnétiques confinées dans un élément de volume aussi petit que celui d'un noyau nucléaire et nous devons donc admettre l'existence de forces autres que les forces électriques. Contrairement à ce qui se passe pour les forces extra-nucléaires, nous ignorons la variation exacte de ces forces en fonction de la distance et nous en savons très peu sur leur nature intime. On a toutefois des raisons de croire que les forces nucléaires sont étroitement liées aux particules éphémères récemment découvertes comme les mésons et les hypérons, engendrés par l'impact de nucléons de très haute énergie de $\sim$ 1.000 MeV sur d'autres nucléons. Malgré notre ignorance sur la nature des forces nucléaires, on est arrivé à élaborer des théories nucléaires qui permettent de coordonner le grand nombre des faits expérimentaux qui s'est accumulé.

Ces théories permettent même des prévisions exactes sur la nature des radiations $\gamma$ et l'espacement des niveaux nucléaires. Citons par exemple la théorie de BOHR-MOTTELSON [19], qui est en quelque sorte une synthèse de la théorie en couches de MAYER-JENSEN et celle du noyau en mouvement collectif de la «goutte liquide». La théorie de BOHR-MOTTELSON s'applique aux noyaux écartés des nombres magiques qui présentent une dissymétrie notable dans la répartition des nucléons autour du centre de gravité. On sait le grand rôle que cette théorie a joué dans la coordination et la prévision des faits expérimentaux explorés surtout dans ces dernières années par ASARO et PERLMAN en U.S.A. et plus récemment par GOLDIN et collaborateurs en U.R.S.S. [20]. La présence de radiations $\gamma$ du type E 2, électrique quadrupolaire est caractéristique des niveaux de rotation qui, dans le cas d'un nombre pair de nucléons forment une suite avec les spins $0+$, $2+$, $4+$, $6+$, etc. .... Pour les noyaux avec un nombre de nucléons impair, les conditions sont plus complexes. La suite des niveaux est donnée par la relation de BOHR-MOTTELSON et elle s'écrit $E_{I\ \mathrm{rot}} = \frac{(\boldsymbol{P})^2}{2_J} = \frac{h^2}{8\pi^2 J} I\,(I+1)$, $\boldsymbol{P}$ est le moment de la quantité de mouvement, $J$ le moment d'inertie et $h$ la constante de PLANCK. $I$ le nombre quantique de la quantité de mouvement est un nombre pair pour les noyaux pairs-pairs et il est un nombre pair $+\,^1/_2$ pour les noyaux à nombre impair de nucléons. Remarquons que cette formule s'est vérifiée avec grande précision en appliquant une légère correction du type $-B I^2 (I+1)^2$ qui tient compte d'une petite augmentation supplémentaire du moment d'inertie par la vitesse de rotation qui contribue à l'excentricité du noyau par un effet centrifuge.

Nous avons essayé de montrer que l'étude des spectres $\alpha$ avait permis de lier numériquement l'émission $\gamma$ aux différences énergétiques $\alpha$. Nous voyons ainsi que les noyaux peuvent exister en différents états quantifiés et que les théories modernes permettent de prévoir dans certains cas la suite des niveaux nucléaires et la nature et l'intensité des radiations émises. Nous nous sommes bornés à considérer les phénomènes classiques et nous n'avons pas considéré les prévisions théoriques et preuves expérimentales des corrélations angulaires et «coïncidences» dans le temps qui peuvent se manifester entre les différentes émissions nucléaires. Ajoutons que la suite des

---

[19] A. BOHR, P. O. FRÖMAN, et B. R. MOTTELSON, Dan. Mat. Fys. Medd. **29**, nº 10 (1955); A. BOHR et BEN R. MOTTELSON, Dan. Mat. Fys. Medd. **27**, nº 16 (1953); GOLDHABER et SUNYAR, Phys. Rev. **83**, 906 (1951); S. ROSENBLUM et M. VALADARES, C. R. **234**, 2.359 (1952).

[20] ASARO, Thesis (1953) U.G.R.L. 2100, BERKELEY, California; GOLDIN, NOVIKOVA et TRETYAKOV, Phys. Rev. **103**, 1004 (1956); ROSENBLUM, VALADARES et MILSTED, J. de Physique et le Radium, 18, 610—618 (1957).

niveaux nucléaires que la nature nous offre dans les spectres $\alpha$ n'est pas réservée aux seuls éléments radioactifs. Depuis 1952 on sait provoquer artificiellement par l'excitation, dite coulombienne, l'émission des spectres nucléaires $\gamma$ d'éléments stables. Un faisceau de particules $\alpha$ venant de dehors ou un faisceau de protons accélérés peuvent, en passant au voisinage d'un noyau, l'exciter d'une manière analogue à l'excitation que provoquerait l'émission $\alpha$ dans le noyau formé après son départ. La relation de BOHR-MOTTELSON s'applique encore et la théorie sait prévoir la polarité des émissions $\gamma$ et la parité des états énergétiques dans certains cas.

Si l'atome radioactif est un «monde», comme l'a dit H. POINCARE avec une intuition remarquable quand il a appris par A. DEBIERNE que les lois du hasard régissent les transmutations radioactives, ce monde peut être décrit actuellement, tout du moins partiellement, et son comportement est prévisible dans certaines limites. Le progrès réalisé a été possible grâce à une collaboration, quelquefois tacite, entre expérimentateurs, théoriciens, et techniciens d'un même pays ou de pays différents.

Il m'a semblé intéressant de faire ressortir ici le rôle qu'ont joué les expériences de LISE MEITNER effectuées quelques années avant la découverte de la structure fine des rayons $\alpha$ dans la conduite de la recherche sur les spectres $\alpha$, montrant que la recherche forme un tout que l'on ne saurait interrompre impunément; un fait peut être oublié, un intérêt peut être déplacé et tout un développement scientifique peut prendre un autre cours.

**Pour la période avant 1950 consulter les livres:**

MEYER et SCHWEIDLER: Radioaktivität — Teubner — Leipzig — Berlin (1928).
RUTHERFORD, CHADWICK et ELLIS: Radiations from Radioactive Substances — Cambridge University Press (1930).
Madame PIERRE CURIE: Radioactivité — Hermann et Cie, Paris (1935).
GAMOW et CRITCHFIELD: Theory of Atomic Nucleus and Nuclear Energy Sources, Clarendon Press, Oxford (1949).

**Pour l'état actuel de la question de la radioactivité $\alpha$, voir:**

I. PERLMAN et J. O. RASMUSSEN: Alpha Radioactivity — Handbuch der Physik, vol. XLII — (1957) p. 108—204, Springer-Verlag.

W. HEITLER

# The Penetration of Gamma-Rays through Matter and the Development of Radiation Theory

The absorption of $\gamma$-rays in passing through matter has played an important historical role in the development of relativistic quantum mechanics and quantum electrodynamics. This role was played more than once. As we shall see at the end of this article it may be that its function in this respect is not exhausted yet. It is possible that the Compton effect at extremely high energies may once more be invoked as a critical test — or as a guidance — for the last phase of development of quantum electrodynamics, which seems as yet to lie in a somewhat hazy future. The absorption of $\gamma$-rays is chiefly due to 3 causes. (I) The photoelectric effect, (II) Compton scattering, (III) pair creation. We may disregard the photo-effect which contributes strongly to the absorption only in the non-relativistic region $\hbar\nu/mc^2 \ll 1$, and this region is not so interesting for our discussion. In addition there is also selective absorption by nuclei but this we will not consider either.

The story then begins with DIRAC's relativistic wave equation. When this wave equation was first established, it could hardly be believed that it was physically sound in all its consequences. The price for the beautiful equation seemed high. States of a particle with negative energy occurred, i. e. particles with a negative mass. A particle with negative mass behaves in a most extraordinary way: if one applies a force in one direction, it moves in the opposite direction, a behaviour which was characterized by FOWLER by the notation "donkey-electron". The difficulty was very neatly formulated by O. KLEIN in wave mechanical form in the "Klein-paradoxon". Let an electron move with positive energy $E_0$ against a very high potential wall $V$ ($> E_0$). Classically, as well as according to non-relativistic wave mechanics the electron would be reflected. If, however, $V > mc^2 + E_0$, the electron can comfortably assume a negative energy $E < 0$, and move along inside the potential, with conservation of energy, of course, $E_0 = V + E = V - |E|$. The probability for this to happen turns out to be quite large!

However, the success of the Dirac equation was so outstanding (spin, mechanical and magnetic, the fine structure of the hydrogen levels etc.) that the equation had to be taken seriously. The physicists looked for further tests. A critical phenomenon was found in the Compton effect, the scattering of a hard $\gamma$-quantum ($\hbar\nu > mc^2$) by an electron. This was calculated by KLEIN and NISHINA in 1929 and a formula for the cross-section obtained which bears the name of the authors. Although, of course, before and after the scattering the electron must be assumed to be in a normal state with positive energy, negative energy states do occur, and are vital for the derivation of the result. Scattering is a second order process which can be described by saying that first the primary photon is absorbed by the electron, leaving the latter in some intermediate state $n$, say, and then the scattered photon is emitted while the electron passes from $n$ to its final state $f$. (The order of absorption and emission can also be reversed.) Now these intermediate states $n$ *can* be negative energy states and their contributions to the scattering is essential. It is worth noting that negative energy states are even essential in order to obtain the correct non-relativistic limit, for $\hbar\nu \ll mc^2$. As is well known, the non-relativistic scattering derives from the term $\frac{e^2 A^2}{2mc^2}$ ($\vec{A}$ = vector potential) of the Hamiltonian. In DIRAC's theory, the Hamiltonian is linear in $\vec{A}$, namely $- e\,(\vec{\alpha}\,\vec{A})$. To obtain the matrix-element of $A^2$, viz. $\psi_f{}^*\, A^2\, \psi_a$ for two positive energy state $f$, $a$, a double process

$$\sum_n \Psi_f{}^* \left(\vec{\alpha}\vec{A}\right) \Psi_n\, \Psi_n{}^* \left(\vec{\alpha}\vec{A}\right) \Psi_a\,.$$

is needed and it is easily verified that in non-relativistic approximation *only* states $n$, with $E_n < 0$ contribute. So these ominous states are not only needed for mathematical completeness but also for the correct transition to non-relativistic wave mechanics.

Soon after the publication of KLEIN and NISHINA's work it was LISE MEITNER, together with HUPFELD, who set out to test the theory. They measured the scattering cross section of the Th C'' — $\gamma$-rays (2,6 MeV) in carbon — and found perfect agreement with the theory. This very important result verified DIRAC's theory quantitatively. Although at the time other relativistic wave equations (for example the Klein-Gordon equation) which were free of the negative energy-difficulty had been discarded on false grounds (because the charge density was not always positive), this direct confirmation of the Dirac equation was most valuable and showed that it had to be taken seriously.

It seemed that the negative energies were here to stay, at least in the mathematical framework. It must therefore be a matter of physical interpretation, to make sense of the formalism.

It was again DIRAC who found the correct interpretation in form of his famous, and for a short time, notorious, hole theory. Utilising the important fact that electrons obey FERMI statistics, he assumed that normally *all* the negative energy states are occupied by electrons. This then makes transitions to negative energy states impossible, at a big theoretical cost: One had to assume that all these electrons, infinite in number, are invisible and do not contribute to the charge, energy etc. of the normal world. In other words, the vacuum had to be renormalized (as the slightly euphemistic modern terminology would call it) such that the zero state of charge and energy is defined as that where all negative energy states and no positive energy state are occupied by electrons.

I remember a more than lively discussion once in Copenhagen where DIRAC presented this theory. The verdict of not a few theoretical physicists left little to be desired in clarity: madness.

What, in the above picture, cannot be avoided, is that one of the negative energy electrons is removed (to a positive energy state). The hole created in the sea of negative energy particles appears then — with the above definition of zero points — as a particle with positive charge and positive energy. DIRAC first attempted, unsuccessfully, to interpret these positive particles as protons. Soon, however, the positive electron was discovered in cosmic ray experiments by ANDERSON. With this discovery, the Dirac equation, and the hole theory, were finally vindicated as correct physical theories.

We are now able to formulate the hole theory directly in terms of positive and negative electrons, all with positive energy, without incurring the odium of an infinite number of invisible particles. This, however, is a purely formal device, with no physical consequences other than those inherent in the hole theory.

The hole theory still provides the most direct argument for the proof (better half of the proof) of a fundamental theorem of relativistic quantum mechanics, namely the connexion between spin and statistics. Particles obeying the Dirac-equation, that is particles with spin $^1/_2$ (and the same applies to particles with any half-integer spin) *must* obey Fermi-statistics, in order that the negative energy states can at all be thought to be filled up completely. The corresponding proof referring to particles with integral spin is more involved.

The discovery of the positive electron and the possibility of *creating* such particles has again an important bearing on the absorption of $\gamma$-rays. A photon *can* raise an electron from a negative energy state to a state with positive energy, i.e. it can create a pair of positively and negatively charged electrons. The process requires (because of energy and momentum conservation) the presence of another particle (e.g. an atomic nucleus) and therefore takes place in matter. The calculation showed that the absorption of $\gamma$-rays by such pair creation increases rapidly with increasing $\hbar\nu$ and quickly exceeds the absorption through Compton scattering (which decreases $\sim 1/\hbar\nu$ at high frequencies). At high energies pair creation tends to a high constant value. The measurements of the absorption of $\gamma$-rays (for $\hbar\nu$ between 5—500 MeV) provides therefore an excellent test for the validity of the Dirac equation (and hole theory) in connexion with the quantum theory of radiation. The process of pair creation is actually closely allied to the energy loss of fast electrons by Bremsstrahlung which shows a very similar behaviour and the two processes should be discussed together.

At first it seemed that the predicted high energy loss and absorption of fast electrons and $\gamma$-rays was contradictory to the known high penetrating power of cosmic radiation. So here a breakdown of the Dirac equation combined with radiation theory to take place at something like 100 MeV (a figure 137 $mc^2$ was somehow visualized) was assumed, a breakdown which has figured already in classical theory. An energy of 137 $mc^2$ corresponds to a wave-length of the order of the classical electronic radius $e^2/mc^2$, the "radius" a point charge must have if its electrostatic energy was to be equal to the rest energy of the electron $mc^2$.

However, the argument was wrong both from the experimental and theoretical point of view. The high penetrating power of cosmic ray particles is due to the fact that the penetrating particles are $\mu$-mesons (mostly) and not electrons, and these, owing to their much greater mass, suffer only small energy loss. Secondly, Bremsstrahlung and pair creation are not really high energy phenomena at all. They appear to be so because we consider them from an unsuitable Lorentz-frame. If a breakdown of the theory (more precisely: of the theory of the interaction between a Dirac-electron and radiation) takes place at high energies in the Lorentz-frame where electron + photon have together zero momentum, this will hardly make itself felt for the phenomena we are discussing. In the actual process of Bremsstrahlung the momentum of electron + photon is very high. To discuss the question one would first have to transform the electron to rest (and let the nucleus move). Consequently the phenomena in question are essentially low-energy phenomena and one cannot expect any substantial departure from theory for any energy, however high. Indeed, the subsequent discovery of the cascade showers as well as rather accurate measurements of the absorption of $\gamma$-rays have shown the theoretical predictions to be correct, for any energy.

However, it would be wrong to base too great an optimism on the success of the theory for these phenomena. In fact the optimistic attitude towards quantum electrodynamics reached its peak in 1948—50 when further important successes of the theory could be added to the inventory of understood and quantitatively explained phenomena, — the Lamb-shift and the anomalous magnetic moment of the electron. The relativistically invariant renormalization technique, invented at the time, enables us to calculate with any desirable accuracy "all" phenomena which are "observable in principle". The inverted comma's require explanation. It is best to state what was thought to be unobservable in principle. Essentially two quantities: namely the difference of the experimental mass and the so-called theoretical mass of a particle which is the mass of the particle without its electromagnetic field. This difference is the electromagnetic self-mass. The second unobservable quantity is somewhat similar, the electromagnetic self-charge.

The quantities have turned out to be infinite in any actual calculation (using some kind of perturbation methods) and it has been proved that in an exact evaluation one of them at least is infinite. So for the working of the theory it is essential that they are unobservable.

It seems indeed unlikely that the mass of an electron "without electromagnetic field" can be observed directly. But if we apply the same principles to other particles, this is no longer so. For example, the electromagnetic self-mass of a charged $\pi$-meson does seem to be observable, (not only "in principle"), because the $\pi$-meson without electromagnetic field exists — the well known $\pi^0$. The electromagnetic self-mass of the charged $\pi$-meson is very probably, indeed, just the mass difference between the two particles, about 10 electron masses. If this is so, then the philosophy underlying the renormalisation technique is plainly incorrect. This is not the place to enter into a discussion of further still more severe difficulties which exist in any renormalized quantum field theory. The above arguments are quite sufficient to suggest strongly that, after all, some modification of all field theories, including quantum electrodynamics, is required, a modification of an as yet unknown nature, but which must be such that the self-mass and self-charge are made finite. So we are coming back to the idea of a breakdown of the theory at some high energy. Roughly, this can be described by attributing to all particles, including the electron, an intrinsic finite size (as one did already in classical theory). In terms of energy this is expressed by the somewhat disreputable expression "cut-off"; but it means nothing more than that we assume the validity of the theory to be limited to energies, or better momenta, lower than the cut-off momentum (we call it $K_0$), or, to lengths larger than the "size" of the particle, which is $\hbar/K_0$. It is further assumed that contributions to any phenomena from beyond these limits are comparatively small. The latter assumption is, of course, necessary in order to make the otherwise infinite quantities finite. Some care is, of course, required lest the relativistic invariance is lost. A spherical cut-off, in both momentum or coordinate space, can only apply to a particle at rest. For a moving particle, the shape is transformed by Lorentz-transformation such that the theory remains invariant.

To obtain the cut-off constant $K_0$ the mass difference of charged and neutral $\pi$-meson can be used directly. It turns out that $K_0$ is of the order $Mc$ ($M =$ nucleon mass). It is very significant that nearly the same value is obtained from several mesonic phenomena, notably from the meson-nucleon scattering.

It seems likely that this is not mere coincidence, but that the cut-off is really *universal* (i.e. applies to all interactions). Furthermore, it is satisfactory that the cut-off length is determined by the heaviest elementary particle namely $\sim \hbar/Mc$. This length is presumably the smallest length that can be measured. It is quite conceivable therefore that a change of any field theory occurs as soon as we enter into dimensions smaller than this length. The interaction may, for example, become non-local within such small dimensions, (the particles have "finite size"). All this, of course, applies to the interaction of two particles in the centre-of-mass system, and for fast particles the size can, in one dimension, be much smaller, by Lorentz-transformation. It should, of course, be remarked, that a generally consistent theory, embodying such a cut-off, has not been found yet (or is in a very preliminary state) and when such a theory is found, the final solution of field theory will probably not be far off.

If the above is correct, the cut-off would represent a *universal feature.* The two examples quoted above (mass difference of $\pi^+$ and $\pi^0$ and meson-nucleon scattering) apply to two quite different interactions, electromagnetic and mesonic, and the fact that the constant $K_0$ is practically the same, strongly supports the universal character of the cut-off.

This has, very recently, been corroborated by two further phenomena, which became understandable on the assumption that the electromagnetic as well as the mesonic interactions are restricted in the above sense. The electron-proton and electron-neutron scattering at high energies can be accounted for if the nucleon at rest has an intrinsic size of order $\hbar/K_0$ (with the meson cloud around it). Secondly, the proton-neutron mass difference can be understood as a mixed mesonic-electromagnetic effect (electromagnetic interaction between nucleon and its charge cloud etc.), at least in sign and order of magnitude. For this purpose not only must the nucleon have the above size but also the interaction between mesons and the electromagnetic field must be restricted in the sense of a relativistic generalization of the "finite size model".

Naturally, such a cut-off *does* modify quantum-electrodynamics. It has, however, already been mentioned that it would not effect appreciably pair creation and Bremsstrahlung at any, however high, energy. It would, however, affect Compton-scattering for energies above $\sim 10^{12}$ eV (in the laboratory system), but this is not measured yet. It can also be shown that the influence on the best showpieces of present quantum-electrodynamics, the Lamb-shift and the magnetic moment, is very slight. It would require the measurements as well as the calculations to be extended to 3 further decimals before the departure from present quantum-electrodynamics would make itself felt. Thus it is the writers opinion, that a limitation of *present* quantum field theories of the above order of magnitude is likely to correspond to something physically real and should be further explored.

*The value of any working theory depends upon the number of experimental facts it serves to correlate, and upon its power of suggesting new lines of work.*

E. RUTHERFORD, 1905

W. GENTNER

# Einiges aus der frühen Geschichte der Gamma-Strahlen

In den folgenden Seiten soll versucht werden, die geistige Situation der Physik in den verschiedenen Jahren entscheidender Experimente über $\gamma$-Strahlen durch Originalzitate zu charakterisieren. Diese Auswahl von Zitaten soll auch gleichzeitig einen Eindruck von der Sprache der Forscher vermitteln. Eigene Erinnerungen der späteren Jahre werde ich mit verweben.

Da ich selbst durch das Lesen der Arbeiten von Frau L. MEITNER zu meiner jahrelangen Beschäftigung mit $\gamma$-Strahlen gekommen bin, so möchte ich ihr mit diesen Erinnerungen eine Freude bereiten. Doch habe ich auch ihr gegenüber im Zitieren selbst der wichtigsten Arbeiten sicher Unterlassungssünden begangen.

## 1. Natur der $\gamma$-Strahlen

Als Entdecker der $\gamma$-Strahlen wird in der älteren Literatur mit Recht P. VILLARD genannt. Die diesbezügliche Notiz [1] trägt den Titel: „Sur la réflexion et la réfraction des rayons cathodiques et des rayons déviables du radium.“ Die Versuche behandeln also vergleichende Messungen an Kathodenstrahlen und $\beta$-Strahlen. Die ersten Sätze fassen die damaligen Voraussetzungen zusammen:

„Les expériences de HERTZ et celles de M. LENARD ont montré que les rayons cathodiques peuvent traverser des lames minces, métalliques ou non, cette transmission étant accompagnée d'une diffusion considérable. Le fait que la vitesse des rayons transmis est à peu près identique à celle des rayons incidents paraît difficilement conciliable avec l'hypothèse ballistique, généralement admise, et l'on est conduit á admettre avec M. J. J. THOMSON qu'il s'agit en réalité d'une émission secondaire. Les résultats suivants conduisent à la même conclusion ...“

Am Ende der Arbeit steht dann aber noch:

„Remarque sur le rayonnement du Radium. En répétant l'expérience précédente dans les conditions diverses, j'ai presque toujours observé qu'un faisceau réfracté se superpose un faisceau à propagation rectiligne, ce qui rendait parfois difficile, l'interpretation des clichés.“

Ferner am Schluß, nachdem er keinen Einfluß des Magnetfeldes feststellen konnte:

„Les faits précédents conduisent à admettre que la partie non déviable de l'émission du radium contient des radiations très pénétrantes, capables de traverser des lames métalliques, radiations que la méthode photographique permet de déceler.“

[1] C. R. 9. April 1900.

RUTHERFORD erwähnt in seinem Buch, II. Auflage, daß diese Beobachtungen von BECQUEREL bestätigt wurden. Beim Lesen dieser Notiz, die drei Wochen später (30. April 1900) der Akademie vorgelegt wurde, konnte ich mich des Eindrucks nicht erwehren, daß BECQUEREL nur belehrende Worte an VILLARD über irreführende Schwärzungen und Schatten auf Photoplatten fand. In derselben Sitzung wurde aber eine neue Mitteilung von VILLARD hinterlegt und darin ist er nun seiner Entdeckung ganz sicher. Der letzte Abschnitt beginnt:

„Ainsi les rayons X émis par le radium ont une puissance de pénétration beaucoup plus considérable que les rayons déviables: c'est l'analogue de ce qui a lieu avec les tubes de Crookes. . ."

Inzwischen hatte RUTHERFORD die Frage nach der Natur dieser neuen Strahlen, denen er den Namen „$\gamma$-Strahlen" gegeben hat, mit der elektrischen Methode angegangen und schreibt zwei Jahre später unter dem Titel „Sehr durchdringende Strahlen von radioaktiven Substanzen" [2].

„Ich habe kürzlich alle radioaktiven Substanzen hieraufhin nach der elektrischen Methode untersucht und habe hierbei gefunden, daß Thor und ebenso die durch Thor und Radium erregte Radioaktivität Strahlen von demselben Durchdringungsvermögen wie Radium aussenden. .. Die Strahlen besitzen ein außerordentlich großes Durchdringungsvermögen und gehen ebenso leicht durch dicke Körper hindurch, wie die von einer „harten" Röntgenröhre ausgesandten X-Strahlen. Der Ionisationsgrad, welchen diese Strahlen hervorrufen, beträgt nur ein Bruchteil desjenigen, welchen die beiden anderen Strahlenarten erregen . . ." Weiter am Schluß: „. . . es muß jedoch daran erinnert werden, daß die Beobachtungen über die relative Leitfähigkeit der Gase und relative Absorption der Metalle nur für Strahlen angestellt worden sind, welche ein weit geringeres Durchdringungsvermögen besitzen, als die Radium- oder Thorstrahlen. BENOIST hat nachgewiesen, daß die relative Absorption der Röntgenstrahlen durch verschiedene Körper in sehr hohem Maße von der Art der Strahlung abhängt. „Harte" Strahlen geben ganz andere Resultate als „weiche" Strahlen. Die Absorptionsfähigkeit von Röntgenstrahlen von großem Durchdringungsvermögen ist bei gegebener Menge der verschiedenen Elemente eine kontinuierliche und zunehmende Funktion der Atomgewichte. Nach der in der erwähnten Abhandlung gegebenen Absorptionskurve ändern sich die Absorptionen mit der Dichte in viel stärkerem Maße für Röntgenstrahlen als für die von radioaktiven Substanzen ausgesandten durchdringenden Strahlen."

„Nach der von J. J. THOMSON und HEAVISIDE entwickelten elektro-magnetischen Theorie nimmt die scheinbare Masse eines Elektrons mit der Geschwindigkeit zu; ist seine Geschwindigkeit gleich der Lichtgeschwindigkeit, so ist seine scheinbare Masse unendlich. Ein mit Lichtgeschwindigkeit sich bewegendes Elektron würde durch ein Magnetfeld nicht beeinflußt werden."

„Es ist nun nicht unwahrscheinlich, daß einige der von Thor und Radium ausgesandten Elektronen sich mit Lichtgeschwindigkeit bewegen, denn nach den Versuchen von KAUFMANN ist die Geschwindigkeit der ablenkbaren Radiumstrahlen von großem Durchdringungsvermögen ungefähr 95% der Lichtgeschwindigkeit. Das Durchdringungsvermögen der Kathodenstrahlen oder der fortgeschleuderten Elektronen nimmt mit der Geschwindigkeit schnell zu, ein Ergebnis, das aus der Theorie unmittelbar folgt."

[2] E. RUTHERFORD, Phys. ZS, **3**, 5/7 (1902).

„Die große Ähnlichkeit der in dieser Abhandlung untersuchten Strahlen von großem Durchdringungsvermögen mit dem Verhalten von Elektronen von großer Geschwindigkeit läßt sich auf Grund der Annahme erklären, daß die ersteren aus Elektronen bestehen, deren Geschwindigkeit nahezu der des Lichtes gleich ist."

RUTHERFORD drückt sich also durchaus noch abwägend aus.

Aus dem Jahre 1903 fand ich ein Referat über einen Funkenzähler für $\gamma$-Strahlen. Diese Notiz von T. B. BLACK [3]: „Eine einfache Methode, die große Durchdringungsfähigkeit gewisser Radiumstrahlen nachzuweisen" dürfte wohl vielen unbekannt geblieben sein. Es lautet:

„Zwei vollständig gleiche Funkenstrecken sind parallel geschaltet und mit den äußeren Belegungen zweier Leydener Flaschen verbunden; die inneren Belegungen führen zu einer Wimshurst-Maschine. Wird die eine der beiden Funkenstrecken den Radiumstrahlen ausgesetzt, so wird bekanntlich die Luft ionisiert, die Funken werden diese Funkenstrecke vor der anderen bevorzugen. Der Verf. zählt die an beiden auftretenden Funken und konnte so z. B. noch durch eine Bleiplatte von 8,5 cm Dicke die Wirkung der Strahlen eines Centigrammes Radiumbromid sicher nachweisen. Das Verhältnis der Funken an der belichteten Funkenstrecke zu der an der anderen betrug dabei 42 zu 8 und bei Vertauschung 41 zu 9."

Aber auch im Jahre 1904 war die Natur dieser Strahlen noch keineswegs gesichert. Man kann z. B. in der Physikalischen Zeitschrift eine Kontroverse von F. PASCHEN und H. BECQUEREL lesen, die die damalige Lage erhellt. PASCHEN hatte sich mit dem Bau hochempfindlicher Elektroskope beschäftigt und damit auch Messungen an den $\gamma$-Strahlen des Radiums durchgeführt. BECQUEREL und VILLARD hatten im Gegensatz dazu sich ausschließlich der photographischen Methode bedient. In einer Zuschrift an PASCHEN [4] betont BECQUEREL:

„... die am wenigsten ablenkbaren $\beta$-Strahlen, deren Verlauf in einem Magnetfeld von 1000 CQS-Einheiten einen Krümmungsradius von ungefähr 10 cm hat (fast das Doppelte von demjenigen, der am wenigsten ablenkbaren Strahlen, auf welche sich die Messungen von Herrn KAUFMANN beziehen) besitzen außerordentliche Durchdringungsfähigkeit und diese Eigenschaft hat zu Verwechslungen mit den $\gamma$-Strahlen Anlaß gegeben ..." weiterhin: „... diese sehr durchdringenden Strahlen wirken nicht direkt auf eine photographische Platte ein, aber man kann sie auffangen durch eine absorbierende Schicht, welche sie teilweise anhält und an welcher sie sekundäre Erscheinungen hervorrufen, die ihre Gegenwart verraten."

PASCHEN [5] geht in seiner Erwiderung nicht auf die Hinweise BECQUERELS ein, sondern faßt seine bisherigen Versuche in einem Artikel zusammen, worin er auch mit kalorimetrischen Messungen argumentiert. Er beginnt mit folgenden Worten:

„Als $\gamma$-Strahlen sind von Herrn RUTHERFORD diejenigen Strahlen des Radiums bezeichnet, welche von Herrn VILLARD entdeckt sind. Ihr Kennzeichen ist eine große Durchdringungsfähigkeit, und, wie es scheint, fehlende magnetische und elektrische Ablenkung. Während man bisher annahm, daß diese Strahlen von der Art der Röntgenstrahlen seien, konnte ich nachweisen, daß sie eine negative Ladung mit sich führen. Sie sind daher als Kathodenstrahlen anzusehen. Diesen Nachweis habe

---

[3] The Electrician **1**, 318 (1903).
[4] HENRI BECQUEREL, Phys. ZS **5**, 561 (1904).
[5] F. PASCHEN, Phys. ZS **5**, 563 (1904).

ich entsprechend den Kennzeichen der $\gamma$-Strahlen so geführt: Erstens ließen die Strahlen, welche mit dickem Blei umgebenes Radium noch in den Raum sendet, den von ihnen verlassenen Leiter positiv zurück. Es mußte also negative Elektrizität mit den $\gamma$-Strahlen entwichen sein. Diese negative Elektrizität kann man auch direkt nachweisen mit einer Anordnung, welche von mir in dieser Zeitschrift 5, 160 (1904) beschrieben ist, wenn man das innere isolierte Radium in eine Blechbüchse steckt und den äußeren isolierten Bleimantel dicker wählt. Der Mantel lädt sich dann negativ auf ... durch ein allmählich verstärktes Magnetfeld lenkte ich nach und nach die ablenkbaren $\beta$-Strahlen des Radiums von einem solchen Bleimantel fort und behielt dann doch noch eine Menge Strahlen übrig, welche negative Elektrizität an den Bleimantel abgaben. Diese mußten also Kathodenstrahlen sein."

Er versucht seine Hypothese scharfsinnig mit kalorimetrischen Messungen zu unterbauen und kommt zu dem Schluß: 1 Coulomb $\beta$-Strahlen tragen also weniger Energie als $1{,}22 \cdot 10^{13}$ erg. 1 Coulomb $\gamma$-Strahlen hatte dagegen mindestens $3{,}85 \cdot 10^{16}$ erg.

Der erstaunliche Schluß dieser für die damaligen Verhältnisse sehr schwierigen und geschickten Experimente lautet:

„Die Energie eines $\gamma$-Elektrons ist demnach mehr als 3200 mal größer als die des schnellsten $\beta$-Elektrons der Messung KAUFMANNS. Die unscheinbaren $\gamma$-Strahlen tragen bei weitem die größte Energie der Radiumstrahlen. Sie tritt in Wirkung wo der $\gamma$-Strahl absorbiert wird, z. B. in Metallen, die dann infolge des Röntgeneffektes die starke photographische Wirkung ausüben, welche ich auf Seite 502 dieser Zeitschrift beschrieben habe und welche weiter die hohe hier gemessene Erwärmung erfahren. Wo aber die $\gamma$-Strahlen nicht absorbiert werden, merken wir nichts von ihrer großen Energie. Dies ist ein treffliches Beispiel dafür, daß Energien existieren können, von denen wir keine Kunde erhalten, solange sie nicht absorbiert und in Energieformen verwandelt werden, welche unseren Sinnen zugänglich sind."

„Durch das Vorstehende dürfte meine Vermutung, daß die $\gamma$-Strahlen Kathodenstrahlen einer hohen Geschwindigkeit, also wohl Lichtgeschwindigkeit sind, an Wahrscheinlichkeit gewinnen."

Zu Beginn des Jahres 1905 hat PASCHEN [6] im übrigen die kalorimetrischen Messungen als fehlerhaft zurückgenommen mit dem Schlußsatz:

„Es bleibt danach nur die Notiz von Frau CURIE, nach der die $\gamma$-Strahlen eine bedeutende Energie besitzen müßten."

Inzwischen hatten nämlich M. CURIE und SAGNAC nachgewiesen, daß auch Röntgenstrahlen in der Lage sind, Metallblechen, die sie durchsetzen, negative Elektrizität zu entziehen und sie positiv aufzuladen. Aus dem Rutherfordschen Laboratorium kam außerdem eine Arbeit von A. S. EVE [7] mit der Schlußfolgerung:

„It is clear, therefore, that PASCHEN was not justified in his conclusion that the $\gamma$-rays consist of negatively charged particles, but that he was really dealing with a secondary radiation caused by the $\gamma$-rays and proceeding from the outer layers of the lead envelope. There is at present no evidence that the $\gamma$-rays consist of negative charged particles."

---

[6] Phys. ZS. **6**, 97 (1905).
[7] Phil. Mag. 8, 669 (1904).

Zu einem vorläufigen Abschluß kommt die Diskussion über die Natur der $\gamma$-Strahlen mit den Argumenten, die RUTHERFORD [8] 1905 zusammenstellt:

„Considering the experimental evidence as a whole, there is undoubtedly a very marked similarity between the properties of $\gamma$ and X rays. The view that the $\gamma$-rays are a type of very penetrating X rays, also receives support from theoretical considerations. We have seen that the X rays are believed to be electromagnetic pulses, akin in some respects to short light waves, which are set up by the sudden stoppage of the cathode ray particles. Conversely, it is also to be expected that X rays will be produced at the sudden starting, as well as at the sudden stopping of electrons. Since most of the $\beta$ particles from radium are ejected from the radium atom with velocities much greater than the cathode particles in a vacuum tube, X rays of a very penetrating character will arise. But the strongest argument in support of this view is derived from an examination of the origin and connection of the $\beta$ and $\gamma$ rays from radioactive substances. It will be shown later that the $\alpha$ ray activity observed in radium arises from several disintegration products, stored up in the radium, while the $\beta$ and $\gamma$ rays arise only from one of these products named radium C. It is found too, that the activity measured by the $\gamma$ ray is always proportional to the activity measured by the $\beta$ rays, although by separation of the products the activity of the later may be made to undergo great variations in value."

„Thus the intensity of the $\gamma$ rays is always proportional to the rate of expulsion of $\beta$ particles, and this result indicates that there is a close connection between the $\beta$ and $\gamma$ rays. Such a result is to be expected if the $\beta$ particle is the parent of the $\gamma$ ray, for the expulsion of each electron from radium will give rise to a narrow spherical pulse travelling from the point of disturbance with the velocity of light. ..."

„The weight of evidence, both experimental and theoretical, at present supports the view that the $\gamma$ rays are of the same nature as the X rays but of a more penetrating type. The theory that the X rays consist of non periodic pulses in the ether, set up when the motion of electrons is arrested, has found most favour, although it is difficult to provide experimental tests to decide definitely the question. The strongest evidence in support of the wave nature of the X rays is derived from the experiments of BARKLA, who found that the amount of secondary radiation set up by the X rays on striking a metallic surface depended on the orientation of the X ray bulb. The rays thus showed evidence of a one sideness or polarization which is only to be expected if the rays consist of a wave motion in the ether."

Bis zur Entdeckung VON LAUES über die Interferenzerscheinungen der Röntgenstrahlen an Kristallen und der anschließenden ersten Wellenlängenmessung von RUTHERFORD and ANDRADE [9] an $\gamma$-Strahlen mit einem Steinsalzkristall sollten die verschiedensten Hypothesen über die Natur der $\gamma$-Strahlen nicht verstummen. Dies geht deutlich aus einer Besprechung von K. FAJANS in den „Naturwissenschaften" 1913 über das neue Buch von W. H. BRAGG „Studies in Radioactivity" London 1912, hervor. FAJANS schreibt am Ende seiner Besprechung:

„Im Falle der $\gamma$- und der von diesen sich wohl nur in quantitativer Hinsicht unterscheidenden Röntgenstrahlen waren noch vor kurzem über ihre Natur die Ansichten geteilt. Eine der verbreitetsten Theorien sieht in ihnen elektromagnetische Impulse

[8] Radioactivity 2. Edition 1905, S. 184.
[9] Nature **92**, 267 (1913).

im Äther, die durch rasche Geschwindigkeitsänderungen der $\beta$- oder Kathodenstrahlen erzeugt werden. Ihre Fortpflanzungsgeschwindigkeit müßte gleich der des Lichtes sein. Sie würden auf Grund dieser Auffassung außerordentlich kurzwelligem Licht (Wellenlänge $10^{-9}$ cm) zu vergleichen sein, von dem sie sich aber für gewöhnlich durch ihren nichtperiodischen Charakter unterscheiden würden. Der Verfasser verteidigt eine andere von ihm aufgestellte Theorie. Nach dieser sollen diese Strahlen so wie $\alpha$- und $\beta$-Strahlen auch korpuskular gebaut sein, und zwar aus Teilchen bestehen, die ein durch eine positive Ladung neutralisiertes Elektron darstellen. Der Verfasser hält seine Auffassung als besonders geeignet, um die große gegenseitige Umwandlungsfähigkeit der Kathoden- bzw. $\beta$-Strahlen in Röntgen- bzw. $\gamma$-Strahlen und umgekehrt, welche sie beim Auftreten auf Materie erleiden, zu erklären. Die neuesten Untersuchungen, durch die sowohl die Beugung wie die Reflexion der Röntgenstrahlen nachgewiesen wurde, scheinen aber endgültig die Impulstheorie bewiesen zu haben, während sie mit der Braggschen Auffassung unvereinbar sind. Dies muß beim Lesen der entsprechenden Kapitel des Buches, welche sonst sehr viel interessante und wichtige Tatsachen enthalten, berücksichtigt werden."

## 2. Ursprung der $\gamma$-Strahlen

War nun auch die Natur der $\gamma$-Strahlen damit sichergestellt, so ergab sich doch die zweite Frage, die schon Rutherford erörtert hatte, nach dem Ursprung und den Beziehungen der $\gamma$-Strahlen zu den radioaktiven Vorgängen. Die Antwort darauf ist erst in der Mitte der 20er Jahre gefunden worden, nach langen Diskussionen, an denen Lise Meitner einen hervorragenden Anteil genommen hat.

Inzwischen war das Rutherford-Bohrsche Atommodell entstanden und die Quantentheorie hatte ihren Siegeszug angetreten. Im Juli 1924 schreibt Lise Meitner [10] einen Artikel über die obige Frage mit dem Titel „Über die Rolle der $\gamma$-Strahlen beim Atomzerfall". Die ursprünglich Rutherfordsche Idee, daß vielleicht bei der Emission von $\beta$-Strahlen ebenso wie bei der Abbremsung von Kathodenstrahlen in der Röntgenröhre, Ätherimpulswellen entstehen, hatte sich nicht bewahrheitet. Die Klärung der Frage wird am besten beleuchtet, wenn ich folgendes aus der Arbeit von L. Meitner zitiere:

„In der voranstehenden Arbeit (O. Hahn und L. Meitner) ist gezeigt worden, daß die $\alpha$-Strahlenumwandlung des Radiums in Emanation von einer typischen monochromatischen $\gamma$-Strahlung begleitet ist, die offenbar aus dem Kern des zerfallenden Atoms stammt. Ganz ähnlich liegen die Verhältnisse auch beim Radioaktinium und Aktinium X, wie aus einer eingehenden gemeinschaftlich mit O. Hahn durchgeführten Untersuchung hervorgeht, die demnächst erscheinen wird. Bei diesen beiden $\alpha$-strahlenden Substanzen ist nicht nur eine einzige, sondern eine größere Zahl monochromatischer Kern-$\gamma$-Strahlen vorhanden. Daraus geht also hervor, daß $\gamma$-Strahlen sowohl als Begleiterscheinung von $\beta$- als auch von $\alpha$-Strahlenumwandlung auftreten können, und dies stützt wieder die von mir im Gegensatz zu C. D. Ellis betonte Analogie zwischen $\alpha$- und $\beta$-Strahlenumwandlungen. Zugleich ergibt sich damit ein etwas vertiefteres Verhältnis für die Bedeutung der $\gamma$-Strahlen überhaupt."

„Betrachten wir einmal die Vorgänge beim Atomzerfall. Wenn ein $\alpha$- oder $\beta$-Teilchen aus dem Kern herausfliegt, so wird in dem übrig bleibenden Kern eine Neuordnung

[10] ZS. f. Phys. **26**, 169 (1924).

der Kernbestandteile eintreten müssen. Bei dieser Neuordnung sind zweierlei Vorgänge denkbar. Erstens kann eine strahlungslose Änderung der Kernkonfiguration stattfinden, wie sie in der äußeren Elektronenhülle bei jedem Ionisationsprozeß erfolgt, bei dem sich die übriggebliebenen Elektronen in etwas veränderter Weise um den Kern einstellen. Außerdem aber können auch quantenmäßige Konfigurationsänderungen des Kerns vor sich gehen, die dann das Auftreten von monochromatischen $\gamma$-Strahlen bedingen werden."

„Stellt man sich auf diesen Standpunkt, so wird es sofort verständlich, daß auch $\alpha$-Strahlenumwandlungen von Kern-$\gamma$-Strahlen begleitet sein können. Das Auftreten der $\gamma$-Strahlen ist sozusagen ein Maß für die Größe der Störung der Kernfiguration, die durch das Austreten des $\alpha$- oder $\beta$-Teilchens hervorgerufen wird. Ist diese Störung gering, so wird ohne Änderung der Quantenzustände des Kerns nur eine strahlungslose Umordnung der Kernbestandteile vor sich gehen, die Atomwandlung ist nicht von einer $\gamma$-Strahlung begleitet. Solche Fälle liegen bei vielen $\alpha$-strahlenden Substanzen wie Ionium, Polonium, ThC' und bei den $\beta$-strahlenden Substanzen $UX_1$, RaE und ThC vor. Bei größeren Störungen durch die austretenden Kernbestandteile werden Quantenübergänge ausgelöst, die als $\gamma$-Strahlen emittiert werden. Je eingreifender die Störung des Kerns ist, umso zahlreicher werden die möglichen Energieübergänge, d. h. umso linienreicher und im allgemeinen auch umso mehr nach kurzen Wellenlängen reichend wird das ausgesandte $\gamma$-Strahlenspektrum sein. Wir kennen Substanzen, die nur eine einzige monochromatische $\gamma$-Strahllinie emittieren.

So sendet das $\beta$-strahlende RaD eine $\gamma$-Strahllinie von $2{,}7 \cdot 10^{-9}$ cm aus. Die $\beta$-Strahlung des ThB ist von der Emission zweier $\gamma$-Strahllinien von 5,2 und $4{,}16 \cdot 10^{-10}$ cm begleitet. RaB sendet eine große Zahl von $\gamma$-Linien aus, deren kurzwelligste bisher mit großer Sicherheit nachgewiesene Wellenlänge von $3{,}5 \cdot 10^{-10}$ cm besitzt; und noch viel komplizierter sind die $\gamma$-Strahlenspektren von ThC″ und RaC, deren kurzwellige Grenze sicher unter $1 \cdot 10^{-10}$ cm liegt."

„Die $\gamma$-Strahlung ist nach dieser Auffassung keineswegs in so einfacher Weise mit dem Aufbau des Kerns verknüpft wie etwa die charakteristische Röntgenstrahlung mit der Anordnung der äußeren Elektronen. Beispielsweise folgt aus der Tatsache, daß der Radiumkern eine einzige monochromatische $\gamma$-Strahllinie von der Energie von rund $3 \cdot 10^{-7}$ erg emittiert, nicht etwa, daß die zugehörigen stationären Zustände im stabilisierten Radiumkern wirklich vorhanden sein müssen; sondern es besagt nur, daß, wenn der Radiumkern ein $\alpha$-Teilchen verloren hat, also seiner Ladung nach ein Emanationskern geworden ist, noch ein Quantensprung von der angegebenen Energie erfolgt, der erst zu dem möglichen Zustand des Kerns der Radiumemanation führt. Diese Auffassung ist eine prinzipiell andere als die in meiner ersten Arbeit geäußerte Ansicht, wonach die Energie der $\gamma$-Strahlen in sehr engem Zusammenhang mit der Energie der primären Korpuskularstrahlen stehen sollte. Ein solcher Zusammenhang braucht hiernach gar nicht vorhanden zu sein und ist allem Anschein nach auch nicht direkt vorhanden. Darauf weist z. B. die Tatsache hin, daß die schnellsten $\alpha$-Strahlen, die wir kennen, die $\alpha$-Strahlen von ThC′ von keiner $\gamma$-Strahlung begleitet sind."

„Meine jetzige Auffassung unterscheidet sich aber auch nicht unwesentlich von der von C. D. Ellis und C. D. Ellis und H. W. B. Skinner vertretenen, nach der sich aus den von dem $\beta$-strahlenden RaB emittierten $\gamma$-Strahlen direkt die stationären Zustände des RaB-Kerns ergeben."

### 3. Wechselwirkung der Materie

Neben Natur und Ursprung der $\gamma$-Strahlen, war als drittes die Wechselwirkung mit der Materie zu klären. Auch hier ist von RUTHERFORD und seinem Laboratorium in Montreal die Pionierarbeit geleistet worden. In dem Artikel über „Sehr durchdringende Strahlen von radioaktiven Substanzen" [11] benutzt er als erster die Ionisationskammer zur Bestimmung der Absorption der $\gamma$-Strahlen von Radium und findet das Exponentialgesetz:

„Die folgende Tabelle zeigt den Zusammenhang zwischen Stromstärke und Dicke des Bleies. Die Bleiplatten waren viel größer als der Durchschnitt des Prüfungsapparates D, so daß die beobachteten Ströme nur von Strahlen herrühren konnten, welche durch das Blei hindurchgedrungen waren."

*Tabelle I*

| Dicke des Bleis | Strom |
|---|---|
| 0,72 cm | *I* |
| 0,72+0,62 cm | 0,60 |
| 0,72+1,24 cm | 0,37 |
| 0,72+1,86 cm | 0,25 |
| 0,72+2,50 cm | 0,16 |

„Der mit der 0,72 cm dicken Bleiplatte erhaltene Strom ist als Einheit genommen."

„Die Stromstärke fällt, wie aus der Tabelle hervorgeht, mit zunehmender Dicke der Platte ungefähr nach einer geometrischen Reihe."

Es hat dann fast 30 Jahre gedauert, bis wesentlich genauere Absorptionskoeffizienten für die harten $\gamma$-Strahlen gefunden wurden. Das hing einmal damit zusammen, daß der Einfluß der Streustrahlung zunächst geklärt werden mußte, und zum anderen war die $\gamma$-Strahlung des Radiums wegen ihrer Inhomogenität denkbar ungeeignet. Um die Ausschaltung der Streustrahlung hat sich K. W. F. KOHLRAUSCH [12] besonders bemüht, aber einwandfreie Messungen gelangen erst gegen 1930 durch Verwendung der Druckionisationskammer und besonders des Geiger-Müllerschen Zählrohrs, wodurch der Raumwinkel so stark verkleinert werden konnte, daß alle unübersichtlichen Korrekturen wegfielen. Diese empfindlichen Nachweisgeräte gestatteten auch erst die Verwendung der härteren und homogeneren Strahlung von ThC'', wofür man mit Vorteil das von O. HAHN entdeckte Radiothor benutzte. Ein erster deutlicher Hinweis auf diese Substanz, die später lange Zeit die wichtigste $\gamma$-Strahlenquelle war, findet sich in einem Artikel von A. S. EVE aus dem Rutherfordschen Laboratorium mit dem Titel: „Die Absorption der $\gamma$-Strahlen radioaktiver Substanzen" [13] Darin werden zunächst die damaligen Strahlenquellen aufgezählt:

[11] Phys. ZS. **3**, 1901—02.
[12] Wien. Ber. **126**, 887 (1917).
[13] Phys. ZS. 8, 183 (1907).

„1. Radiumbromid.
2. Uraninit aus Joachimsthal in Böhmen, 1 Kilogramm.
3. Uraniumnitrat, hergestellt von Eimer und Amend, 1 Kilogramm.
4. Thoriumnitrat, hergestellt von Eimer und Amend, 2 Kilogramm.
5. Radiothorium; dieses war mir von seinem Entdecker, Herrn Dr. Hahn, der gerade im hiesigen Laboratorium arbeitete, leihweise überlassen worden.
6. Aktinium, Gieselsches Präparat, Aktivität ungefähr 300.
7. Aktinium, Präparat von Debierne, Aktivität ungefähr 700. Diese Substanz, welche Eigentum von Sir William Ramsay ist, wurde mir von Herrn Dr. Hahn in liebenswürdiger Weise überlassen."

Dann folgt eine Bemerkung über das Radiothor. „Es verdient bemerkt zu werden, daß Radiothorium Werte für $\lambda$ ergab, die mit den beim Radium und beim Thorium gefundenen nahezu identisch sind, daß aber die Strahlen von Radiothorium anfänglich ein wenig durchdringungsfähiger zu sein scheinen, möglicherweise deshalb, weil die Selbstabsorption eine geringere ist. Herr Dr. Hahn hat gezeigt, daß Radiothorium Thorium X und Thoriumemanation hervorbringt, und da nun Radiothorium ähnliche Strahlen aussendet wie Thorium, so haben wir einen weiteren Beweis — wenn anders noch ein Beweis erforderlich wäre — für die Ähnlichkeit zwischen Radiothorium und Thor. Radiothorium ist bisher in reinem Zustande noch nicht erhalten worden, aber elf Milligramm, die Herr Dr. Hahn mir zu leihen die Liebenswürdigkeit hatte, waren, an den $\gamma$-Strahlen gemessen, 1570 Gramm Thoriumnitrat äquivalent. Dieses Resultat ist von derselben Größenordnung wie das, welches Herr Hahn unter Benutzung der $\gamma$-Strahlen gefunden hat; Radiothorium ist demnach 143000 mal stärker aktiv als Thoriumnitrat."

Die Energiebestimmung dieser ThC″-Strahlung, der härtesten $\gamma$-Strahlung der natürlich radioaktiven Substanzen, gelang aber erst Black 1925 [14].

Die wichtigste Anregung für die Experimentalphysiker, sich noch einmal mit der Absorption der $\gamma$-Strahlen zu beschäftigen, kam dann 1928 als Klein und Nishina [15] ihre bekannte Formel fanden. Diese berühmte Arbeit beginnt mit folgenden Worten:

„Nach der kürzlich von Dirac entwickelten neuen relativistischen Quantendynamik, bei der die mit der Eigenrotation des Elektrons zusammenhängenden Erscheinungen von selbst berücksichtigt werden, hat sich die Grundlage für eine Theorie der Streuung des Lichtes an freien Elektronen geändert, und man kann erwarten, daß auch die Endresultate der Dirac-Gordonschen Theorie des Comptoneffektes hiervon beeinflußt werden. In der vorliegenden Arbeit haben wir versucht, das Problem der Streustrahlung bei freien Elektronen auf Grundlage von Diracs neuer Dynamik des Elektrons in Angriff zu nehmen ..." und weiter unten „... In der vorliegenden Arbeit haben wir uns auf die Berechnung der Itensität der Streustrahlung in ihrer Abhängigkeit von Richtung und Wellenlänge beschränkt. Die Frage der Polarisation der Streustrahlung wird der eine von uns in einer nachfolgenden Arbeit behandeln. Es hat sich gezeigt, daß in dem Gebiet der harten $\gamma$-Strahlen die Abweichungen unserer Resultate von den Dirac-Gordonschen Formeln beträchtlich sind, so z. B. daß die Wellenlängenbestimmung der kosmischen durchdringenden Strahlung nach

[14] Proc. Roy. Soc. **109**, 166 (1925).
[15] ZS. f. Phys. **52**, 853 (1928).

der vorliegenden Theorie bedeutend kürzere Wellenlängen liefern würde als nach der älteren Theorie. Gerade in diesem Gebiet scheinen aber die experimentellen Ergebnisse über den Comptoneffekt zu unsicher zu sein, um zur Zeit eine Entscheidung für oder gegen die Theorie zu liefern. Hier wäre jedoch eine genaue experimentelle Prüfung sehr erwünscht, nicht am wenigsten im Hinblick auf die von DIRAC hervorgehobene Schwierigkeit seiner neuen Theorie, die mit der Möglichkeit von negativen Energien zusammenhängt."

Bald darauf hat D. SKOBELZYN [16], der in Leningrad und später im Pariser Radium Institut die Nebelspuren von Rückstoßelektronen der Ra-$\gamma$-Strahlung ausgemessen hatte, auf die Übereinstimmung der Winkelverteilung der Streuelektronen mit der Klein-Nishina-Formel hingewiesen. Dasselbe bemerkt L. H. GRAY [17], der sich auf eine frühere Arbeit von SKOBELZYN bezieht und dann schreibt er weiter:

„The nearest approach to a simple and direct comparison between theory and experiment would be obtained by a study of the absorption and scattering of thorium C'' $\gamma$-rays since it is estimated that about 80 % of the energy of this radiation is contained in the line $\lambda = 0{,}004$ Å. U. Unfortunately the experimental data concerning these rays are very meagre. The most recent determination of the total scattering coefficient in aluminium appears to be that made by RUTHERFORD and RICHARDSON in 1913 who obtained $T_{Al} = 0{,}096\ \mathrm{cm}^{-1}$. Assuming that all the energy resided in the one line, the theoretical formulare give $T = 0{,}097\ \mathrm{cm}^{-1}$ (KLEIN-NISHINA). The exact agreement between experiment and the Klein-Nishina-formula must be fortuitous ..."

Im nächsten Jahr kamen die ersten neuen Resultate der Experimentalphysiker (MEITNER und HUPFELD, TARRANT, CHAO) heraus, die sich mit der Klein-Nishina-Formel auseinandersetzten. MEITNER und HUPFELD hatten für ihre Absorptionsmessungen die ThC''-Strahlung und das Geiger-Müllersche Zählrohr benutzt, wodurch sie sehr günstige geometrische Bedingungen erzielten. Die Einführung dieser Meßmethode war damals noch etwas Umstürzlerisches, denn ich erinnere mich an ein Gespräch, das ich 1933, also drei Jahre später, bei meiner Ankunft im Pariser Radium Institut mit Madame CURIE hatte. Ich wollte die Messungen von Frau MEITNER nachmachen, aber Madame CURIE hatte große Bedenken gegen die Verwendung von Zählrohren für quantitative Messungen. Ich mußte versprechen, die Zählrohrmessungen mit der Druckionisationskammer zu kontrollieren. Erst nach vielen Monaten konnte ich Madame CURIE von der Zuverlässigkeit der Zählrohre überzeugen. Inzwischen hatte ich nämlich auch JOLIOT für diese Meßmethode gewonnen. Die erste Mitteilung von MEITNER und HUPFELD [18] schließt mit den folgenden Worten:

„Die erhaltenen Werte stimmen weitaus am besten mit der Formel von KLEIN und NISHINA überein. Es sind aber deutliche Abweichungen vorhanden, die mit wachsendem Atomgewicht größer werden und die sicher außerhalb der Fehlermöglichkeiten liegen. Unsere Meßfehler dürften $\pm 5\,\%$ nicht übersteigen. Die naheliegenden Erklärungsmöglichkeiten, wie etwa noch vorhandener Photoeffekt, zusätzliche klassische Streuung (unter Berücksichtigung der Debyeschen Formel) innerhalb derjenigen kleinen Winkel, für die die Bindungsenergie des Elektrons nicht mehr

[16] ZS. f. Phys. **58**, 595 (1929).
[17] Proc. Roy. Soc. **122**, 666 (1929).
[18] Naturwiss. **18**, 534 (1930).

verschwindend klein gegenüber seiner Rückstoßenergie wird, könnten nur für die schweren Atome in Betracht kommen, und scheinen keineswegs ausreichend die Abweichungen zu erklären. Man muß daher, da die Richtigkeit der theoretischen Grundlagen der Formel von KLEIN und NISHINA wohl nicht zu bezweifeln ist, an die Möglichkeit denken, daß ein bisher noch nicht berücksichtigter Faktor vorhanden ist, wie er z. B. durch eine Streuung der sehr kurzwelligen Strahlung an den Atomkernen selbst gegeben sein könnte.“

In der zweiten ausführlichen Arbeit von MEITNER und HUPFELD [19] wurde dann ganz deutlich gesagt, daß der normale Photoeffekt für die Absorptionskoeffizienten der schweren Elemente nicht ausreichend ist. Der Beweis war der größere Betrag der Differenzen $(\mu_{at})_{Pb} - (\mu_{at})_{Al}$ für die härtere ThC'' Strahlung im Gegensatz zur weicheren Ra(B + C)-Strahlung. Alle damals bekannten Effekte gingen in umgekehrter Richtung.

Um die gleiche Zeit wurden in verschiedenen Laboratorien ähnliche Messungen vorgenommen und besonders auch die Streustrahlung untersucht. Einen ersten Hinweis für eine neue Komponente in der Streustrahlung der schweren Elemente von $\sim$ 0,5 MeV fand C. Y. CHAO [20], der auch schon die isotrope Verteilung dieser Zusatzstrahlung feststellte. Seine Arbeit schließt mit den Worten:

„Although the final solution of this problem is not yet reached, nevertheless from the present experiment it is fairly evident that the additional absorption as well as the anomalous scattering of hard $\gamma$-rays by heavy elements, at least Pb, originates in the nucleus.“

Neben der Komponente von 0,5 MeV fanden L. H. GRAY und G. P. T. TARRANT [21] noch eine härtere Komponente von $\sim$ 1,1 MeV. Außerdem fanden Meitner und Kösters nur eine Streustrahlungskomponente *ohne* Wellenlängenänderung. Die Lage wurde mehr und mehr verwirrt, wie aus dem folgenden Zitat zu ersehen ist (L. MEITNER und H. KÖSTERS [22]).:

„Was die eingangs erwähnten Befunde von GRAY und TARRANT betrifft, so haben wir diese nicht bestätigen können. Nach GRAY und TARRANT sollten für RaC und ThC'' die Streustrahlungskurven für Fe sehr ähnlich sein, bei uns sehen sie absolut verschieden aus. Außerdem dürfte die Primärwellenlänge nicht in der Streustrahlung enthalten sein. In unseren Kurven treten deutlich die jeweiligen Primärwellenlängen auf. Ob daneben noch etwaige schwache weichere Ramanlinien vorhanden sind, können wir nicht entscheiden, dazu müßten unsere Kurven mit viel mehr Punkten belegt sein und auch dann wären Linien, die etwa zwischen die Compton- und Kernstrahlung fallen, kaum mit Sicherheit festzustellen. Wenn die von GRAY und TARRANT gefundenen zwei $\gamma$-Strahlgruppen durch Ramaneffekte entstehen, so ist es jedenfalls sehr auffallend, daß bei allen von ihnen untersuchten Substanzen die gleichen Linien auftreten. GRAY und TARRANT haben deswegen die beiden $\gamma$-Linien als Eigenfrequenzen des $\alpha$-Teilchens gedeutet.

Wo der Grund für die Unterschiede der Ergebnisse der englischen Forscher und der unsrigen zu suchen ist, ist schwer zu entscheiden. Die Versuchsanordnungen sind in beiden Fällen sehr verschieden. GRAY und TARRANT haben um größere Intensitäten

[19] ZS. f. Phys. **67**, 147 (1931).
[20] Phys. Rev. **36**, 1519 (1930).
[21] Proc. Roy. Soc. London (A) **136**, 662 (1932).
[22] ZS. f. Phys. **84**, 137 (1933).

und damit größere Meßgenauigkeit zu erzielen, auf Filterung und scharfe Ausblendung der Strahlen verzichtet und mußten infolgedessen eine Reihe rein rechnerisch ermittelter Korrekturen an ihren Messungen vornehmen. Wir haben den umgekehrten Weg eingeschlagen, stark gefiltert und ausgeblendet, wodurch die direkt gemessenen Werte auch die endgültigen Resultate darstellen. Und diese Resultate scheinen nur die von uns gegebene Deutung zuzulassen."

Zusatz bei der Korrektur von M. DELBRÜCK.

„Die kürzlich erfolgte Entdeckung, daß positive Elektronen durch $\gamma$-Strahlen von ThC″ und noch mehr durch die härtere Bestrahlung in verschiedenen Elementen mittlerer und hoher Ordnungszahl erzeugt werden, legt die Vermutung nahe, daß es sich dabei um einen Photoeffekt an einem der unendlich vielen Elektronen in Zuständen negativer Energie handelt, die nach DIRACS Theorie den ganzen Raum mit unendlicher Dichte erfüllen und die zu einem solchen Absorptionsprozeß vermöge ihrer Wechselwirkung mit dem Kern wohl befähigt wären.

Eine solche Auffassung zwingt dann aber auch zu der Folgerung, daß diese Elektronen negativer Energie $\gamma$-Strahlen zu streuen vermögen, und zwar kohärent, analog dem Phänomen der unverschobenen Comptonlinie. Diese Streuung verschwindet mit abnehmender Kernladung, genau wie im Falle der Streuung durch Elektronen positiver Energie. Bei gewöhnlichen Elektronen nimmt dann an Stelle der unverschobenen die verschobene Streustrahlung an Intensität zu. Diese ist bei Elektronen negativer Energie dadurch ausgeschlossen, daß alle Zustände, in die das freie Elektron gemäß dem Energie- und Impulssatz beim Comptonprozeß übergehen könnte, schon von anderen Elektronen besetzt sind.

Wir schlagen die Hypothese vor, daß die in der vorstehenden Arbeit beschriebene Streustrahlung mit dieser Streustrahlung der Elektronen negativer Energie identisch ist. Nach dieser Auffassung wäre die Kernstreuung also überhaupt nicht eine Funktion der Kernstruktur, sondern ausschließlich eine Funktion der Kernladung und der Frequenz der Primärstrahlung."

Die Entdeckung des positiven Elektrons mit seiner Vernichtungsstrahlung lag, wie man rückblickend sagen würde, in der Luft. Besonders auffallend war die rätselhafte Beobachtung mit der Nebelkammer von J. CURIE und F. JOLIOT [23].

„Trajectoires électroniques. — On observe aussi dans l'appareil des électrons rapides dont on peut estimer l'énergie en établissant un champ magnétique au moment de la détente. Le champ qui est produit par une bobine, est perpendiculaire à la chambre à détente; il est de 1.500 gauss environ.

Etant donné la très grande pénétration des rayons employés, il y a une très faible probabilité d'observer un électron issu de l'atmosphère de la chambre ou de l'écran de paraffine. La plupart des électrons observés proviennent surtout des pièces qui entourent la chambre: parois de verre, bobine pour le champ magnétique, plomb du filtre, et on les observe déjà ralentis par leur passage dans différentes matières. Cependant, les énergies de ces électrons ralentis sont encore très grandes, de l'ordre de $10^6$ eV à $4 \cdot 10^6$ eV. Le cliché 1 représente les trajectoires de ces électrons, le rayonnement étant filtré par 1 cm de plomb. On remarque une trajectoire, vraisemblablement due à un électron rapide, courbée en sens contraire des autres. Ceci indique que l'électron a été émis dans une région éloignée de la source et se dirige vers elle.

---

[23] L'existence du neutron par IRENE CURIE et FREDERIC JOLIOT, Hermann et Cie., Paris, 1932.

Ce fait a été observé assez fréquemment. Dans le cas particulier du cliché l'électron a une énergie voisine de $2 \cdot 10^6$ eV et ne peut être, d'après la direction de sa vitesse, un électron de choc Compton des photons primaires qu'émettrait la source ..... Il subsiste encore une difficulté, c'est la recherche de l'origine des électrons secondaires (2 à $3 \cdot 10^6$ eV) se dirigeant vers la source dans la chambre à détente. Cette difficulté serait écartée si l'on admet que les neutrons peuvent produire un rayonnement $\gamma$ secondaire dans la matière qu'ils traversent. On a vu que la forme du début dans la courbe d'absorption serait un indice de cette propriété des neutrons. Des expériences faites en plaçant un écran de plomb au-dessus de la source par rapport à la chambre d'ionisation, indiquent un très léger effet dans ce sens. Cette production de rayonnement secondaire pénétrant par les neutrons peut s'interpréter si l'on admet que les neutrons provoquent quelquesfois la désintégration des noyaux qu'ils rencontrent."

Um die gleiche Zeit erschien der Artikel von ANDERSON [24] mit der Entdeckung des positiven Elektrons in der kosmischen Strahlung. Ohne Kenntnis dieser Entdeckung hatte PAULI [25] gleichzeitig die Frage nach der Gültigkeit der Diracschen Theorie in seinem berühmten Handbuchartikel folgendermaßen beurteilt:

„Die Diracsche Theorie führt also zur Konsequenz, daß Teilchen mit positiver Ruhmasse mit endlicher Wahrscheinlichkeit durch das Zwischengebiet hindurchtreten und sich in Teilchen mit negativer Ruhmasse (unter Wahrung des Wertes der Summe aus kinetischer und potentieller Energie) verwandeln können. Offenbar widerspricht diese Konsequenz der Theorie der Erfahrung, und es fragt sich nun, wie hierzu Stellung zu nehmen ist ..."

„... Ein Versuch, die Theorie in ihrer bisherigen Form zu retten, scheint angesichts der Folgerungen von vornherein aussichtslos; andererseits ist es schwierig, vorauszusagen, mit welcher quantitativen Genauigkeit die Resultate der bisherigen Theorie in einer zukünftigen, korrekten Theorie näherungsweise bestehen bleiben werden. Die bisher vorgeschlagenen Versuche zu einer Modifikation der Theorie können nämlich kaum als befriedigend angesehen werden. Zunächst hat DIRAC selbst einen solchen Versuch unternommen. Er denkt sich den leeren Raum so beschrieben, daß alle Elektronenzustände negativer Energie durch je ein Elektron besetzt sind. Infolge des Ausschließungsprinzips ist dieser Zustand ein stabiler. Ferner wird die Zusatzannahme eingeführt, daß die unendliche Ladung dieser Elektronen kein Feld erzeugt, sondern nur dasjenige elektrostatische Feld existiert, das von Abweichungen der Besetzung der Zustände von dieser Normalbesetzung herrührt. In diesem Fall verhalten sich die unbesetzten Zustände negativer Energie sowohl hinsichtlich des von ihnen erzeugten Feldes als auch hinsichtlich ihres Verhaltens in einem äußeren Feld wie Teilchen mit der Ladung $+e$ und positiver Masse. Der Identifizierung dieser „Löcher" mit den Protonen steht jedoch entgegen, daß erstens die Masse der Teilchen der der Elektronen exakt gleich sein müßte, und daß zweitens eine Zerstrahlung von Elektron und Proton (z. B. des H-Atoms) nach dieser Theorie sehr häufig vorkommen müßte. Neuerdings versuchte DIRAC deshalb den bereits von OPPENHEIMER diskutierten Ausweg, die Löcher mit Antielektronen, Teilchen der Ladung $+e$ und der Elektronenmasse, zu identifizieren. Ebenso müßte es dann neben den Protonen noch Antiprotonen geben. Das tatsächliche Fehlen solcher Teilchen wird dann auf einen speziellen Anfangszustand zurückgeführt, bei dem eben nur die eine Teilchensorte

[24] Science **76**, 238 (1932).
[25] Handbuch der Physik, Kap. 2, W. PAULI: Die allgemeinen Prinzipien der Wellenmechanik.

vorhanden ist. Dies erscheint schon deshalb unbefriedigend, weil die Naturgesetze in dieser Theorie in bezug auf Elektronen und Antielektronen exakt symmetrisch sind. Sodann müßten jedoch (um die Erhaltungssätze von Energie und Impuls zu befriedigen, mindestens zwei) $\gamma$-Strahl-Photonen sich von selbst in ein Elektron und ein Antielektron umsetzen können. Wir glauben also nicht, daß dieser Ausweg ernstlich in Betracht gezogen werden kann."

Den inneren Zusammenhang zwischen der anomalen Absorption der $\gamma$-Strahlen und der Paarerzeugung einerseits und die Zuordnung der 0,5 MeV Komponente als Vernichtungsstrahlung andererseits und damit die Lösung des ganzen Rätsels haben im Februar 1933 BLACKETT und OCCHIALINI zuerst erkannt in ihrem Artikel „Photographs of tracks of penetrating radiation" [26]. Sie schreiben darüber folgendes:

„It is not unlikely that positive electrons may be produced otherwise than in association with the penetrating radiation. Perhaps the anomalous absorption of gamma-radiation by heavy nuclei may be connected with the formation of positive electrons and the reemitted radiation with their disappearance. The reemitted radiation is, in fact, found experimentally to have an energy of the same order as that to be expected for the annihilation spectrum.

Again the hypotheses of the existence of positive electrons amongst the secondary particles produced by neutrons, would provide an explanation of the curious fact discovered by CURIE and JOLIOT „Exposée de Physique Theorique" p. 21, 1933, that fast electron tracks are found with a curvature indicating a negative electron moving towards the neutron source."

Dieser vorsichtige Vorschlag zur Deutung wurde schon im Juni 1933 glänzend bestätigt durch die theoretischen Rechnungen von OPPENHEIMER und PLESSET „On the production of positive electrons" [27].

Die Deutung der harten Komponenten in der Streustrahlung stellte sich dagegen als sehr komplex heraus. Es war nämlich in Wirklichkeit ein breites Spektrum. Nur konnte man das damals, mit der schwerfälligen Methode der Absorptionsanalyse, die so viele falsche Schlußfolgerungen auf dem Gewissen hat, nicht merken. Der wesentliche Anteil dieser „harten" Komponente war einfach die Bremsstrahlung der ausgelösten Elektronen und die quantitativen Überlegungen wurden durch den mehrfachen Comptoneffekt erschwert.

Als sich die Wellen der Aufregung über die Wechselwirkung der harten $\gamma$-Strahlen mit den schweren Kernen schon beruhigt hatten, gab es 1936 noch einmal einen kurzen, aber heftigen Zweifel am Comptoneffekt. Darüber berichtete BOTHE in einem Vortrag in Zürich (Sommer 1936) und ich zitiere daraus folgende Stellen:

„Die bekannten Schwierigkeiten, die aus dem Dualismus in den Erscheinungsformen der Strahlung entspringen, veranlaßten im Jahre 1924 BOHR, KRAMERS und SLATER, zum ersten Male ernsthaft die Möglichkeit zu diskutieren, daß im Elementarprozeß der Wechselwirkung zwischen Strahlung und Materie der Energie-Impulssatz nicht streng, sondern nur statistisch erfüllt sein könnte. Eine solche Annahme schließt die Möglichkeit aus, solche Prozesse durch Lichtquanten (Photonen) zu beschreiben. Daher lag es nahe, diese Frage an demjenigen Prozeß zu prüfen, der bis dahin geradezu als augenfällige Demonstration der Existenz des Photons gelten konnte, nämlich

---

[26] Proc. Roy. Soc. London (A) **139**, 699 (1933).
[27] Phys. Rev. **44**, 53 (1933).

am Compton-Effekt. Diese Prüfung wurde von BOTHE und GEIGER für Röntgenstrahlen von etwa 70 keV ausgeführt. Es gelang der Nachweis, daß beim elementaren Compton-Effekt ein Streuphoton und ein Rückstoßelektron gleichzeitig ausgesandt werden. Damit war die von BOHR, KRAMERS und SLATER erörterte Möglichkeit experimentell ausgeschlossen ... Kürzlich hat nun SHANKLAND in Comptons Laboratorium den Versuch unternommen, die Photonenvorstellung im Gebiete der härteren $\gamma$-Strahlen nachzuprüfen. Er benutzte hierzu wiederum den Compton-Effekt. Der Vorteil gegenüber dem Röntgengebiet liegt darin, daß hier die Rückstoßelektronen so energiereich sind, daß sie bei entsprechend geringer Dicke der Streuschicht nicht sehr stark aus ihrer ursprünglichen Richtung abgelenkt werden; daher kann man hier eher hoffen, die von der Photonenvorstellung geforderte Richtungskopplung zwischen Streuphotonen und Rückstoßelektronen zu finden. Trotzdem ist ein solcher Versuch nicht ganz leicht durchführbar, weil die im Röntgengebiet noch wirksamen Mittel, um die Ansprechwahrscheinlichkeit eines Geigerschen Zählers für Photonen zu erhöhen, bei den härteren $\gamma$-Strahlen versagen, so daß die Ansprechwahrscheinlichkeit nicht auf wesentlich mehr als $10^{-2}$ gebracht werden kann. Dies bringt mit sich, daß die zu erwartende Häufigkeit der Koinzidenzen recht gering ist und leicht im unvermeidlichen Nulleffekt untergeht. SHANKLAND hat sich so geholfen, daß er im Wege der Streuphotonen mehrere Zählrohre hintereinander aufstellte, die als ein einziger Zähler von erhöhter Ansprechwahrscheinlichkeit (aber noch mehr erhöhtem Nulleffekt) wirken sollten. Dennoch ist es SHANKLAND nicht gelungen, so viele Koinzidenzen zu finden, wie aus seiner Berechnung aus der Photontheorie zu erwarten gewesen wären. Der hieraus gezogene Schluß, daß die Photonenvorstellung versagt, ist dann von verschiedenen Seiten übernommen und diskutiert worden. Insbesondere hat DIRAC es für nötig erachtet, wieder auf die statistische Auffassung von BOHR, KRAMERS und SLATER zurückzugreifen. Diese Möglichkeit scheidet jedoch von vornherein aus, weil sie im Widerspruch steht zu klaren experimentellen Ergebnissen, welche mit Berücksichtigung aller erdenklichen Fehlerquellen nach allen Seiten hin gesichert sind.

Hiernach blieben nur zwei Möglichkeiten übrig; entweder unterscheiden sich Röntgen- und $\gamma$-Strahlen wirklich so grundsätzlich in ihrem Verhalten, oder das Ergebnis von SHANKLAND ist falsch. Durch neue Versuche glauben nun H. MAIER-LEIBNITZ und der Vortragende sichergestellt zu haben, daß das letztere der Fall ist.“

Als ich im Jahr 1937 einen zusammenfassenden Artikel [28] über die Wechselwirkung der $\gamma$-Strahlen mit der Materie zu schreiben hatte, stellte ich auch einige Fragen an Frau MEITNER. Aus ihrem Antwortschreiben geht wohl am besten hervor, wie sie selbst ihren wissenschaftlichen Beitrag in diesen Jahren der Entdeckung der Paarbildung beurteilte:

„Herr HUPFELD und ich haben in unserer ersten ausführlichen Arbeit über die Absorption der harten $\gamma$-Strahlen darauf verwiesen, daß der große Überschuß der $\mu$-Werte über die Streukoeffizienten $\sigma$ (nach KLEIN-NISHINA) bei schweren Kernen nicht nur vom normalen Photoeffekt herrühren können, weil diese Differenz ($\mu$—$\sigma$) für 4,7 XE größer ist als für 6,7 XE. Damals war von Paarbildung nichts bekannt und heute ist es natürlich klar, daß die Paarbildung dafür verantwortlich ist, die tatsächlich für kleinere $\lambda$ größer ist als für größere $\lambda$. In der zweiten Arbeit von HUPFELD und mir [29] haben wir für die sogenannte „Kernstreuung“ pro Atom für

[28] Phys. ZS. **38**, 836 (1937).
[29] ZS. f. Phys. 1932, S. 714.

ein mittleres $\lambda$—6,7 XE angegeben zu $\sigma_K = 0{,}5 \cdot 10^{-24}$ bei einer Gesamtschwächung von $\mu = 16{,}4 \cdot 10^{-24}$ pro Atom, also weniger als 3%. Für die ThC''-Strahlung haben Kösters und ich den Anteil der Kernstreuung zu ca. 7% angegeben. Unseren Angaben liegt in beiden Fällen der Vergleich der Intensität der Comptonstrahlung (ca. 29 XE) und der härtesten Streustrahlung zugrunde. Nun hat ja Herr v. Droste in seiner Bestimmung der Zählerempfindlichkeit für das von uns stets verwendete Messingzählrohr gezeigt, daß die $\gamma$-Strahlung von 4,7 und 6,7 XE etwa knapp 7, bzw. 5,6 mal besser gezählt wird, als eine $\gamma$-Strahlung von 29 XE. Danach würde also für $\lambda = 6{,}7$ XE die Kernstreuung nur weniger als 0,6% und für $\lambda = 4{,}7$ XE etwa 1% ausmachen (immer im härtesten Teil der Streustrahlung gemessen). Ich möchte diesen Punkt darum etwas betonen, weil sich gelegentlich in der Literatur Angaben finden, die so verstanden werden können, als hätten wir nicht gewußt, daß die von uns gefundene harte Streustrahlung nur in der Größenordnung von einigen Prozent liegt. Ob diese Streustrahlung nach unseren heutigen Kenntnissen ganz durch die Bremsstrahlung der Compton- und Photoelektronen zu erklären ist, ist nicht einfach zu entscheiden. Herr v. Droste und ich haben schon vor 2 Jahren Streumessungen unter 60° ausgeführt mit der $\gamma$-Strahlung von 4,7 XE, die bisher nicht veröffentlicht worden sind. Um den Einfluß des Bremsspektrums festzustellen, hat dann Herr v. Droste das Bremsspektrum der RaE-$\beta$-Strahlen genau untersucht. Wir müssen jetzt gelegentlich nochmals genau diskutieren, ob wir aus seinen Resultaten die Streumessungen in dem einen oder anderen Sinn abschließend deuten können. Wir haben beide im letzten Jahr in ganz anderer Richtung gearbeitet, aber wir wollen die Frage demnächst nochmals aufnehmen."

Seit dem Jahre 1937 ist die Frage der Wechselwirkung mit größeren Energien der $\gamma$-Strahlen und verbesserter Versuchstechnik in vielen Arbeiten weiter erforscht worden. Insbesondere hat die Verwendung der Szintillationskristalle in Verbindung mit Diskriminatoren endlich den Verzicht auf die trügerische Absorptionsanalyse gebracht. Damit konnte dann auch noch einmal die Frage der elastischen Kernstreuung untersucht werden wie sie in der Arbeit von Meitner und Kösters und in dem Zusatz von Delbrück oben erwähnt wurde. Die Ergebnisse derartiger Messungen sind neuerdings von Eberhard, Goldzahl und Hara [30] mitgeteilt worden unter dem Titel: „Expérience destinée à la mise en évidence de l'effet Delbrück dans la diffusion élastique des Photons de 2,62 MeV". Die theoretische Deutung der sehr schwierigen experimentellen Messungen ist allerdings noch nicht gelungen wie aus der anschließenden Arbeit von Kessler [31] hervorgeht, aus der ich zum Schluß einen Abschnitt der Diskussion zitiere:

„Confrontés avec l'experience, ces résultats ne comblent malheureusement pas notre attente. En effet, ils n'expliquent que dans la proportion de 10 à 15% l'écart entre la course experimentale donnant les sections efficaces de diffusion élastique des $\gamma$, et la courbe théorique correspondant à l'addition des effets Rayleigh et Thomson. Il faudra donc chercher l'explication principale de cet écart dans une voie différente qui peut être l'une des suivantes:

1° Un calcul plus exact de l'effet Rayleigh à 2,62 MeV, les valeurs utilisées jusqu'à présent provenant d'une extrapolation sujette à caution. Un tel calcul est actuellement en cours d'exécution.

---

[30] Journ. de Physique **19**, 695 (1938).
[31] Journ. de Physique **19**, 739 (1958).

2° Une contribution positive de la partie réelle de l'amplitude de l'effet Delbrück (contrairement à ce que nous pensions a priori). Notons à ce propos que le fait de connaître la partie imaginaire autorise l'espoir de pouvoir calculer la partie réelle grâce à l'emploi de formules de dispersion.“

Den Anteil der Delbrück-Streuung mit $\gamma$-Energien zu messen, wie sie von radioaktiven Quellen ausgesandt werden, scheint danach sehr fraglich. Diese Streuung, die der virtuellen Paarbildung im Coulombfeld des Kerns entspricht, sollte bei höheren $\gamma$-Energien leichter nachzuweisen sein. Daher ist in den letzten Jahren die Streuung der $\gamma$-Strahlen aus Beschleunigern mit wesentlich höheren Energien genauer untersucht worden und dort ist auch die Delbrück-Streuung in der Vorwärtsrichtung gefunden worden [32].

Zum Schluß sei noch ein Wort über die Resonanzabsorption der $\gamma$-Strahlen gesagt, da diese Frage schon früh von W. Kuhn [33] 1929 geprüft wurde und auch von Meitner und Hupfeld erörtert worden ist. Aus dem regelmäßigen Gang der Absorptionskoeffizienten mit der Ordnungszahl konnte damals geschlossen werden, daß für die ThC''-Strahlung kein wesentlicher Anteil von Resonanzstreuung am Blei zu erwarten ist. Die ersten positiven Resultate einer Resonanzstreuung von $\gamma$-Strahlen wurden erst von Moon [34] 1950 mit der $\gamma$-Strahlung von $Hg^{198}$ (411 keV) erzielt. Er konnte durch schnelle mechanische Bewegung der Strahlenquelle die durch den Rückstoß hervorgerufene Linienverschiebung kompensieren und die Resonanzstreuung am Quecksilber einwandfrei beobachten.

Damit soll diese historische Zitatensammlung ihren Abschluß finden. Sie erfaßt nur Erscheinungen an $\gamma$-Strahlen, die von radioaktiven Quellen stammen und läßt die höheren Energien aus Beschleunigern ganz außer Betracht. Andernfalls wäre diese Betrachtung von den Massen der Arbeiten über Kernphotoeffekt unter- und oberhalb der Mesonenschwelle überschwemmt worden. Die Absicht war aber gerade die klassischen Zeiten in Erinnerung zu bringen, die unsere drei Jubilare mit begründet haben.

---

[32] J. Moffat und M. W. Strinfellow, Phil. Mag. **3**, 540 (1958).
[33] W. Kuhn, Phil. Mag. 8, 625 (1929).
[34] P. B. Moon, Proc. Roy. Soc. London (A) **64**, 76 (1951).

C. S. WU

# History of Beta Decay

## INTRODUCTION

No one who has followed the development of the theory of beta decay could fail to be impressed with the way that beta decay, from its first, very confused appearance, gradually developed into a consistent picture and finally assumed a role of great importance in particle interactions. As is well known, beta decay is full of surprises and subtleties. Its apparent perversities have threatened us not once but twice with the abandonment of some of our cherished conservation laws. However, it seems quite clear now that the first riddle of the continuous beta spectra was just a coded clue which nature had chosen as a medium to reveal the secret of the existence of an elusive elementary particle (neutrino). Otherwise, how would this elusive, undetectable particle ever have been discovered directly? In the second crisis, when the laws of parity and charge conjugation were found separately violated in beta decay, the world of physics was shocked and puzzled. Then it again turned out that by removing these restrictions, gates were opened wide for a much better understanding of beta decay. A great advance in the theory of the neutrino (two components) immediately followed, and the possibility of a broader and deeper symmetry connecting space and electricity (CP combined inversion) thus emerged. We were all pleasantly surprised.

As one reminisces about the history of the theory of beta decay, the fascinating story unfolds in several outstanding periods.

*The first period,* which lasted from the discovery of radioactivity to around 1930, was the longest and most perplexing one. Unlike the alpha spectra, which consist of one or several monoenergetic alpha lines of nuclear origin, beta spectra showed up with quite complicated compositions. There were many sharp lines superimposed on a continuous distribution of electrons. Which of these groups is the real disintegration electron? And those which are not of nuclear origin — where do they come from? Successfully identifying the various components of the beta spectra and correctly interpreting the respective origins of each component were monumental contributions to the later development of beta decay. However, this interpretation of the continuous distribution of the electrons now has only historical interest [1].

*The second period* began just a little while before the discovery of the neutron. The electron was soon evicted from the nucleus. If electrons do not exist in the nucleus, why are the disintegration electrons emitted from the nucleus? This led to the

---

[1] RUTHERFORD, Phil. Mag. 28, 305 (1914). In this paper he considered the continuous spectra as due to the statistical nature of energy losses in collisions between the disintegration electrons and the outer electrons of the atom.
HARKINS, Journ. Amer. Chem. Soc. 42, 1956 (1920); MEITNER, Zeit. f. Phys. 4, 146 (1921); RUTHERFORD, Phil. Mag. 4, 580 (1927). They proposed that electrons do not exist in the free states in the nucleus, but $\alpha'$ particles of nuclear dimensions are formed out of close combinations between two electrons and an $\alpha$ particle. An $\alpha'$ particle breaks up by first emitting one of its electrons and then the other. The spread of the continuous distribution is due to the difference in the energies of the stationary states occupied by the $\alpha'$ particle before and after the departure of one of its electrons.

transformation hypothesis: neutron ⇄ proton. But clearly energy as well as momentum and angular momentum cannot be conserved in the process of beta decay if the electron is the only particle emitted in the decay. How can one solve this big puzzle? Professor PAULI proposed the existence of an elusive particle which would take care of not only the missing energy but the unaccounted-for half unit of angular momentum as well. Furthermore, he allowed the particle to possess only vanishingly small mass and no charge and no interactions with other particles. This particle was later christened with the name of neutrino, meaning 'little neutral one' in Italian. FERMI immediately accepted the neutrino hypothesis and went on to formulate his famous theory of beta decay. Unfortunately, the Fermi theory met an unfair test at the very beginning. Prior to the time of copious production of artificial radioactivities, RaE was the only candidate which beautifully fulfilled many experimental requirements as a beta source for the investigation of its spectrum shape. How could one ever know, then, that the beta spectrum of RaE would turn out to be only one very special case, which is markedly different from what an allowed or a normal first forbidden beta spectrum should look like? So its pronounced energy dependence defied what was expected of the simple Fermi theory of beta decay and greatly slackened the pace of its initial progress. Even when the artificial radioactivities became adequately accessible, a slight deviation at low energies from what was predicted from the allowed Fermi spectrum still obstinately persisted.

*The third period* began shortly after the end of World War II. The deviations of the beta spectra in the low energy region were understood and eliminated. Gamow-Teller and Fermi interactions were found to be approximately equally represented. The shapes of the spectrum behave precisely as was expected from the Fermi theory. The great triumph came when the markedly different shapes of unique forbidden spectra showed up on the scene for the first time to break the monotony of the same old allowed shape. This evidence gave strong support to the Fermi theory of beta decay. Furthermore, $\pi$—$\mu$ and $\mu$—e decay and $\mu$-capture were observed, and their demure manners in interactions classified them into the same family as that of the beta decay and established a distinctive type of weak interaction. However, the significance of this group of weak interactions was not revealed until shortly after the parity violation was exposed.

So here we are at the end of the first two years of *the fourth period* of parity non-conservation. What an unprecedentedly rapid pace we have been experiencing ever since! Whether this is the final chapter of beta decay or just an intermediate phase leading to a much deeper understanding of nature, only time and labor will tell.

## The First Period

In order to appreciate fully the tremendous accomplishments in this first period of perplexity, one must realize that the pioneers in this field were confronted with a most complicated problem of beta-emission, yet had neither the experimental facilities to work with nor any theory of interaction of beta and gamma radiation with matter to guide them. The first inkling which they had about the electrons emitted from radium and other radioactive bodies was that the electrons were projected with a wide range of speed. Electrons from some radioactive bodies had a velocity approaching the velocity of light. Before 1910, the only study carried out was by the absorption method and its results were treated as if they were gamma rays. It was totally fortuitous that the absorption curves always could be resolved into two or more components and each followed the exponential absorption. Then the question was asked, "Is this evidence of the homogeneity of beta rays?" To answer this question, a better method of investigation was clearly needed. Von Baeyer, Hahn and Meitner [2] designed and constructed a magnetic deflection apparatus and obtained strong proof of the existence of homogeneous groups of electrons.

The discovery of these homogeneous groups of beta rays was a matter of great importance. If these beta groups had been the disintegration electrons from the nucleus, then our story would have been short and much less intriguing. As mentioned before, in those early days very little was understood about the interaction of radiation with matter. It was known that high speed electrons were emitted from matter due to the passage of the gamma radiation. Naturally, one now wanted to know whether there was any connection between these secondary electrons and the primary beta rays from the radioactive substance. Rutherford, Robinson and Rawlinson [3] investigated these secondary electrons from gamma rays in a magnetic spectrograph; here again, the well marked homogeneous groups of electrons appeared. These electron lines can only be interpreted as due to the action of gamma rays on the metal sheath wrapped around the radioactive source. This result implied that those groups of electrons forming the beta spectra of radioactive substances were probably also of secondary origin and not the disintegration electrons from the nucleus as one had supposed. This was indeed a complete change in the point of view.

Among the most frequent of the secondary effects is the internal conversion of these gamma rays in the outer electronic structure and consequent emission of high speed photoelectrons which form the characteristic groups already mentioned. However, following this, a succession of X-rays is excited and electron emissions from the outer levels due to these X-rays (Auger electrons) are also present. All these secondary effects are superimposed on the genuine disintegration electrons which were hardly understood at all.

Concerning the secondary effect, it was not known at that time in what way, if any, the energy of the quantum was divided between the ejected electron and the remainder of the atom. Ellis [4] investigated this point by measuring the energies of the groups of electrons liberated from different metals by the same gamma rays in order to obtain the relationships between the energies of the photoelectrons and the atomic number. These investigations led to the conclusion that

$$E_e = W_\gamma - W_a$$

where $E_e$ is the energy of the ejected electron, $W_\gamma$ represents the energy characteristic of gamma rays, and $W_a$ represents the work of extraction which is characteristic of the atom. The most intense line is with electrons from the innermost shell. This relation in itself constituted a strong proof of the validity of the Einstein photoelectric equation for these high frequencies. Furthermore, it offered a precise and accurate method of determining the energy of the gamma rays.

[2] Von Baeyer and Hahn, Phys. Zeit. **11**, 488 (1910). Von Baeyer, Hahn and Meitner, Phys. Zeit. **12**, 273, 378 (1911); **13**, 264 (1912).
[3] Rutherford, Robinson and Rawlinson, Phil. Mag. **28**, 281 (1914).
[4] Ellis, Proc. Roy. Soc. **A 99**, 261 (1921); **101**, 1 (1922).

These drastic reverses were arrived at independently by MEITNER [5] from the important observation by her and HAHN [6] that certain pure alpha radioactive substances also emitted these homogeneous groups of electrons characteristic of beta radioactive bodies. Her experimental conclusion was also that the entire natural beta ray spectrum was due to an internal photoelectric effect of the gamma rays on the different electronic levels of the atom.

Even in her first paper on this subject, she drew attention to the importance of knowing whether the emission of the gamma rays preceded or followed the disintegration. It is interesting to note that MEITNER adopted the view that the gamma rays were emitted after the disintegration and it was proved to be correct by herself and others.

Since the binding energy of the atom $W_a$ is determined by the atomic number, a large error would be made in the deduction of the energy of the gamma ray if a wrong choice of the atomic numbers involved were used. Any detailed analysis of the beta ray spectra had to wait for the settlement of this important question. As for the theoretical importance, it hardly needs any emphasis.

MEITNER's method [7] was to measure accurately the energy difference between the two K and L internal conversion lines of a gamma ray and to see whether the difference agreed with the K—L binding energy of one or the other of two elements involved in the decay. She took a little detour here. Instead of using a beta-emitting body, she used an alpha source. In the case of alpha decay, the atomic numbers of the parent and daughter substances differ by two units. Therefore, the differences which she was looking for were much larger and enabled her to reach the important conclusion [7] that gamma rays are emitted after, not before, the alpha decay. With a magnetic spectrograph of improved resolution, ELLIS and WOOSTER [8] arrived at the same conclusion for the case of beta decay.

Fortunately, while these homogeneous groups of electrons in the beta spectra were identified as of secondary origin and removed from consideration as the disintegration electrons from the nucleus, a continuous distribution of electrons was being noticed and established. In spite of the prominent appearance of the sharp electron lines on the photographic plate, these electrons contribute only a small fraction of the total emission measured by the electric counting method or the ionization method. It was shown by CHADWICK [9] that it is the continuous distribution of electrons which forms the main portion of the beta spectrum (Figure 1) and they can be identified as the disintegration electrons.

By that time, the quantum theory was already well accepted. So in 1922 MEITNER made the important point that a nucleus, presumably quantized, ought not to emit electrons of varying energy. What then causes the inhomogeneity of electrons as represented by the continuous distribution? Could it be introduced after the actual expulsion from the nucleus? Many physicsts were strongly inclined to believe that the inhomogeneity of the electrons was caused by their losing varying amounts of energy in collisions with outer electrons.

---

[5] MEITNER, Zeit. f. Phys. **9**, 131, 145 (1922).
[6] HAHN and MEITNER, Zeit. f. Phys. **2**, 60 (1920).
[7] MEITNER, Zeit. f. Phys. **34**, 807 (1925).
[8] ELLIS and WOOSTER, Proc. Camb. Phil. Soc. **22**, 844 (1926).
[9] CHADWICK, Verh. d. D. Phys. Ges. **16**, 383 (1914).

Several investigations [10] to study this problem were carried out, but the answers were all negative. One proposal was that the electron emits continuous gamma rays in its passage out through the intense electric fields of the atom. But if such an effect exists (it is known now as the internal Bremsstrahlung), it was found [11] to

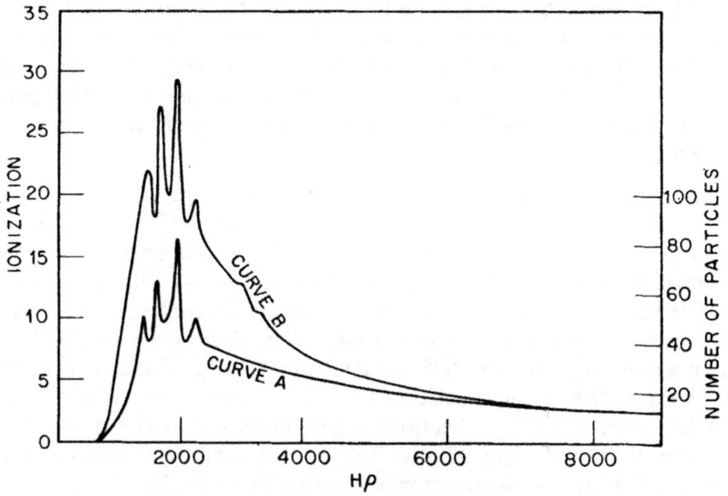


Fig. 1. Electron lines superimposed on the continuous $\beta$-spectrum [9]
Curve *A* by counter method
Curve *B* by ionization chamber method

be too small to explain the continuum. Now if the inhomogeneity were actually introduced after the expulsion from the nucleus, it would imply that the electrons all had the same disintegration energy to start with, equal to the upper limit of the spectrum. If, on the contrary, the disintegration electron were actually ejected from the nucleus with various energies, then the average energy of disintegration should correspond to the mean energy of the continuous spectrum. A final decision between these two views would thus be reached by measuring the average energy of disintegration of a beta-emitter whose spectrum was well known. The average energy of disintegration can be measured by finding the heat produced when a known number of atoms disintegrates inside a calorimeter the wall of which is so thick that all beta rays are stopped in it. RaE was perfectly suited for this purpose. The results of Ellis and Wooster [12] gave $350 \pm 40$ keV, in striking agreement with the mean energy of the emitted beta particles as shown by the continuous spectrum, that is $390 \pm 60$ keV, and entirely incompatible with the value of 1,050 keV predicted by the assumption that all electrons have the same disintegration energy to start with. Ellis and Wooster's results were strongly confirmed by an independent measurement with several improvements by Meitner and Orthmann [13].

[10] Chadwick and Ellis, Proc. Camb. Phil. Soc. **21**, 274 (1922). Pohlmeyer, Zeit. f. Phys. **28**, 216 (1924). Ellis and Wooster, Proc. Camb. Phil. Soc. **22**, 859 (1925).
[11] Aston, Proc. Camb. Phil. Soc. **22**, 935 (1927).
[12] Ellis and Wooster, Proc. Roy. Soc. **A 117**, 109 (1927).
[13] Meitner and Orthmann, Zeit f. Phys. **60**, 143 (1930).

Thus, by the end of this first period the various components of the beta spectra had been correctly identified and the theoretical difficulty of the continuous distribution of the disintegration electrons was fully comprehended.

### The Second Period

As soon as the experimental evidence proved beyond a doubt that the continuous distribution is the intrinsic characteristic of the disintegration electrons, physicists knew that they were confronted with something very puzzling. Particularly W. Pauli, who had closely followed these experimental polemics with great interest, was convinced that the results from the calorimetric measurements were very conclusive and most significant.

At about the same time, wave mechanics had been taking hold in physics. Our understanding of the spins and statistics of nuclei gradually became clear. However, the fundamental constituents of nuclei were still protons and electrons. Therefore, $N^{14}$ nuclei were supposed to obey Fermi-Dirac statistics. The argument for this is as follows: $N^{14}$ should consist of 21 odd particles, 14 protons and 7 electrons. All these 21 odd particles obey Fermi-Dirac statistics. According to the Ehrenfest and Oppenheimer theorem [14], the $N^{14}$ nucleus must obey Fermi-Dirac statistics. To everyone's dismay, the determination [15] of the statistics of $N^{14}$ revealed Bose-Einstein statistics contrary to expectation and therefore provided a strong argument against the proton-electron hypothesis. The considerations of spins of the nuclei led to the same conclusion. So electrons would have to be excluded in the nucleus. But no better ideas about the possible constituents of the nuclei were advanced to replace the old proton-electron hypothesis at that time.

Based purely on the spin and statistics consideration, Pauli pointed out in a letter to Geiger and Meitner in December of 1930 that in beta decay not only was the energy apparently not conserved, but also the spin and the statistics were not conserved. Consider the well-known case of the beta decay of RaE

$$_{83}\mathrm{RaE}^{210} \rightarrow {}_{84}\mathrm{RaF}^{210} + \beta^- .$$

The nuclear angular momentum of RaE (mass number is 210) and RaF (mass number is also 210) are integral multiples of $\hbar$ (we know now they are $\hbar$ and 0 respectively). Thus the possible change of the nuclear angular momentum during the transition must be an integral amount (in this case it is $\Delta I = \hbar$). On the other hand, the intrinsic angular momentum of the electron is $\frac{1}{2}\hbar$. The orbital angular momentum is always an integral multiple of $\hbar$. So the angular momentum is clearly not conserved in the $\beta^-$ decay if the $\beta^-$ particle is the only particle emitted. Pauli went on to propose an outlandish idea of introducing a very penetrating new neutral particle of vanishingly small mass in beta decay to save the situation. He made public his proposal of this strange new particle at the American Physical Society meeting in Pasadena in June, 1931. However, this hypothesis of a new undetectable particle met with scepticism, as it was too radical for most physicists to accept with ease. In October of that same year, Pauli and Fermi met at a nuclear physics meeting in Rome. Beta decay was again discussed at length, and Fermi was at once attracted by the idea of the neutrino hypothesis.

---

[14] Ehrenfest and Oppenheimer, Phys. Rev. **37**, 333 (1931).
[15] Heitler and Herzberg, Naturwiss. **17**, 673 (1929). Rasetti, Z. Physik **61**, 598 (1930).

Then came the big breakthrough with the discovery of neutrons [16] by CHADWICK in 1932. The proton-neutron hypothesis [17] of nuclear constitution fitted into the whole picture beautifully. So at the Solvay Congress in Brussels in 1933 PAULI [18] was greatly encouraged by this favorable development and put aside whatever reservations he might have had previously about his neutrino hypothesis. By then the particle was assumed to have an intrinsic spin of $\frac{1}{2}\hbar$, to obey Fermi-Dirac statistics, to carry no charges, and to possess only vanishingly small mass. A neutrino mass of the order of magnitude of the electron mass could be excluded. With all these characteristics, the particle was already more than qualified to be a full-fledged member of the family of elementary particles.

FERMI was also present at the Solvay Congress, and this meeting precipitated the famous Fermi theory of beta decay [19] soon after its close. Also present at the discussion was F. PERRIN [20]. He too was inspired and independently wrote a paper giving the correct statistical weight factor of the states soon after the Congress. Furthermore, he concluded even at that early stage that the neutrino rest mass must be small or zero.

In Fermi's theory of beta decay, the $\beta^-$ particle is created at the moment of emission just as a photon is formed at the moment of its emission from an atom. The neutrino too is created at the moment of emission. We may express $\beta^-$ decay as

$$\mathrm{n} \to \mathrm{p} + \beta^- + \nu$$

and $\beta^+$ decay as

$$\mathrm{p} \to \mathrm{n} + \beta^+ + \nu .$$

In the Fermi theory of beta decay, a new interaction between the four Fermi particles had to be introduced. Yet there was nothing to guide him in this totally new field. However, with his characteristic simplicity and directness, FERMI assumed that the probability of decay from a $n$ state to a $p + \beta^- + \nu$ state is simply proportional to the squares of all the probability amplitudes $\psi_\mathrm{n}$, $\psi_\mathrm{p}$, $\psi_{\beta^-}$, and $\psi_\nu$. That is,

$$\text{Transition rate} = \frac{2\pi}{\hbar} \left| g \int \psi_\mathrm{p}^* \, \psi_{\beta^-}^* \, \psi_\nu \, \psi_\mathrm{n} \, d\tau \right|^2 \cdot \varrho(E)$$

where the proportionality constant $g$ is to measure the strength of the coupling, much as the electronic charge measures the strength of electro-magnetic interactions. $\varrho(E)$ represents the energy density of the final state.

However, the field amplitudes are spinors with four components. There are various ways of multiplying them together. It was shown [21] later that one should include all relativistically invariant combinations of the four wave functions. These are known as scalar, vector, tensor, pseudovector (axial) and pseudoscalar coupling. FERMI used only the vector interaction as an illustration in his original paper, and now it seems as if he had prophesied the correct one, at least for the Fermi type interaction.

---

[16] CHADWICK, Proc. Roy. Soc. **A 136**, 692 (1932).
[17] HEISENBERG, Z. Physik **77**, 1 (1932).
[18] Proceedings of Solvay Congress, Brussels, 1933, page 324.
[19] FERMI, Z. Physik **88**, 161 (1934).
[20] PERRIN, Compt. rend. **197**, 1625 (1933).
[21] GAMOW and TELLER, Phys. Rev. **49**, 895 (1936).

The Fermi theory of beta decay predicts with remarkable accuracy the relation between the rate of beta decay and the energy of disintegration and also the shape of beta spectra. The slight set-back which occurred in the early stages was actually due to our lack of understanding of certain peculiarities of forbidden beta decay. The theory of forbidden beta spectra was extended mostly by UHLENBECK and KONOPINSKI [22].

As for the elusive neutrino, it appears to most physicists to be not only real but to have a distinctive personality. We have seen its presence in the cloud chamber picture of the recoil nucleus and the emitted $\beta^-$ particle from a $\beta^-$ decay [23].

These two tracks are not emitted in opposite directions to each other. We were also able to measure the discrete recoil energy of the nucleus in an electron capture process [24]. This recoil must be due to the emission of the neutrino. The gigantic and intricate experimentation of COWAN and REINES [25] actually showed us the disintegrations caused by the reverse reaction of antineutrino on proton to become neutron and positron. Now, with the success of the two-component theory of the neutrino, the neutrino is provided with handedness, and these intrinsic helicities have been much used lately in prying into nature's secrets in weak interactions. (See the Fourth Period.)

### The Third Period

Interrupted by the second World War, the study of beta decay was inevitably slowed down. However, during the war years, nuclear reactors and the isotope separators were fully developed. As a result, the beta radioactive sources of high specific activities which are so essential for beta investigation were made possible. In the meantime, many new designs of magnetic spectrometers emphasizing iron-free construction, moderate resolution and large transmission were proposed and built. Moreover, the surprising success of the nuclear shell model in interpreting results of beta spectroscopy added further incentive to rapid progress in this field. So in the third period, we enjoyed great prosperity in beta ray spectroscopy. Not only were many laboratories engaged in active research in this field, but many interesting and significant findings were actually made.

In the forties, although the major portion of an allowed beta spectrum followed the Fermi distribution closely, there were always some deviations present in the very low energy region, below 200 keV. Had these discrepancies in the very low energy region remained real, it would have been necessary to revise Fermi's theory of beta decay.

To clarify this situation, many laboratories concentrated their efforts on the low energy region of the spectrum. The investigation of very low energy electrons involves many difficulties. The most serious of these is the absorption and scattering effect in the finite and non-uniform source thickness and its backing material. The absorption effect of the counter window at very low energy region is also quite troublesome.

---

[22] KONOPINSKI and UHLENBECK, Phys. Rev. **60**, 308 (1941).
[23] CRANE and HALPERN, Phys. Rev. **53**, 789 (1938); **56**, 232 (1939). CHRISTY et al., Phys. Rev. **72**, 698 (1947).
[24] R. DAVIS, JR., Phys. Rev. **86**, 976 (1952).
[25] COWAN, REINES et al., Science **124**, 103 (1956).

WU and ALBERT [26] investigated the positron and electron spectra from $Cu^{64}$ in their solenoid magnetic spectrometer. The superior transmission of this type of spectrometer permitted them to use a source strength of a few microcuries. Nevertheless, they still exercised great caution on the uniformity as well as the thinness of the source preparation. The beta decay of $Cu^{64}$ is an ideal test of the theory of beta decay from the point of view that both positrons and negatrons from $Cu^{64}$ are of nearly equal energy and comparable intensity. Therefore, the ratio of positrons to electrons should be affected less by elastic scattering.

Their experimental results [26] were indeed in excellent accord with the theoretical value predicted by the Fermi theory of beta decay. They concluded that the Fermi theory of beta decay does predict the true distribution for electrons and positrons at very low energies. Confirmations of this conclusion were soon reported by LANGER, MOFFAT and PRICE [27] and by OWEN and COOK [28]. This was indeed a very happy conclusion for all concerned.

Eliminating the excess low energy electrons of the allowed beta spectrum indeed removed the obvious discrepancies standing in the way of acceptance of the Fermi theory of beta decay. However, it could hardly be considered a crucial test of the theory because, simply enough, the allowed spectrum is given by a statistical factor $[pW(W_0 - W)^2]$ which is the calculated phase volume corresponding to the sharing of the disintegration energy between the electron and the neutrino. Nothing is very sophisticated about this shape.

On the other hand, there certainly must be some forbidden spectra radically different from the allowed shape and uniquely predicted according to the theory. They were indeed being uncovered in rapid succession [29] in various laboratories starting in 1949, and they looked altogether different from the familiar allowed shapes. Those spectra were known as the unique first forbidden spectra of transitions involving the change of spin angular momentum of two units ($\Delta I = 2$) and a change of parity. The unique energy dependence is predicted, differing from the allowed shape by the factor

$$\alpha \sim p^2 + q^2 \sim (E^2 - 1) + (E_0 - E)^2 .$$

Here $E$ is the electron energy and $E_0$ is the total energy release, both in units of m $c^2$. The factor emphasizes the relative number of high-energy particles and may also emphasize low energy particles if $E_0 > 2$. Therefore, the uncorrected Kurie plot tends to bulge upward at high energy and may also curve upward at low energy, thus producing an inversion point at $E = \frac{1}{2} E_0$.

It was good to see a real forbidden spectrum after seeing so many allowed ones! And the maxim "it never rains but it pours" seemed to apply in this case. Not only were abundant examples of unique first forbidden spectra observed, but even the rare types of unique second and third forbidden spectra [30, 31] were soon identified.

---

[26] WU and ALBERT, Phys. Rev. **75**, 315 (1949).
[27] LANGER, MOFFAT and PRICE, Phys. Rev. **76**, 1725 (1949).
[28] OWEN and COOK, Phys. Rev. **76**, 1726 (1949).
[29] LANGER and PRICE, Phys. Rev. **75**, 1109 (1949). Also see WU, Revs. Mod. Phys. **22**, 386 (1950), and *Beta and Gamma Spectroscopy*, North Holland Publishing Company.
[30] FELDMAN and WU, Phys. Rev. **76**, 698 (1949); **78**, 318 (1950). BELL and CASSIDY, Phys. Rev. **76**, 183 (1949); **77**, 301 (1950). FULBRIGHT and MILTON, Phys. Rev. **76**, 1271 (1949). ALBURGER, HUGHES and EGGLER, Phys. Rev. **78**, 318 (1950).
[31] FELDMAN and WU, Phys. Rev. **76**, 697 (1949); **87**, 1091 (1952). BELL, WEAVER and CASSIDY, Phys. Rev. **77**, 399 (1950). ALBURGER, Phys. Rev. **79**, 236 (1950).

The beta decay of $Be^{10}$ [30] has a very long half life of $2{,}5 \cdot 10^6$ y. $Be^{10}$ is an even-even nucleus and is assumed to have zero spin, whereas the spin of $B^{10}$, the product nucleus, has been found to be three. Thus the spin change involved in the transition is three. Furthermore, the shell model of the nucleus predicts no parity change for the transition. Thus $\Delta I = 3$ (no). These are the conditions for the unique second forbidden transition [32] given by the Gamow-Teller selection rules. The specific activity of $Be^{10}$ prepared by the ordinary method is too poor for spectroscopic study. But with the combination of a prolonged irradiation of Be metal in a high flux nuclear reactor and a subsequent enrichment process in the magnetic isotope separator, a suitable BeO beta source of less than 0,5 mg/cm² was finally ready for use in the magnetic spectrometers. The beta spectrum of $Be^{10}$ had the predicted unique second forbidden shape from the upper energy end (555 keV) down to 120 keV.

The beta decay of $K^{40}$ [31] is deduced to be a unique third forbidden transition from the known spin and parity changes ($\Delta I = 4$, yes). However, $K^{40}$ has a half life of $2{,}7 \cdot 10^9$ years and the natural abundance of $K^{40}$ is only 0,016%. To obtain an undistorted spectrum of $K^{40}$, a highly enriched $K^{40}$ source must be used. Some KCl enriched to 10% in $K^{40}$ was prepared by electromagnetic separation at Oak Ridge and the spectrum was measured in a solenoid spectrometer with a uniform KCl source of 2,5 mg/cm². The uncorrected Kurie plot is definitely concave toward the energy axis and the unique third forbidden shape factor provided a good fit to the data from the end point $1325 \pm 15$ keV down to 500 keV. The deviation below 500 keV is readily explained by the thickness of the source.

The experimental observation of the three unique first, second and third forbidden spectra of $Y^{91}$, $Be^{10}$ and $K^{40}$ as theoretically predicted is triumphant proof for the theory of beta decay.

One of the goals in the study of beta decay is to determine its interaction forms. There are altogether five interaction forms possible. Known as scalar, vector, tensor, axial vector and pseudoscalar, they are certain special bilinear combinations of the Dirac components and of complex conjugates which behave like a scalar, a vector, etc. under relativistic transformations. These five forms can be classified into two types according to their selection rules. In an allowed beta transition, if the two leptons (electron and neutrino) are emitted with spins in parallel so they together carry away one unit of angular momentum (in an allowed transition the orbital angular momentum is zero), it is called the Gamow-Teller type. Tensor and axial vector forms belong to this type. If the two leptons are emitted with opposite spin directions so no angular momentum is carried away by them, then we have the Fermi type interaction. Scalar and vector forms belong to this type.

The necessity for the presence of the Gamow-Teller type interaction [21] was known for some time, as concluded from $He^6$ beta decay ($\Delta I$ is $0 \to 1$, no parity change) given by G—T selection rule only. The presence of Fermi type was made certain through the later discoveries of the class of beta decay of $0^+ \to 0^+$ transitions in $O^{14}$, $C^{10}$, etc. [33]. Only Fermi selection rules would allow $0^+ \to 0^+$ transition to occur. However, nature seems rather impartial to these two selection rules. These two types are found to be nearly equally present by the theoretical deduction in the

[32] Marshak, Phys. Rev. **75**, 513 (1949); **70**, 980 (1946).
[33] Sherr and Gerhart, Phys. Rev. **91**, 909 (1953). Arber and Stähelin, Helv. Phys. Acta **26**, 433 (1953).

form of a diagram known as "B-X diagram" of KOFOED-HANSEN and WINTHER [34]. We even learned through the good behavior of the allowed spectra that no evidence [35] of an energy dependence like $1/E$ was ever observed. This observation implied that both S and V in Fermi type and both A and T in Gamow-Teller type cannot be present with comparable strength. If one of them is dominant, the other is very weak. This $1/E$ energy dependence term is known as the Fierz interference term.

From much other evidence derived from the shapes of spectra, only two combinations, ST and VA, were permissible. ST had been the favorite choice based solely on the results [36] of ($\beta$-$\nu$) angular correlation of $He^6$, a pure Gamow-Teller type beta emitter. The long awaited results of ($\beta$-$\nu$) angular correlation in $A^{35}$, a pure Fermi type beta emitter, never arrived on the scene to challenge or confirm this (ST) deduction prior to the parity period.

So by 1956, the atmosphere in the field of beta decay was rather calm and placid. No one could have anticipated what an exciting and dynamic time was around the corner.

## The Fourth Period

Unexpectedly, beta decay was presented with a golden opportunity of performing a crucial test to determine the validity of the law of parity in weak interactions. Its conclusions would have profound implications on our symmetry concept of left and right. The symmetry between the left and right had been debated at length since LEIBNIZ. I am sure you have heard of the humorous story of BURIDAN's ass which was placed between equal bundles of hay, refused to decide between left and right, and starved to death. The laws of physics have always shown complete symmetry between the left and the right. That is, in all physics, nothing has appeared which would indicate an intrinsic difference between left and right. The law of right-left symmetry did not play any important part in classical physics, but being a discrete symmetry it came to its eminence with the introduction of quantum mechanics. In fact, the conservation of parity is the direct consequence of the law of left-right symmetry. The law of parity invariance states that for any atomic or nuclear system, no new physical law should result from the construction of a new system differing from the original by being a mirror image. That is, there is no absolute distinction between a real object (or event) and its mirror image. In other words, two worlds, one based upon a right-handed system (say, real object) and one based upon a left-handed system (say, mirror image) have the same laws of physics. This law has been built into all physical theories of the past three decades and has severely restricted the predicted behavior of elementary particles.

In 1956 the problem of K-meson decay reached a critical stage in confounding the experts. All the physical properties of the primary particle in $\tau$ decay (3-pion final state) and $\vartheta$ decay (2-pion final state) seemed to be identical, yet detailed analysis indicated opposite parities for the final states. How could the same particle decay

[34] KOFOED-HANSEN and WINTHER, Phys. Rev. **86**, **428** (1952); Dan. Mat. Fys. Medd. **27**, no. 14 (1953).
[35] MAHMOUD and KONOPINSKI, Phys. Rev. 88, 1266 (1952). DAVIDSON and PEASLEE, Phys. Rev. **91**, 1232 (1953).
[36] RUSTAD and RUBY, Phys. Rev. **97**, 991 (1955).

now into an even parity final state, now into an odd parity state? Could it be that the decay interaction did not conserve parity?

LEE and YANG [37] took up the challenge. Their approach, after raising this question, was to make a systematic investigation of the experimental knowledge concerning parity conservation. They found impressive evidence for the validity of this law in the electromagnetic domain (atomic physics) and also in the strong interactions (nuclear physics). To their surprise they found that the vast accumulation of observations of weak interactions contained no data relevant to this question. No experiments had ever been designed specifically to test such an invariance principle in the radioactive decay of nuclei and elementary particles. So, the anxiety which began with a single, isolated puzzle was now applied to a broad and pressing question: is parity conserved in all weak interactions?

**Polarized $Co^{60}$ Experiment** [38]

The weak interactions are responsible for the slow decays of elementary particles such as beta decay, pi-meson and mu-meson decay and strange particle interactions. To use tau and theta particles themselves in these tests is impractical. However, the beta decay of radioisotopes is perfectly suited for this experimentation.

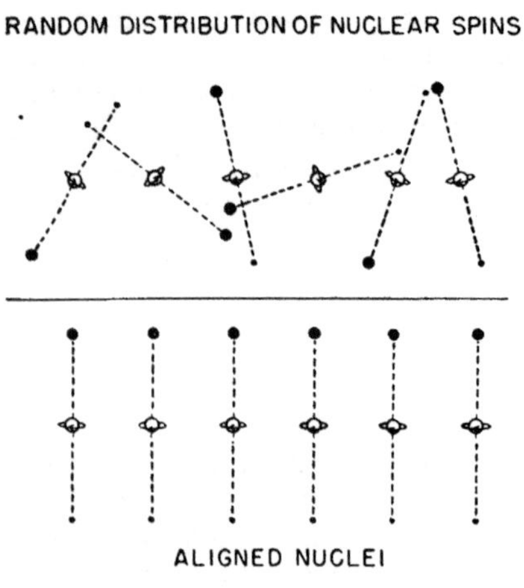


Fig. 2. Disintegrations from randomly oriented nuclei and from aligned nuclei

The essence of the polarized nuclei experiment is to line up the spins of beta emitting nuclei along the same axis and then to determine whether the beta particles were emitted preferentially in one direction or the other along the axis. (See Figure 2.) This work [38] was a joint project between Columbia University and the National Bureau of Standards by WU, AMBLER, HAYWARD, HOPPES and HUDSON. The nuclear orientation method used is based upon the magnetic hyperfine splitting in paramagnetic atoms. In order to reduce the thermal agitation which tends to disrupt the orderly orientation, the crystal is cooled down to a temperature of only 0,01 °C above absolute zero (—273,17 °C). The cooling is accomplished by the demagnetization method. Radioactive $Co^{60}$ was selected for this test.

The result is that a large beta asymmetry was observed. (See Figure 3.) The time for disappearance of the beta asymmetry coincides well with that of gamma anisotropy and therefore with the nuclear depolarization. The sign of the asymmetry coefficient "$\alpha$" is negative, that is, the emission of the beta particle is more favored in the direction opposite to that of nuclear spin. This means that, from the standpoint of beta emission, the nucleus of $Co^{60}$ has an intrinsically lefthanded spin. Left can be distinguished from right. Therefore, parity in beta decay is not conserved, as shown by this experiment.

[37] LEE and YANG, Phys. Rev. **104**, 254 (1956).
[38] WU, AMBLER, HAYWARD, HOPPES and HUDSON, Phys. Rev. **105**, 1413 (1957).

The asymmetrical distribution of beta particles from polarized $Co^{60}$ nuclei provided more than unequivocal proof of the violation of parity conservation. The large degree of asymmetry also gave evidence for the non-invariance of charge conjugation

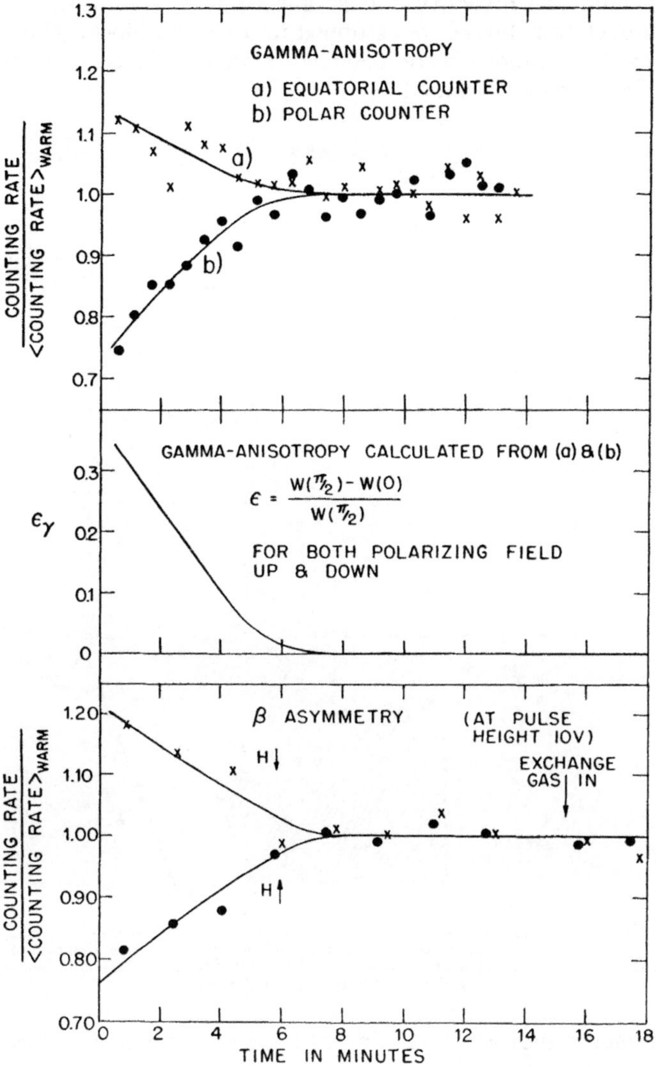


Fig. 3. Results of $\beta$-asymmetry from polarized $Co^{60}$ nuclei [38]

in weak interactions. The charge conjugation operator C changes a particle to its antiparticle, but leaves space and time unchanged. The long accepted invariance of charge conjugation in weak interactions was therefore overthrown together with the parity laws.

**Violation of Parity Law in $\pi^{\pm}-\mu^{\pm}-e^{\pm}$ Decays** [39]

Shortly after the first observation of non-conservation of parity and charge conjugation in beta decay, these conclusions were confirmed by a similar test in the $\pi^{\pm} - \mu^{\pm} - e^{\pm}$ decays. In the initial experiment [39] of Garwin, Lederman and Weinrich of Columbia University, the collimated $\mu^+$ beam from $\pi^+$ decays near the vicinity of the cyclotron target was stopped in a carbon block. (See Figure 4.) The decay electrons from muons were detected with a delayed counter telescope at $\sim 90°$ to the incoming $\mu^{\pm}$ beam.

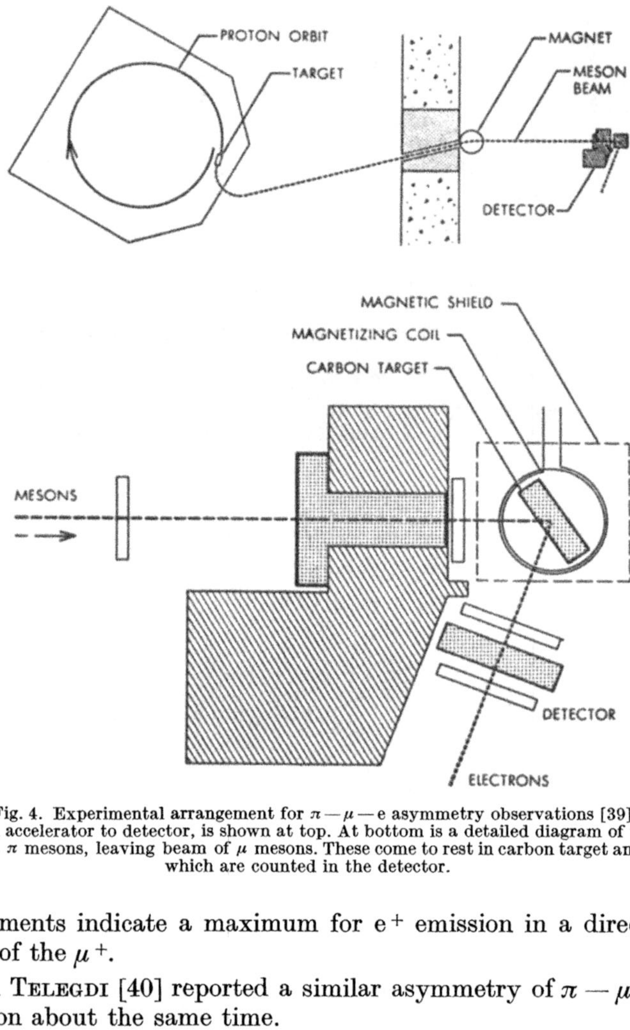


Fig. 4. Experimental arrangement for $\pi-\mu-e$ asymmetry observations [39]
*Path of mesons,* from accelerator to detector, is shown at top. At bottom is a detailed diagram of target and detector. T-shaped block stops $\pi$ mesons, leaving beam of $\mu$ mesons. These come to rest in carbon target and decay to electrons which are counted in the detector.

These measurements indicate a maximum for $e^+$ emission in a direction opposite to the motion of the $\mu^+$.

Friedman and Telegdi [40] reported a similar asymmetry of $\pi - \mu - e$ decay in nuclear emulsion about the same time.

The $\mu$ beam from the cyclotron is found to be nearly 100 % polarized. The backward to forward asymmetry ratios for $\mu^+$ in carbon or Al is as high as 2.

[39] Garwin, Lederman and Weinrich, Phys. Rev. **105**, 1415 (1957).
[40] Friedman and Telegdi, Phys. Rev. **105**, 1681 (1957).

**The Two-Component Theory of the Neutrino** [41]

The same $Co^{60}$ experiment which established non-conservation of parity and charge conjugation in beta decay also prompted LEE and YANG to consider an extremely simple and appealing theory of the neutrino. This possibility was proposed independently at about the same time by LANDAU and by SALAM. The theory requires that the spin of a neutrino always be either parallel or anti-parallel to its momentum and the spin of an antineutrino always be either anti-parallel or parallel to its momentum. The Dirac equation can then be expressed by a new wave function consisting of only two components instead of four. Hence, the name of two-component theory. Incidentally, this theory requires also the rigorous masslessness of the particle, which is satisfying in view of what we know of the mass of neutrino from the slope of the upper end of the beta spectrum [42].

However, this two-component theory of the neutrino clearly violates C and P invariance separately. With the removal of both of these obstacles, the interest in the two-component theory of the neutrino was suddenly revived [43]. As will be clear from later developments, the success of this theory has greatly facilitated our understanding of many phenomena in weak interactions.

**Law of Conservation of Leptons** [44]

At this point an important principle should be introduced. This is the law of conservation of leptons. The law states that if a leptonic number is assigned to each particle, then the sum of leptonic numbers must be conserved in all reactions. The assignments generally agreed upon are

Lepton: $l =$ same (say $+1$) for $e^-, \mu^-, \nu$

Antilepton: $l = -1$ for $e^+, \mu^+, \nu$

$l = 0$ for $\pi$, $\gamma$, K and all heavy particles

Therefore, the $\nu$ or $\bar{\nu}$ expected in various decays are shown in the following equations:

$$n \to p + e^- + \bar{\nu} \quad ; \quad p \to n + e^+ + \nu$$
$$\pi^+ \to \mu^+ + \nu \quad ; \quad \pi^- \to \mu^- + \bar{\nu}$$
$$\mu^+ \to e^+ + \nu + \bar{\nu} \quad ; \quad \mu^- \to e^- + \nu + \bar{\nu}$$
$$\mu^- + p \to n + \nu \quad ; \quad \mu^+ + n \to p + \bar{\nu}$$
$$K^+ \to \mu^+ + \nu \quad ; \quad K^- \to \mu^- + \bar{\nu}$$
$$\pi^+ \to e^+ + \nu \quad ; \quad \pi^- \to e^- + \bar{\nu}$$

---

[41] LEE and YANG, Phys. Rev. **105**, 1671 (1957). LANDON, Nuclear Physics **3**, 127 (1957). SALAM, Nuovo Cimento **5**, 299 (1957).

[42] CURRAN et al., Phil. Mag. **40**, 36 and 53 (1949). HANNA and PONTECORVO. Phys. Rev. **75**, 983 (1949). HAMILTON et al., Phys. Rev. **83**, 215 (1951). LANGER and MOFFAT, Phys. Rev. 88, 689 (1952).

[43] The possibility of a two component relativistic theory of a spin ½ particle was first discussed by H. WEYL, Z. Physik **56**, 330 (1929). It was rejected on the ground of parity violation. See W. PAULI, *Handbuch der Physik*, Verlag Julius Springer, Berlin, 1933, vol. 24, pp. 226—7

[44] The concept of a possible conservation law of leptons was first proposed by E. KONOPINSKI and H. M. MAHMOUD, Phys. Rev. **92**, 1045 (1953). See also T. D. LEE and C. N. YANG, Phys. Rev. **105**, 1671 (1957).

The confirmation of the assignments given by these reactions should constitute a strong proof of the law of conservation of leptons. One can distinguish $\nu$ and $\bar{\nu}$ most readily by determination of the helicity

$$\left( H = \frac{\vec{\sigma} \cdot \vec{p}}{|\sigma \cdot p|} \right).$$

## Correlations between the Helicities of Leptons and the Beta Interactions

From the two-component theory of the neutrino, the neutrino and the antineutrino exhibit opposite helicities. If the conservation of leptons is valid, then one could calculate the helicity of the neutrino from the electron polarization and the form of beta interactions as shown in Figure 5.

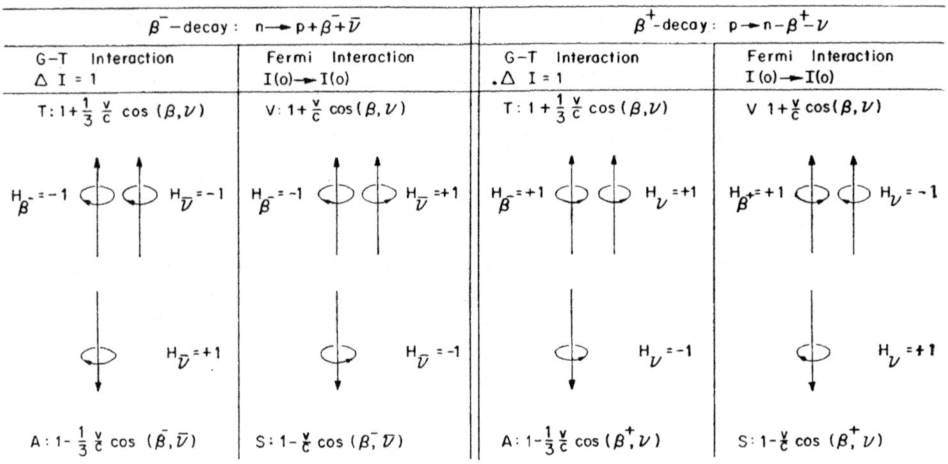


Fig. 5. Correlations of neutrino helicities and β-interactions

In a Gamow-Teller $\beta^-$ interaction, the angular momentum carried away by the two leptons is one unit. For the tensor interaction, both leptons are emitted preferentially in the same directions. Since the electron is found to possess negative helicity (left-handed screw), the antineutrino must have the same helicity, that is negative helicity. On the other hand, in the axial vector interaction, electron and antineutrino are emitted preferentially in opposite directions; so positive helicity is predicted for the antineutrino. In a similar way, one can figure out the helicity of the antineutrino for scalar or vector interactions. The relations between the helicities of various leptons in different beta interactions are shown in Table I.

*Table I.* Helicities of $\nu$, $\bar{\nu}$, $\beta^-$ and $\beta+$

| Helicities | $\nu$ | $\bar{\nu}$ | $\beta^-$ | $\beta^+$ |
|---|---|---|---|---|
| S, T | $+1$ | $-1$ | $-\frac{v}{c}$ | $+\frac{v}{c}$ |
| V, A | $-1$ | $+1$ | $-\frac{v}{c}$ | $+\frac{v}{c}$ |

From this table, several important conclusions can be drawn.

(1) For interactions of V or A, the neutrino exhibits the left helicity and antineutrino the right helicity; for S or T interactions, the signs of helicity of neutrino and of antineutrino are the other way round.

(2) The longitudinal polarization of $\beta^-$ should be $-v/c$ and of $\beta^+$ be $+v/c$ for either VA, or ST, or VAST.

(3) However, the much used Fierz interference term between (S and V) and (A and T) now automatically vanishes because the neutrino or antineutrino associated with (S and V) or (A and T) has opposite helicities. Therefore, no interference occurs.

(4) For the same reason, combinations of either V and T or S and A will not result in interference between Fermi and Gamow-Teller terms. However the experimental results from $\beta$-$\gamma$ (circular) correlation [45] showed a substantial amount of interference between G-T and Fermi interactions.

The activities of measuring the polarization of beta particles started at the University of Illinois almost immediately after the first parity experiment and soon were in full swing in more than a dozen laboratories all over the world. The climax was reached around the middle of last summer. The results [45] are startling and simple, and all agreed that $\beta^-$ particles emitted in radioactive decay behave like lefthanded screws and all $\beta^+$ particles behave like righthanded screws. For relativistic energy we have practically completely polarized electron or positron beams. An even more incredible fact is that some of the methods [46] used to analyze the electron polarization were completely unknown prior to recent events. Imagine: we have been working with the polarized beam of beta particles for nearly sixty years, yet were completely unaware of it because of the faultiness*) of our left-right symmetry conception.

## The Interactions Responsible for Beta Decay

### a) From Classical Beta Decay Experiments

Suddenly many doors swung open to lead to the determination of the beta interactions. Prior to the discovery of parity non-conservation in beta decay, the (S, T) combination had been the favorite choice based mostly on $He^6$ ($\beta$-$\nu$) angular correlation results. In fact, the ($\beta$-$\nu$) angular correlation was the only means used to investigate the type of beta interactions in those days. But this type of experiment had been known to be difficult. Wu and Schwarzschild [47] made a detailed examination of the old $He^6$ experiment and pointed out that the effective volume of the $He^6$ source in the hole of the pumping diaphragm was not correctly taken into account. Had this been done properly, the results of $He^6$ would not have then

*) It is interesting to note the following comments by Mott and Massey on the results of electron polarizations in the book *The Theory of Atomic Collisions*, Second Edition, page 83, "The results of most recent experiments on single scattering of fast electrons from cathode rays are in very good agreement with theoretical prediction". And, page 84, "The internal consistency of all the experimental results using beta rays is not good and it is likely that the discrepancies will largely disappear when radioactive sources are replaced by artificial ones of controlled energy."

[45] A summary of the $\beta$-$\gamma$ (circular) correlation and the polarization of $\beta\pm$ can be found in Proceedings of Rehovoth Conference on Nuclear Structure, 1957, published by North Holland Publishing Company.

[46] Bremsstrahlung and annihilation method, Möller scattering method. See above Proceedings.

[47] Wu and Schwarzschild, Columbia University Report CU-173.

implied the tensor interaction. However, in spite of its many limitations, $\beta$-$\nu$ correlation is still an effective and powerful method in yielding information on the beta interactions. The first sign of warning against the (S, T) combination in beta interaction came in May of 1957 when ALLEN and his co-workers [48] of the University of Illinois published their ($\beta$-$\nu$) correlation results on $A^{35}$, which decays mainly through Fermi interaction, and the results strongly supported the V interaction instead of S as was once believed.

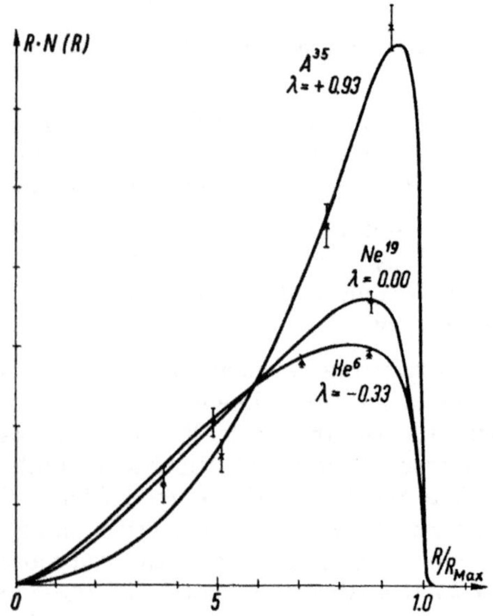

Fig. 6. "$\beta$-$\nu$" angular correlation results of $A^{35}$, $Ne^{19}$ and $He^{6}$ [49]

Recently this group has remeasured the ($\beta$-$\nu$) correlation in $He^6$ with the same apparatus which they used in the investigation of $A^{35}$ at Argonne National Laboratory. The result [49] is shown in Figure 6, and $\lambda = -0{,}39 \pm 0{,}02$ certainly favors A in $He^6$.

Thus the (V, A) combination is strongly favored from ($\beta$-$\nu$) correlation experiments. Let us now look into the information on beta interactions obtained from parity experiments.

**b) From Parity Experiments**

*Electron Capture Process in* $Eu^{152*}$ [50]

In an electron capture process, a neutrino and the recoil nucleus are emitted in opposite directions

$$e^- + p \rightarrow n + \nu\,.$$

If the capture process is followed by the emission of a gamma ray and the spin and parity changes are favorable as shown in the following decay process

$$A(0^-) \xrightarrow{e^-\text{-capture}} B^*(1^-) \xrightarrow{\gamma\text{-ray}} B(0^+)$$

then by applying the conservation laws of momentum and angular momentum, one can deduce a simple correlation that the helicity of the downward gamma ray will be the same as that of the upward neutrino. So the problem of determining the neutrino helicity becomes that of measuring the circular polarization of the gamma ray. However, to select only those downward gamma rays following the emission of the upward neutrinos, one must fulfill many conditions. First, the gamma ray must have an energy comparable to that of the neutrino and the life time of the excited level B* must be very short ($\sim 10^{-14}$ sec) in order to permit the use of solid material. Even then one has to detect only the resonantly scattered gamma ray.

[48] HERRMANNSFELT, MAXSON, STÄHELIN and ALLEN, Phys. Rev. **107**, 641 (1957).
[49] HERRMANNSFELT, BURMAN, STÄHELIN, ALLEN and BRAID, Phys. Rev. Letters **1**, 61 (1958).
[50] GOLDHABER, GRODZINS and SUNYAR, Phys. Rev. **109**, 1015 (1958).

The requirements were indeed strict, but the radioisotope $Eu^{152*}$ seemed heaven-sent to do this job. GOLDHABER, GRODZINS and SUNYAR knew of this radioisotope $Eu^{152*}$ from their previous investigations and it fulfills all the requirements stated above. By measuring the circular polarization of those gamma rays from $Eu^{152*}$ which are resonantly scattered by Sm, they found that the helicity of the gamma ray is negative! ($P = -0{,}67 \pm 0{,}10$) From this result one concludes that the helicity of the neutrino in electron capture is negative and therefore the Gamow-Teller interaction in electron capture is dominantly "A" and not "T".

*Beta Decay of Polarized Neutrons* [51]

Meantime, at the Argonne National Laboratory, a highly polarized neutron beam had been successfully established since 1957. BURGY et al. [51] had been measuring two asymmetry coefficients from the beta decays of polarized neutrons. One is the coefficient "A", the $\beta^-$ distribution asymmetry $< J > \cdot p_{e^-}$; the other is the coefficient "B", the $\bar{\nu}$ distribution asymmetry $< J > \cdot p_{\bar{\nu}}$. From the value $A = -0{,}11 \pm 0{,}02$ and $B = 0{,}88 \pm 0{,}15$, they concluded that the interaction in $\beta^-$ decay is dominantly V and A with opposite phase relations (A—V).

Look back at the history of the theory of beta decay. It has been filled with surprises and excitement. Now, after a period of nearly sixty years of continuous investigation, finally along comes the non-conservation of parity. These two (classical beta theory and non-conservation of parity) joined forces in reaching the conclusion on the beta interaction.

However, we must be cautioned here that whether there is any small admixture of (S, T) in beta interaction is still unknown and is waiting to be proved.

**Polarization and Decay of Muon**

The two-component theory of the neutrino and the conservation of leptons are also very successful in $\pi - \mu - e$ decays.

Consider the decay of a positive pion in its own rest frame. Since $\pi^+$ is spinless, the decay products $\mu^+$ and $\nu$ travel in opposite directions. The neutrino angular momentum (spin $\frac{1}{2}$) about its direction of motion must be balanced by the muon angular momentum (spin $\frac{1}{2}$) about its direction of motion. So the $\mu^+$ from $\pi^+$ decay must be 100% polarized with the same helicity as that of the neutrino. (See Figure 7a.) Now, the neutrino in beta decay is found to possess a negative helicity (V, A); consequently, negative helicity is predicted for the $\mu^+$. Unfortunately, no direct determination of the $\mu^+$ helicity has been reported yet.

However, the information may be inferred from the helicity of the decay electrons within the two-component theory. In the extreme case when the neutrino and the antineutrino go in the same direction, the electron which goes in the opposite direction has to carry away the angular momentum of the muon. If the $\mu^+$ has a negative helicity, the decay $e^+$ must possess positive helicity, while if the $\mu^-$ has a positive helicity, the decay $e^-$ has negative helicity. The experimental results [52] were obtained by the Liverpool group, the Berkeley group, and the Chicago group by

---

[51] BURGY, KROHN, NOVY, RINGO and TELEGDI, Phys. Rev. **110**, 1214 (1958).

[52] CULLIGAN, FRANK, HOLT, KLUYVER and MASSAM, Nature **80**, 751 (1957). K. CROWE, Washington Meeting, American Physical Society, 1958. H. ANDERSON, Proceedings of the CERN Conference on High Energy Physics, 1958.

measuring the circular polarization of the Bremsstrahlung from $e^-$ and $e^+$ or by Möller scattering. They concluded that the polarization of $e^-$ is indeed negative and $e^+$ positive. Here the results on the helicity of the neutrino from beta decay and from $\pi - \mu - e$ decay are in excellent accord.

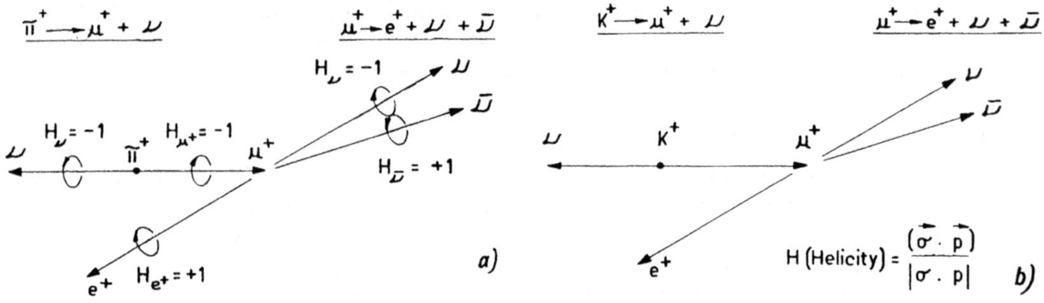


Fig. 7. Relationships of helicities of various leptons
a) in $\pi^+ - \mu^+ - e^+$ decay, b) in $K^+ - \mu^+ - e^+$ decay

We may also mention here that the observation of electron asymmetry in the decay of muons from $K^+ \rightarrow \mu^+ + \nu$ [53] has added still another reaction which is thereby shown to conserve leptons. (See Figure 7b.)

## The Universal Fermi Interaction

The great similarity in the strength of the coupling constants in beta decay, $\mu$-decay and $\mu$-capture suggests that the interaction forms of the three decay processes may also be similar. This possibility was ruled out when beta decay coupling was thought to be (S, T), while $\mu$-decay coupling was deduced to be dominantly V and A from the negative sign of the asymmetry coefficient. However, now that the interaction (V, A) is more strongly favored than (S, T) in beta decay, the situation is quite altered. This is particularly intriguing because this specific form of (V and A) [54] has been prophesied independently by Feynmann and Gell-Mann and also by Marshak and Sudershan. Many theorists have since discovered various aspects of beauty in the V-A interaction.

## Strange Particle Decays

The natural next step was to try to extend this very suggestive Universal Fermi Interaction to *all* decay reactions. We have already noted the K-meson decay whose apparent violation of parity conservation started the whole thing.

The next reaction to be studied was $\Lambda^0 \rightarrow \pi^- + p$. The lack of parity conservation was observed in the correlation between the spin of the $\Lambda^0$ and the emission of negative pions (up-down asymmetry). Both groups [55], at Berkeley and at Columbia, in collaboration with the Italian group, found that the violation of parity in this case was again a maximum. This case is especially interesting and important in

[53] Coombes et al., Phys. Rev. **108**, 1348 (1957).
[54] Feynmann and Gell-mann, Phys. Rev. **109**, 193 (1958). Sudarshan and Marshak, Phys. Rev. **109**, 1860 (1958). Sakurai, Bull. Am. Phys. Soc. Ser. II, **3**, 10 (1958). Nuovo Cimento 8, 649 (1958).
[55] Crawford et al., Phys. Rev. **108** 1102 (1957). Eisler et al., Phys. Rev. **108**, 1353 (1957).

view of the absence of a neutrino in the final state. So all of the weak interactions, leptonic and non-leptonic, are about equally weak. They all violate the law of parity and charge conjugation. Could it be that they are all contained in some more or less universal set of Fermi interactions? That is why the universal V—A Fermi interaction has been much discussed lately.

## CP and T Invariance

With the observation of non-conservation of parity in weak interactions, the mirror image is not the same as the real object. Does this mean that there is an intrinsic distinction between left and right? This may not be so. Although C and P invariances are both violated, the laws of physics may still be invariant under the combined operation of CP, as predicted by LANDAU. In that case one replaces all particles by their antiparticles in taking a mirror image and the right-left symmetry in space is retained. This is indeed a very conforting thought.

But how can one prove that CP is invariant? From the theorem of CPT invariance of field theory, if CP is invariant, then T (time reversal) must be invariant also. At present, there are several experiments in progress to decide the question of the invariance of time reversal. Definitely no violations of the invariance of T have been detected so far. The time reversal experiment which reports the smallest upper limit [56, 57] in the phase angle of $C_{GT}$ (defining $C_F$ to be real) yields $180° \pm 8°$ (where 180° implies T invariance). The uncertainty is statistical. This was done by the Argonne group, measuring the term $\sigma_n \cdot p_e \times p_{\bar{\nu}}$ of a polarized neutron beam from the nuclear reactor. For the time being, until proven otherwise, we may assume the time reversal invariance still holds and the left-right symmetry is still intact under combined CP invariance.

## CONCLUSION

We have come a long way in this field. Out of our labor has emerged, in fact, a simple theoretical structure. A vast amount of experimental data is accounted for by the V—A theory. We have two-component neutrinos and lepton conservation. In place of parity conservation possibly there is a deeper symmetry connecting, for the first time, space and electric charge.

But our story does not end here. There are still many questions unanswered. Are there any connections between the beta interactions and the gravitational forces? Why should the ratio of the coupling constants $\left|\frac{C_{GT}}{C_F}\right|^2$ be what was observed? Are there any possible theoretical explanations for it? Why should the law of parity break down in the weak interactions but remain valid in the strong nuclear reactions and electromagnetic interactions? It reminds me of the letter which I received from Professor PAULI after he had learned the results of the polarized $Co^{60}$ experiments. He said: "Now after the first shock is over, I begin to collect myself. I am shocked not so much by the fact that the Lord prefers the left-hand, but by the fact that he still appears to prefer left-right symmetry when he expresses himself strongly". Probably we should always be prepared for surprises in beta decay [58].

[56] BURGY et al., Proceedings of the Second Atoms for Peace Conference, September, 1958, reported $180° \pm 8°$.

[57] ALIKHANOV et al. reported $\Delta\vartheta \sim \pm 4{,}5°$ by measuring electron polarization from RaE (private communication).

[58] N. BOHR, Proceedings of Solvay Congress, Brussels, 1933, page 327.

*Die Frage der Bremsstrahlung hat mich immer interessiert, weil sie in so viele Probleme hineinspielt ...*

LISE MEITNER in einem Brief

H. OLSEN und H. WERGELAND

# Bremsstrahlung

„Kraft = Masse × Acceleration", das ist die Lex Secunda der Newtonschen Mechanik. Um aber einem *geladenen* Teilchen, insbesondere einem Elektron, eine bestimmte Beschleunigung zu erteilen, braucht man mehr Kraft als nach der obigen Formel von NEWTON. Denn das Elektron ist noch an ein zweites System gekoppelt, nämlich sein eigenes elektromagnetisches Feld. Solange sich die Ladung gleichförmig bewegt, wird zwar auch das Feld widerstandslos mitgeschleppt. Aber sobald das Elektron seine Geschwindigkeit ändert, erregt es auch die freien Schwingungen des Feldes, wobei ein Teil seiner kinetischen Energie in Lichtwellen umgesetzt wird. Angesichts der zeitlichen Symmetrie aller dynamischen Prozesse könnte man staunen, daß so ein irreversibler Energieverlust direkt aus der Elektrodynamik folgt. Wenn man aber das Denken in Fernkräften streng ausschließt, sieht man warum es so ist. Denn die Zeit-Asymmetrie steckt in der Voraussetzung, daß elektromagnetische Wirkungen durch Wellen dargestellt werden, die von den Ladungen *aus*laufen, nicht dagegen durch einlaufende Kugelwellen; obgleich die einlaufenden Wellen als Lösung der Maxwellschen Gleichungen rein mathematisch möglich wären. Die physikalisch sinnvolle Lösung — das retardierte Feld des Elektrons — enthält die Ausstrahlung. Nach der klassischen Elektrodynamik konnte man sogar „das von einem beliebig bewegten Elektron erregte Feld" angeben. Es ist in den schönen Formeln von LIÉNARD und WIECHERT enthalten. Strenggenommen müssen aber sowohl die Bewegung der Ladung wie die seines Feldes in ihrer Wechselwirkung, nach der Quantenmechanik erfolgen; das heißt die Prozesse durch Absorption und Emission von Lichtquanten zu beschreiben.

Das Wort „Bremsstrahlung" wurde von SOMMERFELD (1909) geprägt, und bezeichnete ursprünglich das kontinuierliche Spektrum der Röntgenstrahlen. Die Theorie der Erzeugung von Röntgenstrahlen durch das Aufprallen der Elektronen auf die Antikathode wurde schon von THOMSON und STOKES (1898) erwogen, aber sowohl die gemachten Annahmen wie die vorhandenen Messungen waren zu grob, um viel Einsicht in das Problem zu gewähren. Aus den frühen Beobachtungen an dicken Antikathoden ergaben sich jedoch zwei anscheinend einfache Gesetze:

Die Intensität fällt gegen höhere Frequenzen ungefähr linear ab:

$$I_\nu \sim (\text{konst.} - \nu), \tag{1}$$

$$\nu = \text{Frequenz.}$$

Die gesamte Strahlungsausbeute ist proportional zur Atomnummer des Antikathodenmateriales und proportional zum Quadrat der Röhrenspannung:

$$\int I_\nu \, d\nu = \text{konst.}\, Z \cdot U^2, \tag{2}$$

$$Z = \text{Atomnummer},$$

$$U = \text{Röhrenspannung}.$$

Hierzu kam noch die Entdeckung der kurzwelligen Grenze des Röntgenspektrums:

$$h\,\nu_{\max} = e\,U,$$

$$h = \text{Plancksche Konstante},$$

$$e = \text{Elektronenladung},$$

durch DUANE und HUNT (1915).

Aber die Abbremsung des Elektrons in einer massiven Antikathode ist eine verwickelte Reihe von Stößen an vielen Atomen. Erst Messungen an dünnen Schichten können über die Intensität, Richtungsverteilung und Polarisation in dem einzelnen Bremsprozeß direkte Kundschaft geben. Die ersten Messungen (DUANE 1927 und KULENKAMPF 1928) schienen zu zeigen, daß das Spektrum von dünnen Folien in Gegensatz zu (1) ungefähr konstante Intensität hat, bis an die Maximalfrequenz, wo es scharf auf Null herabsinkt. Nahe an der kurzwelligen Grenze ist die Polarisation der Strahlung fast vollständig transversal zur Richtung des einfallenden Elektrons, bei sehr kleinen Frequenzen parallel dazu. Bei niedrigen Energien des primären Elektrons hat die Intensität ihr Maximum senkrecht zu dessen Flugrichtung. Wenn aber die Elektronengeschwindigkeit vergleichbar wird mit der Lichtgeschwindigkeit, verschiebt sich das Maximum nach vorwärts. Dieses „Voreilen" wurde schon 1909 von SOMMERFELD als Retardationseffekt richtig erkannt. Es hängt also von dem Verhältnis $v/c$, Elektronengeschwindigkeit zu Lichtgeschwindigkeit ab, und wächst mit diesem Verhältnis stark an.

Es gelang zuerst KRAMERS (1923) und WENTZEL (1924), die Gesetze (1) und (2) richtig zu erklären. Ihr Ausgangspunkt war die ältere korrespondenzmäßige Quantentheorie. Daß das Wirkungsquant wenigstens in einem Punkt berücksichtigt werden muß, zeigt das Duane-Huntsche Gesetz von der Maximalfrequenz (3). Denn während nach der klassischen Elektrodynamik die Ausstrahlung prinzipiell alle Fourierfrequenzen der mechanischen Bewegung enthalten müßte, darf ein Bremsquant laut (3) höchstens eine so große Frequenz haben, daß das Elektron seine gesamte kinetische Energie ($e\,U$) bei der Emission einbüßt.

Der elementare Prozeß ist die Ablenkung des Elektrons im Coulombfelde eines Atomkerns. Wenn man von der Strahlungsreaktion absehen, und klassisch rechnen darf, ist die Ausstrahlung des Elektrons auf seine Hyperbelbahn eindeutig gegeben. Dieses Verfahren, wobei mechanische und Lichtfrequenzen identifiziert werden, entspricht genau dem Korrespondenzprinzip für die Ellipsenbahnen mit sehr hohen Quantenzahlen. Und für kleine Frequenzen ist diese Zuordnung auch hier richtig. Aber man braucht zusätzlich eine Annahme, um das Duane-Huntsche Gesetz einzuhalten. KRAMERS hat es erreicht, indem er einfach die Beiträge oberhalb der Maximalfrequenz wegließ. Nach Mittelbildung über alle möglichen Elektronenbahnen derselben Anfangsrichtung und Energie erhält man so das Bremsspektrum in leidlicher Übereinstimmung mit den Experimenten. Die Intensität die von einem Elektronenstrom der Dichte $1/\text{cm}^2 \cdot \text{sek}$ im Felde eines nackten Kernes emittiert wird, ist nach KRAMERS:

$$i_\nu = \begin{cases} \dfrac{32\pi^2}{3\sqrt{3}} \cdot \dfrac{Z^2 e^6}{m c^3 v^2} & \text{für } \nu < \nu_{\max} \\ 0 & \text{für } \nu > \nu_{\max} \end{cases} \tag{4}$$

pro Frequenzinterval $d\nu$. Das Spektrum von einer dünnen Antikathode sollte hiernach konstante Intensität haben für alle Frequenzen bis an der kurzwelligen Grenze. Das schien auch durch die erwähnten Messungen von DUANE und KULENKAMPF nährungsweise bekräftigt. In Wirklichkeit ist aber die Intensität nicht ganz konstant, sondern steigt gegen kleine Frequenzen an. Das tritt deutlich zutage z. B. in neuen Messungen von MOTZ (1958).

Um das Spektrum von dicken Antikathoden zu ermitteln, benutzte KRAMERS das Thomson-Whiddingtonsche Gesetz

$$\frac{d(v^4)}{dx} = a \approx \text{konstant}. \tag{5}$$

Der Beitrag aller Schichten $dx$ zu der Frequenz $\nu$ wird dann:

$$I_\nu = \int N\, dx(v) \cdot i_\nu(v),$$

$$N = \text{Anzahl der Atome/cm}^3 \text{ im Material.}$$

Es ergab sich so eine mit der Frequenz linear abnehmende Totalintensität in Übereinstimmung mit (1).

Die Konstante $a$ in (5) hat KRAMERS aus der Bohrschen Theorie der Ionisationsbremsung entnommen. Es ist

$$a = 16\pi \frac{N Z e^4}{m^2} \left[ \log \frac{T}{13{,}5\, Z} + \frac{1}{2} \right], \tag{6}$$

$T$ = Kinetische Energie des Elektrons in eVolt. Der langsam veränderliche logaritmische Faktor kann durch eine Konstante ersetzt werden. Für Gold $Z = 79$ und eine Energie $T = 50$ keV z. B. ist $[\;] \approx 4$.

Das ergibt für den „Wirkungsgrad" einer Röntgenröhre:

$$\frac{\int I_\nu d\nu}{eU} = \frac{4\pi}{3\sqrt{3}} \cdot \frac{e^3 Z U}{m c^3 h [\;]} \sim 10^{-8} Z U \tag{7}$$

im Einklang mit dem Gesetz (2). Darüber hinaus ist der Proportionalitätsfaktor von der richtigen Größenordnung, entsprechend dem wohlbekannten geringen Wirkungsgrad der Umsetzung von Kathodestrahlen in Röntgenstrahlung.

Diese Rechnungen erklärten also grob gewisse empirische Züge der Bremsstrahlung im Röntgengebiete. Prinzipiell richtig könnten sie aber bestenfalls nur dann sein, wenn der Impuls des Lichtquants im Vergleich zum Impuls des Elektrons klein ist.

Es war deshalb ein großer Fortschritt, als SOMMERFELD (1929) seine exakte Berechnung nach der Wellenmechanik präsentieren konnte. Sie gilt für nicht-relativistische Elektronen und beschreibt vollständig die Intensität, Richtungsverteilung und Polarisation von weicher Röntgenstrahlung. Allerdings wurde nur das idealisierte Problem, Elektron + nackter Kern gelöst, wobei er die Wellenfunktionen im Coulombfelde ausnutzen konnte. Unberücksichtigt blieb also zunächst die Wirkung der Atomelektronen. Bei Einbeziehung dieses „Abschirmungseffektes" entfällt die Möglichkeit der schönen geschlossenen Lösungen.

Aber vor allem fehlte noch eine Theorie für das interessantere Gebiet bei hohen Energien. DIRACS relativistische Wellenmechanik war schon von KLEIN und NISHINA (1929) mit glänzendem Erfolg auf dem Comptoneffekt angewandt worden. Die Messungen, insbesondere mit den härtesten verfügbaren $\gamma$-Strahlen (ThC'' — 2,64 MeV) von MEITNER, HUPFELD und CHAO (1930) zeigten, daß jedenfalls bei diesen Energien die Theorie richtig ist. Die nächstliegende weitere Probe auf die Anwendbarkeit der Quantenelektrodynamik war unbedingt das Problem der Bremsstrahlung bei hohen Energien. Es wurde von HEITLER (1933), SAUTER (1934) und BETHE-HEITLER (1934) gelöst. Man war ursprünglich geneigt, etwa bei Energien der Größenordnung 137 $mc^2$ ein grundsätzliches Scheitern der bestehenden Theorie zu erwarten. Aber die experimentelle Prüfung mit Elektronen in der kosmischen Strahlung durch ANDERSON und NEDDERMEYER (1936) zeigte, daß die Bethe-Heitlersche Formeln sich noch bei um viele Größenordnungen höheren Energien bewähren. Eine weitere Bekräftigung dafür ist der Erfolg der Kaskadentheorie der kosmischen Strahlung von BABHA-HEITLER und CARLSON-OPPENHEIMER (1936), die auf den nämlichen Formeln beruht.

Wir können hier nicht diese schwierigen quantenmechanischen Rechnungen wiedergeben. Einen allgemeinen Einblick in das Problem erlauben aber anschauliche Methoden, die auf N. BOHR (1913), WEIZSÄCKER und WILLIAMS (1934) zurückgehen:

Ein Elektron (Masse $m$, Ladung $-e$, Geschwindigkeit $\boldsymbol{v}$) fliegt an einem Atomkern (Masse $\gg m$, Ladung $Ze$) im Abstand $b$ vorbei. Wegen seiner Beschleunigung $\dot{\boldsymbol{v}}$ muß es strahlen. Um die komplizierten Ausdrücke für das Feld einer schnell bewegten Punktladung zu vermeiden, rechnet man in dem Ruhesystem des Elektrons. In diesem ist sein Strahlungsfeld einfach:

$$\boldsymbol{H} = \frac{e}{r c^2}[\boldsymbol{r} \times \dot{\boldsymbol{v}}], \quad E = \frac{[\boldsymbol{H} \times \boldsymbol{r}]}{r} \tag{8}$$

und gibt einen radial gerichteten Poyntingvektor vom Betrag

$$S = \frac{c}{4\pi} H^2. \tag{9}$$

Um seine Verteilung über die verschiedenen Frequenzen zu finden, muß man sich das Feld in Fourierkomponenten zerlegt denken:

$$\boldsymbol{H}(t) = \int_{-\infty}^{+\infty} d\nu\, \eta_\nu e^{-2\pi i \nu t}, \quad \eta_{-\nu} = \eta_\nu^{*}. \tag{10}$$

Pro Frequenzinterval und Flächeneinheit in Richtung $\boldsymbol{r}$ fällt dann die Energie

$$S_\nu = \frac{c}{4\pi} \cdot 2 \cdot |\eta_\nu(\boldsymbol{r})|^2. \tag{11}$$

Hierin sind die Amplituden $\eta$ nach (8) und (10) durch

$$\eta_\nu = \frac{e}{c r^2} \left[ \boldsymbol{r} \times \int_{-\infty}^{+\infty} \dot{\boldsymbol{v}}\, d t\, e^{2\pi i \nu t} \right] \tag{12}$$

gegeben. Um sie zu bestimmen, müssen wir den Stoß näher betrachten: Auf das Elektron wirkt (angenähert) die Feldstärke einer gleichförmig bewegten Ladung $Ze$. Ihr zeitlicher Verlauf ist in Abb. 1 skizziert.

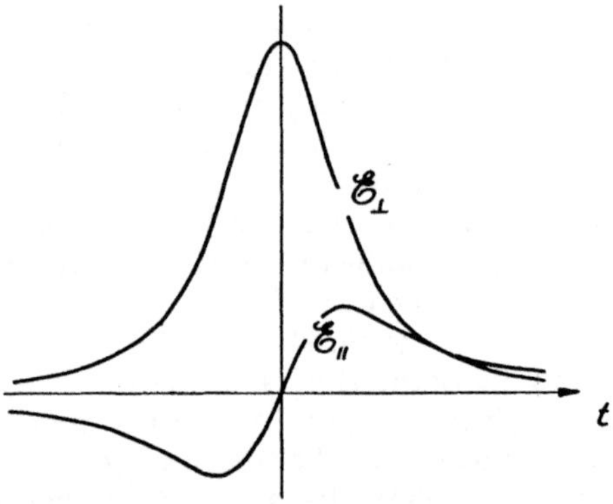


Abb. 1. Feldstärke einer gleichförmig bewegten Ladung $\|$ parallel, $\perp$ senkrecht zur Flugrichtung

Senkrecht zu $\boldsymbol{v}$ erhält das Elektron einen Impuls

$$\Delta p \sim \text{Kraft} \times \text{Stoßzeit} \sim \frac{Z e^2}{b^2} \times \frac{2b}{v} \cdot \tag{13}$$

Dies bleibt auch relativistisch korrekt; denn zwar wird die Querkomponente der Kraft durch einen Faktor

$$\gamma = 1 \Big/ \sqrt{1 - \frac{v^2}{c^2}}$$

verstärkt, dafür wird aber die Stoßzeit um den Faktor $1/\gamma$ verkürzt, wegen der Abplattung des Feldes durch Lorentzkontraktion in der Bewegungsrichtung. Von der Kraft parallel zur Flugrichtung wollen wir absehen. Ihre Wirkung ist um den Faktor $1/\gamma$ kleiner. Der zeitliche Verlauf von $\dot{v}$ hat also die Form eines sehr hohen und schmalen Pulses von der effektiven Dauer $\tau = 2b/v$. In der Fourieranalyse (10) werden dann nur die Frequenzen $\nu < 1/\tau$ mit merklichen Amplituden erscheinen. Denn für $\nu > 1/\tau$ ändert der Exponentialfaktor exp $(2\pi i \nu t)$ sein Vorzeichen viele Male während des Pulses und das Integral wird klein. Bei den Frequenzen $\nu < 1/\tau$ dagegen, variert der Exponentialfaktor langsam im Vergleich zu $\dot{v}(t)$, und die Amplituden werden angenähert konstant:

$$\int \dot{\boldsymbol{v}}\, d t\, e^{2\pi i \nu t} \sim \begin{cases} \Delta \boldsymbol{v} & \text{für } \nu < 1/\tau \\ 0 & \text{für } \nu > 1/\tau . \end{cases} \tag{14}$$

Dies in (11) (12) eingesetzt gibt,

$$S_\nu(\boldsymbol{r}) = \frac{e^2 |\Delta v|^2}{r^2 c^4} \sin^2 \vartheta , \tag{15}$$

und nach Integration über alle Richtungen

$$U_\nu = \int r^2 d\Omega \cdot S_\nu = \frac{8\pi}{3} \frac{e^2}{c^4} |\Delta v^2| . \tag{16}$$

Bei dieser ganzen Schlußweise ist es offenbar wesentlich, daß $\Delta v$ klein gegen die Lichtgeschwindigkeit ist. Dann ist auch gesichert, daß die Ablenkung der Bahn von der geradlinigen Asymptote wie in unseren Abschätzungen vernachlässigt werden darf. Es muß also zu kleine Stoßparameter $b$ ausgeschlossen werden. Wir kommen später darauf zurück.

Indem wir gemäß dieser Annahme $\Delta v = \Delta p/m$ aus (13) in (16) einsetzen kommt:

$$U_\nu = \frac{16}{3} \frac{Z^2 e^6}{m^2 c^3 v^2} \cdot \frac{1}{b^2}. \tag{17}$$

Das ist die Energie pro Frequenzinterval, die in einem Stoß mit Stoßparameter $b$ ausgestrahlt wird.

Wir müssen jetzt über die Stoßparameter mitteln: Ein Elektronenstrom der Dichte $1/\text{cm}^2 \cdot \text{sek}$ gibt in der Zeiteinheit $2\pi b\, db$ Stöße mit Stoßparametern im Interval $(b, b + db)$ und eine ausgestrahlte Intensität:

$$i_\nu = \int 2\pi b\, db \cdot U_\nu(b). \tag{18}$$

Ersichtlich divergiert das Integral in $b = 0$ und $\infty$. Aber der zulässige Bereich der Stoßparameter ist sowohl nach unten wie nach oben beschränkt, und in diesem Punkt kommt die Quantenmechanik herein. Die im Mittel ausgestrahlte Energie muß deshalb geschrieben werden:

$$i_\nu = \frac{32\pi}{3} \frac{Z^2 e^6}{m^2 c^3 v^2} \log \frac{b_{\max}}{b_{\min}}, \tag{19}$$

was sich von der Kramerschen Formel (4) hauptsächlich durch den Logarithmus unterscheidet. Die Anzahl der Lichtquanten erhält man hieraus durch Division mit $h\nu$, und das Wirkungsquerschnitt für die Emission eines Lichtquantes im Frequenzinterval $d\nu$ ist folglich:

$$d\sigma = \frac{i_\nu\, d\nu}{h\nu}. \tag{20}$$

Es gilt aber jetzt die Grenzen $b_{\max}$ und $b_{\min}$ in (19) zu bestimmen. Ein maximaler Stoßabstand ist durch die Bedingung in (14): $\nu < 1/\tau$ wo $\tau \sim b/v$, angezeigt. Wir wollen nun weiterhin den relativistischen Fall $v \sim c$ betrachten. Es ist dann erstens $\tau$ durch einen Faktor $1/\gamma$ zu verkürzen. Ferner gibt es ein Dopplereffekt

$$\nu \to \gamma\nu \cdot (1 - (v/c) \cos\vartheta)$$

beim Übergang von dem bisher verwendeten angenäherten Ruhsystem des Elektrons zum System wo der Kern ruht. Weil die Emission gemäß (15) symmetrisch um $\vartheta = \pi/2$ im ursprünglichen System war, können wir im Mittel $\nu \to \gamma\nu$ setzen. Es kommt deshalb

$$b_{\max} \sim \gamma^2 \frac{c}{\nu}. \tag{21}$$

Für $b_{\min}$ könnte man geneigt sein, den minimalen klassischen Stoßabstand einzusetzen. Das würde aber im allgemeinen den Anwendungsbereich des hier benutzten klassischen Begriffs der Bahn überschreiten. Die Bahn kann nicht genauer als die

De Broglie-Wellenlänge $h/mv$ festgelegt werden. Man wird deshalb die Integration wenigstens hier nach unten abzuschneiden haben. Der Beitrag noch kleinerer Raumgebiete zum Bremsstrahlungsprozeß sind in der Tat klein. Das kann aber erst durch eine genauere Analyse bewiesen werden, die wir hier übergehen müssen.

Wir bemerken aber, daß die Bedingung $b < h/mv$ auch die Kleinheit von $\Delta v/c$ und $\Delta p/p$ sichert. Der Größenordnung nach ist also:

$$b_{\min} \sim \frac{h}{mc} \tag{22}$$

zu setzen. Das ist die Comptonwellenlänge des Elektrons. Ein Wellenpaket dieser Ausdehnung würde schon nahezu mit Lichtgeschwindigkeit auseinanderfließen.

So erhalten wir schließlich für den Wirkungsquerschnitt:

$$d\sigma \sim \frac{16}{3} \frac{Z^2 r_0^2}{137} \cdot \log\left(\frac{\gamma^2 m c^2}{h\nu}\right) \cdot \frac{d\nu}{\nu}, \tag{23}$$

wo die universellen Konstanten aus (19) in den Faktoren

$$r_0 = \frac{e^2}{m\,c^2} = 2{,}82 \cdot 10^{-13}\,\text{cm}$$

$$\frac{2\pi e^2}{hc} \approx \frac{1}{137}$$

gesammelt sind.

Für die weicheren Quanten $\nu \ll \nu_{\max}$, unterscheidet sich dies nur um kleine Glieder von der korrekten quantenmechanischen Formel von Heitler, Sauter und Bethe-Heitler:

$$d\sigma = \frac{16}{3} \frac{Z^2 r_0^2}{137} \left[\frac{E}{E_0} + \frac{3}{4}\left(\frac{h\nu}{E_0}\right)^2\right] \left\{\log\left(\frac{2 E_0 E}{h\nu}\right) - \frac{1}{2}\right\} \cdot \frac{d\nu}{\nu} \tag{24}$$

$E_0 = \gamma mc^2 \quad$ = Energie des Elektrons im Anfangszustand,

$E \;= E_0 - h\nu =$ Energie des Elektrons im Endzustand.

Der logarithmische Anstieg mit der Energie ist ein Merkmal des reinen Coulombfeldes, also Stoß am nackten Kern. Es fehlt nämlich noch der Abschirmungseffekt der Atomelektronen. Auch dies kann in einfacher Weise abgeschätzt werden. Die Stoßabstände größer als der Radius des Atoms tragen nicht zur Strahlung bei. Wenn $b_{\max}$ nach Gleichung (21) diese Grenze überschreitet, muß es also durch

$$b_{\max} \sim \text{Abschirmungsradius} \sim \frac{h^2}{4\pi^2 m e^2} \cdot Z^{-1/3} \tag{25}$$

ersetzt werden. Dadurch wird das Verhältnis $b_{\max}/b_{\min}$ sowohl von der Energie wie der Frequenz unabhängig. Es behebt sich also das Unendlichwerden des logarithmischen Faktors bei kleineren Frequenzen. Aber auch bei dem abgeschirmten Felde wird die Wahrscheinlichkeit für Emission bei kleinen Frequenzen unendlich wie $1/\nu$. Diese „Infrarotkatastrophe“ ist ein typischer Zug der Quantenelektrodynamik, bedeutet aber keine grundsätzliche Schwierigkeit.

Es ist möglich mit ähnlichen Abschätzungen auch die Richtungsverteilung zu diskutieren. Nur ist es dann schwerer, das Rechnen im Laboratoriumsystem zu vermeiden. In diesem System tritt die Voreilung anschaulich zu Tage durch die Faktoren $1/(1-(v/c)\cos\vartheta)$, die in der Feldstärke bis auf 3. Potenz auftreten. Bei sehr hohen Energien ist fast die ganze Intensität in einem kleinen Kegel $\vartheta \sim mc^2/E_0$ um die Primärrichtung zusammengedrängt. Es gibt aber ein anderes Verfahren, worin man im Ruhsystem des Elektrons rechnet. Nach dieser Methode ersetzt man das Coulombfeld des vorbeifliegenden Kernes durch einen Puls ebener Lichtwellen, „das Equivalente Spektrum". Indem man die Streuung dieser Quanten am ruhenden Elektron der Klein-Nishina-Formel entnimmt, und dann zurück auf das Laboratoriumsystem transformiert, kann man den differentiellen Bremsstrahlungsquerschnitt einschließlich Winkelabhängigkeit erhalten.

Die Polarisation der Bremsstrahlung ist, wenigstens bei hohen Energien, nicht mit den halbklassischen Methoden zu erfassen. Bei niedrigeren Energien darf man doch schließen, daß die Beschleunigung des Elektrons in der Polarisationsebene liegt. Die früher erwähnten Polarisationsverhältnisse der Röntgenstrahlung bedeuten dann, daß an der kurzwelligen Grenze die Beschleunigung in der Flugrichtung liegt, und bei der langwelligen Strahlung fast transversal dazu. Bei den hohen Energien macht sich auch der Spin des Elektrons bemerkbar. Seitdem die Nichterhaltung der Parität von LEE und YANG (1956) entdeckt wurde, weiß man, daß Elektronenstrahlen mit gerichtetem Spin in merklichen Intensitäten experimentel zugänglich sind. Damit kann man die Polarisation der Bremsstrahlung in ihrer Abhängigkeit von der Polarisation des Elektrons studieren. Für longitudinal polarisierte Elektronen ist die Bremsstrahlung an der kurzwelligen Grenze zirkular polarisiert.

Mit Ausnahme von SOMMERFELDS Theorie für das Röntgengebiet sind die genannten quantenmechanischen Rechnungen nur genau, wenn der Parameter

$$2\pi Ze^2/hv = (Z/137)(c/v)$$

klein ist. Bei schweren Elementen ist das nie besonders gut erfüllt, und auf jeden Fall nicht an der kurzwelligen Grenze. Für hohe Energien — wie sie ja jetzt mit Hilfe des Betatrons und des Synchrotrons erreichbar sind — ist die Theorie von BETHE und Mitarbeitern verbessert worden. Hier sind jedoch die Korrektionen zu der Bornschen Näherung gering. Das ist aber nicht der Fall im Zwischengebiet unterhalb 10—20 MeV. Hier scheinen alle bisher benutzten Näherungen schlecht zu sein.

Vollständige Hinweise auf die Originalarbeiten findet man bei:

S. TOWN STEPHENSON, „The Continuos X-Ray Spectrum." Handbuch der Physik, Bd. XXX, S. 337 (Springer Verlag, 1957).

H. A. BETHE and E. E. SALPETER, „Quantum Mechanics of One- and Two-Electron Systems." Handbuch der Physik, Bd. XXXV, S. 88 (Springer Verlag, 1957).

A. FLAMMERSFELD

# Zur Geschichte der Atomkernisomerie

In der Geschichte der Naturwissenschaften und besonders in der der Physik können wir oft bemerken, daß eine große Entdeckung die zeitgenössischen Gemüter viel mehr aufgeregt hat, als die späteren Generationen. Wenn das auch natürlich ist — alles neigt dazu, nach genügend langer Zeit als selbstverständlich zu erscheinen — so kommt für den starken Eindruck des Neuen oft auch hinzu, daß bis dahin für richtig gehaltene Lehrmeinungen plötzlich durch andere, richtigere Anschauungen ersetzt werden müssen.

Dabei pflegt es keine Rolle zu spielen, ob die alte Anschauung gut oder weniger gut begründet war, die Überraschung ist das Wichtige. Die Beispiele für derartige Entwicklungen lassen sich in großer Zahl finden und da in der experimentellen Physik gewöhnlich und in der theoretischen Physik häufig der Fortschritt durch ein neues Experiment eingeleitet wird, ist es eine interessante Fragestellung für den nachdenklichen Betrachter, ob derartige Verhältnisse bei einer Entdeckung vorliegen. Für das Überraschungsmoment kommt allerdings zuweilen noch eine andere Merkwürdigkeit hinzu, die später wenig beachtet, trotzdem für die Beurteilung der Forscherpersönlichkeit von höchstem Interesse ist, nämlich die Frage, mit welcher Absicht ein grundlegendes Experiment angestellt worden ist. Es zeigt sich beim Lesen der Originalarbeiten nämlich merkwürdig häufig, daß die Forscher etwas ganz anderes finden wollten, als ihnen dann nach angestrengter Arbeit in den Schoß fiel. Beinahe möchte man sagen, daß etwa die Hälfte aller großen experimentellen Entdeckungen der letzten 60 Jahre gegen die ursprüngliche Absicht der Entdecker zustande kamen, oder zumindest zu den Versuchen mit unerwartetem Ausgang zu rechnen sind.

Für die Entdeckung der Isomerie der Atomkerne treffen beide Überraschungsmomente zu. Versetzen wir uns in die Zeit der Jahrhundertwende und vergegenwärtigen uns, welche Annahmen über die Materie damals als richtig galten, so bemerken wir einen schnellen Wechsel. Bis zur Entdeckung der radioaktiven Erscheinungen galt die gesamte Materie als aus unveränderlichen Atomen der Elemente zusammengesetzt, nachher war man genötigt, spontane Umwandlungen der Atome zuzulassen. Konnte man zunächst annehmen, daß die Eigenschaften eines Atomes völlig durch die Stellung im Periodischen System der Elemente, oder durch die Kernladungszahl, wie wir heute sagen, bestimmt sei, so hatte man kurz darauf wieder umzulernen, als die Isotopie entdeckt wurde. Es zeigte sich, daß die Eigenschaften eines Atomes außer von der Kernladungszahl auch noch vom Atomgewicht, wie man damals sagte, abhingen, und besonders die radioaktiven Eigenschaften, wie Halbwertszeit und Strahlung zeigten sich bei Isotopen des gleichen chemischen Elementes aber verschiedenem Atomgewicht äußerst verschieden. Das Studium der radioaktiven Atomarten führte dann aber wieder zu der „Erkenntnis", daß die Eigenschaften eines Atomes durch seine Kernladungszahl und sein Atomgewicht, oder moderner ausgedrückt seine Massenzahl eindeutig definiert sei. Diese Anschauung galt bis in die Mitte der dreißiger Jahre, obwohl seit 1921 eine Ausnahme bekannt war, mit der man aber nichts anzufangen wußte und die von OTTO HAHN entdeckt worden war. Deren Entdeckungsgeschichte ist höchst interessant, weil HAHN etwas ganz anderes suchte.

Das damals angenommene, chemisch ermittelte Atomgewicht des Urans betrug 238,2 und stimmte nicht mit dem aus dem Atomgewicht des Radiums (226,0) zu errechnenden Wert überein, so daß HAHN von der Erwartung ausging, es könnte im normalen Uran noch ein weiteres, bisher unbekanntes Uranisotop der Massenzahl 240 vorhanden sein. Ein solches Uran 240 müßte natürlich radioaktiv sein, und nach wiederum radioaktiven Folgeprodukten hat HAHN gesucht. Dabei fand er ein neues radioaktives Protaktinium-Isotop mit $T = 6{,}7$ Stunden Halbwertszeit, das er UZ nannte und das aber, wie er sofort nachwies, keineswegs als ein Folgeprodukt des vermuteten Uran 240 auftrat, sondern ebenso wie das Protaktinium-Isotop $UX_2$ durch Beta-Zerfall aus dem Thorium-Isotop $UX_1$ entsteht, also ein Folgeprodukt des gewöhnlichen Urans 238 ist. Da beim Beta-Zerfall die Massenzahl dieselbe bleibt, UZ und $UX_2$ aus $UX_1$ durch Beta-Zerfall entstehen, und chemisch beide Protaktinium sind, war damit der Beweis erbracht, daß sich radioaktive Atomarten trotz gleicher Kernladungszahl und Massenzahl radioaktiv verschieden verhalten können, und somit der erste Fall von Kernisomerie gefunden. Auf den Fortgang der Isomerenforschung hat dieser erste Fall wenig Einfluß gehabt, die Entdeckung erfolgte offensichtlich fünfzehn Jahre zu früh. Auch das ist eine bei der heutigen Schnelllebigkeit der Forschung ganz ungewöhnliche Erscheinung. Allerdings handelt es sich beim UZ auch um einen recht komplizierten Fall, der besonders schwierig aufzuklären war. Aber das ist eine Bestätigung einer Regel, die man auch aus der Geschichte der Physik ablesen kann: gewöhnlich wird eine Entdeckung nicht auf dem einfachsten, sondern auf einem komplizierteren Wege gemacht, die einfacheren Fälle zeigen sich erst später.

Hier kann ich noch persönliche Eindrücke beisteuern. Während meiner Doktorandenzeit am Hahn-Meitnerschen Institut wurde nach dem Essen regelmäßig Tee getrunken, wozu sich die älteren Assistenten und die Doktoranden versammelten. Als wir einmal — es muß etwa 1934 gewesen sein — die Frage aufwarfen, ob man wohl annehmen könne, daß außer dem UZ noch weitere Beispiele für eine solche „Isotopie höherer Ordnung" aufgefunden werden könnten, war man sehr bedenklich und meinte, es handle sich hier wohl um einen höchst seltenen, kaum zu verstehenden Einzelfall. Als eine weitere interessante Zusammenfassung momentanen Standes des Wissens ist mir auch aus dieser Zeit eine Tee-Unterhaltung mit C. F. v. WEIZSÄCKER in Erinnerung. Wir fragten ihn, es würden jetzt so viel Drehimpulse von Atomkernen bestimmt, ob man denn in Bezug auf das radioaktive Verhalten von Atomkernen daraus schon irgendeinen Nutzen ziehen könne. Die Antwort war nein, bis jetzt noch nicht den geringsten, aber man müsse natürlich auf die Zukunft hoffen.

Viel später, angeregt durch eine eigene kleine Erfahrung, und ehe ich mich mit der Entdeckungsgeschichte des UZ beschäftigt hatte, habe ich einmal OTTO HAHN gefragt, ob er bei seinen vielen berühmten Entdeckungen eigentlich immer das gesucht, was er gefunden, und immer gefunden, was er gesucht habe. Er schien sehr überrascht und sagte nach einigem Nachdenken „Nein, wenn ich recht überlege, habe ich eigentlich meist etwas anderes gefunden, als ich suchte, und mein Rat an jeden Forscher, der auf etwas unvermutetes stößt ist: versuchen Sie es zu reproduzieren."

Weitere Fortschritte im Verständnis der Isomerie der Atomkerne waren natürlich erst zu erwarten, als mit der Entdeckung der künstlichen Radioaktivität viele weitere radioaktive Atomarten zur Verfügung standen. Aber auch hier wurde erst ein interessanter Umweg beschritten. Zwar hatte man durch Bestrahlung mit langsamen

Neutronen im Jahre 1935 schon mehrere Fälle von Radioaktivität aufgefunden, die auf Isomerie hindeuteten, aber es blieben manche Fragen offen und das Ganze schien noch recht unsicher. Nun hatten HAHN, MEITNER und STRASSMANN in den Jahren 1935 und 1936 bei ihren berühmten Arbeiten über die bei der Bestrahlung von Uran mit Neutronen entstehenden radioaktiven Atomarten viel zu viel solche Atomarten gefunden, als daß sie bei den damaligen Vorstellungen über die Vorgänge der Entstehung jedem dieser Atomarten eine eigene Kernladungszahl und Massenzahl zuordnen konnten. L. MEITNER sah keine andere Möglichkeit, als Atomkernisomerie anzunehmen und in lebhaften Diskussionen mit v. WEIZSÄCKER wurde das Für und Wider erörtert. Zwar ergaben sich manche Schwierigkeiten, aber im Züricher Vortrag September 1936 wies L. MEITNER darauf hin, daß man wohl nicht umhin könne, die recht unpopuläre Vorstellung von Atomkernisomerie ernsthaft in Erwägung zu ziehen. Zweifellos haben diese Diskussionen und Forderungen viel zur endlichen Aufklärung beigetragen, die dann bald (November 1936) erfolgte.

v. WEIZSÄCKER entwickelte die Vorstellung, daß von den Partnern eines Isomerenpaares der eine sich nur dadurch vom anderen unterscheidet, daß er einen gewissen Energiebetrag mehr enthält, d. h. sich in einem angeregten Zustand befindet. Solche angeregten Zustände waren natürlich schon lange bekannt, ebenso auch, daß die Anregungsenergie gewöhnlich in unmeßbar kurzer Zeit wieder abgestrahlt wird. v. WEIZSÄCKER bemerkte nun, daß bei einem genügend großen Drehimpulsunterschied zwischen dem angeregten und dem nicht angeregten Zustand eine so starke Strahlungsbehinderung auftritt, daß die beobachteten Halbwertszeiten, die von Bruchteilen einer Sekunde bis zu vielen Jahren gehen können, möglich werden. Später sind dann von anderen Autoren noch andere Strahlungsbehinderungen untersucht worden, aber die Vorstellung, daß es sich bei isomeren Kernen um Kerne gleicher Kernladungs- und Massenzahl, aber in verschiedenem Energiezustand handelt, hat sich bei den inzwischen zahlreich aufgefundenen weiteren Beispielen glänzend bewährt, wie etwa bei der von BOTHE und GENTNER 1937 aufgeklärten Isomerie des Brom 80.

Der sicherste Beweis für die Richtigkeit der Vorstellungen stammt von GOLDHABER, HILL und SZILARD, die 1939 zeigten, daß man aus dem stabilen Atomkern Indium 115 einen radioaktiven machen kann, wenn man ihm eine Energie von 0,34 MeV zuführt, die der so angeregte Kern dann mit einer Halbwertszeit von $T = 4{,}5$ Stunden abstrahlt.

Bei der endlichen Aufklärung der Isomerie haben also Vorstellungen und Bedürfnisse der Uranversuche eine Rolle gespielt, obwohl sie sich hinterher als nicht ganz tragfähig erwiesen. Niemand wird behaupten wollen, daß die schließliche Entdeckung der Uranspaltung auf dem einfachsten Wege vor sich ging, vielmehr wird man ihn eher als besonders schwierig bezeichnen müssen. Ist so schon die Entdeckungsgeschichte der Uranspaltung reizvoll genug, so erscheint es doppelt merkwürdig, daß die anfänglichen Irrwege wieder für die Aufklärung einer anderen wichtigen Kerneigenschaft von Bedeutung wurden.

Heute würde es bei der Vielzahl von Umwandlungsmöglichkeiten, die manche radioaktiven Kerne haben, schwierig sein, das Vorliegen von Isomerie zu erkennen, wenn nicht eine von L. MEITNER entdeckte Eigenschaft der Elektronenhülle oft eine sichere Entscheidung gestatten würde. Bekanntlich haben v. BAYER, HAHN und MEITNER 1910 die Elektronenlinienspektren entdeckt, die auftreten, wenn nach einer radioaktiven Umwandlung der Folgekern angeregt zurückbleibt, und eigentlich Gammastrahlen aussenden sollte. Statt dessen kann es auch passieren, daß der angeregte Atomkern seine Energie einem Elektron der Hülle überträgt, welches dann mit einer definierten Energie wegfliegt. Diese Energie hängt davon ab, wie fest das betreffende Elektron vorher in der Hülle gebunden war und dies wieder von der Kernladungszahl des betreffenden Atoms. Nun stritt man sich in den Jahren 1920/23 temperamentvoll darum, was zeitlich eher vor sich geht, die eigentliche Kernumwandlung, z. B. Aussendung eines Betateilchens bzw. Alphateilchens aus dem Atomkern oder die Aussendung der Gammastrahlen bzw. Elektronen der Hülle. L. Meitner verfocht gegenüber englischen Kollegen heftig die erstere Ansicht und konnte 1925 ihre Richtigkeit nachweisen. Bei der eigentlichen Kernumwandlung ändert sich ja die Kernladungszahl und wenn sich die neue Elektronenhülle schnell genug auf die neue Kernladungszahl einstellt, müssen bei den Elektronenlinien die neuen Ablösearbeiten anzuwenden sein. L. Meitner konnte dies zeigen und hatte damit auch den Beweis erbracht, daß die neue Elektronenhülle sich praktisch sofort umordnet. Diese Tatsache ist später dann recht wichtig geworden für das Erkennen von Isomerie. Die Abstrahlung von Anregungsenergie geht gerade bei Isomeren häufig statt durch reine Gammastrahlung durch Aussendung eines solchen Konversionselektrons vor sich, und wegen des dadurch entstandenen Loches in der Elektronenhülle werden Röntgenstrahlen ausgesandt, aus deren Energie auf die zugehörige Kernladungszahl geschlossen werden kann. Hat sich die Kernladungszahl nicht verändert, so liegt Isomerenübergang vor.

Diese Entdeckung, so wichtig sie ist, ist merkwürdig schnell von dem Schicksal so mancher Entdeckung ereilt worden, fälschlich für selbstverständlich gehalten zu werden.

Als ich im Jahre 1935 einmal L. Meitner fragte, was sich ihre Kontrahenten eigentlich bei der Annahme, erst Gamma-Übergang und dann z. B. Beta-Zerfall gedacht haben, erhielt ich allerdings die unerwartete Antwort, das könne sie sich jetzt auch nicht mehr vorstellen.

Von der nach dem Kriege einsetzenden stürmischen Entwicklung der experimentellen Nachweismethoden für radioaktive Strahlungen profitierte natürlich auch die Untersuchung der Isomeren, so daß wir heute über 160 Paare von isomeren Atomkernen kennen, die meistens recht gut untersucht sind. Es würde zu weit führen, auf die weiteren Fortschritte einzugehen, die etwa eine unabhängige Messung der Drehimpulse der Anregungsniveaus zu Tage förderte, oder auf die Beziehungen zum Schalenmodell der Atomkerne. Nur auf eine Tatsache soll noch hingewiesen werden, wo das Studium der Isomerie wieder einen Lehrsatz der alten Kernphysik modifiziert hat. Zahllose Versuche aus der Frühzeit der Radioaktivität, die Halbwertszeit von radioaktiven Atomarten durch Anwendung hoher oder tiefer Temperaturen, durch hohe Drucke oder chemische Umwandlungen zu beeinflussen, waren vergeblich und gipfelten in dem Satz, daß die Halbwertszeit einer radioaktiven Substanz durch keinerlei äußere Mittel zu beeinflussen sei. Bainbridge, Goldhaber und Wilson haben 1953 die Halbwertszeit des Technetium-Isomers 99 einmal als Metall und einmal als Salz verglichen, und festgestellt, daß das Salz etwas schneller zerfällt. Es ist dies darauf zurückzuführen, daß bei dieser Atomart wegen der besonders niedrigen Anregungsenergie die Dichte der Elektronen in den äußeren Schalen noch auf die Intensität der Konversion von Einfluß ist. Ist in den verschiedenen Chemischen Zuständen diese Elektronendichte etwas verschieden, so wird damit die Häufigkeit des Isomerenübergangs verändert, was sich in einer geringen Änderung der Halbwertszeit bemerkbar macht.

Otto Hahn

KARL-ERIK ZIMEN

# Einige Erinnerungen an das Kaiser-Wilhelm-Institut für Chemie

Vor 20 Jahren, im Dezember 1938, entdeckten OTTO HAHN und FRITZ STRASSMANN im Kaiser-Wilhelm-Institut für Chemie in Berlin-Dahlem die Spaltung des Urans bei der Kernreaktion mit Neutronen. Sie taten damit den ersten Schritt auf dem Wege zur praktischen Nutzung der Kernenergie, die uns heute in ungeahntem Maße sowohl bereichert wie bedroht, und die irgendwie fast alle Bereiche des menschlichen Lebens beeinflußt, von der Philosophie bis zur Wirtschaft und Politik. Was liegt näher für jemanden, der damals als junger Assistent im Hahnschen Institut tätig war, als anläßlich dieser Festschrift einmal den Blick zurückzulenken und einige persönliche Erinnerungen an die damalige Arbeit und Atmosphäre im Kaiser-Wilhelm-Institut für Chemie wachzurufen.

Die Kernchemie ist so alt wie die Entdeckung der Radioaktivität, und ihre erste klassische Periode wird gekennzeichnet durch einige wenige Namen, vor allem die von MARIE CURIE, F. SODDY und O. HAHN. In diesem Zeitraum von der Jahrhundertwende bis etwa 1920 wurden von den auf diesem neuen Gebiete arbeitenden Chemikern die natürlich-radioaktiven Elemente und Atomarten entdeckt, abgetrennt und rein hergestellt, ihre genetischen Zusammenhänge und Strahlungseigenschaften erforscht und damit eine der Grundlagen gelegt für das Verständnis des Phänomens Radioaktivität und für die Entwicklung der Atommodelle durch die Physiker, vor allem durch E. RUTHERFORD und NIELS BOHR.

Diese klassische Periode, in der HAHN die Entdeckung und die Isolierung der Atomarten Th-228 (RdTh), Ra-228 (MsThl), Ac-228 (MsTh2), Th-230 (Io) und — zusammen mit LISE MEITNER — des Elementes 91, Protactinium, glückten und auch das erste Beispiel einer Kernisomerie (Pa-234) von ihm gefunden wurde, diese Periode war Anfang der zwanziger Jahre abgeschlossen. In der folgenden zweiten Periode wandten sich die Chemiker — in erster Linie IRENE CURIE, FAJANS, HAHN, HEVESY und PANETH — vor allem den Anwendungen der radioaktiven Atomarten in der Chemie und angrenzenden Gebieten zu. Für OTTO HAHN bedeutete sie die erfolgreiche Beschäftigung mit den „unwägbaren Mengen", besonders den Erscheinungen der Mitfällung und der Radiokolloide, mit der Autoradiographie von Kristallen, mit der Emaniermethode zum Studium des thermischen Verhaltens fester Stoffe und mit den Altersbestimmungen von Gesteinen mittels radioaktiver Methoden.

Als der Verfasser dieser Zeilen im Jahre 1935 in das Hahnsche Institut eintrat, war auch diese zweite Periode für OTTO HAHN am auslaufen. IRENE CURIE und JOLIOT hatten gerade die künstliche Radioaktivität entdeckt und FERMI hatte seine Experimente über Kernumwandlungen mit den kurz zuvor entdeckten Neutronen angefangen, wobei insbesondere die Bildung von „Transuranen" bei der Bestrahlung von Uran interessant und umstritten war. HAHN wandte sich daher mit LISE MEITNER und FRITZ STRASSMANN dem Studium dieser Transurane zu, wenn auch seine stille Liebe weiterhin an den Anwendungen der Radioaktivität hing, besonders an der Emaniermethode. Das führte dazu, daß die jungen Doktoranden im Haus, das waren im Zeitraum von 1934—1939 HANS-JOACHIM BORN, ARNOLD FLAMMERSFELD, der Verfasser, KURT STARKE, LESLIE COOK, HANS GÖTTE und WALTER SEELMANN-EGGEBERT, zunächst weiterhin auf die Bearbeitung „klassischer" Probleme hingewiesen wurden. Der Physiker FLAMMERSFELD untersuchte als Schüler LISE MEITNERS das $\beta$-Spektrum von Radium E, die Chemiker bearbeiteten geochemische Fragen bzw. verschiedene Anwendungen der Emaniermethode (bis auf SEELMANN-EGGEBERT, der erst kurz nach Entdeckung der Uranspaltung in das K. W. I. eintrat und sich daher in seiner Dissertation mit Untersuchungen über Spaltedelgase befassen konnte).

Als Direktor eines reinen Forschungsinstituts war HAHN naturgemäß nicht besonders an der Lehre interessiert; er hat nur selten Vorlesungen gehalten, kein Lehrbuch verfaßt (dagegen einige Monographien) und die Zahl seiner Schüler ist gering, jedenfalls im Vergleich zu der für Chemiker üblichen. Trotzdem ist wohl allen, die damals im K. W. I. gearbeitet haben, diese Zeit unermeßlich lehrreich gewesen und zwar in erster Linie durch den Eindruck von HAHNS Persönlichkeit, die eines intuitiven Forschers und eines warmherzigen, humorvollen Menschens.

Die damals im Hahnschen Institut verwendeten apparativen Hilfsmittel zeichneten sich durch größte Einfachheit aus, was auch bezeugt wird durch die heute im Deutschen Museum in München aufgestellte Zählapparatur, die HAHN und STRASSMANN zur Zeit der Entdeckung der Uranspaltung benutzten. HAHNS Ideal war und blieb das „Elektroskop aus der Konservenbüchse". Während heute jedes Kernforschungsinstitut mit Selbstachtung eine ganze Elektronik-Abteilung haben muß, so bastelten wir Chemiker uns damals unsere Geiger-Müller-Zählrohre selbst, mit dem Resultat, daß vielleicht eines von fünf hergestellten wirklich funktionierte. Und erst nachdem wir uns durch jahrelanges Starren in die Okulare der Elektroskope die Augen überanstrengt und wegen des dauernden „am-Kopf-Kratzens" mit den Aufladestäben die Haare auszufallen begannen, kamen wir auf den revolutionären Gedanken, etwas kompliziertere apparative Hilfsmittel zu bauen, z. B. H. J. BORN, eine „automatische", der Verfasser später eine „vollautomatische" Emanierapparatur, die von OTTO HAHN aber eher mit Mißtrauen betrachtet wurden. Er bezweifelte zunächst einmal jeden beobachteten „Effekt", hielt ihn — man ist versucht zu sagen a priori — für eine Ausgeburt der komplizierten, störanfälligen Apparaturen und ließ sich erst überzeugen, wenn man den Effekt nicht nur ein- oder zweimal, sondern vielleicht zehnmal reproduziert hatte. Diese „penetrante Kritik" hat uns junge Doktoranden damals häufig an den Rand der Verzweiflung gebracht; heute bin ich dankbar für diese Erziehung zur größten Selbstkritik bei allen Experimenten.

Natürlich wandte HAHN diese strenge Selbstkritik auch bei seinen eigenen Versuchen an und dies trat besonders augenfällig bei der Entdeckung der Uranspaltung zutage. Im Anschluß an Arbeiten von J. CURIE und P. SAVITCH waren von HAHN und STRASSMANN [1] bekanntlich eine Reihe von radioaktiven Atomarten gefunden worden, die von dem bestrahlten Uran durch Mitfällung mit Bariumsalzen getrennt werden konnten. Unter den Elementen 83—92 und den Transuranen zeigt allein Radium ein dem Barium ähnliches chemisches Verhalten. HAHN und STRASSMANN nahmen daher an, daß die Neutronenbestrahlung von Uran durch zwei sukzessive $\alpha$-Umwandlungen

---

[1] O. HAHN, F. STRASSMANN, Naturwissensch. **26**, 755 (1938).

zum Radium führte. Folgendes Schema wurde für die Reaktionsprodukte aufgestellt (Halbwertszeiten nach [2]):

$$ {}_{88}\mathrm{Ra} \xrightarrow[\text{14 min}]{\beta} {}_{89}\mathrm{Ac} \xrightarrow[\sim 2{,}5\ \mathrm{h}]{\beta} {}_{90}\mathrm{Th} $$

$$ {}_{88}\mathrm{Ra} \xrightarrow[\text{86 min}]{\beta} {}_{89}\mathrm{Ac} \xrightarrow[\text{mehrere Tage}]{\beta} {}_{90}\mathrm{Th} $$

$$ {}_{88}\mathrm{Ra} \xrightarrow[\text{13 d}]{\beta} {}_{89}\mathrm{Ac} \xrightarrow[< 40\ \mathrm{h}]{\beta} {}_{90}\mathrm{Th} $$

Vom kerphysikalischen Standpunkt aus war es jedoch äußerst schwer zu verstehen, wie diese drei verschiedenen Umwandlungsserien gebildet werden sollten (vgl. z. B. FLÜGGE [3]). Zur weiteren Prüfung und um so starke Präparate wie möglich zu erhalten (man hatte nur eine Ra-Be-Neutronenquelle zur Verfügung), versuchten HAHN und STRASSMANN daher die Präparate anzureichern, indem die angeblichen Radiumisotope mit dem als Träger zugesetzten Bariumsalz einer fraktionierten Kristallisation unterworfen wurden. Das unerwartete Resultat dieser Versuche war, daß keine Anreicherung der „Radiumisotope“ erzielt werden konnte, sondern daß deren Aktivität sich in gleicher Weise wie das Barium auf die verschiedenen Fraktionen verteilte. Eine mehrfache Reproduzierung dieses Ergebnisses genügte HAHN und STRASSMANN nicht, sondern das Resultat wurde noch in anderer, für die Kernchemie typischer Weise kontrolliert: Die natürlichen Radiumisotope Ra-224 (ThX) und Ra-228 (MsThl) wurden in sorgfältigster Weise von sowohl Mutter- wie Tochtersubstanzen getrennt und nach starker Verdünnung in einer Menge, die etwa der der künstlichen Aktivitäten entsprach, dem Gemisch der problematischen künstlichen Nuklide zugesetzt. Danach wurde wieder eine Ba-Ra-Trennung durch fraktionierte Kristallisation unternommen mit dem Resultat, daß die natürlichen Ra-Isotope sich erwartungsgemäß gegenüber der Bariumfraktion anreichern ließen, während die fraglichen Produkte der Neutronenbestrahlung von Uran unverändert dem Barium folgten. Auch damit noch nicht genug: In gleicher Weise wurde zusätzlich durch Zugabe eines natürlichen Actiniumisotops (MsTh2) gezeigt, daß die Tochtersubstanz des 14 min. „Radiums“ kein Actinium sein konnte.

In ihrer ersten berühmten Mitteilung [2] über diese Resultate schreiben HAHN und STRASSMANN: „Als Chemiker müßten wir aus den kurz dargelegten Versuchen das oben gebrachte Schema eigentlich umbenennen und statt Ra, Ac, Th die Symbole Ba, La, Ce einsetzen. Als der Physik in gewisser Weise nahestehende ‚Kernchemiker‘ können wir uns zu diesem, allen bisherigen Erfahrungen der Kernphysik widersprechenden, Sprung noch nicht entschließen. Es könnte doch noch vielleicht eine Reihe seltsamer Zufälle unsere Ergebnisse vorgetäuscht haben.“

Das ist typisch HAHN. Experimentelle Beobachtungen werden reproduziert und auf alle erdenkliche Weise kontrolliert, und selbst wenn alle experimentelle Evidenz auf eine bestimmte Erklärung hindeutet, auch dann noch wird größte Selbstkritik geübt. „Es könnten doch noch vielleicht eine Reihe seltsamer Zufälle ...“

Einige Wochen später veröffentlichten HAHN und STRASSMANN [4] neue Resultate, die jeglichen Zweifel daran ausschlossen, daß die vermeintlichen Radiumisotope in

[2] O. HAHN, F. STRASSMANN, Naturwissensch. **27**, 11 (1939).
[3] S. FLÜGGE, Z. Naturforschg. **4a**, 82 (1949).
[4] O. HAHN, F. STRASSMANN, Naturwissensch. **27**, 89 (1939).

obenstehendem Schema in Wirklichkeit Isotope des Bariums waren. In der Zwischenzeit zwischen der zögernden ersten und dieser zweiten Mitteilung hatte dann auch schon LISE MEITNER, die brieflich von HAHN über die Ergebnisse der Fraktionierungsversuche unterrichtet worden war, zusammen mit O. R. FRISCH in Kopenhagen die Spaltung von Urankernen in zwei etwa gleich schwere Bruchstücke diskutiert und festgestellt, daß sie, im Gegensatz zu der bis dahin herrschenden Ansicht der Kernphysik, energetisch doch möglich sei, wenn man das Bohrsche Tröpfchenmodell der Betrachtung zugrunde legte. FRISCH hatte darüber hinaus auch den ersten physikalischen Nachweis für das Auftreten der energiereichen Spaltprodukte bei der Uranspaltung erbracht [5].

Die übervorsichtige Ausdrucksweise von HAHN und STRASSMANN in ihrer ersten Mitteilung über die Fraktionierungsversuche hat zu manchen falschen Interpretationen Anlaß gegeben. Der Anlaß des Zögerns von HAHN und STRASSMANN in ihrer ersten Mitteilung war neben der extremen Selbstkritik vor allem der Einfluß der Kernphysik, dem HAHN und STRASSMANN „als der Physik in gewisser Weise nahestehende Kernchemiker" unterworfen waren und ohne den sie sicher schon früher den Schluß auf die Bildung von Bariumisotopen gezogen hätten. Ausgehend von der Tatsache, daß die Emission eines geladenen Teilchens aus einem schweren Atomkern immer unwahrscheinlicher wird je höher seine Ladung ist, waren die Kernphysiker damals blind für das „Ei des Columbus", die Möglichkeit einer ganz andersartigen Reaktion eines schweren Kerns, eben der Spaltung in zwei mittelschwere Bruchstücke. Außerordentlich bezeichnend für diese damalige Situation ist, daß IDA NODDACK [6] schon 1934 Kritik an der Fermischen Annahme von der Bildung von Transuranen übte und schrieb: „Es wäre denkbar, daß bei der Beschießung schwerer Kerne mit Neutronen diese Kerne in mehrere größere Bruchstücke zerfallen, die zwar Isotope bekannter Elemente aber nicht Nachbarn der bestrahlten Elemente sind." Aber so fest war damals noch die Überzeugung von der Unmöglichkeit einer derartigen Kernreaktion, daß keiner diesen Gedanken von I. NODDACK experimentell prüfte — auch Frau NODDACK nicht. Alle Forscher versuchten vielmehr die Bildung der beobachteten neuen Nuklide zu erklären durch $\beta$- oder $\alpha$-Umwandlung von dem bestrahlten Uran bzw. Thorium nahe benachbarten Kernen, und erst die Ergebnisse von HAHN und STRASSMANN bei der fraktionierten Kristallisation änderten diese Situation.

Etwas überspitzt kann man also sagen: Die Uranspaltung wurde von der Chemie entdeckt *trotz* der Kernphysik. Dabei war der physikalische Nachweis der stark ionisierenden Spaltprodukte im Grunde viel einfacher, als die langwierigen Trennungen der Chemiker zu ihrem Nachweis, was sich auch darin zeigte, daß die Uranspaltung nach der ersten Mitteilung von HAHN und STRASSMANN von den verschiedensten kernphysikalischen Laboratorien in schneller Folge experimentell bestätigt wurde. Nachdem einmal die experimentellen Befunde von HAHN und STRASSMANN die Gedanken auf diesen völlig neuartigen Kernprozeß hingelenkt hatten, zeigten die Physiker, zuerst MEITNER und FRISCH und praktisch gleichzeitig*) FLÜGGE und VON DROSTE [7], daß die Spaltung sich durchaus auf der Basis der schon existierenden

*) Die Arbeit von MEITNER und FRISCH wurde am 16. 1. 1939, die von FLÜGGE und VON DROSTE am 22. 1. 1939 eingesandt; die letztere für das Festheft der Zeitschrift für Physikalische Chemie anläßlich OTTO HAHNS 60. Geburtstag, so daß die Veröffentlichung erst im März erfolgte.

[5] L. MEITNER, O. R. FRISCH, Nature **143**, 239 (1939); O. R. FRISCH, Nature **143**, 276 (1939).
[6[ I. NODDACK, Angew. Chemie **47**, 654 (1934).
[7] S. FLÜGGE, G. v. DROSTE, Z. physik. Chem. **42**, 274 (1939).

Theorie erklären ließ. — Die Entdeckungsgeschichte der Uranspaltung — angefangen mit der Auffindung von „Transuranen“ — ist somit ein Musterbeispiel für die Irr- und Umwege der Forschung und das Wechselspiel zwischen Theorie und Experiment. Gleichzeitig gibt es wohl keine Entdeckung in der Naturwissenschaft, die in so kurzer Zeit so große praktische Auswirkungen gehabt hat. Dies alles macht die Geschichte der Uranspaltung so lehrreich und interessant, daß nicht häufig genug auf sie hingewiesen werden kann. Für alle, die sie aus nächster Näher miterleben konnten, wird sie jedenfalls eine ständige Quelle der Besinnung und Anregung bleiben.

Wie schon betont, hatte LISE MEITNER wesentlichen Anteil an dem Verständnis der Spaltungsreaktion, ein Verdienst, das HAHN immer wieder hervorgehoben hat und das auch FLÜGGE [3] besonders betont. Die Hervorhebung dieses Beitrages von LISE MEITNER ist umso angelegentlicher, als ein tragisches Schicksal es mit sich brachte, daß sie nach 31 Jahren engster und fruchtbarster Zusammenarbeit mit OTTO HAHN in Berlin auf Grund der politischen Verfolgungen Mitte 1938 Berlin verlassen mußte. Dieses unglückliche, alle Mitarbeiter erschütternde Ereignis warf damals einen schweren Schatten auf das K. W. I., das bis dahin von den politischen Ereignissen relativ unbeeinflußt geblieben war, sicher wesentlich dank dem Ansehen, der Integrität und Standhaftigkeit OTTO HAHNS.

Abgesehen von den politischen Gewitterwolken verlief aber das Leben im damaligen K. W. I. noch bis zum Sommer 1939 in nach heutigen Begriffen fast idyllischer Ruhe ab. Mit Freude erinnere ich mich z. B. an die bei gutem Wetter fast regelmäßigen Spaziergänge, deren Promotor vor allem ARNOLD FLAMMERSFELD war, und die häufig Anlaß zu wissenschaftlichem Disput und kleinen Wetten gaben, wobei der Verlierer dann beim Passieren des Kiosks am U-Bahnhof Thielplatz seinen Tribut dem Gewinner in Schokolade umsetzen mußte. Nahmen an diesen Spaziergängen nur die Jüngeren teil, so wurde die Kaffeetafel am Nachmittag zumeist von allen Mitarbeitern, alten und jungen besucht (außer den schon genannten auch O. ERBACHER, K. PHILLIP, E. WALLING, S. FLÜGGE, G. v. DROSTE, H. REDDEMANN, anfangs auch noch M. DELBRÜCK, später A. KLEMM). Teils wurden beim Kaffee die neusten Zeitschriften gelesen, teils wurde mehr oder weniger heftig debattiert. Häufig kamen auch Besucher aus den Nachbarinstituten, und es war bei einer solchen Gelegenheit, daß wir von C. F. VON WEIZSÄCKER die berühmte Geschichte von den drei schwarzen Nasen hörten, eine Denkaufgabe, die — wenn ich mich recht erinnere — nach heftigem, fast hörbarem Nachdenken zuerst von G. VON DROSTE gelöst wurde.

Wenn OTTO HAHN auch bei dieser täglichen Kaffeetafel nur ausnahmsweise dabei war, so nahm er doch andere Gelegenheiten wahr, um mit den Mitarbeitern zusammenzukommen, einmal natürlich bei den wissenschaftlichen Colloquia, daneben aber auch bei geselligen Anlässen, wie z. B. den obligaten Weihnachtsfeiern oder einem Sportfest der Kaiser-Wilhelm-Institute. Die Weihnachtsfeiern wurden natürlich benutzt, um in Versform oder anderswie die Schandtaten der einzelnen Institutsmitglieder im vergangenen Jahre zu geißeln („durch die Wand ganz ungeniert, hat der Zimen emaniert“), wobei eine beliebte Zielschiebe das Frl. Müller war, die treue Seele des Instituts, aber gleichzeitig gefürchtet, besonders von den jungen Assistenten, wegen ihres selbstherrlichen Regiments bei der Ausgabe allen Materials, das sie verwaltete. Wohl unvergeßlich für jeden ist auch der köstlich-ironische und menschlich-warme Humor, den OTTO HAHN ja ständig bei sich trägt, der aber bei solchen Anlässen besonders stark sprudelte. So antwortete er einmal auf meinen besorgten Hinweis, daß in dem sogen. Radiumhaus wahrscheinlich viel Radiumemanation in der Luft sei: „Seien Sie doch froh. Andere Menschen bezahlen viel Geld, um nach Bad Gastein zu fahren, und Sie bekommen das hier gratis.“ Was würden heute unsere „health physicists“ dazu sagen! Überhaupt — was damals in bezug auf Strahlenschutz gesündigt wurde, läßt es nach den Normen der heutigen Strahlenschutz-Verordnungen völlig unverständlich erscheinen, daß der Anlaß zu diesem Festband überhaupt eintreten konnte. So sagte auch einmal E. O. LAWRENCE zu OTTO HAHN: „Es ist eine Unverschämtheit von Ihnen, daß Sie überhaupt noch leben.“ Als diese und ähnliche Erinnerungen anläßlich der Einweihung des Hahn-Meitner-Instituts für Kernforschung Berlin am 14. März 1959 wachgerufen wurden, entspann sich folgendes Gespräch zwischen LISE MEITNER und OTTO HAHN, umgeben von den versammelten Mitarbeitern des Instituts; L. M.: „Aber wir haben uns jedenfalls regelmäßig die Hände gewaschen — wegen der $\alpha$-Kontamination.“ O. H.: „Ja — und ich hab' mich so dran gewöhnt, daß ich das heut' noch tue.“

Gewiß haben wir damals zuweilen auch gelästert und eingebildete oder wirkliche Mängel bedrückten zeitweilig unsere jugendlichen Gemüter, die wohl — sozusagen per definitionem — öfters unzufrieden sein müssen. Aber: Wer aus dem damaligen Kreis denkt heute nicht mit Freude und Dankbarkeit und vielleicht auch etwas Wehmut an die „alte schöne Zeit“ zurück? Konnte es für Jünger der Kernforschung einen besseren Platz — nächst dem Paradiese — geben, als dieses alte, liebe Kaiser-Wilhelm-Institut für Chemie?

ALEXIS C. PAPPAS

# Radiochemical Studies and Short-Lived Fission Products

## Introduction

In most cases a nuclear transformation or reaction results in a definite product, or at most a few different ones. In the Chart of the Nuclides these are located in the close vicinity of the parent, or the target nuclide respectively. In the latter case, moreover, the products are found near the bottom of the valley of nuclear stability. Therefore, the radioactive products of such reactions possess rather long half-lives and hence can ordinarily be isolated and studied by means of classical analytical radio-chemical methods combined with radioactivity measurements.

The picture of the distribution of the products from the spontaneous or induced process termed nuclear fission is quite different. In this reaction a heavy nucleus*) is split into two roughly equal parts. In the Chart of Nuclides the products of nuclear fission are thus found far from the target nucleus and will ordinarily be isotopes of the elements covering the middle part of the Periodic System.

It took the world's leading nuclear scientists about 5 years to recognize this unique process. The studies started in 1934 when FERMI and his collaborators [1] for the first time bombarded uranium with neutrons, and they culminated in 1939 when the fission process was discovered by the most difficult path — the chemical one — by the outstanding work of OTTO HAHN and FRITZ STRASSMANN [2, 3], who were able chemically to isolate and prove the occurrence of isotopes of barium and lanthanum among the products of uranium bombarded with neutrons.

Since the recognition of nuclear fission a variety of fission processes have been intensively studied both by nuclear physicists and chemists. But in spite of the enormous amount of theoretical and experimental work, the study of this process, in particular as regards the distribution (by mass and charge) of the fission fragments, is far from complete. We still have insufficient knowledge of this unique nuclear process which is a central problem in the development of nuclear theory.

## The Fission Process

The products formed in the fission act itself — the fission fragments — must necessarily possess the neutron to proton ratio of the fissioning nuclide. This ratio is, however, too high for stability in the fission product region. The primary fragments are therefore highly unstable and emit on the average together about 2 to 3 neutrons as result of high nuclear excitation. This does not decrease the neutron to proton ratio sufficiently. The nuclides are still unstable and will be radioactive, decaying by successive emissions of negatrons and neutrinos with progressively increasing half-lives.

---

*) The elements heavier than lead are most easily fissionable.

[1] E. FERMI, Nature, **133**, 898 (1934).
[2] O. HAHN and F. STRASSMANN, Naturwiss., **27**, 11 (1939).
[3] O. HAHN and F. STRASSMANN, Naturwiss., **27**, 89 (1939).

In this manner the fission product decay chains arise. These can have up to 7 or 8 members, all with the same mass number but with increasing atomic number as stability is approached.

The fission act results in two complementary fragments. The sum of the mass numbers and of the nuclear charges of these must respectively be equal to the mass number and nuclear charge of the fissioning nuclide.

Thus for a given mass division there are many possibilities of charge division and vice versa. This results in a highly complex mixture of reaction products. For instance, in the fission of $^{235}U$ with thermal neutrons we compute that roughly 500 products*) will be formed which are isotopes of the 35 elements in the range from zinc (Z = 30) to gadolinium (Z = 64). It is thus understandable why the chemical proof of the fission process was so difficult.

As each fission fragment after neutron emission gives rise to a decay chain ending in a stable nuclide, it is possible for any member of a chain, except the first, to be formed in two ways: 1. As result of the fission act itself, i. e. as a primary product, and 2. As a descendant of a decaying parent nuclide.

The isolation and identification of these nuclides, the determination of their way of formation, their primary and cumulative yields, and the distribution of these yields (by charge and mass) give information about the fission act and the nature of the fission process.

In order, however, to be able to perform these studies it is often necessary to know the early members of the fission product decay chains; these being nuclides far from stability and with short half-lives. Increasing information on these species and their properties is therefore of significance in the exploration of the higher regions of the nuclear energy surface and in the development of ideas of nuclear structure and stability.

Such studies, however, can only be performed effectively by the extensive use of radiochemical methods. The basis of these has been laid by the pioneer work of the older generation of radiochemists. It is well known that Otto Hahn has played a central role in this development and in the exploration of the laws of radiochemistry.

## Radiochemical Procedures

The fission process results in a highly complex mixture containing the target element and a large number of fission products in varying yields, each decaying with its characteristic half-life to give a new radioactive product. The amount of these products formed in experiments in the laboratory scale is minute: $10^{-8}$ to $10^{-18}$ grams. Hence many chemical problems are involved in the separation and characterization of fission products, especially when the interest is directed towards short-lived nuclides.

The chemical methods used are in some aspects similar to ordinary analytical procedures. To cover the needs of radiochemistry, however, they must be modified in view of some very important dissimilarities. The most significant of these is perhaps the time factor, expecially when one works with short-lived radioactive nuclides.

*) About one half of these are known to-day.

Due to their extremely low concentration, species in tracer concentrations can not easily be separated without the use of carriers. For that purpose, stable isotopes of the same element (isotopic carriers) or of an element having chemical properties similar to the radioactive nuclides studied (non-isotopic carriers) are added. The inactive atoms are then supposed to carry along the small amounts of the radioactive atoms through all the chemical reactions that are performed. When yield measurements are intended the isotopic carrier should be used either in microchemical or in ultramicrochemical amounts. In the latter case the chemical manipulations are made in the presence of collector substances [4], i.e. non-isotopic carriers with closely related chemistry. In the final step the isotopic carrier is separated from the collector.

Such studies require the achievement of complete exchange i.e. the radioactive atoms must participate in any given chemical reaction to the same extent as the stable isotopic carrier atoms. The ratio of stable to unstable atoms when corrected for decay should remain constant through all the reactions encountered. Complete exchange usually occurs readily when stable and radioactive atoms are in the same states.

The problem of exchange is very important and must be kept in mind especially when working with elements showing more than one stable valency state, e. g. tin, antimony, tellurium, iodine, etc., as exchange is expected to be very slow among different oxidation states.

These elements will appear in the fission product mixture in different valency states depending on the chemical environment during the irradiation. For example, iodine is shown by Knutsen and Pappas [5] to be formed in low-energy fission mainly in the periodate state when uranyl nitrate is used as target material, while in irradiated uranyl acetate the reduced forms are in majority. In uranium trioxide a ratio of about 3:2 is found for the reduced and periodate forms. It is also shown that primary formed iodine has a tendency to be in reduced form.

In cases like this a complete exchange does not normally occur; it can however be achieved by adding appropriate carriers and carefully performing vigorous oxidation-reduction cycles.

Elements that readily form colloids, and those that are easily hydrolyzed also show slow exchange and must be carefully handled.

Chemical purity which is so important for the analytical chemist may or may not be necessary, as stable impurities in microgram quantities do not disturb the measurements of radioactivity. But radiochemical purity, i. e. the absence of non-isotopic radioactive impurities is of very great importance and has to be extremely good in order to avoid difficulties in the later radioactivity measurements. We therefore require that the radiochemical methods give samples which show a high ratio of the activity of the isotopic nuclides of interest to the total activity of the non-isotopic nuclides present. This decontamination factor depends on the time necessary for the chemical separation and the decay charcteristics of the nuclides of interest, but a factor of $10^3$ to $10^8$ or even higher is a common requirement.

That the method developed results in a radiochemical pure sample is checked by isolating one or more (known) isotopes of the element of interest and measure their

---

[4] S. G. Rudstam, Nucleonics, **13**, no 2, 64 (1955).
[5] A. B. Knutsen and A. C. Pappas, To be published.

decay characteristics. Repeated separations and purifications should also be used, after which decay characteristics and specific activity must be unchanged. The final chemical separations of suspected contaminants should give inactive products.

Until rather recently the radiochemical methods developed in order ot fulfil these requirements were mostly based on repeated precipitations, alternated with decontamination by hold-back carriers, scavengers, etc. These methods are, however, slow and tedious.

In searching for nuclides with half-lives of the order of minutes or less such methods are therefore of little interest, and the study of short-lived fission products has been seriously limited by the lack of rapid separation methods.

With the steadily increasing demand, however, for faster radiochemical methods the interest has turned to solvent extraction, and its suitability has been studied. Solvent extraction was found applicable to trace concentrations and can be made both fast and specific. The extractions can be repeated for purification under slightly changed conditions without loss of time. Thus such methods are also suitable for highly complex mixtures of elements and give promise to be feasible for the identification of short-lived fission products.

## Identification of Short-Lived Fission Products

The radiochemical methods determine merely the atomic number of separated and isolated nuclides. Further information on half-life, mass number, and decay is necessary in order to characterize them, and their yield, too, must be measured when the details of the fission process are studied. The yield, however, may be quite difficult and often impossible to obtain if the species of interest has too short a half-life.

The best method for determining the half-life of chemically isolated radioactive nuclides is by direct measurement of the radioactivity of the species as a function of time. The nuclide of interest will often appear mixed with a small number of other nuclides which are either isotopic with it or genetically related (in a fission product decay chain).

The observed decay curve will therefore in many cases be complex and difficult to analyze into its constituents. It is usually necessary to know the half-lives of the majority of the other species present in order to get reliable results. A further difficulty appears if the half-lives of the nuclide of interest and another nuclide present in appreciable amounts only differ by a factor of less than two to three. For these reasons an analysis of a composite decay curve with more than a few unknown constituents is very often out of question.

There are two common ways of simplifying problems of complex decaying mixtures — one based on physical and one on chemical methods.

The physical approach is based on isolating the radiation of the desired nuclide. This can be done either by energy selection or by coincidence measurements. These methods require knowledge of the decay characteristics of the species studied; if that knowledge is available they are very powerful and give quite accurate results.

The chemical approach is based on repeated chemical separations of known radioactive descendents (daughter or grand-daughter products) of the species of interest, grown in an originally pure parent solution. This process, called milking, is the only feasible approach when working with complex mixtures of unknown species.

The successive milking of a daughter grown in a parent solution can usually be performed in two different ways:

1. The differential milking, i. e. periodic separations of the daughter grown during constant time intervals either from the total stock solution or from aliquots of the stock solution. This gives the decay of the parent.

2. The integral milking, i.e. separation of the total amount of daughter formed each time by withdrawing an aliquot of the stock solution. This gives the growth of the daughter.

Of these two methods only the first one is suitable in studying short-lived parent nuclides with unknown half-lives and will be briefly outlined here.

From the laws of radioactive decay it can be shown that the disintegration rate of the chemically separated daughter ($d$) at the time of separation is proportional to the disintegration rate of the precursor ($p$) at the beginning of the growth period:

$$D_d^t = \frac{\lambda_d}{\lambda_p - \lambda_d}\left(e^{-\lambda_d t_g} - e^{-\lambda_p t_g}\right) \cdot D_p^0 e^{-\lambda_p t}$$

where:

$D_d^t$ = the disintegration rate of the daughter at the end of the growth period $t_g$.

$D_p^0$ = the disintegration rate of the parent at the end of irradiation.

$t$ = the decay time of the parent from the end of irradiation to the beginning of the growth period $t_g$.

If this separation of the daughter is carried out several times at constant time intervals, $t_g$, the half-life of the mother is implicit in the measured disintegration rate of the daughter extrapolated to the time of milking.
When $t_g$ is constant the equation takes the following form:

$$D_d^t = \text{constant} \cdot D_p^0 e^{-\lambda_p t}.$$

Each daughter sample has a different value for $t$ and gives a corresponding value for $D_d^t$. Thus an indirect determination of the mother's half-life is made by measuring the daughter's disintegration rate.

This method simplifies the problem of analysing complex decay curves by reducing the number of radioactive species present. A second advantage is that the known daugther can be used to assign a mass number to the precursor.

The method of milking, however, is very dificult and elaborate in many cases. Each milking gives only one point on the disintegration curve of the mother and it requires a complete chemical separation of the daughter from the mother. The method therefore makes heavy demands on radiochemical procedures as regards to radiochemical purity, time, and chemical yield. If suitable precautions are not taken, considerable errors of a purely chemical nature are possible. Used critically, however, this method is nonetheless a very powerful one, and may in some cases be the only available approach.

## Time Estimates

Before developing a fast chemical separation and milking procedure one would like an estimate of the time available for performing the experiments. This requires, however, an estimate of lower limits of the half-lives of the prospective nuclides. Knowledge of $\beta$-decay is to-day at a stage where a lower limit for the half-lives of unknown $\beta$-decaying nuclides can be set, at least to an order of magnitude. This approach is made on the basis of the BOHR-WHEELER [6] picture of nuclear stability as parabolic surfaces in the configuration space for the mass (energy) of a nuclide as function of its mass number and proton number. This has, however, to be modified by the effects of nuclear closed shells as shown by BRIGHTSEN, CORYELL, and PAPPAS [7].

The total energy available for negative $\beta$-decay (ground to ground state transition) of a, nuclide $(Z, A)$ is in this treatment given as :

$$Q^{\beta} = B_A(Z_A - Z - 0.5) \pm \delta_A$$

where $B_A$ is the parameter giving the curvature of the parabolas and where $Z_A$ represents the most stable (non-integral) charge for the mass $A$. $\delta_A$ represents the change in pairing energy and accounts for the odd-even character of the proton and neutron numbers of the $\beta$-decaying nuclide. Using the local values of the parameters $B_A, Z_A$, and $\delta_A$ where shell and subshell effects are considered [7, 8] the decay energy can be culculated to an inherent uncertainty of about 0.1 MeV on the average for odd-A nuclides and 0.4 MeV for even-A nuclides [8].

Having evaluated this energy, one can estimate the corresponding half-life on the basis of FERMI's $\beta$-decay theory. Assuming allowed transitions i.e. comparative life-times given by $4.0 \leq \log(ft) \leq 6.0$, and using MOSZKOWSKI's [9] nomogramms a lower limit is obtained.

By this approach an indication is given of the lower time-limit available for the chemical separation and purification of the nuclide of interest, and for the milking of its daughter. As transitions to the ground state of the daughter might be forbidden a "safety" factor is inherent on the above estimate.

## Short-Lived Isotopes of Antimony and Tin Formed in Fission

The knowledge of the fission product decay chains in the mass region 127 through 136 prior to the investigations to be reported here was limited to isotopes of tellurium, iodine, and xenon. Of the isotopes of antimony and tin only $^{127}$Sb, $^{129}$Sb, and $^{127}$Sn were known. The data characterizing the tellurium and iodine isotopes were good enough (Table 1), to allow for the search of lower $Z$ members in these chains, i. e. starting with antimony and continuing with tin provided the half-lives were not too short.

[6] N. BOHR and J. A. WHEELER, Phys. Rev., **56**, 426 (1939).
[7] R. A. BRIGHTSEN, C. D. CORYELL and A. C. PAPPAS, See Laboratory for Nuclear Science, M I T, Annual Report May 1951, p. 71 and Phys. Rev., **85**, 732 (1952).
[8] C. D. CORYELL, Ann. Rev. Nucl. Science, **2**, 305 (1953).
[9] S. A. MOSZKOWSKI, Phys. Rev., **82**, 35 (1951).

*Table 1.* Fission Product Decay Chains in the Mass Range 127—136
Framed nuclides: Nuclides whose discovery is discussed in this paper

| A\Z | $_{50}$Sn | $_{51}$Sb | $_{52}$Te | $_{53}$I | $_{54}$Xe | $_{55}$Cs |
|---|---|---|---|---|---|---|
| | | | →105 d ↓ | | | |
| 127 | 2.1 h → | 93 h → | 9.3 h → | stable | | |
| 128 | | 10.7 m, 9.9 h → | stable | | | |
| 129 | | | →33.3 d ↓ | | | |
| | | 4.6 h → | 72 m → | 1.7 · 10⁷ y → | stable | |
| 130 | 2.6 m → | 7.1 m, 33 m → | stable | | | |
| | | | →30 h ↓ | | →12 d ↓ | |
| 131 | 3.4 m → | 23.1 m → | 25 m → | 8.02 d → | stable | |
| 132 | 2.2 m → | 2.0 m → | 77.7 h → | 2.3 h → | stable | |
| | | | →63 m ↓ | | →2.3 d ↓ | |
| 133 | | 4.1 m → | 2 m → | 20.8 h → | 5.27 d → | stable |
| 134 | | 0.8 m ? → | 44 m → | 52.5 m → | stable | |
| | | | | | →15.3 m ↓ | |
| 135 | | 0.8 m ? → | 2 m ? → | 6.7 h → | 9.2 h → | $3 \cdot 10^6$ y |
| 136 | | | | 86 s → | stable | |

An analysis for the isotopes of antimony and tin with mass numbers beyond 130 disclosed that these should have observable life-times. It thus seemed feasible to develop completely new chemical separation and purification methods with the aim of searching for heavy isotopes of these elements among the products of fission, the only reaction by which they could be produced. It was hoped that this search would also prove the existence of the double-closed-shell nuclide tin-132 with 50 protons and 82 neutrons. This would be of major interest as only very few nuclides with closed major shells of both protons and neutrons exist. The known ones are the stable calcium-40 and -48, and lead-208. A nuclide such as tin-132 with an excess of eight neutrons above its heaviest stable isotope might, because of the effect of the closed shells on the nuclear energy surface be expected to exhibit unusual stability and have a half-life long enough to be measurable. This is due to the stabilizing effect of the closed shells that would result in a lowering of the total $\beta$-decay energy and a consequent increase in the expected half-life. The latter is estimated to be in the region from a few seconds to a few minutes.

Heavier tin isotopes will have their last neutrons just outside the closed shell and thus loosely bound. This will result in high decay energies and the half-lives of these nuclides must be too short for identification.

## Antimony

Previous work has disclosed that of the 34 elements formed in fission, only gallium, germanium, arsenic, molybdenum, tin, antimony, and tellurium are under given conditions extracted by ethers. In order, however, to obtain high efficiency in the extraction of antimony this must be in the penta-valent state. Thus an oxidation of the target solution is required. This also ensures complete exchange between fission antimony and added antimony carrier. A subsequent extraction with isopropylether separates antimony with high efficiency leaving the majority of the impurities behind.

Tellurium and molybdenum, however, follow antimony and further decontamination steps are necessary. These are performed by adding selective reduction and complexing agents. The procedure finally adopted by the present author [10] is given schematically in Flow Sheet 1 and gives a radiochemical purity of more than $10^4$ with respect to fission products in general after using only 3—4 minutes for the separation and isolation. The recovery of the antimony is relatively low, however, about 10 per cent in the fastest separations. With this procedure at hand the chance of finding isotopes of antimony with half-lives down to about a minute is high, provided that there are not too many present with similar half-lives.

*Flow-Sheet 1.* Fast Chemistry for Fission Antimony [10]

Typical operating time 3 to 4 min

| | |
|---|---|
| 1. Dissolve irradiated $UO_3$ in 12 N HCl, add $Sb^{III}$, $Te^{IV}$, and $Mo^{VI}$. | |
| 2. Oxidize with $Cl_2$, boil, cool, and extract with HCl-saturated isopropylether. | **Aqueous phase:** $UO_2^{++}$, $Te^{IV}$, Sn, As, Ge, etc. Discared. |
| 3. **Ether phase:** $Sb^V$, $Mo^{VI}$ (Sn, Te, Ga, Ge). Add 10% $N_2H_4\ 2HCl$ solution and KSCN, shake and separate. | **Organic phase:** $Mo^V$, Te, Sn, Ga, Ge, etc. Discard. |
| 4. **Aqueous phase:** $Sb^{III}$ (Te, $Mo^V$, Sn). Wash with isopropylether. | **Organic phase:** Te, Mo, Sn, etc. Discard. |
| 5. **Aqueous phase:** $Sb^{III}$ (Te). Add $Te^{IV}$, boil and centrifuge. | **Precipitate:** Te metal. Discard. |
| 6. **Solution:** $SbCl_3$ **ready for counting.** Add $CrCl_2$ solution and filter. | **Filtrate:** $CrCl_3$. Discard. |
| 7. **Precipitate: Sb metal** — Dry mount, **count**, and weigh. | |

**For milking of Te grown from Sb proceed from step 5 to:**

| | |
|---|---|
| 6a. **Solution:** $SbCl_3$ ready for milking, add Te, $N_2H_42HCl$ boil and filter. | **Filtrate:** Repeat step 6a. |
| 7a. **Precipitate:** Te metal: Dry, mount, **count** and weigh. | |

---

[10] A. C. Pappas, Phys. Rev., **81, 299 (1951)**, Laboratory for Nuclear Science, MIT, Technical Report No. 63, American Report AECU — 2806 (1953).

Preliminary experiments showed species with similar half-lives, and differential milking of tellurium grown in an originally pure antimony solution was performed (confr. Flow-Sheet 1). The decay curves of the milked off tellurium samples, corrected for chemical yield, were extrapolated back to the respective milking times and give the antimony decay curve drawn in Figure 1. This is here added up by two parts, each obtained by regular time spacing between the tellurium samples. The curve is resolved into two constituents with half-lives 4 minutes and 23 minutes.

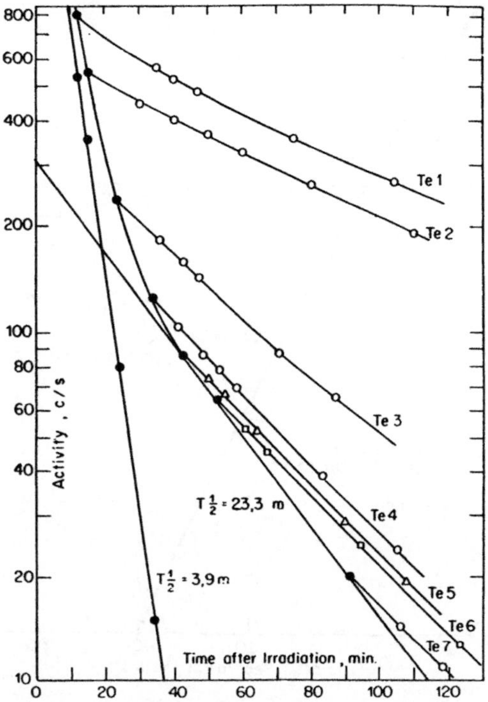


**Figure 1.** Early parts of decay curves of tellurium milked from fission antimony

In order to assign mass numbers to these two hitherto unknown isotopes of antimony, the milked off tellurium samples were identified by following their decay. The analysis disclosed that samples Te 1—3 contained a species with a 63 min half-life giving an about 20 h daughter (iodine), characteristic of the decay of the previously known 63 min $^{133m}Te$ and 20.8 h $^{133}I$, respectively. Thus mass number 133 can be assigned to the 4 min activity of antimony. In a similar way, it was proved that the samples Te 4—7 were 30 h $^{131m}Te$ giving 8.0 d $^{131}I$. Thus the 23 min antimony posses mass number 131.

Before further progress could be made much work was necessary in order to establish the details of the complicated decay of 23.1 min $^{131}Sb$. This is given in Figure 2.

This investigation was followed by the direct study of the decay of fission product antimony isolated from fission product mixture. By this approach it was hoped to identify isotopes of antimony decaying to stable tellurium isotopes and therefore lost in the previous experiments, as well as those possessing too short half-lives to allow the use of the milking technique.

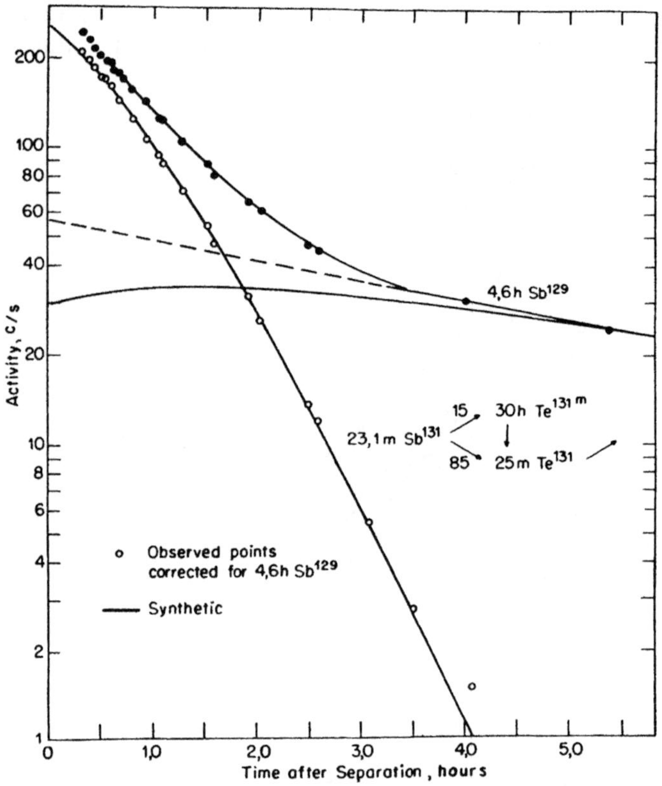


Figure 2. Decay curve of 23.1 m $^{131}$Sb

Typical results are given in Figures 3 and 4. In Figure 3 is shown the tail of the gross decay curve and the decay of 23.1 min $^{131}$Sb indicated. By subtracting this from the observed gross decay curve a species with a half-life of about 10 min is found to which we will return later.

The subsequent analysis of the first part of the decay curve is shown in Fig. 4. The 4 min species known from previous milking experiments is present. But two more species have been disclosed with half-lives of about 2 min and less than 1 min.

The identification of these two activities requires still faster methods and it was necessary to sacrifice purity and completeness of exchange. Tellurium had to be milked directly from the fission product mixture and contained $^{133m}$Te (giving $^{133}$I) and the 77.7 h $^{132}$Te (giving 2.3 h $^{132}$I). The former is already attributed to the daughter of the 4 min antimony (131). On the basis of the time schedule used the parent of

$^{132}Te$ could only be the 2 min activity as the less than 1 min activity would be indetectable before the second milking of tellurium was done. The first tellurium milked off had to be discarded as it contained independently formed tellurium.

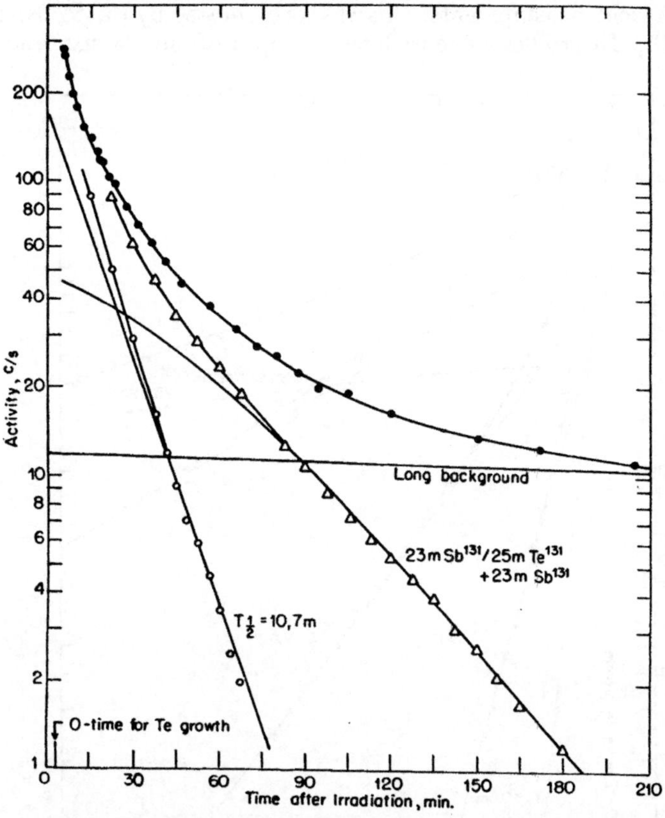


Figure 3. Analysis of later part of decay curve of antimony from fission

The less-than 1-min antimony activity is too short to allow the identification of its tellurium daughter. As all antimony isotopes in this region up to and including mass 133 have been identified, this activity might be due to $^{134}Sb$ or higher. Considerations based on rules of nuclear stability suggest mass number 134 or 135, or both if the activity in question is complex.

These nuclides i.e. 23.1 min $^{131}Sb$, 2.0 min $^{132}Sb$, 4.1 min $^{133}Sb$, and 0.8 min $^{134/135}Sb$, have also been studied by Cook [11] who reports the same results independently of the present work.

Let us now return to the about 10 min activity which showed up in the analysis of the curve in Figure 3. That this is not found in the previous milking experiments indicates that the daughter must be a stable tellurium, i.e. have mass number 128 or 130 (confr. Table 1).

---

[11] G. B. Cook, British Report, AERE C/R — 729 (1951).

Antimony activities with a half-life of about 10 min have been reported by different authors, but with rather contradictionary assignments. Barnes and Freedman [12] proposed a mass number above 126 for a 10 min isotope of antimony found in fission. Later the present author [10] found an about 12 min species with mass probably 130, based on fission yield measurements. This was corroborated by Franz, Rodriguez and Carminatti [13]. In studies of short-lived isotopes of tin Pappas and Wiles [14]

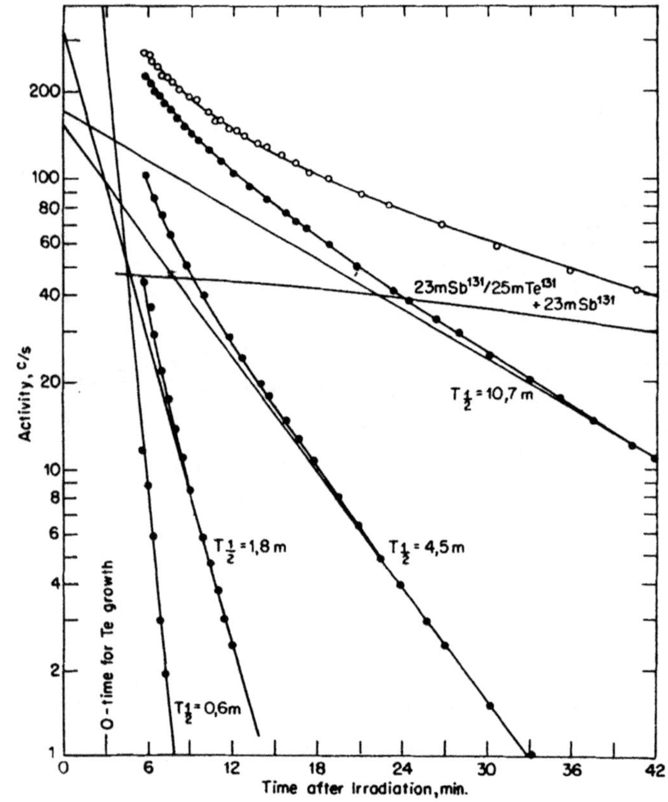


Figure 4. Analysis of early part of decay curve in Figure 3

found a shorter half-life for $^{130}$Sb. During the work to be described below, however, Franz, Rodriguez and Radicella [15] assign mass number 128 to the 10 min antimony species by studying its $\gamma$-spectrum. Winchester [16] supports this mass on the basis of fission yield measurements of the mother nuclide, the 57 min tin. Thus the picture was highly complicated and not improved by the fact that a 40 min and an about 9 h antimony have also been reported [12], as well as others, in this mass region.

[12] J. W. Barnes and A. J. Freedman, Phys. Rev., 84, 365 (1951).
[13] I. Franz, J. Rodriguez and H. Carminatti, Z. f. Naturforschg. **10a**, 82 (1955).
[14] A. C. Pappas and D. R. Wiles, J. Inorg. Nucl. Chem., 2, 69 (1956).
[15] I. Franz, J. Rodriguez and R. Radicella, Z. f. Naturforschg. **11a**, 1037 (1956).
[16] J. Winchester, Personal communication 1956.

In order to solve this controversy KJELBERG and PAPPAS [17] had to abandon the use of fission product mixture as a source for this species because of the possibility that $^{128}Sb$ and $^{130}Sb$ might have similar half-lives and might also show nuclear isomerism. The attack was therefore concentrated on using fast neutron bombardment to induce (n, p) reactions in enriched Te-128 and Te-130 isotopes. Interfering reactions that should be considered are (n, 2n), (n, np), and (n, $\alpha$) giving isotopes of tellurium, antimony, and tin. Thus it is necessary to use a radiochemical method for the isolation of antimony which gives a very good purification from tellurium and especially from tin. This because the formed isotopes of tin might interfere seriously by having half-lives similar to the half-lives of $^{128}Sb$ and $^{130}Sb$.

The method finally developed is based on the previous one reported in this paper, but improved to give higher yield and changed to regenerate the target in a pure state. This is done by reducing the target tellurium with stannous chloride, extracting antimony with isopropyl-ether after oxidation with bromine, and purifying the antimony. The fast procedure in Flow-Sheet 2 gives decontamination factors of about $10^4$ from tellurium and higher than $10^5$ from tin with a good chemical yield ($\sim$ 70 per cent) and high recovery yield of the expensive tellurium target.

*Flow-Sheet 2.* Fast Chemistry Antimony from Enriched Tellurium Isotopes [17]

Typical operation time 5 min

| | |
|---|---|
| 1. Dissolve irradiated $TeO_3$ in 9 N HCl, add $Sb^{V}$ and $SnCl_2$ solution. Filter after ½ min and wash. | **Precipitate:** Te metall purified for repeated use as target. |
| 2. **Filtrate:** $Sb^{III}$, (Sn). Add $Br_2$ and extract with benzene isopropylether. Separate. | **Aqueous phase:** Discard. |
| 3. **Ether phase:** $Sb^{V}$. Wash with 9 N HCl. | **Aqueous phase:** Discard. |
| 4. **Ether phase:** $Sb^{V}$. Add 9 N HCl and $SnCl_2$. Shake. | **Ether phase:** Discard. |
| 5. **Aqueous phase:** $Sb^{III}$. Repeat steps 2, 3, and 4. | |
| 9. **Aques phase:** $Sb^{III}$ **ready for counting.** Add $Sb^{III}$ and $CrCl_2$ solution. Warm, filtrate, and wash. | **Filtrate:** Discard. |
| 10. **Precipitate:** Sb — metal. Dry, mount, **count**, and weigh. | |

The analysis of the antimony samples from the (n, p) reactions*) on $^{128}Te$ and $^{130}Te$ proved to be rather complicated as it was found that nuclear isomerism occurs in both $^{128}Sb$ and $^{130}Sb$. At present it has not been possible to decide with certainty which half-life should be assigned to the different states. This study has, however, already shown that the previous reports, giving different mass assignments for the activity of antimony with a half-life about 10 min are justified by the fact that $^{128}Sb$ and $^{130}Sb$ both have states with similar half-lives. Half-lives of 10.7 min and 9.9 h for $^{128}Sb$, and 7.1 min and 33 min for $^{130}Sb$ have been found [17], one being the ground state, the other the metastable state.

*) The irradiations were done at the Institute for Nuclear Research in Amsterdam in the spring of 1956 and the authors are indebted to professor A. H. W. ATEN Jr. for the excellent arrangements made and hospitality given.

[17] A. KJELBERG and A. C. PAPPAS, To be published.

## Tin

On the basis of the discovery of the isotopes of antimony with mass numbers 128 through 135 the search of their tin parents was undertaken by PAPPAS and WILES [14]. Here again the method used was solvent extraction for separating tin from the fission mixture. The fast method developed is based on the extraction of stannous dithizonate complex with carbon tetrachloride. As the exchange between stannous and stannic ions was found to be very slow it was necessary to have all tin in its lower valency state. The strong oxidation action of the $\gamma$-radiation and recoiling fission fragments in aqueous media made the use of a uranium solution (to save time) undesirable. A search was therefore made for a ready soluble anhydrous compound of tetravalent uranium and it was found that a pyridinum complex of tetravalent uranium is ideal for this purpose.

On the basis of synthesis and study of this vaguely known complex and the behaviour of the tin dithizonate complex the fast radiochemical procedure outlined in Flow-Sheet 3 was developed. By this method the tin can be isolated in about 45 seconds with a good separation from antimony and an adequate one from tellurium. The decontamination factors are respectively $10^4$ and $10^3$, and high from the fission products in general.

*Flow-Sheet 3.* Fast Chemistry for Fission Tin [14]

Typical operating time 45 sec

| | |
|---|---|
| 1. Dissolve irradiated $(PyH)_2UCl_6$ in 10% $NH_4Ac$ add $Sn^{II}$. | |
| 2. Add 10% KNaT and adjust to pH 8.5 with 4 M $NH_4OH$. | |
| 3. Extract with 0,01% dithizone in $CCl_4$. | **Aqueous phase:** $U^{IV}$, Te, Sb, etc. Discared. |
| 4. **Organic phase:** $Sn^{II}$ (Pd, Cd, In). Shake with 5% $NH_4Ac$ — 5% KNaT pH 8.5 solution. | **Aqueous phase:** Te, Sb, etc. Discared. |
| 5. **Organic phase:** $Sn^{II}$ (traces Pd, Cd, In). **Ready for counting.** | |
| **For milking of Sb grown from Sn proceed from step 4** | |
| 5a. **Organic phase:** $Sn^{II}$ Add Sb, shake with 5% $NH_4$ Ac —5% KNaT pH 8.5 solution. | **Organic phase:** $Sn^{II}$ add Sb Repeat step 5a. |
| 6. **Aqueus phase:** Sb **ready for counting.** | |

The descedent of tin, antimony, formed in the original tin solution is then in the best conditions for differential milking (see Flow-Sheet). This can be performed in about 30 seconds with a radiochemical purity of antimony more than $10^4$.

A typical disintegration curve of the milked off antimony is given in Figure 5. This highly complicated decay is analysed on the basis of the known genetic relationships of the isotopes of antimony with mass number 129—132.

The known decay of 23.1 min $^{131}$Sb (Figure 2) is fitted to the curve obtained after subtraction of the longlived background from the gross decay curve. This is followed by the ordinary peeling-off method and $^{130}$Sb and $^{132}$Sb are identified. The analysis proves the presence of $^{130}$Sn, $^{131}$Sn, and $^{132}$Sn in the original tin solution.

The corrected extrapolated antimony activities give the decay of the respective tin parents as shown in Figure 6. The isotopes of tin thus found are 2.6 min $^{130}$Sn, 3.4 min $^{131}$Sn, and 2.2 min $^{132}$Sn.

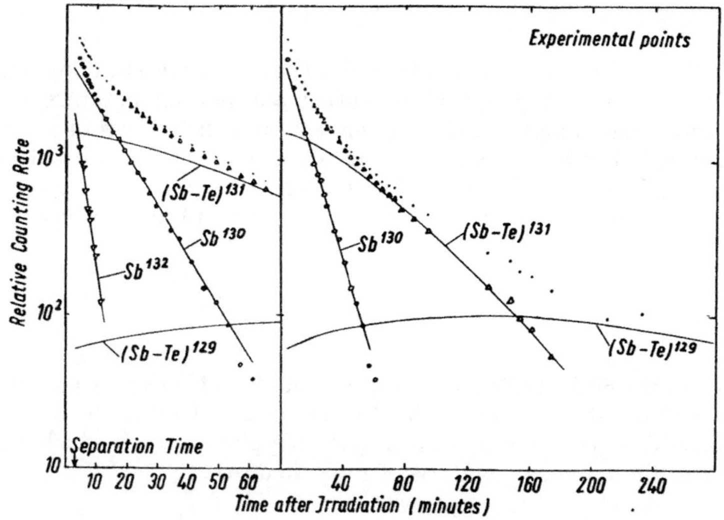


Figure 5. Analysis of decay curve of antimony milked from fission tin

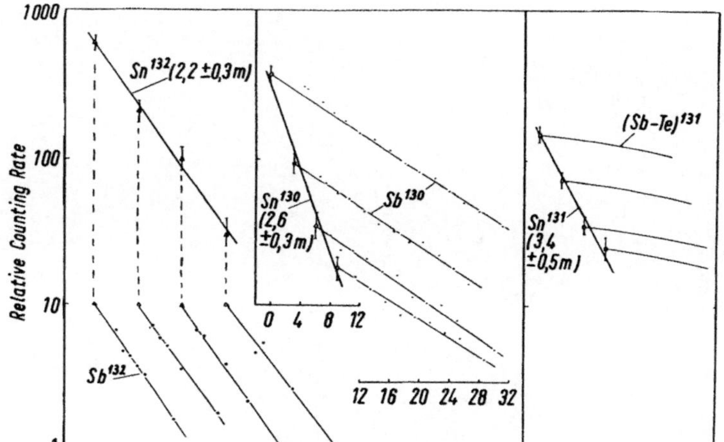


Figure 6. Decay curves of $^{132}$Sn, $^{130}$Sn, $^{131}$Sn obtained by milking of antimony

All the new short-lived fission products are given (framed) in Table 1. These nuclides are of high interest for the further study, among other things, of the charge distribution in fission. The existence of the double closed shell nuclide Sn-132 is furthermore highly interesting also from a theoretical point of view. Its exceptional stability suggests a preference of formation in the fission act itself [18, 19]. Owing to uncertainties in exchange and too short a time avaible for absolute measurements the determination of its fission yield, however, did not succeed [14] and has to await still faster methods.

**Summary**

A discussion of radiochemical methods and techniques for studying short-lived fission products is given. The work of the author and his collaborators on isotopes of antimony with mass number 131 through 135 and on isotopes of tin with mass number 130 through 132 is discussed. Previpusly unpublished results of studies of (n,p) reactions on $^{128}$Te and $^{130}$Te by KJELBERG and PAPPAS are presented and show that nuclear isomerism occurs in $^{128}$Sb: 10.7 min/9.9 h and in $^{130}$Sb:7.1 min/33 min.

On the occasion of the 80th anniversary of professor OTTO HAHN it is a great pleasure for the Nuclear Chemistry Group at the Department of Chemistry, University of Oslo to dedicate this paper to him, remembering his pioneer work which has contributed so much to the immense progress of radiochemistry.

[18] A. C. PAPPAS, Z. f. Elektrochemie, 58, 620 (1954)
[19] D. R. WILES, Z. f. Elektrochemie, 58, 623 (1954).

B. KARLIK

# Zu den Grundlagen der Szintillationsspektrometrie

Für die Forschungsperiode der Radioaktivität und Kernphysik, in die der größte Teil des wissenschaftlichen Werkes von LISE MEITNER und OTTO HAHN fällt, sind die ungezählten Arbeiten kennzeichnend, bei denen mit relativ sehr einfachen Mitteln, verglichen mit dem heutigen experimentellen Aufwand in der Kernphysik, grundlegende Erkenntnisse gewonnen wurden. Zu den berühmtesten Beispielen gehören die Untersuchungen der Streuung von $\alpha$-Teilchen mit Hilfe der visuellen Beobachtung von Szintillationen, die zur Aufstellung des Rutherfordschen Atommodelles geführt haben, sowie die Zertrümmerung des Stickstoffkernes, die gleichfalls mit der Szintillationsmethode nachgewiesen wurde. Anläßlich dieser Entdeckung zeigte sich, welcher außerordentliche methodische Vorteil es wäre, die Szintillationen von $\alpha$-Teilchen und von Protonen eindeutig unterscheiden zu können. Um dies zu erreichen, mußte zunächst aber vor allem geklärt werden, wie die Helligkeit der Szintillationen von der Energie der Teilchen und der Beschaffenheit der Leuchtsubstanz abhängen. Heute stellt die Energiespektrometrie mit Hilfe von Szintillationszählern eine der wichtigsten kernphysikalischen Methoden dar. Die folgenden Zeilen sollen zeigen, daß die dafür grundlegenden Kenntnisse bereits lange vor der Erfindung des Photoelektronenvervielfachers mit wesentlich einfacheren experimentellen Mitteln gewonnen wurden. Die Rechtfertigung für diesen kurzen Bericht über Arbeiten, die schon weit zurückliegen, möge darin gesehen werden, daß diese Untersuchungen doch auch heute noch Verwertbares enthalten, diesbezügliche Hinweise aber in der Literatur nicht mehr aufscheinen.

Der erste Versuch einer quantitativen Untersuchung der Helligkeit von Szintillationen wurde mit Hilfe einer visuellen photometrischen Methode von E. KARA-MICHAILOVA und H. PETTERSSON [1, 2] angestellt, doch waren diese ersten Beobachtungen zunächst theoretisch unverständlich. Erst eine systematische Untersuchung unter Berücksichtigung der Beschaffenheit des Zinksulfides, insbesondere der Größe der Kriställchen, brachte ihre Deutung durch den Nachweis [3], daß die Helligkeit der Szintillationen in gutszintillierendem Zinksulfid proportional der Energieabgabe des $\alpha$-Teilchens durch Ionisation längs seiner Bahn im Zinksulfid ist, d. h. proportional der Energie des Teilchens, wenn das Zinksulfidkriställchen so groß ist, daß die ganze Bahn des Teilchens darin verläuft. In schlecht-szintillierendem Zinksulfid ergab sich Proportionalität der Intensität der Szintillationen mit der im Kriställchen verlaufenden Restreichweite des Teilchens. Diese grundlegenden Erkenntnisse wurden zuerst mit der erwähnten visuellen photometrischen Methode gewonnen, doch bald mit Hilfe einer Alkaliphotozelle elektrometrisch bestätigt [4],

---

[1] E. KARA-MICHAILOVA und H. PETTERSON, Wien. Ber. **133,** 168 (1925). Mitt. d. Ra-Inst. Nr. 164.
[2] E. KARA-MICHAILOVA, Wien. Ber. **136,** 357 (1927). Mitt. d. Ra-Inst. Nr. 204.
[3] B. KARLIK, Wien. Ber. **136,** 531 (1927). Mitt. d. Ra-Inst. Nr. 209.
[4] B. KARLIK, E. KARA-MICHAILOVA, Wien. Ber. **137,** 363 (1928). Mitt. d. Ra-Inst. Nr. 222. B. KARLIK, E. KARA-MICHAILOVA, ZS. f. Phys. **48,** 765 (1928).

die das Szintillationsleuchten einer größeren Zahl gleichzeitig auftreffender monoenergetischer $\alpha$-Teilchen integral zu messen gestattete.

Diese uns heute so geläufigen Tatsachen waren zur Zeit der beschriebenen Versuche durchaus keine Selbstverständlichkeit. Noch 1924 hatten H. GEIGER und A. WERNER [5] die Vermutung geäußert, daß die Szintillationen eine Triboluminneszenzerscheinung wären und auf der mechanischen Spaltung von Kriställchen beruhten. Die Intensität eines auf diese Weise ausgelösten Leuchtens hätte nicht notwendigerweise proportional der Energie der Teilchen auftreten müssen*). RUTHERFORD [6] hingegen hatte für die Deutung von Beobachtungen der Zerstörung der Lumineszenzfähigkeit durch $\alpha$-Strahlen Proportionalität zwischen Helligkeit und Reichweite angenommen.

In weiteren Arbeiten [7, 8] konnte gezeigt werden, daß in Diamant, Calciumwolframat und Cadmiumwolframat, analog dem schwachszintillierendem Zinksulfid, das Szintillationsleuchten proportional der in der Leuchtsubstanz zurückgelegten Reichweite ist, was durch eine geringere Zentrendichte gedeutet werden kann.

Die erste methodische Anwendung fand die Proportionalität zwischen Szintillationshelligkeit und Teilchenenergie in einer einfachen Anordnung [9], die eine Reichweitenanalyse eines $\alpha$-strahlenden Präparates gestattete: auf eine möglichst homogene, dünne Schichte von Zinksulfidkriställchen (Luftäquivalent mm) trafen die $\alpha$-Teilchen auf, deren Reichweite durch Veränderung des Luftdruckes einer kleinen Vorabsorptionskammer in beliebiger Abstufung verändert werden konnte. Die Messung erfolgte mit Photozelle. Die Reichweite-Auflösung betrug bei einem Verhältnis der Teilchenzahlen zweier $\alpha$-Gruppen von etwa 1:1 ungefähr 2 mm.

Besonders nützlich erwies sich das Verfahren bei der für kernphysikalische Zwecke wichtigen Prüfung der Reichweite von Polonium-$\alpha$-Strahlen [10, 11], die leicht Einkürzung erleiden können, sei es durch eine Deckschicht, sei es durch Eindringen des Poloniums in die Unterlage. Für derartige Untersuchungen ist das Verfahren wegen seiner Einfachheit auch heute noch zu empfehlen.

Das phosphoreszenzfreie, sehr gut szintillierende reinste Zinksulfid, ohne Schwermetallzusatz als Aktivator, bewährte sich besonders.

Die Untersuchungen der Ermüdungserscheinungen zeigten, daß Calciumwolframat im Gegensatz zu Zinksulfid, Diamant u. a. eine sehr geringe Zerstörung der Szintillationsfähigkeit durch Bestrahlung aufweist, was es für dosimetrische Zwecke, die auch heute aktuell sind, sehr geeignet macht. Da nachgewiesen werden konnte, daß zumindest bis zu einer $\alpha$-Teilchendichte (Polonium) von $1 \cdot 10^9/\text{cm}^2 \cdot \text{sec}$ Proportionalität zwischen Teilchenzahl und Lumineszenzhelligkeit besteht, war es naheliegend diese für die Messung von Polonium-Präparaten heranzuziehen, wobei am

*) Die gefundene Proportionalität mit der Ionisation längs des im ZnS verlaufenden Bahnstückes läßt sich aber überhaupt nicht auf Grund der genannten Hypothese verstehen.

[5] H. GEIGER, A. WERNER, ZS. f. Phys. **21**, 192 (1924).
[6] E. RUTHERFORD, Phil. Mag. **12**, 145 (1906).
[7] B. KARLIK, Wien. Ber. **139**, 509 (1930). Mitt. d. Ra-Inst. Nr. 266.
[8] B. KARLIK, Wien. Ber. **139**, 319 (1930). Mitt. Ra-Inst. Nr. 258.
[9] B. KARLIK, Wien. Ber. **142**, 115 (1933). Mitt. Ra-Inst. Nr. 305.
[10] B. KARLIK, E. RONA, Wien. Ber. **143**, 217 (1934). Mitt. Ra-Inst. Nr. 338.
[11] B. KARLIK, E. RONA, Phys. ZS. **36**, 27 (1935).

Institut für Radiumforschung für stärkere Präparate anstelle einer Alkaliphotozelle einfach eine Selensperrschichtzelle mit einem hochempfindlichen Galvanometer (Multiflex) verwendet wurde. Es darf betont werden, daß diese Methode das bei weitem einfachste Verfahren zur Messung von starken $\alpha$-strahlenden Präparaten darstellt, die heute nicht nur bei Polonium, sondern insbesondere auch bei den Transuranen aktuell ist: die bekannten Schwierigkeiten bezüglich der Erreichung der Sättigung bei der Messung der Ionisation durch $\alpha$-Strahlen in Gasen, die schon bei mäßigen Präparatstärken sehr hohe Feldstärken, also entsprechende Hochspannungsquellen, erfordern, fallen beim Szintillationsprozeß im festen Körper weg. Dieser meßtechnische Vorteil sollte viel allgemeiner genützt werden.

GLENN T. SEABORG

# Early Radiochemical Investigations of Plutonium

Otto Hahn gave a series of lectures at Cornell University early in 1933 which were published as a book in 1936 under the title "Applied Radiochemistry" [1]. These lectures were given just before the discovery of artificial radioactivity, and thus the book appeared just in time to have maximum impact on the numerous newcomers to radiochemistry who were brought into this field as a result of this and subsequent exciting discoveries. To this group of neophytes, including myself, his book assumed the role of "bible".

The book assumed particular importance in the field of synthetic elements which began to be discovered at that time. Since these elements were first produced, in each case, in the absence of longer-lived isotopes (and, of course, in the absence of stable isotopes) the rules for the behavior of tracer (i. e., invisible and unweighable) amounts of material detectable only by their radioactivity were of utmost importance. The relation of the chemical behavior of such small amounts to the behavior of macroscopic amounts of materials had been studied, using the natural radioactive isotopes as indicators, in the classical work of K. Fajans, F. Paneth and Hahn, and the corresponding principles were completely and clearly described in Hahn's book.

By 1936 all of the expected ninety-two elements had been discovered with the exception of those with the atomic numbers 43, 61, 85 and 87. It was understood by that time that all of these latter elements should be radioactive, with such short half lives that their existence in appreciable concentrations in nature is not possible. All of these elements were produced by synthetic means during the following decade, although the first isotope of element 87 was found in a natural source. (Although the synthetic is by far their most important source, these four elements actually do exist in nature. Elements 85 and 87 occur as a result of rare branching decay in natural radioactive series and are present in quantities so small that there is possibly less than an ounce of each in the total crust of the earth; elements 43 and 61 are present as radioactive fission products but at concentrations so small that they have not yet been detected).

All of the other synthetic elements, of course, have atomic numbers higher than that of uranium, number 92, that is, are "transuranium elements". Two of the transuranium elements, neptunium, number 93, and plutonium, number 94, exist in nature at very small concentrations as a result of their continuous production by the action of neutrons on uranium, while the heavier transuranium elements exist in concentrations too small to make their detection feasible to date. The synthetic is the only important source for all of the transuranium elements.

The early investigations of each of these man-made elements were made by the tracer technique in the absence of isotopic carrier materials. Thus judicious application of the pertinent principles and great care had to be exercised in deducing from these experiments the true chemical properties of macroscopic quantities. As

[1] O. Hahn, *Applied Radiochemistry*, Cornell University Press, Ithaca, N. Y., 1936.

the material became available, the next investigations were usually made with macroscopic quantities using very small quantities and the very ingenious techniques of ultramicrochemistry and microchemistry. Following this, investigation on a larger scale has become possible in most cases, but the health hazard attendant in investigating such highly radioactive material has usually limited the size of the samples to the smallest consistent with the performance of the experiments. It is comforting to be able to record the fact that much of the information deduced from the experiments with tracer quantities has been confirmed by the subsequent work with macroscopic quantities.

Fortunately, most of the presently known synthetic elements have isotopes with sufficiently long half lives so that they can be isolated and investigated in weighable or macroscopic form. Thus all of the elements up through einsteinium, number 99, with the exceptions of astatine, number 85, and francium, number 87, have this possibility. It does not appear that it will ever be possible to isolate visible or weighable quantities of any element with atomic number greater than 99. This means that it will always be necessary to investigate the chemical properties of astatine, francium and the transeinsteinium elements by the use of the tracer technique and the proper application of the principles of radiochemistry.

I shall describe in some detail the early radiochemical investigations of plutonium and the bearing of this work on the deduction of its macroscopic chemical properties. This can perhaps be rated as the most important example of the application of these principles to a synthetic element in view of the urgency and the practical goal of the work. Plutonium was discovered through the application of the tracer technique and the force of circumstances demanded that a huge plant-scale chemical process for its production be worked out on the tracer scale of investigation. This wartime, practical application of radiochemistry led to the design and construction of the most complicated plant in chemical-engineering history. It was based on a precipitation process, using a "carrier" for the plutonium. However, this carrier, almost ideal in every other respect, did not meet the desirable criterion of isomorphous incorporation of plutonium into its crystal lattice. As a consequence of this, there were many who felt that we had chosen a disastrous course, which would prevent the reaching of our objective and lead to the wasting of enormous amounts of money, a situation that did not help the peace of mind of the radiochemists involved in the project. The stakes on this radiochemical venture were high indeed!

I shall begin with a description of the discovery of plutonium [2] and the early radiochemical investigation of its chemical properties at the University of California in Berkeley. The bombardment of uranium oxide with 16-Mev deuterons from the 60-inch cyclotron which led to the identification of plutonium was performed on December 14, 1940. Alpha radioactivity was found to grow into the chemically separated element 93 fraction during the following weeks. In experiments performed on the tracer scale during the next two months this alpha activity was chemically separated from the neighboring elements, in particular, from elements 90 to 93 inclusive. During these experiments, the positive identification of element 94 was accomplished, and element 94 was found to have at least two oxidation states, distinguishable by their precipitation chemistry. Stronger oxidizing agents were

[2] G. T. Seaborg, E. M. McMillan, J. W. Kennedy and A. C. Wahl, Phys. Rev. **69**, 366 (1946) (submitted January 28, 1941); G. T. Seaborg, A. C. Wahl and J. W. Kennedy, Phys. Rev. **69**, 367 (1946) (submitted March 7, 1941).

found to be required to oxidize element 94 to the upper state than is the case for element 93. The first successful oxidation of element 94, probably the key step in its discovery, was performed using peroxydisulfate ion and silver ion catalyst. The particular isotope identified has been shown to have mass number 238, and it was prepared in the following reactions:

$$U^{238}(d, 2n)Np^{238} \xrightarrow[2{,}1 \text{ days}]{\beta-} Pu^{238}(90 \text{ years}, \alpha).$$

During 1941 and early 1942 the chemistry of elements 93 and 94 was studied by the tracer method at the University of California under self-imposed secrecy. These two elements were referred to by our group by code names or simply as "element 93" and "element 94" until the spring of 1942 when the first detailed reports about them were written. We finally named the new element "plutonium" and began to call it that. In order to write the original report on the chemical properties we needed to assign chemical symbols to both elements 93 and 94.

This report dated March 19, 1942 was sent as a secret document to the Uranium Committee (headed by L. J. Briggs and which coordinated the early work in the United States on possible practical energy from nuclear fission) in Washington, D. C., from the Berkeley group. The report was issued as Report No. A-135. Although it was published [3] in its original form after the war, it may be of interest to quote the section in which the name plutonium was first suggested:

> "*Naming the Elements*. Since formulas are confusing when the symbols "93" and "94" are used, we have decided to use symbols of the conventional chemical type to designate these elements. Following McMillan, who has suggested the name "neptunium" (after Neptune, the first planet beyond Uranus) for element 93, we suggest "plutonium" (after Pluto, the second planet beyond Uranus) for element 94. The corresponding chemical symbols would be Np and Pu. The names "eka-rhenium" and "eka-osmium" seem inappropriate in view of the marked dissimilarity of the chemical properties of elements 93 and 94 to those of rhenium and osmium."

Because the pronunciation of "Pu" is so reminiscent of an interesting word in the English language, we expected much more reaction to this symbol when it was finally made public than we received.

During these early tracer experiments it was established that plutonium had at least two oxidation states, the higher of which was not carried by lanthanum fluoride, while the lower state was quantitatively coprecipitated with such compounds. The higher state was found to be obtainable by treatment of the lower state with oxidizing agents such as persulfate and argentic ions, dichromate, permanganate, or periodate ions and the upper state could be reduced to a lower (rare earth fluoride carriable) state by treatment with sulfur dioxide or bromide ion. The approximate oxidation-reduction potential of the couple plutonium (reduced) $\rightarrow$ plutonium (oxidized) was believed to be between —1,0 volts and —1,4 volts. We found that plutonium in aqueous solutions is not reduced to the metal by zinc, and that plutonium does not form a volatile tetroxide. A stable lower state of plutonium [probably plutonium (IV)]

[3] G. T. Seaborg and A. C. Wahl, J. Am. Chem. Soc. **70,** 1128 (1948) (Report A-135 submitted March 21, 1942).

was found to be carried by $Th(IO_3)_4$. Ether extraction had been used to separate large amounts of uranyl nitrate from plutonium, and methods were also devised for the separation of plutonium from elements 90, 91, and 93.

On the basis of the accumulated experimental data, it was speculated that plutonium in its highest oxidation state is similar to uranium (VI) and in a lower state is similar to thorium (IV) and uranium (IV). It was reasoned that if plutonium existed normally as a stable plutonium(IV) ion, it would probably form insoluble compounds or stable complex ions analogous to those of similar ions, and that it would be desirable (as soon as sufficient plutonium became available) to determine the solubilities of such compounds as the oxalate, phosphate, fluoride, iodate and peroxide. Such data were needed to confirm deductions based on the tracer scale experiments.

The plutonium isotope of major importance, $Pu^{239}$, was discovered [4] and its possibilities as a nuclear engery source ascertained during the spring of 1941. A property such as a fission cross section cannot, of course, be determined by a tracer experiment, but can only be determined with macroscopic quantities, and such a quantity of plutonium-239 was prepared by the decay of $Np^{239}$ produced by neutrons from the 60-inch cyclotron and purified by taking advantage of the then-known chemistry of plutonium. The demonstration that $Pu^{239}$ undergoes fission [4] with thermal neutrons with a large probability, showing that all the neutrons emitted in the process are eligible to cause further fissions, established the great value of this isotope which led to the wartime Plutonium Project for the production of $Pu^{239}$ on a large scale for possible use in a weapon.

In this early work, the chemistry group at the University of California conceived the principle of the oxidation-reduction cycle which was the basis for the later development of a process for the separation of plutonium from uranium and fission products on a production scale. This principle was applicable to any process involving the use of a substance which carried plutonium in one of its oxidation states but not in another. For example, a carrier could be used to carry plutonium in one oxidation state and thus to separate it from uranium and the fission products; then the carrier and the plutonium could be dissolved, the oxidation state of the plutonium changed, and the carrier reprecipitated, leaving the plutonium in solution. The oxidation state of the plutonium could again be changed, and the cycles repeated. Only a contaminating element having a chemistry nearly identical with that of the plutonium itself would fail to separate if a number of oxidation-reduction cycles were employed. This principle, of course, can apply to other separation methods, such as solvent extraction, adsorption, or volatility processes.

Physicists who had been working on the development of the chain reaction and chemists who had been working on the development of separation processes for plutonium assembled and began to coordinate their efforts at the Metallurgical Laboratory of the University of Chicago in early 1942 following a high-level decision made in Washington, D. C. on December 6, 1941. Although the Metallurgical Laboratory (now Argonne National Laboratory) was the center of the activity, there were more than seventy research groups in the United States participating in the "Metallurgical Project" (a code name for the "Plutonium Project"). About five thousand persons were engaged in the project at its peak, of whom about two thousand

[4] J. W. Kennedy, G. T. Seaborg, E. Segrè and A. C. Wahl, Phys. Rev. **70**, 555 (1946) (submitted May 29, 1941).

were at the Metallurgical Laboratory in Chicago. The Project was incorporated in September 1942 into the U. S. Army Manhattan Engineer District, better known as the "Manhattan District." Assembling the large number of chemists and chemical engineers that were eventually needed at the Metallurgical Laboratory was a serious problem since facility with the methods of radiochemistry was needed in most instances, and the available supply of radiochemists was essentially nil. It was thus necessary to train scientists by the hundreds in the fundamentals and techniques of this discipline. During the summer of 1942 I gave a lecture course in nuclear chemistry, and thousands of copies of the notes covering it were distributed [5].

In time, other scientists — engineers, biologists, and medical men — assembled at the Metallurgical Laboratory to solve problems related to the Project.

In late 1942, the duPont Company accepted the responsibility for building and operating the plutonium production plant, which would be built, it was decided, at Hanford, Washington. Hundreds of duPont scientists and engineers became a part of the Project from somewhat before this time until the successful completion of the job.

The Chemistry Division of the Metallurgical Laboratory had the responsibility for devising the chemical means for separating the $Pu^{239}$ from the uranium and fission products and also for solving many other chemical problems related to obtaining a successful chain reactor for the production of $Pu^{239}$. During the first few months, intensive effort was directed towards defining the chemical separation process to be used in the production plants which were then being planned. Among the procedures that were investigated were precipitation, solvent extraction, volatility, adsorption-elution, pyrometallurgical and pyrochemical processes. This early survey program of 1942 included all of the processes presently in use or under investigation. Before the end of 1942, however, it was decided to use a precipitation process because this appeared to offer the greatest certainty of at least some degree of success in the short time interval involved, even though it did not seem to offer the greatest ultimate efficiency and would not lead to the recovery of the uranium for reuse.

The task of developing the chemical process was a formidable undertaking. Essentially all that was known about plutonium was based upon secondary evidence from tracer experiments involving the infinitesimal amounts of the element which had been produced entirely by cyclotron bombardments. Tracer chemistry itself was a relatively new science. Many its phenomena were not clearly understood, and deductions based on it were often subject to doubt, particularly when applied to a new element. Added to the difficulty of devising the chemical process was the fact that only a few of the fission products had been identified and many of these proved to be among the least familiar of the chemical elements.

The problem which had to be solved during the fall of 1942 was that of developing a process which would separate plutonium in high yield and purity from many tons of uranium in which the plutonium was present at a maximum concentration of about 250 parts per million. Because of this low concentration, compounds of plutonium could not be precipitated; thus any precipitation separation process had to be based on coprecipitation phenomena, i. e., the use of so-called "carriers" for

[5] G. T. SEABORG et al., *An Introduction to Nuclear Chemistry*, Lecture Series (May 19 to July 16, 1942), Notes by C. D. CORYELL.

plutonium. In addition, the radioactive fission products which are produced along with plutonium in the uranium (as a result of the fission of $U^{235}$) had to be separated so that less than one part in $10^7$ parts originally present with the plutonium would exist with the final product from the process. This requirement was necessary in order to make it safe to handle the plutonium, because, without a separation of the fission products, the plutonium from each ton of uranium would have more than $10^5$ curies of energetic gamma radiation associated with it. The process of removing fission products is called "decontamination". A unique feature of the process was, therefore, the necessity of separating a wide variety of elements completely from the plutonium and of accomplishing these separations by remote control behind large amounts of shielding in order to protect operating personnel from the radiation hazard. The purified plutonium compound that was to be provided to those responsible for its ultimate use had to be one that would facilitate those final steps: it had to be a compound or solution of small bulk that could be shipped without difficulty and it had to be of a composition that could be easily subjected to further purification. The separation process had to meet the additional requirement that a "critical mass" of plutonium, which would lead to a disruptive nuclear chain reaction, should not accumulate at any step of the procedure.

Operation of a chemical process by remote control behind massive shielding in an area which would become so highly radioactive after use that operating and maintenance personnel would not be able to enter the area for even brief periods of time to adjust and service equipment made it imperative that the process be thoroughly tested in advance in the type of equipment to be used in the plant. It was obviously desirable that the process be as short and simple as possible, and in addition, from the standpoint of plant design, should consists of a number of similar steps requiring the same sort of equipment rather than consisting of steps which were so different as to require many different types of equipment. At the same time, it seemed advisable to design the process and the equipment in such a way as to facilitate changes in case of failure. All of these requirements were met; the process was operated successfully and from the beginning gave high yields and decontamination factors.

Although it was felt that the use of the two oxidation states of plutonium, which had been discovered during the early work at the University of California, would be the basis for the separation process, the details such as the best carrier compounds and best oxidizing and reducing agents, had not yet been discovered. The quantitative carrying of plutonium (IV) from acid solution by bismuth phosphate, an unexpected phenomenon which was discovered in December, 1942, and the expected non-carrying of plutonium (VI) by the same carrier material was the key to the process. This method, the Bismuth Phosphate Process, is operated as follows: Neutron-irradiated uranium is dissolved in nitric acid, and, after the addition of sulfuric acid to prevent the precipitation of uranium, plutonium (IV) is coprecipitated with bismuth phosphate. The precipitate is dissolved in nitric acid, the plutonium (IV) is oxidized to plutonium (VI), and a by-product precipitate of bismuth phosphate is formed and removed, the plutonium (VI) remaining in solution. After the reduction of plutonium (VI) to plutonium (IV), the latter is again coprecipitated with bismuth phosphate, and the whole "decontamination" cycle is repeated. The carrier is then changed to lanthanum fluoride, and a similar oxidation-reduction cycle is performed to achieve further decontamination and concentration. Final isolation can be accomplished at this point without the use of carrier compounds and plutonium peroxide is precipitated from acid solution. A description of the discovery of the Bismuth Phosphate Process, written in 1946, was published only recently [6].

The Bismuth Phosphate Process was developed in a remarkably short time. Plutonium was discovered in December 1940, and a plutonium compound was first isolated in August 1942. The properties of bismuth phosphate as a carrier for plutonium were discovered in December 1942, and the Bismuth Phosphate Process was placed in successful operation in the pilot plant at Clinton Laboratories in Tennessee in December 1943. Thus in less than one year, before the total quantity of plutonium produced in cyclotron bombardments had reached two milligrams the process development work was almost completed. Operation of the large processing plants at Hanford, Washington began in December 1944. In all, only four and one-half years elapsed between the discovery of plutonium and its first use in a nuclear weapon. This accomplishment required not only tremendous financial resources, engineering and chemical skill, careful planning and organization, high priorities for material, skilled manpower and construction facilities, but also imagination and a considerable measure of good fortune.

As a result of early work at Berkeley, a separation process, the "Lanthanum Fluoride Process", had been devised. It was based on the oxidation and reduction of plutonium and its non-precipitation and precipitation with lanthanum fluoride carrier, and the process later became an integral part of the Bismuth Phosphate Process. There were many potential difficulties inherent in the operation of the Lanthanum Fluoride Process on a large scale, but in October 1942, it was tentatively (but reluctantly) accepted as the best available prospect for use in the production plants whose design was under consideration.

Development work concerned with the Lanthanum Fluoride Process pointed out the necessity of identifying the major fission products so that the chemistry of these elements could be taken into account in the separation processes. Results from these investigations, which were concerned with the yields, half lives, and other radiation characteristics of these fission products, were of considerable value in the subsequent improvement and testing of the separation process. This work was published after World War II under the names of the individual investigators in the Plutonium Project Record [7].

The early tracer chemical investigations had indicated the existence of plutonium in aqueous solutions as a tetrapositive ion. By analogy with uranium (IV), thorium (IV), and other quadrivalent ions, it was considered likely that plutonium (IV) would form a phosphate that would be insoluble in solutions of moderate acidity and furthermore would be expected to have a pronounced tendency to coprecipitate with these analogous compounds. Phosphates known to be insoluble in acid solutions were investigated as carriers for plutonium during October, November, and December 1942. At first, zirconium phosphate showed promise and this supported ultramicrochemical measurements which indicated that plutonium (IV) phosphate had a low solubility. Zirconium phosphate, however, under the conditions tested did not carry

---

[6] S. G. Thompson and G. T. Seaborg, "The First Use of Bismuth Phosphate for Separating Plutonium from Uranium and Fission Products", Progress in Nuclear Energy, Series III, Process Chemistry, Vol. I, Chapter 5, Pergamon Press, London, 1956.

[7] C. D. Coryell and N. Sugarman, editors. "Radiochemical Studies: The Fission Products", National Nuclear Energy Series, Div. IV, **9** (Books 1, 2 and 3) (McGraw-Hill Book Company, New York, 1951).

plutonium completely and consistently at the higher concentrations to be expected in the Hanford process. Other more insoluble phosphates were tested, including thorium (IV), uranium (IV), titanium (IV), cerium (IV), and niobium (V) phosphates. These were excluded from further consideration as carriers because of their highly gelatinous nature, their failure to carry plutonium, or other undesirable features.

The use of zirconium phosphate as a carrier, although unsatisfactory in itself, did point out the value of a process involving the use of a phosphate carrier, and although the number of insoluble phosphates was very limited, there was reluctance to abandon this approach. In any consideration of the phosphates as specific carriers for the separation of plutonium from uranium and fission products, it was necessary that not more than a small proportion of the uranium, present at high concentrations, be allowed to precipitate as the bulky uranium phosphate, thus making it necessary to maintain high acidities. There are very few elements which are precipitated by the addition of phosphoric acid at high acid concentrations. Bismuth phosphate was a possibility, although the then known principles of coprecipitation seemed to preclude any probability that this phosphate would carry the plutonium. The first tests of bismuth phosphate as a carrier for plutonium were not successful, the compound apparently being too soluble at the high acidities necessary to prevent the precipitation of uranium phosphate. The failure, however, was due to the precipitation of only very small amounts of carrier, a practice that had become established in our investigation of various carriers.

On December 19, 1942, S. G. Thompson attempted the precipitation of a relatively large concentration of bismuth (III) as bismuth phosphate. Upon digestion of the uranyl nitrate solutions containing bismuth (III) and phosphoric acid at elevated temperatures, precipitation occurred slowly but fairly completely when the time of digestion was extended. The precipitate carried more than 98% of the plutonium, and further investigation led to the conclusion that bismuth phosphate offered attractive possibilities as a carrier in a separation process. Although on the basis of these tracer experiments it was not possible to conclude that bismuth phosphate would carry plutonium at the higher concentrations anticipated in the large scale plant planned for operation at Hanford, the careful and crucial ultramicroscale experiments performed at the Metallurgical Laboratory soon thereafter by B. B. Cunningham and co-workers showed that bismuth phosphate was capable of carrying plutonium at concentrations up to and above those anticipated for actual plant operations. However, much mistrust concerning the ability of bismuth phosphate to successfully carry plutonium at the concentrations which would prevail in the production plant remained in spite of these tests.

In a precipitation process, the properties of the carrier, such as density, ease of separation from solution by centrifugation or filtration, and solubilities in media for subsequent processing are of great importance. Bismuth phosphate possessed these desirable characteristics and, in fact, it was largely because the precipitates were filterable and the solutions involved had tolerable corrosion properties that the method was considered at all promising at the start. When it was later decided to use centrifuges in the separations plant, the precipitates were found to be remarkably well suited to this mode of separation.

Following the discovery of the carrying properties of bismuth phosphate, an extensive investigation was made of the variables involved in such extraction of plutonium from a solution of uranium and fission products as well as of the oxidation-reduction cycles in which bismuth phosphate was precipitated consecutively with plutonium alternately in its oxidized (VI) and reduced (IV) states. This work showed that bismuth phosphate did not carry the highest oxidation state (VI) of plutonium. It was also found that bismuth phosphate is a very specific carrier for the separation of plutonium from fission products. Reprecipitation of bismuth phosphate, however, did not continue to remove fission product activities as rapidly as did the first step, since certain phosphate insoluble fission products, (e. g., zirconium and niobium) were carried moderately well by the precipitates, particularly in the absence of uranium. The oxidation-reduction cycle principle had to be employed, therefore, if the process was to supply adequate decontamination. The laboratory work which followed during 1943 and 1944 was largely concerned with the selection of oxidizing and reducing agents, working out optimum conditions for each step, the improvement of decontamination, and with the development of procedures for the concentration and isolation of plutonium.

In the early part of 1943 difficulties with the Lanthanum Fluoride Process led to increased interest in the use of bismuth phosphate as a carrier and greater effort was directed toward the development of a bismuth phosphate process. Particular attention was given to the study of suitable oxidizing and reducing agents. A few preliminary tests were made in the semi-works, which had been constructed to test the mechanical steps of a separation process, and the results were most promising. On June 1, 1943, a meeting, attended by representatives of the duPont Company and the Metallurgical Laboratory, together with the chemists and engineers who had been most closely associated with the development of chemical processes, was held in Chicago to choose a separations process. All available information relative to the Bismuth Phosphate and Lanthanum Fluoride Processes was summarized. The decision to be made was not an easy one. There remained uncertainties, for example, with respect to corrosion problems associated with the Lanthanum Fluoride Process and to possible failure of complete coprecipitation of plutonium with bismuth phosphate at high concentrations of plutonium. It was not even certain that precipitation processes would prove superior to methods based upon solvent extraction, adsorption, or other phenomena. The decision in favor of the Bismuth Phosphate Process was largely influenced by my prediction (amounting to almost a guarantee) of at least a 50% yield and by the expressed preference for a process which would minimize the possibility of early equipment failures due to corrosion even at the expense of decreased yields.

During the spring and summer of 1943, many investigations were performed to define more exactly the conditions for operating the process. In the summer of 1943, the laboratory and semi-works tests proceeded to a point where the necessity for rapid development of methods for the concentration and isolation of plutonium became apparent. Although methods had been investigated in connection with the lanthanum fluoride process, practically no work had been done on this phase of the Bismuth Phosphate Process. It was at this point that the Bismuth Phosphate and the Lanthanum Fluoride Processes were combined. The fluoride steps were used to concentrate the plutonium in order to reduce the bulk of carrier following the several steps in which the bismuth phosphate procedure was used and an isolation procedure involving the final precipitation of plutonium as the peroxide was chosen. The real value of the combination of the two processes did not become evident until later, when it became clear that fission products not well separated by the phosphate steps were efficiently separated by the fluoride steps. The use of the fluoride process was also a protection against failure of the phosphate process, since in an emergency the former could have performed the extraction and decontamination steps.

The decision was made as early as September 1942 to locate the plutonium pilot plant in Tennessee and the move to the Clinton Engineer Works or Clinton Laboratories took place in the fall of 1943. The plant was largely built by this time and a nearby village, given the name of Oak Ridge, was constructed to house the personnel associated with the operation. The chain reaction pile, under construction there since early in 1943, began to operate at a low-power level on November 4, 1943, and its performance was excellent. The process semi-works had been transferred from Chicago and began to operate in September 1943. On December 20, 1943, the first uranium from the pile entered the separations plant. By the end of January 1944, metal from the pile was being processed in the plant at the rate of $\frac{1}{3}$ ton per day; by February 1, 1944, 190 milligrams of plutonium had been isolated; and by March 1, several grams had been produced. The yield from the plant at the very start was about 50%, and by June 1944, it was between 80 and 90%. Even though this performance was better than expected, many problems remained and improvements in the process and equipment were made continuously during the next few months.

Relatively little attention had been given to the study of isolation methods suitable for use at the Clinton Works. Although considerable enrichment had been accomplished in the concentration steps of the plant process and the amounts of plutonium produced were very large compared to those previously available, they were much too small to be handled by the plant. Isolation then was a laboratory scale operation. In addition to lanthanum fluoride and plutonium, the concentrated material contained extraneous insoluble solids, oil and grease, interfering ions such as zirconium (IV), and other impurities, and it is indeed remarkable that approximately 99% of the plutonium received by the group working on the problem of isolating plutonium was recovered in substantially pure form. L. B. WERNER made the final isolation and hence was the first man in the world to handle sub-gram and then gram amount of pure plutonium compounds.

With some of the plutonium thus made available, a complete mechanical test of the Hanford process on the semi-works scale was carried out. This work tested the Bismuth Phosphate Process at Hanford concentrations of fission products as well as at Hanford concentration of plutonium (requiring some 10 grams of plutonium). The first successful test of the process at the Hanford plutonium concentration had been made somewhat earlier at the Metallurgical Laboratory on the ultramicrochemical scale, using cyclotron-produced plutonium. A further successful test at this concentration of plutonium was made at the Metallurgical Laboratory on the liter scale of investigation using this pile-produced plutonium. These tests were necessary in view of the lack of understanding of the mechanism by which the plutonium was incorporated into the bismuth phosphate crystal lattice. It could not be isomorphous incorporation in the lattice because of the difference in oxidation states of the plutonium and bismuth and the different crystal structures of their phosphates.

The Hanford Engineer Works constituted the plutonium production plant. The site at Hanford, Washington had been examined at the end of 1942 and was acquired by the U. S. government early in 1943. Construction of the piles began on June 7, 1943 and by the spring of 1944 construction of the chemical plants was in progress. The chemical plants were massive structures which were engineered taking into account the extremely high levels of radioactivity anticipated. No one saw the plutonium when it entered the plant and no one saw it until just before it finally emerged as a relatively pure compound. Meanwhile it had passed through a maze of reaction vessels via thousands of feet of piping with only instruments and an occasional sampling to chart its progress. Probably no process on a large scale in chemical engineering history received such painful care in its development and engineering design as that operating in the Hanford plutonium plant, certainly not in such a brief period of time. Operation of the first pile began in September 1944, following some initial trouble caused by the absorption of neutrons in the fission product $Xe^{135}$, and the first production run of Hanford material in a chemical separations plant began on December 26, 1944. As had been true in the early operation of the pilot plant at Oak Ridge, a number of minor operational difficulties were encountered, and some modifications in sampling methods and analytical procedures were required. The yields in the first plant runs, which took place in December 1944 and January 1945 varied between 60 and 70%, reached 90% early in February 1945, and reached 93% by early summer and 95% soon thereafter. Decontamination factors were better than anticipated and reached the over-all value of $10^8$. The first delivery of plutonium to the Los Alamos Laboratory occurred on February 2, 1945 and a sufficient quantity for the plutonium weapons which were produced by the summer of 1945 was soon made available to this Laboratory.

The Bismuth Phosphate Process continued in operation at the Hanford Engineer Works for a number of years after World War II, certainly a monument to the investigational methods of radiochemistry. This process was eventually replaced by a solvent extraction process, the so-called Redox Process, which was also developed through an application of the radiochemical tracer techniques. However, an account of this and much interesting subsequent work does not properly belong in a description, such as this, of the "Early Radiochemical Investigations of Plutonium". It is probably safe to surmise that HAHN and his contemporaries, when they established the early principles of radiochemistry, had no inkling of their future practical application to such a fantastic project as the presently described manufacture and production of the fabulous synthetic element plutonium.

GEORG v. HEVESY

# Einige Anwendungen des radioaktiven Eisens

Meinen kurzen Beitrag zum Festbande gelegentlich der achzigsten Geburtstage der Professoren OTTO HAHN, MAX VON LAUE und LISE MEITNER, für die ich die größte Bewunderung und wärmste Gefühle hege, möchte ich mit einer historischen Bemerkung einleiten.

Nach der grundlegenden Entdeckung des Ehepaares JOLIOT-CURIE standen als Neutronenquellen zur Erzeugung künstlich radioaktiver Stoffe zunächst nur Mischungen von Radium oder Radon mit Beryllium zur Verfügung. Die einzige für biologische Untersuchungen wichtige radioaktive Substanz, die mit diesen Quellen in genügender Aktivität dargestellt werden konnte, war der Radiophosphor. Auch diese Präparate hatten nur eine Stärke von mehreren Zehnteln eines Mikrocuries, was jedoch zur Ausführung zahlreicher Untersuchungen genügte, unter anderem zur Ermittlung der Menge der roten Blutkörperchen, die im menschlichen Kreislauf vorhanden sind.

Für Probleme wie die Erforschung der Entstehung des Lecithins oder des Kaseins in der Ziegenmilch, die den Gegenstand der Dissertation von A. H. W. ATEN jun. bildete, der zur Zeit so erfolgreich in Amsterdam wirkt, sowie für zahlreiche andere Untersuchungen reichten diese Aktivitäten nicht mehr aus. Zu unserem großen Glücke begann inzwischen das Cyklotron von Berkeley radioaktive Phosphorpräparate mit einer Stärke von mehreren Millicurie darzustellen und die außerordentliche Freigebigkeit von Professor ERNEST LAWRENCE brachte uns in den Besitz solcher Präparate, von denen viele von MARTIN KAMEN bestrahlt worden sind. Ich möchte auch diese Gelegenheit nicht versäumen, Professor ERNEST LAWRENCE und nach dem Aufbau des Kopenhagener und des Stockholmer Cyklotrons den Professoren NIELS BOHR und MANNE SIEGBAHN herzlichst für die außerordentlich große Unterstützung zu danken, die sie viele Jahre hindurch uns zukommen ließen.

Als ich später erfuhr, daß es ERNEST LAWRENCE gelungen war, auch radioaktiver Eisen darzustellen, bat ich ihn um ein Eisenpräparat, doch antwortete er, daß er WHIPPLE und dessen Kollegen versprochen hätte, ihnen alles hergestellte Radioeisen zur Verfügung zu stellen. Das war eine glückliche Entscheidung, denn PAUL HAHN, WHIPPLE und Kollegen haben bald mit Hilfe von Radioeisen eine Reihe von außerordentlich bedeutungsvollen Arbeiten über den Eisenumsatz ausgeführt.

Die Ermittlung der Eisenmenge, die aus der Nahrung aufgenommen wird, ist von großem klinischen und physiologischen Interesse. Vor der Zugänglichkeit radioaktiven Eisens hat man diese Menge — das Eisen wird aus dem Darmkanal, hauptsächlich aus dem Duodenum, doch in geringerem Maße auch vom Magen, aufgenommen — folgendermaßen ermittelt. Man verabreichte eine bekannte Menge Eisen, sammelte danach die Faeces und bestimmte, wieviel vom verabreichten Eisen, meistens der größte Teil, in diesen noch vorhanden war. Die Differenz ergab die resorbierte Eisenmenge. Diese Methode ist eine sehr umständliche und sie ist nicht genau. PAUL HAHN und seine Mitarbeiter beobachteten zunächst an Hunden, daß fast alles mit $Fe^{59}$ markierte Eisen, das aus dem Verdauungskanal aufgenommen wird, nach dem Verlauf von einigen Tagen in den roten Blutkörperchen als Hämoglobin vorhanden ist. Beim Menschen, wie das aus zahlreichen Untersuchungen hervorgeht, findet man nach dem Verlauf einer Woche 75 bis 95 % des aufgenommenen markierten Eisens in den roten Blutkörperchen. Es genügt demnach zu ermitteln, welcher Bruchteil der verabreichten Aktivität in 1 ml roter Blutkörperchen vorhanden ist, diese Zahl mit dem in ml ausgedrückten Volumen der roten Blutkörperchen des Kreislaufes zu multiplizieren — dank dem Vorliegen von radioaktiven Markierungsmethoden kann dieses auf sehr einfache Weise ermittelt werden — um zum resorbierten Bruchteil des verabreichten Eisens zu gelangen. Dies ist eine äußerst einfache Methode und ihre Anwendung erleichterte die Bestimmung der resorbierten Eisenmenge außerordentlich. Ihr Vorliegen ermöglichte die Ausführung umfangreicher Versuchsreihen. So wurde die Eisenabsorption verglichen, die einmal stattfindet, wenn markiertes Ferrochlorid, dann wenn markiertes Eisen enthaltende Eier oder Gemüse verabreicht werden. Das auf nüchternen Magen verabreichte anorganische Eisen wurde mit wesentlich besserer Ausbeute resorbiert (von 5 mg etwa 0,3 mg) als das in Lebensmitteln eingebaute. Setzte man das markierte Ferrochlorid z. B. Rühreiern zu, die kein markiertes Eisen enthielten, so verminderte sich der resorbierte Bruchteil des markierten Eisens wesentlich. Die Gegenwart von Phosphaten und Phytin in der Nahrung ist vermutlich hauptsächlich verantwortlich für die verminderte Resorbierbarkeit des mit der Nahrung aufgenommenen Eisens. Es bildet sich das schwerlösliche Eisenphosphat und Phytat, die schlecht resorbiert werden.

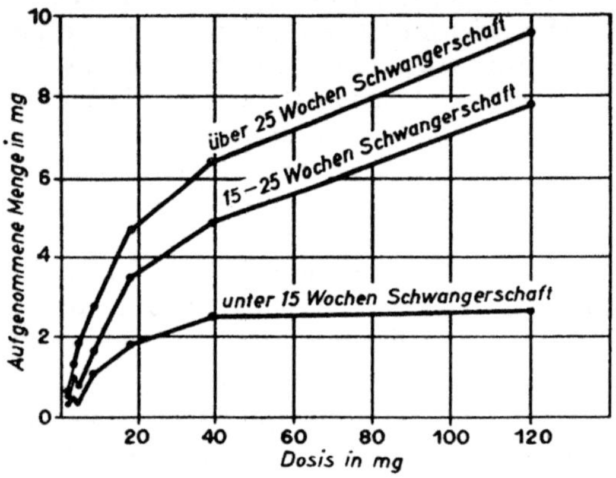


Abb. 1. Zunehmende Resorption des Eisens aus dem Darm mit fortschreitender Schwangerschaft

Die Erkenntnis, daß die Eisenbestände des Körpers nicht durch Ausscheidungsprozesse sondern durch Anpassung der Aufnahme aus dem Verdauungskanal geregelt werden, geht bereits auf die dreißiger Jahre zurück. Die Zugänglichkeit des radioaktiven Eisens als Indikator ermöglichte nicht nur, die Richtigkeit dieser Anschauung zu erhärten, sondern sie wesentlich zu vertiefen. Daß ein erhöhter Bedarf an Eisen dessen Resorption aus dem Darm beschleunigt, zeigen besonders überzeugend die Ergebnisse, die Paul Hahn und Mitarbeiter bei der Untersuchung der Eisenresorption an graviden Frauen gewonnen haben. Da der Foetus dem Körper der Mutter etwa 0,5 Gramm Eisen entnimmt, die Plazenta etwa 0,1 Gramm und der erhöhte Erythrozytengehalt des graviden Organismus einige Zehntel Gramm Eisen beansprucht, tritt im graviden Organismus eine schwache Eisenmangelanämie auf, die eine erhöhte Mobilisierung der Eisenbestandteile des Darminhalts bewirkt. Wie aus Abb. 1 sehr deutlich ersichtlich, erfolgt, da mit fortschreitender Schwangerschaft der Eisenbedarf mehr und mehr zunimmt, eine mehr und mehr beschleunigte Resorption aus dem Verdauungstrakt. Frauen, die sich in der späteren Phase der Schwangerschaft befinden, resorbieren zwei- bis zehnmal mehr Eisen als nicht gravide. Daß der allergrößte Teil des zugeführten $Fe^{59}$ in den Erythrozyten vorzufinden ist, ist teilweise dem zuzuschreiben, daß, wie aus der Tabelle 1 ersichtlich, mehr als die Hälfte des Körpereisens in den roten Blutkörperchen zu finden ist, ferner wird das beim Zerfall der roten Blutkörperchen freigewordene Eisen bevorzugt in das neu gebildete Hämoglobin eingebaut.

*Tabelle 1.* Verteilung des Eisens im menschlichen Körper

| | | |
|---|---|---|
| Hämoglobineisen | 3,25 g | 53,9% |
| Myoglobineisen | 0,50 g | 8,3% |
| Depoteisen | 1,50 g | 24,8% |
| Fermenteisen | 0,75 g | 12,4% |
| Myosineisen | 0,03 g | 0,5% |
| Transferrineisen | 0,01 g | 0,1% |
| | 6,04 g | 100,0% |

## Das zirkulierende Plasmaeisen

Auf dem Wege zum Knochenmark, wo das Eisen in Hämoglobin eingebaut wird, zur Leber und zu anderen Organen, wo es zum Bestandteil von Ferritin, Hemosiderin und eisenhaltigen Fermenten wird, zur Muskulatur, wo es als Bestandteil von Myoglobin, Myosin, Cytochrom c und dergleichen vorgefunden wird, und zu allen anderen Organen, muß es das Blutplasma passieren. So kommt dem Studium der Konzentration und des Umsatzes von Plasmaeisen eine ganz besondere Bedeutung zu.

Die große Bedeutung, die der Ermittlung der Höhe des Plasmaeisenspiegels bei Eisenmangelanämien und deren Heilung zukommt, haben Heilmeyer und Ploetner in ihren klassischen Untersuchungen bereits vor einem Vierteljahrhundert hervorgehoben und auch Methoden für dessen Bestimmung ausgearbeitet. Liegt keine Eisenmangelanämie vor, so ist der Organismus meistens in der Lage, einen niedrigen Plasmaeisengehalt durch eine raschere Bewegung des Eisens durch die Blutflüssigkeit hindurch zu kompensieren. Wenn das Plasma einer Versuchsperson 4 mg Eisen enthält (Heilmeyer fand bei gesunden Männern eine Eisenkonzentration von 81 bis 162 $\gamma$ %), so treten aus diesem 2 mg in etwa $1\frac{1}{2}$ Stunden aus und werden durch aus den Organen einströmendes Eisen ersetzt, dessen größter Teil von absterbenden Erythrozyten herrührt. Falls der Eisengehalt des Plasmas nur 2 mg beträgt, aber die Hälfte dieser Menge bereits in $\frac{3}{4}$ Stunden aus der Blutflüssigkeit ausgetreten ist, so verläßt dieselbe Eisenmenge in der Zeiteinheit das Blutplasma wie im erstgenannten Falle, der Eisenumsatz ist derselbe.

Das physiologische Eisen der Blutflüssigkeit ist an deren $\beta_1$-Globulin-Moleküle gebunden, die 7% der Plasmaproteine ausmachen. In der Regel ist nur etwa $\frac{1}{3}$ des $\beta_1$-Globulins mit Eisen gesättigt. Dies ermöglicht es, das Plasmaeisen mit radioaktivem Eisen zu markieren. Setzt man der Blutflüssigkeit minimale Mengen von markiertem Eisen zu (1 $\gamma$ per Milliliter oder weniger), so wird das markierte Eisen an nicht besetzte $\beta_1$-Globulin-Moleküle gebunden.

Ermittelt man die Geschwindigkeit, mit der die Radioaktivität des Blutplasmas mit der Zeit abnimmt und kennt man den Eisengehalt der Blutflüssigkeit, so ergibt sich die Eisenmenge, die in der Zeiteinheit den verschiedenen Organen aus dem Plasma zufließt. Im oben erwähnten Falle sind das täglich 24 mg. Dieser Methode der Eisenumsatzbestimmung, die von Huff und Mitarbeitern in Berkeley zuerst angewandt wurde, kommt eine sehr weitgehende Verwendung zu. Solche Bestimmungen sind äußerst einfach, man entnimmt Blutproben zu verschiedenen Zeitpunkten innerhalb z. B. 4 Stunden nach erfolgter Markierung und Re-Injizierung des Blutplasmas, zentrifugiert die Probe und bestimmt die Radioaktivität von z. B. 5 ml Blutplasma mit dem Szintillationszählapparat, mit dessen Hilfe die $\gamma$-Strahlung, die das $Fe^{59}$ aussendet, sehr bequem gemessen werden kann. Die Energie der emittierten $\gamma$-Strahlen liegt zwischen 0,191 und 1,289 kV. Die Halbwertzeit des $Fe^{59}$ beträgt 45,1 Tage.

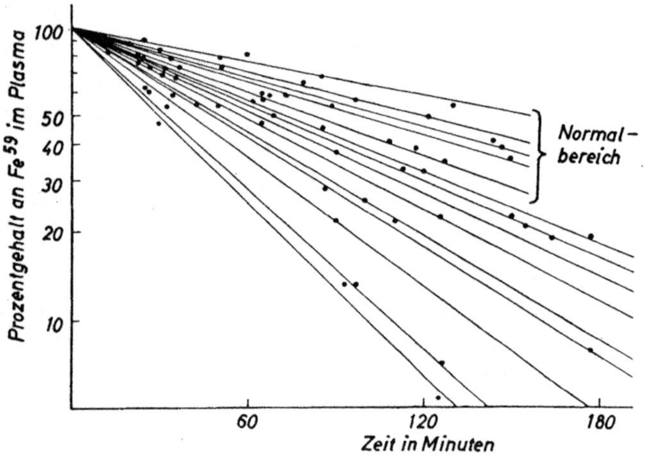


Abb. 2. Zeitliche Änderung der Radioaktivität des mit $Fe^{59}$ markierten Blutplasmas von Cervix-Krebskranken

Die Geschwindigkeit, mit der das markierte Eisen des Plasmas gesunder und an Gebärmutterhals-Krebs leidender Frauen verschwindet, ist aus der Abb. 2 ersichtlich. Die Bestimmungen sind an unserem Laboratorium von Dal Santo ausgeführt worden, der Kranke der unter der Direktion von Dozent Kottmeier stehenden Gynäkologischen Abteilung des Radiumhemmet untersuchte. So rasch wie mit einer Halbwertzeit von nur 30 Minuten verschwinden in einzelnen Fällen die markierten Eisenatome aus der Blutflüssigkeit und werden durch nicht markierte, die aus den Organen einströmen, ersetzt. Dank diesem raschen Umsatz wird der niedrige Eisengehalt des Blutplasmas zum Teil oder völlig kompensiert. Dies ist aus der Abb. 3 ersichtlich. In einer Reihe von Fällen, in denen die Werte oberhalb des normalen Gebietes liegen, bewegt sich das Eisen langsamer als es eine völlige Kompensierung des Eisenspiegels fordern würde. Diese Kranken sind wie erwartet anämisch befunden worden. Eine andere Gruppe von Kranken zeigt einen rascheren Eisenfluß als wir erwarten sollten. Die Hauptursache dieser Abweichung ist eine Verkürzung der Lebensdauer der Erythrozyten. Die Kompensierung einer Verkürzung derselben um $\frac{1}{4}$ des normalen Wertes fordert eine um $\frac{1}{4}$ erhöhte Eisenzufuhr. Auch die Kompensierung eines Blutverlustes bedingt eine zusätzliche Eisenzufuhr. Doch ist zur Kompensierung einer Verkürzung der Lebensdauer der Erythrozyten um $\frac{1}{4}$ ihres normalen

Wertes dieselbe Mehrzufuhr an Eisenmenge an das Knochenmark erforderlich wie zur Kompensierung einer Dauerblutung von 10 ml per Tag. Daß der zusätzliche

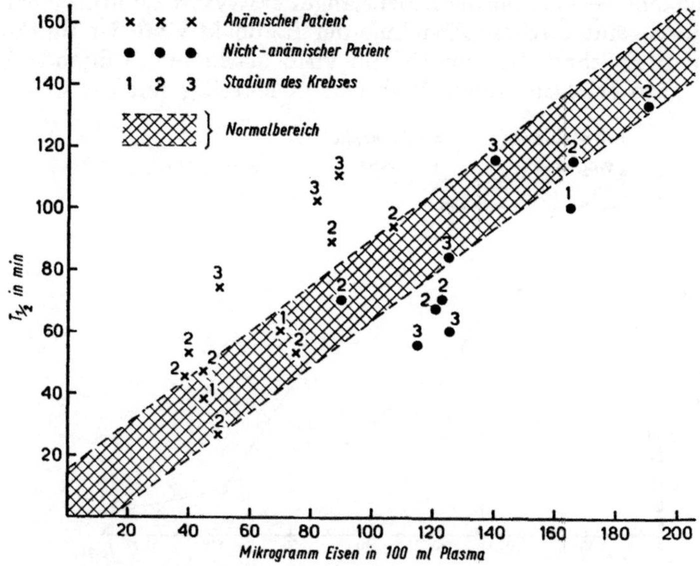


Abb. 3. Die Austrittsgeschwindigkeit der markierten Eisenatome aus der Blutflüssigkeit von Cervix-Krebskranken Frauen in Abhängigkeit von der Höhe des Eisenspiegels des Blutplasmas

Eisenumsatz in den oben genannten Fällen im wesentlichen einer Verkürzung der Lebenslänge der roten Blutkörperchen zuzuschreiben ist, konnte Dal Santo auch durch Lebensdauerbestimmungen der roten Blutkörperchen nachweisen.

## Bestimmung der Lebensdauer roter Blutkörperchen

Die beste Methode der Lebensdauerbestimmung der Erythrozyten ist die Ermittlung der Zeit, nach welcher bei ihrer Entstehung mit $C^{14}$ markierte rote Blutkörperchen ihre Aktivität einbüßen. Führt man Glykokoll z. B. Mäusen zu, so wird ein Teil des Glykokolls in das Hämin und auch in das Globin der entstehenden Erythrozyten eingebaut. Der Einbau der Aktivität beschränkt sich praktisch nur auf die ersten Tage, da das markierte Glykokoll bald aus dem Kreislauf und dem Knochenmark verschwindet. Solange die Erythrozyten am Leben sind, bleibt die radioaktive Markierung erhalten. Die Verminderung der Aktivität der roten Blutkörperchen nach etwa 20 Tagen zeigt den Beginn des Zerfalls der markierten Erythrozyten an, wie dies aus Abb. 4 ersichtlich ist, die einer Arbeit G. v. Ehrensteins entnommen wurde, die in unserem Laboratorium ausgeführt worden ist. Die obere Kurve zeigt das Verhalten der roten Blutkörperchen gesunder Tiere, die untere die von Mäusen, denen nach der Entstehung der markierten Erythrozyten Krebszellen eingeimpft worden sind. Die Entstehung von Geschwülsten führt zu einer ausgeprägten Verkürzung der Lebensdauer der roten Blutkörperchen.

Die beschriebene Methode der Lebensdauerbestimmung wird in klinischen Versuchen nicht oder nur ausnahmsweise verwendet, da man nicht gerne langlebige radioaktive

Substanzen dem menschlichen Körper zuführt. In klinischen Versuchen werden die roten Blutkörperchen meistens mit radioaktivem Chromat markiert. Das Radiochrom verbleibt nicht die gesamte Lebensdauer hindurch im Erythrozyten wie $C^{14}$, doch äußert sich eine Verkürzung der Lebenslänge der Erythrozyten in einem rascheren $Cr^{51}$-Verlust, durch eine raschere Abnahme der Radioaktivität der Blutkörperchen. Ferner kann man Erythrozyten mit $Cr^{51}$ in vitro markieren, während Markierung mit $C^{14}$ nur in vivo erfolgen. kann. Während gleichzeitig mit der $C^{14}$-Markierung

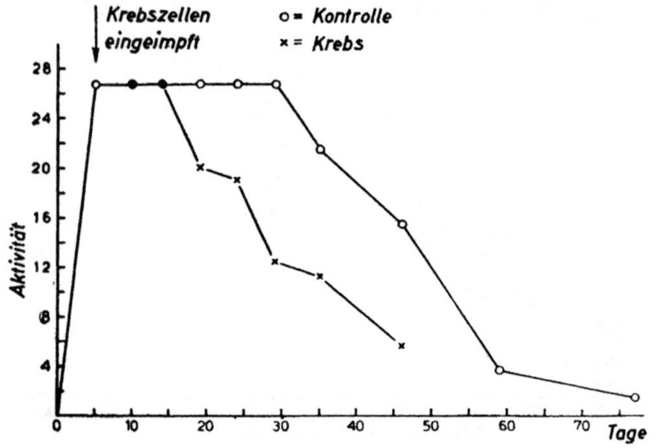


Abb. 4. Änderung des $C^{14}$-Gehaltes des Hämins der roten Blutkörperchen der Maus in Kontrolltieren und in Mäusen die, nach der Markierung der Erythrocyten, mit Ascites-Krebszellen intramuskulär geimpft worden sind

der roten Blutkörperchen zahlreiche Kohlenstoffverbindungen des Organismus markiert werden, werden mit $Cr^{51}$ allein die Erythrozyten markiert und erst im Laufe des Versuches findet abgegebens $Cr^{51}$ seinen Weg in die Organe.

Die Markierungsmethode mit Cromat läßt eine etwaige Abweichung von der normalen Lebenslänge bereits nach einigen Wochen, also rascher erkennen als die mit $C^{14}$. Doch sind sogar einige Wochen eine viel zu lange Zeit, wenn ambulante Kranke untersucht werden sollen. Die Verfolgung des Eisenumsatzes, die oben beschrieben ist, erlaubt bereits oft nach dem Verlaufe von etwa 3 Stunden Aufschluß darüber zu erhalten, ob eine Verkürzung der Lebensdauer der roten Blutkörperchen vorliegt oder nicht.

Von den zahlreichen Anwendungsmöglichkeiten des radioaktiven Eisens als Indikator wollen wir uns auf die Beschreibung der obigen Beispiele beschränken. Die Anwendungen des radioaktiven Eisens dürften in den kommenden Jahren eine weitere Ausdehnung erfahren.

A.H.W. ATEN JUNIOR

# Some Experiments with Astatine*)

Among the elements, which do not occur in nature, astatine is one of the least known, as it can only be studied in those places, where a cyclotron or equivalent machine is available for its preparation. In Amsterdam we became interested in this element after C. J. BAKKER, who at that time was the institute's director, had been spending some time with SEGRE at Berkeley. When he returned to Holland he told us that SEGRE had suggested to him the desirability of doing more work in the astatine field.

It was quite evident from the start that our laboratory was eminently suitable for this kind of research. The Amsterdam cyclotron produces an internal beam of helium ions of 52 MeV and roughly 2 microampères. Irradiation of bismuth oxide with this beam gives an excellent yield of $At^{211}$, an isotope which is easily measured by means of its $\alpha$-activity. (Out of 5 atoms of $At^{211}$ two decay by $\alpha$-emission and three by electron capture to $AcC' = Po^{211}$. However, the latter nuclide also emits $\alpha$-particles with a half-life of one minute, so that one still obtains one $\alpha$-particle per decaying astatine nucleus). Although other astatine isotopes exist which emit other kinds of radiation, the use of the $\alpha$-emitting $At^{211}$ is very attractive for experimental purposes. The half-life of 7,2 hours is one of the longest available among astatine isotopes and the $\alpha$-activity enables us to measure this nuclide even in preparations which contain radioactive isotopes of light elements as impurities, a complication which often occurs in cyclotron targets. The measurement of $\alpha$-activities makes it unnecessary to go through an extensive purification procedure. Also $\alpha$-emitting materials can easily be assembled to constitute infinitely thick samples. All our astatine measurements were done with scintillation counters.

Any investigation of astatine is likely to be based on the analogy of the element to other halogens due to its position as eka-iodine. As the number of inorganic halogen compounds is fairly restricted the biggest prize obtainable in astatine chemistry would certainly be the introduction of astatine into organic molecules. This would open up an enormous field for investigation. But to our disappointment we were unable to obtain organic compounds of astatine by the simple methods used in the organic chemistry of iodine [1]. A similar conclusion was reached by J. G. HAMILTON and his collaborators [1]. We have not, however, lost all hope that we may eventually be succesful in this field by working in a more round-about way.

The circumstances it seemed reasonable to start our astatine work on a simpler problem, and for this we chose the best-known chemical property of the element, its extractability by organic solvents. The fact that astatine in its zero-valent condition can be extracted just as iodine is often mentioned as a proof of its halogen nature. However, closer consideration somewhat upsets the analogy. If an ordinary halogen, e.g. iodine, is extracted into an organic solvent, molecules $I_2$ pass into the

*) This investigation is part of the research program of the Foundation for Fundamental Research of Matter (F.O.M.) which is carried out with the financial support of the Netherlands Foundation for Pure Scientific Research (Z.W.O.).

[1] Radioisotope Conference 1954. (Butterworth, London, 1954), I. p. 230.

new medium. Evidently this cannot happen with astatine, as any solution of this element contains so few atoms At that association to $At_2$ is out of question. So the problem arises what *is* extracted. The answer is provided by the behaviour of radioactive iodine. A solution of $I^{131}$ always contains more atoms of inactive $I^{127}$ than of $I^{131}$, which means that the material passing into the organic medium consists of molecules $I^{131}\,I^{127}$ mixed with a much greater number of $I_2^{127}$. The chemical similarity between iodine and astatine gives us reason to expect that in the case of the extraction of astatine something similar will happen and that, at least if sufficient iodine is present in the solution, the astatine will be extracted as AtI.

This reasoning suggested to us that it would be worthwhile to make an attempt to demonstrate the existence of astatine iodide. The most attractive method seemed to be an investigation of the formation of mixed crystals of astatine iodide and elementary iodine. The iodine lattice consists of diatomic molecules and it would be unlikely that At atoms would fit into this lattice, but it seems reasonable to assume that AtI molecules could be accomodated in it fairly easily. For this reason we wished to crystallize elementary iodine from organic solvents containing astatine and to determine the distribution of the latter between the liquid and the solid phases.

Clearly the first problem we had to look into was the measurement of the astatine activity. We had to isolate the element in the form of a well-defined chemical substance. It had been known from the first that astatine coprecipitates with silveriodide, but it was not known whether this precipitation was quantitative. As astatine is also absorbed on metallic silver, our first procedure [2] consisted of a double precipitation in an aqueous solution, first producing silver iodide and after that reducing the excess of the silver ions to metal. In this way we obtained a mixed sample of AgI and Ag. Fortunately the stopping power for $\alpha$-particles is practically equal for silver and for silver iodide, so in this respect there was no difficulty. We were, however, obliged to perform a chemical analysis on each precipitate to determine the fraction of the total iodine that had been precipitated from the organic solvent in the elementary form.

This complication made the method very laborious and we next directed our attention to the possibility of coprecipitating astatine with a chemically pure iodide. The first choice was of course silver iodide. However, in general for radiochemical purposes precipitates are required and the modern trend in analytical chemistry has been very much towards titrations, colorimetry and similar methods which do not provide suitable radiochemical samples. For this reason in Amsterdam as in many other radiochemical institutes we are in the habit of consulting old manuals of analytical chemistry which often mention techniques for isolating elements as pure compounds which have been forgotten in more recent years. Thus our attention was directed towards the precipitation of iodine as palladium iodide [3], and we tried this method very early in our investigation. However, we found the precipitate to

---

[2] A. H. W. Aten Junior, T. Doorgeest, U. Hollstein and H. P. Moeken, The Analyst, **77**, 774 (1952).

[3] Dr. C. R. Fresenius, Anleitung zur quantitativen chemischen Analyse, oder die Lehre von der Gewichtsbestimmung und Scheidung der in der Pharmacie, den Künsten, Gewerben und der Landwirtschaft häufiger vorkommenden Körper in einfachen und zusammengesetzten Verbindungen für Anfänger und Geübtere, Dritter Abdruck des 1875 erschienenen Werkes. (Vieweg, Braunschweig 1898), I, p. 481.

be very sticky, difficult to filter and slow to dry. (The text prescribes ,,Man ... läßt 24 bis 48 Stunden an einem warmen Orte stehen ...", a procedure which is not attractive if one has to work with an isotope of 7 hours half-life.) For this reason we abandoned the palladium iodide and concentrated our effort on the silver iodide precipitate. It soon became clear that the astatine is carried quantitatively by the silver iodide during the formation of this compound, but in a number of cases unexpected losses of astatine occurred which gave the impression of being rather irreproducible. We found out that both silver iodide suspended in the liquid from which it was precipitated and silver iodide in the cause of being dried could sometimes lose appreciable quantities of At. There was little doubt that these losses occurred during recrystallization and we managed to reduce them by precipitating and filtering the silver iodide at the temperature of ice and by drying it without the application of heat. But even so astatine losses were not quite avoided. Pressed by these difficulties we turned back to the study of the palladium iodide and we soon recognized that astatine losses from palladium iodide are negligible. In retrospect the situation is extremely simple. The stickiness of the palladium iodide is, of course, due to the fact that the material recrystallizes only extremely slowly (probably due to the presence of the divalent $Pd^{++}$-ion), and it is this stability of the crystal lattice which prevents the loss of astatine.

With the analytical technique mentioned the investigation of the carrying of astatine by elementary solid iodine crystallized from chloroform did not present any serious difficulties. The coprecipitation was shown to follow the logarithmic distribution law of Doerner and Hoskins, as it should, considering that the iodine separated quite rapidly in beautiful crystals. We could also conclude that for an AtI molecule the chance to enter into the growing lattice was 3,5 times the corresponding chance for an $I_2$ molecule.

N. RIEHL

# Untersuchungen über Kristallwachstum und Mischkristallbildung als Anwendungsgebiet für radioaktive Isotope

Schon vor längerer Zeit konnten — vorwiegend im HAHNschen Institut — einige interessante Gesetzmäßigkeiten beim Auskristallisieren natürlich-radioaktiver Isotope mit inaktiven Salzen ermittelt werden [1, 2]. Damals war die Auswahl der Radioisotope auf die wenigen natürlichen Radioelemente beschränkt. Heute ist einerseits eine fast unbeschränkte Auswahl an radioaktiven Atomarten vorhanden, und andererseits sind zahlreiche neue Fragestellungen hinzugekommen, deren Untersuchung mittels radioaktiver Isotope besonders lohnend erscheint.

Diese neu hinzugekommenen aktuellen Fragestellungen stammen zu einem großen Teil aus dem Gebiet der Festkörperphysik.

Bei Halbleitern, Lumineszenzstoffen, Katalysatoren und Metallen stößt man immer wieder auf Einflüsse, die durch Mikro-Mengen von Fremdsubstanzen bewirkt sind. Die Kenntnis der Art, Menge und Einbauweise dieser Fremdstoffe ist unerläßlich für die Deutung der physikalischen (zum Beispiel der elektronischen) Prozesse in Kristallen und für das Herauspräparieren bestimmter gewünschter Eigenschaften bei dem betreffenden Festkörper.

Bei Stoff-Systemen, die in wissenschaftlicher oder technischer Beziehung interessant sind, liegen schon sehr viel Untersuchungsergebnisse über Einflüsse von Fremdstoff-Beimengungen vor. Aber es besteht erstaunlicherweise immer noch wenig Klarheit darüber, wie sich in Wirklichkeit eine Mikrokomponente verhält und verteilt, wenn man sie bei der Präparation der gewünschten Kristalle der Mutterphase der Kristalle (das heißt dem Sintergut, der Schmelze oder der Lösung) zusetzt, um so einen Einbau der Mikrokomponente in die wachsenden Kristalle zu erreichen. In vielen Fällen bleibt die Frage offen, wieviel von der zudosierten Mikrokomponente sich tatsächlich ins Kristallgitter bzw. Zwischengitter begeben hat, wieweit die Verteilung des Fremdstoffs im Kristall homogen ist, welcher Teil des Fremdstoffs sich an Kristalloberflächen oder Versetzungen abgeschieden hat usf. Die Unkenntnis dieser Verhältnisse bringt es oft mit sich, daß man viel Mühe zur Untersuchung und Deutung des physikalischen Verhaltens von Kristallen aufwendet, deren Zusammensetzung und Fehlbau-Zustand nur scheinbar, aber nicht in Wirklichkeit definiert ist. Es wird vielfach mit einer gewissen Leichtfertigkeit die „bequeme" Annahme gemacht, daß die zugesetzte Fremdsubstanz sich vollständig und homogen in den Kristall eingebaut habe, ohne daß man sich der — oft sehr „unbequemen" — Mühe unterzieht, zu prüfen, ob und in welchem Maße der Einbau bei den gegebenen Kristallwachstumsbedingungen stattgefunden hat, in welchem kristallchemischen Zustand die beigemengte Mikrokomponente sich im fertigen Kristall vorfindet, wie ihr Einbau vom Fehlbau-Zustand und vom Reinheitsgrad des Kristalls abhängt und wieweit eine einigermaßen homogene und definierte Verteilung der Mikrokomponente angenommen werden darf.

---

[1] O. HAHN, „Angewandte Radiochemie" 1936.
[2] N. RIEHL, Z. physik. Chemie **3**, 224 (1936); Z. physik. Chemie, Neue Folge **14**, 361 (1958).

Radioaktive Isotope bilden das gegebene Mittel für die Klärung solcher Probleme. Aus einigen weiter unten angeführten Beispielen wird ersichtlich, wie sehr — selbst in den einfachsten Stoffsystemen — die Verteilung einer Mikrokomponente zwischen der Lösung (beziehungsweise Schmelze) und dem wachsenden Kristall von den speziellen Kristallisationsbedingungen abhängt. Es wird daraus ersichtlich, wie lohnend es für die Festkörperphysik wäre, den Mechanismus der Mischkristallbildung (und des Kristallwachstums überhaupt) in weitaus breiterem Umfange als bisher mittels radioaktiver Isotope zu untersuchen.

## Kristallisation aus einer Lösung

Die ältesten quantitativen Untersuchungen dieser Art waren an Substitutionsmischkristallen mit einem Ba-Salz als Makrokomponente und einem Ra-Salz als Mikrokomponente durchgeführt, wobei die Kristallisation aus wässriger Lösung erfolgte [1, 2]. Die Verteilung der Mikrokomponente zwischen gewachsenem Kristall und verbliebener Lösung hängt hier von der Art des angewendeten Kristallisationsverfahrens ab, wobei man die folgenden 4 Fälle unterscheiden kann.

1. Gibt man den ausgeschiedenen Kristallen Gelegenheit, nachträglich mehrfach umzukristallisieren, so tritt der triviale Fall eines wahren Gleichgewichts zwischen Kristallen und Endlösung ein, die Mikrokomponente (Ra) ist homogen im Kristall verteilt, und das Verhältnis Ra/Ba im Kristall ist proportional dem Verhältnis Ra/Ba in der Endlösung.

2. Entsteht der Kristall durch genügend langsame Kristallisation aus *gesättigter* (d. h. nicht *über*sättigter) Lösung (zum Beispiel infolge Eindunstung derselben [3], so ist das Verhältnis Ra/Ba in jeder auskristallisierenden Elementarschicht proportional dem jeweiligen Verhältnis Ra/Ba in der Lösung. (Die Proportionalitätskonstante $\lambda$ hat hierbei denselben Wert wie im Fall 1). Hier befindet sich nicht der ganze Kristall, sondern nur die jeweilige Oberflächenschicht im Gleichgewicht mit der darüberstehenden Lösung. — Wenn die Mengen von Ra und Ba in der Lösung nach Beendigung der Kristallisation gleich $a$ und $b$, die Anfangsmengen gleich $x$ und $y$ sind, dann erhält man als Verteilungsgesetz

$$\ln \frac{x}{a} = \lambda \ln \frac{y}{b}. \tag{1}$$

Der so gewachsene Kristall ist inhomogen in bezug auf die Mikrokomponente; bei Anreicherung enthalten die mittleren Partien des Kristalls mehr Mikrokomponente als die äußeren (bei Anreicherung ist es umgekehrt).

3. Nicht so leicht deutbar waren die Ergebnisse, wenn wir den Kristall aus stark *übersättigter* Lösung wachsen ließen, wobei der Kristall bis zur völligen Aufhebung der Übersättigung wuchs. Merkwürdigerweise ergeben sich unter diesen Bedingungen Kristalle, die völlig homogen in bezug auf die Mikrokomponente sind und sich in völligem Gleichgewicht mit der *End*lösung befinden, obschon während des Wachstums der Kristalle das Verhältnis Mikrokomponente/Makrokomponente in der Lösung ein ganz anderes war als in der Endlösung. (Nachträgliche Umkristallisation kann hier

[3] N. Riehl und H. Käding, Z. physik. Chem. Abt. A **149**, 180 (1930).

nicht als Erklärung herangezogen werden, da sie nachweislich nicht stattgefunden hatte.) — Führen wir dieselbe Bezeichnungsweise wie im Fall 2 ein, so gilt hier das einfache Verteilungsgesetz

$$\frac{x-a}{y-b} = \lambda \cdot \frac{a}{b}. \tag{2}$$

Das Verhältnis Mikrokomponente Makrokomponente ist überall im Kristall proportional dem Verhältnis dieser Komponenten in der Endlösung. Die Konstante $\lambda$ hat denselben Wert wie in den Fällen 1 und 2. Es ergibt sich also die physikalisch merkwürdige Situation, als ob die Konzentration der Mikrokomponente im Kristall zu Beginn der Kristallisation sich nicht nach dem zur gleichen Zeit in der Lösung bestehenden Verhältnis der Komponenten richtet, sondern nach dem Verhältnis, das zur Zeit noch gar nicht besteht und sich erst später einstellt!

Eine Deutung dieses merkwürdigen Verhaltens und eine Ableitung der Gl. (2) für die im Fall 3 geltenden Versuchsbedingungen hat der Verfasser seinerzeit gegeben [2]. Sie ergibt sich unter der einfachen Annahme, daß primär sich das Ra und das Ba in dem gleichen Verhältnis auf der Kristalloberfläche abscheiden, in dem sie in der Lösung vorliegen (d. h. ohne An- oder Abreicherung). Eine einfache Überlegung zeigt, daß der nunmehr einsetzende kinetische Austausch, der nach genügend langer Zeit zu einem Gleichgewicht zwischen Kristalloberfläche und Lösung (d. h. zu einer An- bzw. Abreicherung von Ra gegenüber Ba) führen würde, umso eher unterbrochen wird, je höher die Übersättigung. Durch eine einfache rechnerische Behandlung der Verhältnisse gelangen wir zu dem Ergebnis, daß für die im Fall 3 geltenden Kristallisationsbedingungen das einfache Verteilungsgesetz nach Gl. (2) gelten muß.

Was bedeutet die von uns eingeführte und verifizierte Annahme, daß Ra und Ba sich primär auf dem Kristall in demselben Verhältnis absetzen, in dem sie in der Lösung vorhanden sind? Einen Hinweis zu dieser Frage geben unsere späteren Versuche über den Diffusionskoeffizienten von Ra- und Ba-Ionen [4]. Diese Versuche ergeben nämlich eine völlige Gleichheit der Diffusionskoeffizienten von Ra- und Ba-Ionen in wässriger Lösung. Dieser Umstand dürfte die einfachste Erklärung dafür liefern, daß Ra und Ba sich primär ohne jegliche Entmischung auf die Kristalloberfläche begeben*).

Dank der Gleichheit der Diffusionskoeffizienten stellt also das System Ra—Ba einen besonders einfachen Fall dar. Es dürfte jedoch noch viele andere Systeme geben, bei welchen dieser einfache Fall vorliegt. So fanden wir bei der Untersuchung der Diffusionskoeffizienten von Ionen in Wasser [4], daß zum Beispiel alle 3wertigen Ionen der Seltenen Erd-Elemente gar keine meßbaren Unterschiede hinsichtlich ihrer Diffusionskoeffizienten aufweisen. Auch bei Yttrium-Dysprosium und bei Yttrium-Cer ergaben sich (trotz enormen Unterschieds im Atomgewicht) fast gleiche Werte für den Diffusionskoeffizienten. Auch die Ionen $Cl^-$, $Br^-$ und $I^-$ zeigen keinen merklichen Unterschied im Diffusionskoeffizienten, ebenso auch die Ionen $Mg^{2+}$, $Ca^{2+}$ und $Ba^{2+}$. Bei Ionen gleicher Ladung tritt überhaupt sehr oft fast völlige

*) Offen mag die Frage sein, ob es sich hierbei allein um eine gleichschnelle Diffusion durch die ruhende, am Kristall adhärierende Wasserschicht handelt oder auch um eine gleichschnelle Diffusion auf der Kristalloberfläche zu den auf ihr befindlichen Kristallisationskeimen im Volmer-Stranskischen Sinne.

[4] N. Riehl und G. Wirths, Z. physik. Chem. **194**, 97 (1944).

Gleichheit der Diffusionskoeffizienten in wässriger Lösung auf. So kann man also erwarten, daß unsere Ableitung des einfachen Verteilungsgesetzes (2), welche bei Kristallisation aus übersättigter Lösung für Ra und Ba als Mikro- und Makrokomponente gilt, auch für viele andere Stoffpaare anwendbar sein wird.

Wir können die oben erwähnte Theorie der Mischkristallausscheidung aus übersättigter Lösung unschwer für den Fall modifizieren und verallgemeinern, daß die beiden Komponenten beliebig verschiedene Diffusionskoeffizienten haben [2]*). Es wird interessant sein, diese Verallgemeinerung, die noch nicht experimentell nachgeprüft ist, unter Anwendung künstlich-radioaktiver Isotope mit der Erfahrung zu vergleichen.

4. Ein vierter Fall ergibt sich, wenn man die Kristallisation — ebenso wie im Fall 3 — aus *über*sättigter Lösung vornimmt, aber dabei eine sehr große Anzahl von Kristallisationskeimen schafft (etwa durch intensives Rühren der Lösung). Merkwürdigerweise erhält man dann wieder das logarithmische Verteilungsgesetz nach Gl. (1), wenn auch mit deutlich verändertem Wert der Verteilungskonstante $\lambda$. Eine recht plausible, jedoch noch nicht sichergestellte Deutung hierfür könnte im folgenden bestehen. Die Auskristallisation erfolgt in diesem Fall an einer ungeheuren Anzahl äußerst kleiner Kriställchen. Diese Kriställchen können — infolge ihrer Kleinheit — eine so überhöhte Löslichkeit haben, daß die an sich übersättigte Lösung nur sehr wenig übersättigt in Bezug auf diese Kriställchen ist. Wir hätten dann hier den Fall einer Kristallisation aus nicht übersättigter (beziehungsweise nur wenig übersättigter) Lösung, so daß ein Verteilungsgesetz nach (Gl. (1) und nicht nach Gl. (2) verständlich wäre.

Man erkennt aus diesen Beispielen, daß selbst bei einem so übersichtlich erscheinenden Vorgang wie das Auskristallisieren von völlig isomorphen, durchgehende Mischbarkeit aufweisenden Salzen chemisch ähnlicher Elemente sichere Voraussagen über die Verteilung der Mikrokomponente zwischen Kristall und Mutterphase erst nach eingehendem experimentellen und theoretischen Studium möglich geworden sind, und daß die Verteilung überaus stark von den speziellen experimentellen Bedingungen abhängt.

## Kristallisation aus einer Schmelze

Da die Züchtung der Einkristalle von Halbleitern, Metallen sowie auch anorganischen und organischen Isolatoren heutzutage fast immer aus einer Schmelze vorgenommen wird, so sind Untersuchungen über die Fremdstoff-Verteilung zwischen Schmelze und Kristall von besonderer Aktualität. Radioaktive Isotope haben in den letzten Jahren schon eine recht breite Anwendung auf diesem Gebiet gefunden [5]. Es liegen — insbesondere bei Germaniumkristallen — zahlreiche Beobachtungen über die Verteilung verschiedener Mikrokomponenten zwischen Kristall und Schmelze vor, wobei z. B. die folgenden Radio-Isotope verwendet wurden: Sb 124, As 76, P 32, Ga 72, In 114, Cu 64, Ag 110, Au 198, Ni 63, Co 60, Zn 65.

*) In diesem Fall erhalten wir nicht mehr das einfache Verteilungsgesetz nach Gl. (2), sondern ein anderes, komplizierteres.

[5] Vgl. zum Beispiel: J. A. Burton, R. C. Prim und W. P. Slichter, Journ. chem. phys. **21**, 1987 (1953); J. A. Burton, E. D. Kolb, W. P. Slichter und J. D. Struthers, Journ. chem. phys. **21**, 1991 (1953).

Die Verhältnisse sind hier in mancher Hinsicht etwas einfacher als beim Kristallisieren aus einer Lösung, weil man hier eine Komponente weniger, nämlich kein Lösungsmittel hat. Dafür kommt aber eine andere Komplikationsmöglichkeit hinzu. Während bei einem aus der Lösung wachsenden Kristall eine Diffusion des Fremdstoffs innerhalb des Kristalls praktisch nicht stattfindet, muß bei der hohen Temperatur, bei der die Kristallisation aus der Schmelze erfolgt, mit der Möglichkeit von Diffusion innerhalb der festen Phase gerechnet werden. Solche zusätzlichen Effekte spielen zum Beispiel bei Kupfer als Mikrokomponente in Germanium eine Rolle.

Ebenso wie beim Kristallisieren aus einer Lösung spielen auch beim Kristallwachstum aus einer Schmelze die Diffusionsprozesse in der flüssigen Grenzschicht eine sehr maßgebende Rolle für die Verteilung der Mikrokomponenten zwischen dem gewachsenen Kristall und der Restschmelze [5]. Es ergibt sich eine starke Abhängigkeit des effektiven Verteilungskoeffizienten von der Kristallisationsgeschwindigkeit, von der Drehgeschwindigkeit des gezogenen Kristalls, der Durchrührung der Schmelze, dem Temperaturgradienten in der festen Phase usf.

Letzten Endes treten alle diese Effekte und Komplikationen deswegen auf, weil man es bei der Züchtung von Kristallen fast nie mit Gleichgewichtszuständen zu tun hat. Ja selbst dann, wenn während der Züchtung des Kristalls aus der Schmelze eine möglichst weitgehende Annäherung an Gleichgewichtszustände angestrebt und erreicht wird, tritt bei der nachfolgenden Abkühlung auf Zimmertemperatur meist eine neuerliche Abweichung vom Gleichgewichtszustand auf, indem jetzt der Kristall übersättigt in Bezug auf die Mikrokomponente ist, und man es wieder mit einem eingefrorenen metastabilen Zustand zu tun hat.

Sehr wesentlich für die physikalischen Eigenschaften und besonders schwierig zu untersuchen sind die letzterwähnten Effekte bei den mikrokristallinen Phosphoren, wie etwa Zinksulfidphosphoren, bei denen es oft vorkommt, daß man Kristalle erhält, die bei Zimmertemperatur übersättigt in Bezug auf den Aktivator sind, so daß bei längerem Lagern der Kristalle eine Auswanderung und Ausscheidung des Aktivators beobachtet werden kann.

## Weitere Aufgaben und Anwendungsmöglichkeiten

Bisher wurden die Radio-Isotope beim Studium der Mischkristallbildung vorwiegend nur bei einfacheren Systemen angewandt, nämlich bei normalen Substitutionsmischkristallen oder Einlagerungsmischkristallen. Ein besonders interessantes und für die Festkörperphysik wichtiges Anwendungsgebiet bieten aber die verschiedenen Typen „anomaler" Mischkristallbildung. Es existieren schon verschiedene Ansätze in dieser Richtung, aber es bedarf noch weiterer quantitativer Untersuchungen. Ein Beispiel für Probleme dieser Art sei hier kurz angeführt.

Sehr wesentlich für die Festkörperphysik ist der Einbau von Fremdionen mit Hilfe der „Ladungskompensationen". Wird im Kristall beispielsweise ein zweifach geladenes Gitter-Kation durch ein einfach geladenes Fremdkation ersetzt, so kann — aus Gründen der Elektroneutralität — nur dann ein stabiler Zustand entstehen, wenn gleichzeitig auch ein zweifach geladenes Gitter-Anion durch ein einfach geladenes Fremdanion ersetzt wird. Ein schon sehr lange bekanntes Beispiel für Substitutionen dieser Art bildet das Mischkristallsystem $BaSO_4$—$KMnO_4$ [6]. In all diesen Fällen

[6] H. G. Grimm, Z. phys. Chem. **98**, 353 (1921); Z. Elektrochem. **30**, 467 (1924; V. Chlopin und B. Nikitin, Z. physik. Chem. A **145**, 137 (1929).

kann der Einbau eines Fremdkations nicht unabhängig von einem gleichzeitigen Einbau des Fremdanions erfolgen. Die Abhängigkeit der Einbauwahrscheinlichkeit von der Konzentration des betreffenden Fremdions in der Lösung oder Schmelze ist also grundsätzlich anders, als bei den gewöhnlich Substitutions- oder Einlagerungsmischkristallen.

Es dürfte sehr lohnend sein, bei Hablleitern und Phosphoren, wo ein derartiger Fremdstoffeinbau besonders wichtig ist, die Verteilungsgesetze unter Variation sowohl der Fremdanion- als auch der Fremdkationkonzentration in der Lösung bzw. Schmelze zu studieren.

Bei den Phosphoren und Halbleitern kann dabei mittels radioaktiver Isotope auch noch in jedem gegebenen Fall geklärt werden, wieweit beim Einbau z. B. eines Fremd-Kations jeweils tatsächlich auch der Einbau eines Fremd-Anions zur Ladungskompensation erforderlich ist. Wir haben nämlich Beispiele dafür (etwa bei Alkalihalogeniden und bei Zinksulfid), daß die Ladungskompensation auch allein durch Entstehung von Ionen-Lücken zustandekommen kann (und vielleicht auch durch Einbau von Zwischengitter-Ionen).

Es ist nicht möglich, im Rahmen eines kurzen Aufsatzes die sehr zahlreichen Möglichkeiten der Anwendung von Radio-Isotopen auf Probleme der Mischkristallbildung und ähnliche Festkörper-Probleme auch nur aufzuzählen. (Vgl. weiteres hierzu noch in dem Aufsatz von H.-J. Born in diesem Band.) Die wenigen hier angeführten Beispiele mögen dazu beitragen, das Interesse für dieses Gebiet sowohl bei den Festkörperphysikern als auch bei den Radiochemikern anzuregen.

HANS-JOACHIM BORN

# Zur Frage der geochemischen Folgerungen aus den Hahnschen Arbeiten über Mitfällungen

Schon ehe die Bedeutung von Spurenbeimengungen in sogenannten reinen festen Stoffen allgemein erkannt und die Tatsache wie ihr Zustandekommen ein wichtiges Thema der reinen und angewandten Forschung geworden war, hat der Radiochemiker sich bei seiner präparativen Tätigkeit mit diesem Problem beschäftigen müssen. In den mittlerweile klassisch gewordenen Untersuchungen von HAHN und seinen Mitarbeitern über „Mitfällungs"-vorgänge bei der Bildung fester Phasen aus Lösungen und Schmelzen in Gegenwart solcher Spuren von Fremdstoffen ist eine gewisse Gruppierung der Erscheinungen erreicht worden, die sich für die stürmische Entwicklung der präparativen Radiochemie, aus der heute eine radiochemische Technologie entsteht, als ungemein hilfreich erwiesen hat. Die seinerzeit mit den Methoden der Radioaktivität erzielten Ergebnisse sind inzwischen mit anderen Mitteln z. T. bestätigt, z. T. in anderen Richtungen und mit anderen Zielen ganz erheblich erweitert worden. Dabei hat sich gezeigt, daß die von HAHN gesammelten Daten für sehr unterschiedliche Fragestellungen wichtig sind und keineswegs nur in der Radiochemie eine Rolle spielen. Das lag damals nur in wenigen Fällen auf der Hand; heute hingegen wäre es sehr wünschenswert und nützlich, den Zusammenhang zwischen den einzelnen Ergebnisreihen enger zu knüpfen als es bisher geschehen ist.

Zu den Gebieten, die aus den radiochemischen Untersuchungen Nutzen ziehen können, hat HAHN selbst bereits nach dem vorläufigen Abschluß der ersten Etappe seiner Untersuchungen die Geochemie gezählt. — Um Mißverständnisse zu vermeiden, sei hier gleich betont, daß nicht die Rede sein soll von den zahlreichen Beiträgen, die die radioaktive Forschung und Methodik, auch durch Arbeiten von HAHN und seinen Schülern, in noch immer steigendem Maße zur geologischen Altersbestimmung leistet.

Die früher auf Nachweis und Bestimmung der stabilen Zerfallsprodukte natürlicher radioaktiver Atomarten, d. h. also derjenigen Substanzen (mit ihren Folgekörpern), deren Halbwertszeit kommensurabel ist mit dem Alter der Erde (bzw. des Kosmos) beschränkte Methode wurde ausgedehnt auf die Bestimmung auch der laufend durch Kernreaktionen entstehenden radioaktiven Atomarten mit kürzerer Halbwertszeit und gestattet heute, nahezu die gesamte Skala der geologischen und archäologischen Zeiträume zu beherrschen.

Erinnert werden soll vielmehr daran, daß HAHN in der Forschungsrichtung, der V. M. GOLDSCHMIDT in seinen geochemischen Verteilungsgesetzen Grundlage und Programm gab, den Gedanken beisteuerte, daß nicht nur die Erscheinungen und Bedingungen isomorpher Mischbarkeit für die geochemische Verteilung der Elemente maßgebend sind, sondern daß die bei den Mitfällungsarbeiten gelegentlich beobachtete, meist nur bei extremen Mischungsverhältnissen auftretende unerwartete, sogenannte anomale Mischkristallbildung ebenfalls zu beachten ist.

Ungefähr gleichzeitig mit den HAHNschen Untersuchungen waren solch „anomale" Mischkristalle von GRIMM, NEUHAUS, SPANGENBERG u. a. beschrieben worden.

HAHN selbst hatte die Erscheinung bei der Kristallisation von Chromaten und Chloriden der Elemente Barium und Silber, sowie von Alkalichloriden aus wässerigen Lösungen, die Blei als Mikrokomponente enthielten, untersucht und z. B. gefunden, daß entgegen den Regeln isomorpher Mischbarkeit in geringen Mengen in der Lösung anwesendes Blei beim Auskristallisieren von Bariumchlorid wie auch von Natriumchlorid und Kaliumchlorid mit ausgefällt wird [1]. Insbesondere bei den Alkalichloriden ist die Erscheinung sehr eindrucksvoll: Bereits nach der Fällung sehr geringer Anteile des gelösten Salzes enthält das Filtrat nur noch wenige Prozente des ursprünglich vorhandenen Bleis. Es findet also eine starke Anreicherung von Blei im Alkalichlorid statt. Die Erscheinung ist seinerzeit ausführlich untersucht worden. Dabei zeigte sich erstens, daß vor allem beim Kaliumchlorid die Bildung der anomalen Mischkristalle gar nicht auf Mikromengen Blei beschränkt ist, sondern daß Blei bis zu nennenswerten Molprozenten aufgenommen werden kann.

Es zeigte sich zweitens, daß das Blei vermutlich als Anionenkomplex in das Gitter eingebaut wird. Der Anreicherungseffekt tritt nämlich nur bei so hohen Chlorionenkonzentrationen auf, wie sie in gesättigten Alkalichloridlösungen gegeben sind [2].

Freilich geht bei weiterer Erhöhung des Chloridgehaltes z. B. durch Zusatz leichter löslicher Chloride der Verteilungsfaktor etwas zurück. Diese Beobachtung deutet — wie manche andere — auf den entscheidenden Einfluß der Löslichkeit oder besser gesagt der Aktivität der Mikrokomponente auf die Größe des Verteilungsfaktors hin. — Es sei an dieser Stelle angemerkt, daß Versuche zur Herstellung einer quantitativen Beziehung zwischen diesen beiden Größen im Laboratorium des Verfassers im Gange sind.

Nun haben sich solche Alkalichloridkristallisationen in größtem Stil auch in der Natur abgespielt, und zwar bei der Entstehung der Salzablagerungen. Natrium- und Kaliumchlorid bilden als Steinsalz und Sylvin einen Hauptbestandteil derjenigen Lagerstätten, die einigermaßen ungestört durch spätere geologische Entwicklungen sich bis in unsere Zeit erhalten haben.

Auf die Vorstellungen, die man sich auf Grund ausgedehnter geologischer und mineralogisch-petrographischer Untersuchungen, vor allem aber auch an Hand der Ergebnisse einer sorgfältigen Prüfung der Lösungsgleichgewichte ozeanischer Salze (VAN T'HOFF, D'ANS, JÄNICKE) über die Entstehung dieser Lagerstätten gemacht hat, brauchen wir hier nicht besonders einzugehen. Zwei Tatsachen aber müssen wenigstens festgehalten werden: Erstens ist es unvorstellbar, daß die oft sehr mächtigen Vorkommen durch ungestörtes Eindunsten eines abgeschlossenen Meeresteiles entstanden sein können. Das Meeresbecken hätte eine Tiefe von vielen Kilometern haben müssen. Dieses „Mengenproblem“ löste vor Jahrzehnten bereits OCHSENIUS durch seine noch heute gültige Barrentheorie, nach der Meerwasser aus dem offenen Ozean über eine Barre in das anschließende Becken nach Maßgabe der dort fortschreitenden Verdunstung nachströmte. Zweitens muß man sich stets vor Augen halten, wie empfindlich insbesondere die Kalisalzablagerungen gegenüber Einflüssen des Drucks und der Temperatur, aber auch gegenüber der Einwirkung von „oben“ oder „unten“ eintretender Laugen oder Wässer sind. Die Folge dieser Empfindlichkeit sind Umwandlungen mehr oder weniger ausgedehnter örtlicher

[1] O. HAHN, Applied Radiochemistry, Ithaca, Cornell University Press 1936.
[2] H. KÄDING, Zeitschr. phys. Chem. (A) **162**, 174 (1932).

Natur, die in Extremfällen bis zum völligen Verschwinden der Kalilager, in milderen Fällen zu weitgehenden Abweichungen von der Idealschichtung, wie sie nach den Lösungsgleichgewichten zu erwarten sind, geführt haben.

Es nimmt daher nicht Wunder, daß der ursprünglich unter dem Eindruck der Laborversuche gezogene Schluß, auch in der Natur müßten die liegenden Schichten — wenn die Salze überhaupt Blei enthalten — wegen der starken Anreicherung des Bleis in den ersten Kristallfraktionen bleireicher sein als das Hangende bei einer analytischen Prüfung geeigneter Proben, die HAHN vornehmen ließ [3], nicht bestätigt werden konnte.

Festgestellt wurde erstmalig, daß sowohl Steinsalz als auch Sylvin in geringen Mengen Blei enthalten, daß hingegen andere Salze, wie z. B. der Carnallit, bleifrei sind. Das zumindest stimmte mit den Laborversuchen gut überein, die erwiesen hatten, daß Bleianreicherungen tatsächlich nur in den einfachen Alkalichloriden, nicht aber in den zusammengesetzten Salzen (übrigens auch nicht im Gips oder Anhydrit), auftreten. Freilich war auch jetzt noch ein Widerspruch zu klären. Sylvin nämlich tritt praktisch *nicht* als Primärablagerung auf, sondern entsteht z. B. bei der Zerlegung des Carnallits durch magnesiumarme Laugen. Da der Carnallit aber bleifrei sein sollte und auch ist, so hätte der bei seiner Zerlegung sich bildende Sylvin ebenfalls bleifrei sein müssen. Er enthält aber besonders viel Blei. Es blieb kein anderer Schluß möglich als der, daß die zersetzenden Laugen nicht bleihaltig gewesen sein müssen.

Das allgemeine Ergebnis dieser hier nur teilweise wiedergegebenen Untersuchungen war jedenfalls, daß Bestimmungen des Bleigehalts mit herangezogen werden können zur Deutung der Genese der einzelnen Mineralbestandteile und zur Klärung der Bedingungen, unter denen die primäre oder sekundäre Entstehung der Salze vonstatten gegangen war. Ein weiteres Mittel war also gefunden zur Erkenntnis der Bildungs- und Umwandlungsvorgänge bei der Salzablagerung. Insbesondere D'ANS und seine Mitarbeiter haben in der Folge, von ähnlichen Überlegungen ausgehend, eine andere Beimengung als ,,Indikator" für die genetischen Verhältnisse herangezogen, nämlich das Brom [4]. Von allen chloridischen Salzen wird Brom isomorph aufgenommen. Die Verhältnisse, in denen es bei gegebener Konzentration in der Mutterlauge von den einzelnen Salzen eingebaut wird, d. h. also die Bromverteilungsfaktoren bezogen auf Chlor, sind ganz charakteristische. Liegen z. B. Salze nebeneinander vor, die sich aus *derselben* Mutterlauge abgeschieden haben, so müssen auch ihre Brom-Chlor-Verhältnisse in diesen charakteristischen Beziehungen stehen, während dann, wenn es sich um ein Salzgemenge handelt, das nicht paragenetisch entstanden ist, diese Beziehungen von den charakteristischen durchaus abweichende Werte annehmen usw. Dieses Indikatorverfahren ist vielfältig geprüft worden (vgl. z. B. [5]) und hat sich sowohl in der Praxis, z. B. zur Gewinnung eines raschen Überblicks bei der Auswertung von Bohrkernen, als auch in der Forschung gut bewährt.

Obwohl der Indikator Blei dem Indikator Brom gegenüber gewisse Vorzüge aufweisen dürfte insofern, als er keineswegs von allen Salzen aufgenommen wird und daher gelegentlich schärfere, d. h. klarere Unterscheidungen möglich sein sollten, ist

[3] H. J. BORN, Chemie der Erde **9**, 66 (1934).
[4] J. D'ANS, Naturwissensch. **34**, 295 (1947).
[5] R. KÜHN, Zeitschr. Kali und Steinsalz H. **9**, 3 (1955).

er dennoch für solche Untersuchungen bisher nicht wieder herangezogen worden. Das liegt im wesentlichen an analytischen Schwierigkeiten. Während die Menge Brom in den Salzen im Bereich einiger Zehntel Gewichtspromille liegt [6], erreichen die Bleimengen nur die Größenordnung von 1 ppm. Es muß aber betont werden, daß die analytische Bestimmung dieser Spuren gar nicht so große Schwierigkeiten macht, wie es zunächst den Anschein hat. Das Problem der Reinheit der Reagentien und des zur Lösung verwendeten Wassers ist, auch bei Routineuntersuchungen, nicht unüberwindlich. Die Abtrennung und quantitative Bestimmung des Bleis ist sogar ziemlich einfach, wenn man von zwei Gegebenheiten Gebrauch macht. Erstens ist durch wenige fraktionierte Kristallisationen, wie oben erklärt wurde, eine bequeme und vorzügliche Anreicherung möglich. Zweitens bietet das sogen. Tracerverfahren bekanntlich ein überaus einfaches Mittel, um die Wirksamkeit der Abtrennung zu kontrollieren [3]. Bedauerlicherweise verzichten nach wie vor noch viele derartige analytische Untersuchungen auf diese methodisch so elegante Hilfe.

So steht die allgemeine Verwertung des Bleiindikatorverfahrens noch aus. Noch gar nicht in Angriff genommen worden sind ferner Untersuchungen darüber (vgl. jedoch [7]), ob noch andere Spurenbeimengungen als Indikatoren dienen können. Daß andere Schwermetalle in den Salzen enthalten sind, wurde bereits von Biltz [8] behauptet. Das Verhalten von Kupfer z. B., aber auch von Thallium, Rubidium u. a. müßte zunächst ebenso wie das von Blei (bzw. Brom) in Laborversuchen untersucht und dann durch Analyse der natürlichen Salzvorkommen geprüft werden.

Die Ergebnisse der Bestimmungen des Bleigehalts natürlicher Salzvorkommen haben nun aber noch in einem anderen Zusammenhang Bedeutung gewonnen. Es handelt sich dabei um die Erklärung der Entstehung des blauen Steinsalzes. Allgemein wird angenommen, daß diese Blauverfärbung auf die Einwirkung ionisierender Strahlen zurückzuführen ist. Umstritten ist jedoch die Strahlenquelle. In den Proben selbst sind keine radioaktiven Substanzen nachzuweisen. Also sind nur zwei Möglichkeiten gegeneinander abzuwägen. Entweder kommt die Strahlung von außen. Es kann sich dann nur um die Gamma-Strahlung benachbarter Kaliumsalze handeln, deren Intensität zwar gering ist, bei der Dauer der Einwirkung aber u. U. hat hinreichen können, die Blauverfärbung zu verursachen. Oder aber als Strahler ist eine radioaktive Substanz anzunehmen, die — vergleichsweise kurzlebig — von den Salzen bei ihrer Kristallisation aufgenommen wurde, heute jedoch nicht mehr nachgewiesen werden kann, da sie zerfallen ist. Gegen die erste Erklärung gibt es zwei Einwände. Erstens ist nicht verständlich, daß keineswegs jedes Steinsalzvorkommen, das der Kaliumstrahlung ausgesetzt war oder ist, verfärbt ist. Zur Beseitigung dieser Schwierigkeit wird angeführt, daß offenbar zu der Bestrahlung noch ein zweiter Faktor hinzutreten muß und daß erst durch Zusammenwirken beider Faktoren die Verfärbung zustande kommt. Als diesen zweiten Faktor betrachtet man die Sensibilisierung des Salzes durch Fremdbeimengungen [9, 10]. Es muß sich dabei um Stoffe handeln, die bei der primären Bildung der Salze nicht oder in nicht ausreichender Menge zugegen waren, vielmehr erst später durch Fremdlaugen oder Wässer

---

[6] R. Kühn, „Kalium Symposium 1955" S. 51, Internation. Kali-Institut Bern.
[7] A. G. Herrmann, Freiberger Forschungshefte C 43, S. 1-112, 1958 (Akademie-Verlag, Berlin).
[8] W. Biltz und E. Markus, Zeitschr. Anorg. Chemie **64**, 236 (1909).
[9] L. Wieninger, Sitzungsberichte österr. Akad. Wiss. Math.-naturw. Kl. Abt. IIa **160**, 147 (1951).
[10] S. J. Thompson, G. Wardle, Geochim. Cosmochim. Acta **5**, 169 (1954).

zugeführt wurden. Andernfalls wäre ja wieder das gesamte Salzvorkommen sensibilisiert worden. Um was für Stoffe es sich dabei handeln könnte, ist nicht entschieden. Bekannt ist nur, daß Fremdbeimengungen ebenso wie Gitterstörungen, Fehlstellen usw. auf die Verfärbungen, wie sie im Laboratorium erzielt werden, einen Einfluß haben. Es ist aber nur ein einziger Stoff, nämlich das Blei, bekannt, für den einerseits dieser Einfluß festgestellt und andererseits der Gehalt im blauen Steinsalz geprüft wurde. HAHN und BORN konnten zeigen [11], daß Blei die blaue Farbe stabilisiert.

Sie stellten aber ferner fest [3], daß gerade das verfärbte Salz im Gegensatz zum ungefärbten so wenig Blei enthält, daß nicht einmal der qualitative Nachweis möglich war ($> 0{,}01$ ppm). Damit fehlen zunächst die experimentellen Unterlagen für die erste Annahme. Wie steht es nun mit der zweiten Vermutung? Es gibt einen wichtigen experimentellen Befund, der nachdrücklich für sie spricht. PANETH [12] hat zahlreiche Salzproben auf ihren Heliumgehalt untersucht und dabei sehr eindeutig festgestellt, daß gerade die blauen Steinsalzproben die heliumreichsten sind. Während im normalen Steinsalz Helium kaum nachweisbar ist ($< 10^{-8}$ cm$^3$/g), enthält das Blausalz $10^{-7}$ bis $10^{-6}$ cm$^3$/g. Wenn man die naheliegende Annahme macht, daß es sich um Helium radiogenen Ursprungs handelt, dann ist es schon zur Erklärung des Heliumgehalts notwendig, einen früheren Gehalt dieses Salzes an radioaktiver, alpha-strahlender Substanz zu postulieren [13]. Die Deutung der Verfärbung ergibt sich damit von selbst. In einem Punkt besteht Übereinstimmung mit dem zuerst geschilderten Deutungsversuch: Auch in jedem Fall muß das Blausalz sekundär gebildet worden sein.

Es liegt nahe, als radioaktive Substanz das Bleiisotop Radium D zu vermuten. Die spätere Feststellung [14], daß Öl- und Tiefenwässer in der Gegend der Salzlagerstätten z. T. erhebliche Radiumkonzentrationen aufweisen (bis zu $10^{-8}$ g/h), stützt die beschriebene Vorstellung erheblich.

Es bleibt noch anzumerken, daß PRZIBRAM in neuerer Zeit [15] darauf hingewiesen hat, daß eine Konsequenz dieser Deutung sich experimentell noch prüfen läßt. Wenn das von PANETH nachgewiesene Helium wirklich vorwiegend radiogenen Ursprungs ist, dann müßte sich das am Verhältnis $He^3/He^4$ ohne weiteres erkennen lassen. Es wäre wünschenswert, diesen Wert an geeigneten Proben zu bestimmen.

Der vorstehende knappe Rückblick auf ein kleines Kapitel der HAHNschen Arbeiten möge dazu dienen, die Aufmerksamkeit auf die Möglichkeiten zu lenken, die die Verwendung der Methoden der Radioaktivität wie auch die Ausnützung der Erfahrungen der Radiochemie auch für die Bearbeitung geochemischer Fragen bieten.

---

[11] O. HAHN und H. J. BORN, Naturw. **22**, 137 (1934).
[12] F. PANETH und K. PETERS, Zeitschr. **24**, 73 (1936).
[13] H. J. BORN, Naturw. **24**, 73 (1936).
[14] H. J. BORN, Zeitschr. Kali 1936, 41.
[15] K. PRZIBRAM, Geochim. Cosmochim. Acta **1**, 299 (1951).

H. BADDENHAUSEN, H. GÖTTE und L. WIESNER

# Die Herstellung radioaktiv markierter Farbstoffe, ausgehend von Benzol, das aus $^{14}$C-Acetylen gewonnen ist*)

Nach REPPE und SCHWECKENDIECK [1] cyclisiert Acetylen unter einem Druck von 10 atm in Gegenwart von Acetonitril und einem bei 110 bis 120 °C entwickelten Triphenylphosphin-Nickelcarbonyl-Kontakt bei 60 bis 70 °C zu Benzol. Als Schutzgas zur Milderung der Cyclisierungsreaktion dient Stickstoff bei einem Partialdruck von 5 atm. Das verbrauchte Acetylen muß bei fortschreitender Reaktion nachgepreßt werden. Die Ausbeute beträgt 88 % Benzol. Daneben entstehen 12 % Styrol.

Inzwischen ist dieses Verfahren von L. PICHAT [2] auf die Synthese von $^{14}$C-Benzol ausgedehnt worden, wobei das entstandene markierte Benzol von den anderen Reaktionsprodukten gaschromatographisch abgetrennt wurde.

Auch die vorliegende Arbeit diente dem Ziel, festzustellen, inwieweit sich das Verfahren von REPPE in einen Mikromaßstab unter 1 mMol übertragen läßt, um so eine Möglichkeit zu erarbeiten, die es erlaubt, Verbindungen mit hohem $^{14}$C-Gehalt zu gewinnen. Die Versuche wurden mit Acetylen einer spezifischen Aktivität von etwa 1 $\mu$c/cm$^3$ vorgenommen. Die Ausgangsmengen für die Versuche betrugen etwa 150 cm$^3$ Acetylen unter Normalbedingungen. Diese Volumina wurden durch Druckmessung mit einem Vakuummeter nach Moser bestimmt. Bei hohen Drucken, die 10 bis 200 cm$^3$ entsprachen, ließen sich die entsprechenden Mengen jedoch auf diesem Wege nur auf etwa 10 % genau messen. Um so geringe Mengen mit möglichst großer Ausbeute in Benzol zu überführen, wurden sie zusammen mit 8 bis 10 mg Katalysator und 150 mm$^3$ Acetonitril in ein Glasröhrchen einkondensiert und dies so abgeschmolzen, daß das verbleibende Volumen etwa 7 cm$^3$ betrug. Auch Spuren von Feuchtigkeit müssen bei allen Operationen ferngehalten werden, da andernfalls die Ausbeute beeinträchtigt wird [3]. Das Acetylen wurde mit flüssigem Stickstoff eingefroren und es war daher notwendig, als Schutzgas Argon zu verwenden, das man zusammen mit dem Acetylen in das Reaktionsröhrchen einkondensieren kann.

Da nach den Angaben von REPPE bei weniger als 10 atm Acetylen-Partialdruck keine nennenswerten Umsätze mehr zu erwarten sind, mußte, um ausreichende Ausbeuten zu erhalten, von höheren Anfangsdrucken ausgegangen werden. Bei der Entwicklungstemperatur hat auch das Acetonitril bereits einen beträchtlichen Dampfdruck, zu dem noch der bei dieser Temperatur mehr als 5 atm betragende Dampfdruck des Argons hinzu kommt. Unter diesen Umständen waren dem Acetylen-Partialdruck Grenzen gesetzt und auf Versuche mit Acetylendrucken von mehr als 25 atm wurde verzichtet.

Das abgeschmolzene Röhrchen mußte zunächst mit den noch eingefrorenen Reaktionspartnern in den in Abb. 1 skizzierten Autoklaven eingebracht werden. Dieser gestattet es, die Glaswand des Rohres bei der Entwicklungstemperatur dadurch zu

*) Aus dem Max-Planck-Institut für Chemie, Mainz, und aus den Farbwerken Hoechst AG., vormals Meister Lucius & Brüning.

[1] W. REPPE und W. J. SCHWECKENDIECK, Ann. d. Chem. **560**, 104 ff. (1948).
[2] L. PICHAT, Ber. II Genfer Atom-Konferenz 1958, Bericht P 1234.
[3] CLYDE MCKINLEY, Ind. Eng. Chem., May 1952, S. 995 ff.

entlasten, daß in den Raum, der das Reaktionsröhrchen enthält, aus einer Bombe Gas eingepreßt wird. Der Kontakt mußte entsprechend den Angaben von Reppe während 5 Minuten entwickelt und anschließend das Reaktionsgemisch $1^1/_2$ Stunden sich selbst überlassen werden. Die notwendige Temperaturregulierung ließ sich am unteren Teil des Autoklaven mit einem Ölbad vornehmen, das geheizt und gekühlt sowie mit einem Thermostaten auf den gewünschten Temperaturen gehalten werden konnte.

Nach Abkühlen des Autoklaven auf Zimmertemperatur befand sich in dem Röhrchen immer noch beträchtlicher Druck. Es ließ sich jedoch herausnehmen, sobald sein Inhalt mit flüssigem Stickstoff kondensiert war. Das auf der Temperatur des flüssigen Stickstoffs befindliche Röhrchen konnte unter diesen Bedingungen gefahrlos geöffnet und in ein Gefäßchen gegeben werden, das sich an die Vakuumapparatur anschließen ließ.

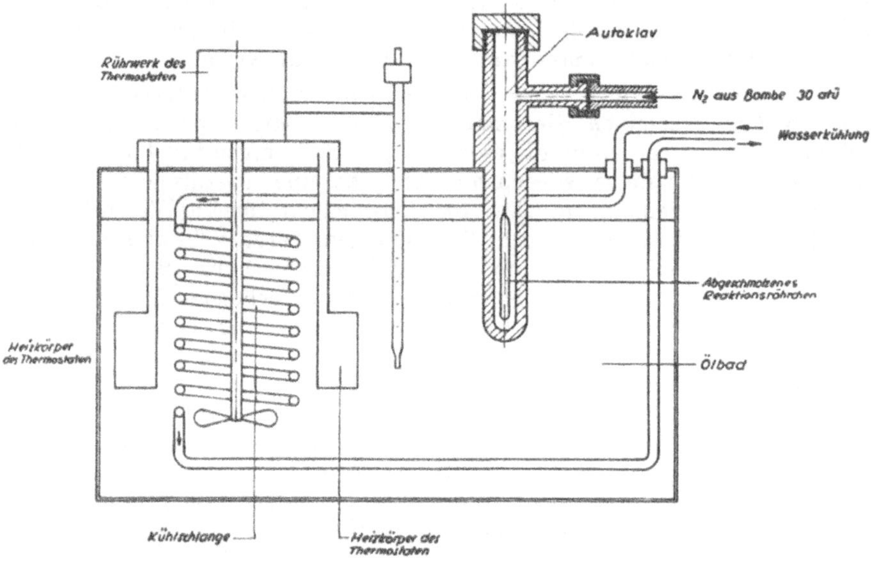


Abb. 1. Schematische Darstellung von Thermostat und Autoklaven zur Aufnahme des Syntheseröhrchens

Die Reaktionspartner und -produkte wurden zunächst durch Destillation bei verschiedenen Temperaturen vorgetrennt. Bei der Temperatur des flüssigen Stickstoffs ließen sich Argon sowie Spuren von Sauerstoff, die beim Öffnen des Röhrchens kondensiert waren, abpumpen. Anschließend konnte bei der Temperatur des festen Kohlendioxyds das nicht umgesetzte Acetylen entfernt und an anderer Stelle der Apparatur mit flüssigem Stickstoff eingefroren werden. Das entstandene Benzol und Styrol wurde danach zusammen mit dem Acetonitril bei Zimmertemperatur vom Katalysator und den nicht flüchtigen Reaktionsprodukten abdestilliert.

Um die wenigen mm$^3$ Benzol später gut handhaben und dosieren zu können, müssen sie mit einem Träger versetzt werden. Dafür kommt eine Verbindung in Frage, deren physikalische Eigenschaften denen des Benzols weitgehend gleichen, während sie sich chemisch unterscheiden muß. Diese Bedingungen erfüllt das n-Hexan.

Es zeigte sich, daß nach diesen Trennungen noch geringe Mengen (etwa 5 %) des für die Synthese eingesetzten Acetylens beim Benzol verblieben. Dieses Acetylen ließ sich als Kupferacetylid abscheiden, wenn man das Benzol zusammen mit seinem Träger in der Vakuumapparatur auf eine mit flüssigem Stickstoff eingefrorene Kupfer-Ammoniumchloridlösung [4] destillierte und nach dem Auftauen mittels eines in der Lösung befindlichen Rührmagneten in Kontakt brachte. Danach war es möglich, Träger und aktive Substanzen acetylenfrei abzudestillieren.

Das im Destillat enthaltene Styrol konnte mit einer sauren Kaliumpermanganatlösung zu Benzoesäure oxydiert und damit in die wäßrige Phase überführt werden. Um das Benzol von evtl. mitgerissenen sauren Bestandteilen zu reinigen, wurde es noch einmal zusammen mit seinem Träger mit 1n-Natronlauge in Kontakt gebracht. Schließlich war es notwendig, die aktive Substanz mittels Magnesiumperchlorat von mit-überdestilliertem Wasser zu befreien. Im Laufe dieser Operationen wird auch das Acetonitril mit den wäßrigen Phasen abgetrennt.

Die Benzolausbeuten ließen sich verdünnungsanalytisch ermitteln. Sie sind in Tabelle 1 zusammengestellt. Für die Bestimmung der markierten Verbindung, deren grammspezifische Aktivität gleich der des verwendeten Acetylens ist, wurde sie mit einer bekannten Menge inaktiven Benzols oder einer deren C-Gehalt entsprechenden Menge n-Hexan vermischt. Die spezifischen Aktivitäten beider Substanzen konnten nach ihrer Verbrennung an Bariumcarbonatproben ermittelt werden*).

Da es sich sowohl bei der Acetylen-Verbrennung als auch bei der des Benzols bzw. des Benzol-Hexan-Gemisches um Substanzen hohen Dampfdruckes handelt, war es notwendig, bestimmte Mengen in Glasröhrchen einzukondensieren und diese danach von der Vakuumapparatur abzuschmelzen. Beim Acetylen ließ sich die Menge zuvor volumetrisch bestimmen. Um die Flüssigkeitsmenge zu ermitteln, mußten die abgeschmolzenen Röhrchen zunächst gewogen, dann abermals mit flüssigem Stickstoff gekühlt, angeritzt, aufgebrochen und darauf sofort in die mit Sauerstoff gefüllte Verbrennungsapparatur eingeschleußt werden. Anschließend war es erforderlich die zwei Bruchstücke sowie evtl. beim Aufbrechen abgesplitterte Glasteilchen zurückzuwägen. Blindversuche ergaben, daß die auftretenden Glasverluste zu gering waren,

*) Die Gewichtsmenge des bei der Synthese entstandenen Benzols errechnet sich nach folgender Gleichung:

$$G_{BX} = \frac{G_B \cdot \dfrac{Z_{C2} \cdot G_{C2}}{G_{C1}}}{\dfrac{Z_{AC2} \cdot G_{AC2}}{G_{AC1}} - \dfrac{Z_{C2} \cdot G_{C2}}{G_{C1}}}.$$

Hierin bedeuten:

$G_{BX}$ = zu bestimmende Benzolmenge;
$G_B$ = zugegebene inaktive Benzolmenge;
$G_{C1}$ = aus verbrannter Benzolmenge errechnetes $BaCO_3$;
$G_{C2}$ = gesamtes ausgefallenes $BaCO_3$;
$Z_{C2}$ = Zählrate der gesamten $BaCO_3$-Menge, in „unendlicher" Schichtdicke gemessen;
$G_{AC_1}$ = aus verbrannter Standard-Acetylenmenge errechnetes $BaCO_3$;
$G_{AC2}$ = gesamtes $BaCO_3$ aus Standard-Acetylen und zugegebenem inaktivem $CO_2$;
$Z_{AC2}$ = Zählrate von $G_{AC2}$ in „unendlicher" Schichtdicke gemessen.

[4] W. HEMPEL, Gasanalytische Methoden, S. 209.

*Tabelle 1*

| Nr. der Synthese | Druck $C_2H_2$ in atm | Druck Argon in atm | Verbrauch des angebotenen $C_2H_2$ zur Synthese in % | Zugefügter Träger | Bei der Synthese entstandenes Benzol in mg | Ausbeute, bezogen auf das zur Synthese verbrauchte $C_2H_2$ in % |
|---|---|---|---|---|---|---|
| 1 | 19,5 | 15,5 | 26,8 | Benzol | 29,57 | 74,1 |
| | | | | | 30,80 | 77,2 |
| 2 | 22 | 6,57 | 35,26 | Hexan | 39,63 | 66,17 |
| | | | | | 39,03 | 65,16 |
| 3 | 21,4 | 6,2 | 27,79 | Hexan | 33,16 | 73,17 |
| | | | | | 32,76 | 72,28 |
| 4 | 23 | 6,2 | 11,46 | Hexan | 2,11 | 10,55 |
| | | | | | 2,05 | 10,52 |
| 5 | 21,7 | 4,2 | 44,21 | Hexan | 46,64 | 63,87 |
| | | | | | 47,79 | 63,96 |
| 6 | 22 | 5,7 | 26,0 | Hexan | 30,86 | 70,56 |
| | | | | | 29,86 | 68,26 |
| 7 | 21,26 | 6,67 | 51,84 | Benzol | 34,57 | 41,26 |
| | | | | | 32,96 | 39,33 |
| | | | | | 35,65 | 42,54 |
| 8 | 23,5 | 6,7 | 29,54 | Benzol | 27,13 | 51,4 |
| | | | | | 29,19 | 55,29 |
| | | | | | 26,68 | 50,53 |
| 9 | 20,9 | 4,2 | 28,49 | Benzol | 38,85 | 86,33 |
| | | | | | 35,30 | 78,45 |

um die Benzolbestimmung merkbar zu beeinflussen. Die das Acetylen enthaltenden Röhrchen wurden in gleicher Weise geöffnet, dann aber in das Gefäß B der in Abb. 2 dargestellten Apparatur eingegeben, die es erlaubt, die gasförmige Substanz mit Stickstoff zu verdünnen und dann in den Sauerstoffstrom, der die Verbrennungsapparatur passiert, einzumischen. Um alles Acetylen zu verbrennen, muß das Gefäß B zweimal mit Sauerstoff gespült werden.

Das nach dem vorher beschriebenen Mikro-Synthese-Verfahren hergestellte radioaktive Benzol eignet sich als Ausgangssubstanz für zahlreiche markierte aromatische Verbindungen.

Im folgenden soll beschrieben werden, wie, ausgehend von dem gewonnenen Benzol, über $^{14}C$-markiertes Anilin einige einfache Azofarbstoffe gewonnen werden können.

In ein etwa 10 $cm^3$ fassendes Gläschen mit Schliffstopfen werden als Nitriersäure [5] 125 $mm^3$ konzentrierte Schwefelsäure und 110 $mm^3$ konzentrierte Salpetersäure gegeben. Hierzu fügt man weniger als 1 mMol des aus der Mikrosynthese isolierten Benzols, enthalten in etwa 100 bis 600 mg n-Hexan. Dann wird das Gläschen sofort mit einem durch eine Spiralfeder gehaltenen Schliffstopfen verschlossen und anschließend der Inhalt $1^1/_2$ Stunden kräftig mit einem kleinen Magnetrührer gerührt. Die entstehenden nitrosen Gase läßt man bei dieser Operation nicht entweichen, damit kein Verlust an radioaktiver Substanz entsteht.

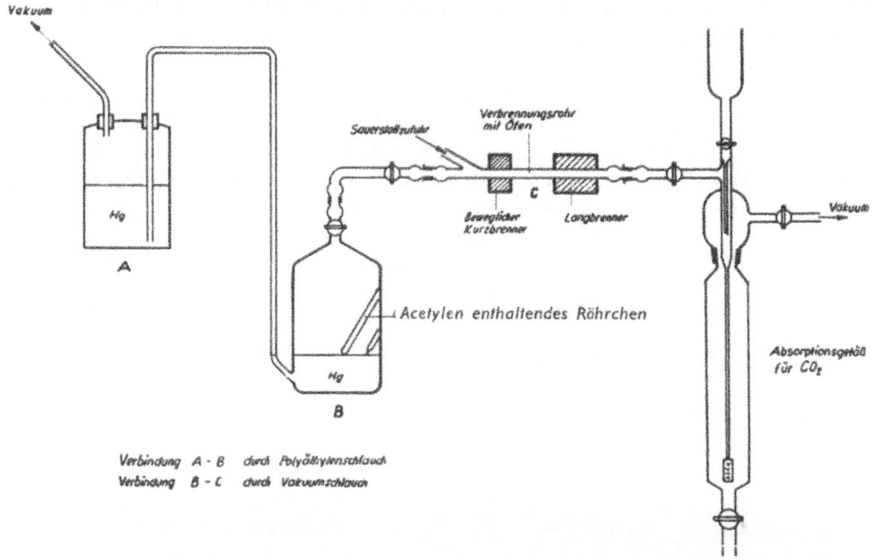


Abb. 2. Apparatur zur Verbrennung abgemessener Acetylenmengen

Die Reduktion des entstandenen Nitrobenzols zu Anilin muß, um Substanzverluste zu vermeiden, vorgenommen werden, ohne die markierte Verbindung zu isolieren. Dazu wird das Reaktionsgefäß, nachdem das Gemisch auf Zimmertemperatur abgekühlt ist, geöffnet und es werden etwa 800 bis 950 mg Zinnpulver sowie etwa 2 $cm^3$ 37 %ige Salzsäure möglichst schnell hinzugefügt. Allerdings war es notwendig, während der Reaktion das Gefäß wieder zu schließen. Sobald die Reagentien zugegeben sind, beginnt man wieder zu rühren und erwärmt, wenn die erste Reaktion abgeklungen ist, auf 60 bis 70 °C. Nach etwa $1^1/_2$ Stunden gießt man die Lösung von dem überschüssigen Zinn ab, wäscht mehrmals mit Wasser nach und macht mit konzentrierter Natronlauge so alkalisch, daß das ausfallende Zinnhydroxyd wieder in Lösung geht. Hierbei muß mit Methanol-Kohlendioxyd gekühlt werden, um die Verluste an sich ausscheidendem Anilin möglichst gering zu halten. Die freigesetzte Base läßt sich mit Äther ausschütteln. Die ätherische Phase wird mehrere Male mit Salzsäure extrahiert, so daß das Anilin nunmehr in wäßriger Phase als Hydrochlorid vorliegt. Die vereinigten wäßrigen Auszüge dampft man bis fast zur Trockne ein und füllt dann auf ein

[5] Gattermann, Praxis d. org. Chemikers, S. 143 u. 147.

bestimmtes Volumen auf. Die Lösung ist immer mehr oder weniger gefärbt und der Farbton vertieft sich mit der Zeit, wobei manchmal geringe Mengen schwarzbrauner Niederschläge ausfallen.

Will man nur die Gesamtausbeute an Aminen bestimmen, so genügt es, ohne chromatographische Trennung, einen aliquoten Teil der aufgefüllten Lösung auf ein Stück aschefreies Filter zu bringen und nach der Schnellmethode [6] zu verbrennen.

Um das Anilinhydrochlorid von den mitentstandenen Basen zu trennen, wird ein Teil der aufgefüllten Lösung chromatographiert. Zum Aufsetzen der Substanz eignet sich gut eine Glasspritze, die mit einer Mikrometerschraube verbunden ist (z. B. Agla-Micrometer-Syringe). Die Lösung bringt man zweckmäßig in kleinen Portionen auf, die jeweils mit einem Föhn getrocknet werden, damit der Startfleck nicht zu groß wird. Die Trennungen wurden mit einem von B. Ekman [7] angegebenen Lösungsmittelgemisch, bestehend aus 35 % Methylalkohol, 17,5 % Amylalkohol, 35 % Benzol und 12,5 % 2-n-Salzsäure auf Schleicher & Schüll-Papier Nr. 2040a vorgenommen. Bei einer Laufzeit von 6 Stunden ließen sich die Amine bei Zimmertemperatur bereits ausreichend trennen.

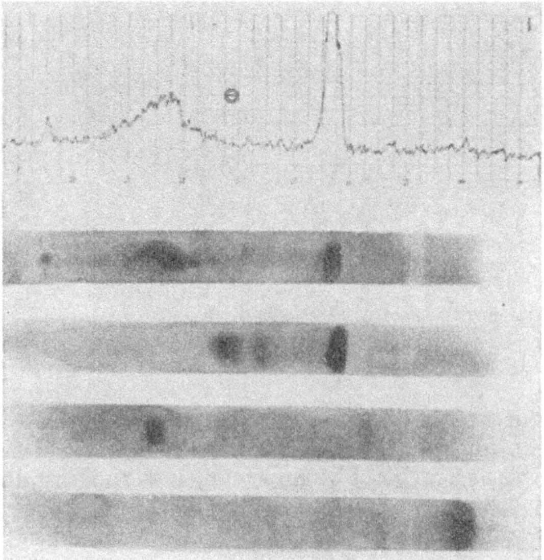


Abb. 3. Chromatogramme des aktiven Amingemisches und inaktiver Vergleichssubstanzen

Will man das Anilin lediglich identifizieren, so empfiehlt es sich, nach B. Ekman die Streifen zu trocknen, mit 0,2 %iger Natriumnitritlösung in 0,1 n-Salzsäure zu besprühen, die Feuchtigkeit bei 50 bis 80 °C zu beseitigen, um dann mit einer 0,2 %igen Äthyl-α-Naphtylaminhydrochloridlösung in absolutem Äthylalkohol zu kuppeln.

Die Färbung tritt sofort auf und wird durch den anschließenden Trocknungsvorgang nicht beeinflußt. Da die Rf-Werte sehr von der Zusammensetzung und dem Alter

[6] H. Götte, H. Baddenhausen und R. Kretz, Ang. Chem. **69**, 561 (1957).
[7] B. Ekman, Acta Chem. Scand. **2**, 383 (1948).

des Lösungsmittelgemisches abhängen, ist es zweckmäßig, immer einen Streifen mit inaktiven Aminen mit zu chromatographieren. Es gelang selten, allein Anilin ohne Nebenprodukte zu gewinnen. In der Mehrzahl der Fälle entstand mehr oder weniger m-Phenylendiamin und außerdem waren geringe Mengen nicht identifizierter Substanz nachzuweisen.

Abb. 3 zeigt einen Fall, bei dem neben aktivem Anilin relativ viel aktives Phenylendiamin entstanden ist und außerdem am Startfleck verbleibende unbekannte Verbindungen auftreten.

Die Aktivitätsbestimmung läßt sich am einfachsten vornehmen, indem man die ausgeschnittenen Flecke nach der Schnellmethode [6] verbrennt. Das anfallende Bariumkarbonat wird auf ein Aluminiumschälchen präpariert, im Methan-Durchfluß-Zähler gemessen und aus der Aktivität die Menge der Amine bestimmt.

Soll aber das Anilinhydrochlorid als solches rein gewonnen werden, so empfiehlt es sich, den Streifen nach dem Trocknen, ohne zu diazotieren und zu kuppeln, im Papierchromatographen mit angeschlossenem Schreiber zu registrieren und den der gemessenen Verteilung entsprechenden Abschnitt auszuschneiden und zu eluieren.

1 2

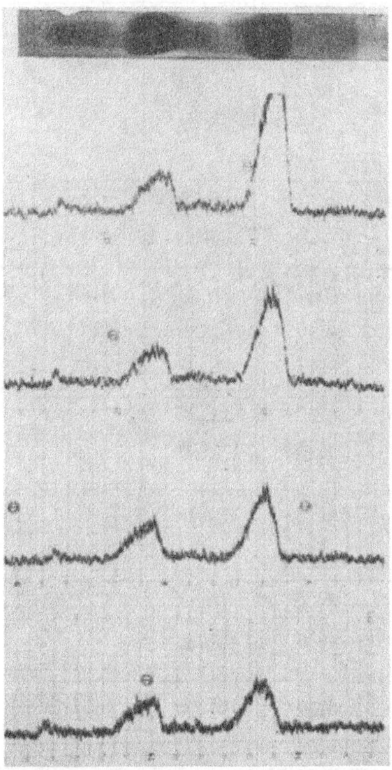

1. $^{14}C$-m-Phenylendiamin
2. $^{14}C$-Anilinhydrochlorid

chromotographiert und 1. Messung

2. Messung nach 16 Tagen

3. Messung nach 31 Tagen

4. Messung nach 91 Tagen

Abb. 4. Abnahme des markierten Anilins auf einem Chromatogramm in Abhängigkeit von der Zeit

[6] Loc. cit.

*Tabelle 2*

| mg Benzol eingesetzt | Aminhydrochloridausbeute, nach Schnellmethode verbrannt | | Anilinhydrochloridausbeute, nach Chromatogramm Fleck ausgeschnitten und nach Schnellmethode verbrannt | | | m-Phenylendiaminhydrochlorid, nach Chromatogramm Fleck ausgeschnitten und nach Schnellmethode verbrannt | | |
|---|---|---|---|---|---|---|---|---|
| | mg | % bezogen auf Benzol | mg | % bezogen auf Benzol | % bezogen auf Gesamtamine | mg | % bezogen auf Benzol | % bezogen auf Gesamtamine |
| 78,11 | 78,6<br>72,86 | 60,08<br>56,30 | 64,45 | 49,8 | 81,1 | | | |
| 78,11 | | | 30,75<br>24,56<br>31,01 | 23,73<br>18,95<br>23,93 | | | | |
| 78,11 | 86,32<br>86,23 | 66,61<br>66,54 | 69,46 | 53,60 | 80,51 | | | |
| 78,11 | 65,44 | 50,50 | 64,87 | 50,06 | 99,13 | | | |
| 78,11 | 70,42<br>66,30<br>73,14 | 54,34<br>51,16<br>56,44 | 59,29 | 45,72 | 84,76 | | | |
| 78,11 | 87,36<br>89,69 | 67,41<br>69,21 | 83,52<br>85,47 | 64,45<br>65,94 | 94,35<br>96,53 | | | |
| 5,3 in 99 mg Hexan | 4,19 | 47,20 | 2,79<br>2,95<br>2,65 | 31,78<br>33,5<br>30,09 | 67,33<br>70,97<br>63,75 | 1,29<br>1,09<br>1,19 | 13,16<br>11,1<br>12,15 | 27,88<br>23,52<br>27,58 |
| 8,9 in 198 mg Hexan | 7,97<br>8,39 | 53,97<br>56,80 | 7,09<br>7,04 | 48,04<br>47,68 | 86,73<br>86,08 | | | |
| 78,11 | 105,7<br>102,3 | 81,54<br>78,95 | 90,64 | 69,96 | 87,18 | | | |
| 33,2 in 514 mg Hexan | 54,12<br>53,22 | 98,26<br>96,62 | 48,94<br>46,09 | 88,85<br>83,67 | 91,18<br>85,87 | | | |
| 8,2 in 198 mg Hexan | 5,48<br>5,68 | 39,92<br>41,40 | 4,57 | 33,61 | 82,66 | 0,41 | 2,7 | 6,64 |
| 7,8 in 188 mg Hexan | 5,32<br>5,46 | 38,66<br>39,50 | 1,83<br>1,77 | 14,10<br>13,65 | 36,08<br>34,93 | 2,42<br>2,66 | 16,78<br>18,40 | 42,94<br>47,08 |

Ebenso können die anderen eventuell entstandenen Amine identifiziert bzw. eluiert und gewonnen werden.

Wie aus Tabelle 2 ersichtlich, ist die Übereinstimmung der ermittelten Ausbeuten nur mäßig, weil die Hydrochloride der Amine sowohl beim Trocknen mit dem Föhn als auch bei der Lagerung verdampfen. Abb. 4 zeigt die Abhängigkeit der auf den Flecken verbleibenden Mengen der entstandenen Amine von der Zeit nach der chromatographischen Trennung. Man erkennt deutlich, daß das Anilin besonders stark abgenommen hat. Außerdem verarmt die Lösung durch sich ausscheidende unlösliche Substanzen, die beim Chromatographieren am Startfleck zurückbleiben.

Das auf den Chromatogrammen isolierte Anilinchlorhydrat läßt sich diazotieren und mit geeigneten Basen zu Farbstoffen kuppeln. Auf diesem Weg gelang es, markiertes Buttergelb und markiertes Chrysoidin herzustellen. Ist auf dem Streifen auch Phenylendiamin vorhanden, so entsteht beim Diazotieren gleichzeitig ein radioaktiv gekennzeichnetes Bismarckbraun.

Das Chrysoidin

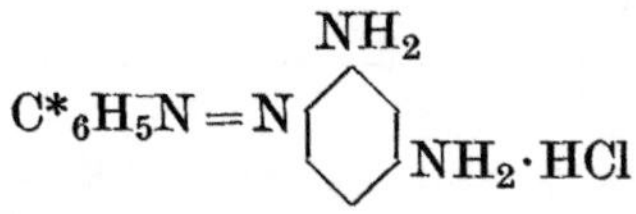


kann, bekannten Vorschriften [8] entsprechend im Kern des Azobenzols markiert und im Mikromaßstab folgendermaßen hergestellt werden. Die auf dem getrockneten Chromatogramm befindlichen Amine werden diazotiert, indem man sie mehrfach mit einer eisgekühlten 0,2 %igen Natriumnitritlösung in 0,1 n-Salzsäure besprüht und im kalten Luftstrom trocknet. Eventuell vorhandenes m-Phenylendiamin färbt sich dabei deutlich gelbbraun. Durch das wiederholte Besprühen wird alles Anilin diazotiert. Um den Farbstoff herzustellen, muß die das radioaktive Anilin enthaltene Zone mit einer sehr verdünnten Lösung von m-Phenylendiamin behandelt werden. Es zeigt sich zunächst eine schwach orange Färbung. Sobald das Chromatogramm mit einem Luftstrom getrocknet ist, sprüht man einige Male mit sehr verdünnter Natriumacetatlösung, um die Mineralsäure abzustumpfen. Dabei vertieft sich die Färbung. Der Fleck wird ausgeschnitten und mit einer Wasser-Alkohol-Mischung eluiert. Um die Ausbeute zu bestimmen, wird ein aliquoter Teil des Eluats auf ein Filter getropft, getrocknet und verbrannt.

In ähnlicher Weise verfährt man bei der Kupplung des Anilins zu Buttergelb, das im Kern des Azobenzols markiert ist [9].

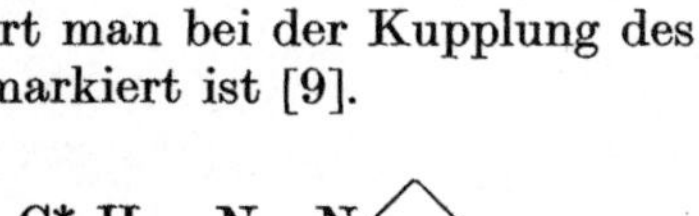


Man diazotiert wie oben angegeben und kuppelt mit einer alkoholischen Lösung von Dimethylanilin. Beim Trocknen wird der Fleck tiefrot und erst nach wiederholtem Besprühen mit Natriumacetatlösung ist die Mineralsäure soweit abgestumpft, daß das reine Gelb des Farbstoffs auch nach dem Trocknen erhalten bleibt. Es ist darauf

[8] MÖHLAU-BUCHERER, Farbenchemisches Praktikum, S. 137.
[9] G. SCHULZ, Farbstofftabellen, 1. Band, Nr. 28.

zu achten, daß durch das wiederholte Besprühen der Fleck nicht über einen großen Teil des Streifens verwaschen wird. Auch das Buttergelb wird mit Wasser-Alkohol-Mischung eluiert und ein aliquoter Teil zur Ausbeutebestimmung benutzt.

*Tabelle 3*

| Chromatographiertes Amin in mg | Als Chrysoidin im Eluat gefundenes Anilin in % | Als Buttergelb im Eluat gefundenes Anilin in % |
|---|---|---|
| 4,69 | | 12,3 |
| 2,11 | 14,6 | |
| 1,58 | 13,2 | |
| 2,63 | 13,3 | |
| 2,63 | | 15,5 |
| 1,58 | | 12,4 |
| 0,31 | | 20,6 |
| 0,31 | | 19,7 |
| 0,31 | | 24,2 |

Die Ausbeuten an radioaktivem Farbstoff schwankten bei diesen Versuchen um etwa 15% des eingesetzten Anilins. Das ist erklärlich, denn bei den Versuchen wurde darauf verzichtet, während der Diazotierung die erforderliche niedrige Temperatur einzuhalten. Das bei zu hohen Temperaturen aus dem Diazotierungsprodukt entstandene Phenol verdampft beim Trocknen, so daß nur die in das Farbstoffmolekül eingebaute Aktivität auf dem Papier verbleibt. Die Ausbeuten sind in Tabelle 3 zusammengestellt.

Die Verfasser möchten an dieser Stelle einen letzten Dank an den verstorbenen Direktor am Max-Planck-Institut für Chemie, Herrn Prof. Dr. F. A. Paneth richten, der es durch sein Interesse an dieser Arbeit möglich machte, daß sie zu einem Ende geführt werden konnte.

Max von Laue

P. P. EWALD

# Vor Fünfzig Jahren

Lieber Freund Max von Laue,

Es sind rund fünfzig Jahre her, daß ich Sie zum ersten Male sah. Sie waren Privatdozent in Berlin und kamen zu Besuch nach München, um uns in unserm neugegründeten Physikalischen Kolloquium einen Vortrag zu halten. Ich war Student und hatte eben erst die Theoretische Physik entdeckt und mich in SOMMERFELDS Vorlesungen dafür begeistert. So kam es, daß ich vom Gegenstand Ihres Vortrags „Der Entropiebegriff in der Strahlungstheorie" nichts verstehen konnte. Aber ich trug davon immerhin die Anregung nach Haus, der Bedeutung der Worte Entropie und Schwarze Strahlung, die mir unbekannt waren und unerklärt blieben, nachzugehen. Später habe ich neben anderen Ihrer Vorlesungen Ihr Seminar über Thermodynamik mitgemacht und viel darin gelernt. Ich selbst trug über eine Arbeit von BYCK vor, die Definition der „Phase" in der Gibbsschen Phasenlehre betreffend. Diese Erfahrung taucht noch jedesmal wenn ich über Thermodynamik lese als Hintergrundmusik auf.

Wie könnte der schönen Zeiten in München um 1910 gedacht werden ohne das Café Lutz im Hofgarten zu nennen auf dessen weißen Marmortischen der Kreis der Physiker leibliche und geistige Nahrung fand — die letztere wenn bei der hitzigen Diskussion physikalischer Tagesfragen die Bleistifte gezückt wurden um Kurven und Formeln dem kühlen Stein anzuvertrauen — zum Verdruß der Cenzi, die den Tisch nachher scheuern mußte. Diese unbeschwerte Kritik oder Anerkennung der Zeitgenossen, diese freie Hingabe an Spekulationen und Phantasien — wieviel hat sie zur Erziehung der damaligen Physikergeneration in München beigetragen. Mit SOMMERFELD, WAGNER, v. ANGERER, KOCH, DEBYE, EMDEN, EPSTEIN gehörten Sie zu den Älteren und Erfahrenen, und wir anderen, LENZ, HOPF, HONDROS, HÜTER, ich, v. HOERSCHELMANN, ROSENTHAL, SELIGER, SZLENKER, BARON v. HIRSCH, BRENTANO, FRIEDRICH, KNIPPING, GLOCKER, MARCH, DUPREL, GRAL und manche andre lauschten mit Andacht oder nahmen Partei. Schließlich beendete wohl KOCH in seiner behaglichen Art die Diskussion mit der epischen Feststellung: „Es bleibt aber immer noch die Frage, warum siagt der Mond aus wia'ra Hörndl ?"

Als Sie bald nach Ihrer Übersiedlung nach München Ihre anmutige junge Frau in die Bismarckstraße heimführten, war dies nicht ohne Bedeutung auch für uns Studenten. Denn nun hatten Sie ein Zuhause das Sie uns öffneten. Wie manchen schönen Abend haben viele von uns Jüngeren bei Ihnen beiden verlebt, erst in allgemeiner Unterhaltung und, in vorgerückterer Stunde, oft noch über Fragen der Physik philosophierend. Sie waren stolz auf das Fernrohr, das auf Ihrem Balkon oder am Fenster stand und ich verdanke Ihnen, den Saturnring gesehen zu haben.

Ja, vergangen sind diese Jahre, aber die dankbare Erinnerung an sie, und an das Viele, das Sie damals uns angehenden Physikern mitgegeben haben, ist von der Fülle der späteren Eindrücke nicht getilgt worden.

Auch von späteren Zeiten wäre Vieles zu sagen das zu tiefem Dank verpflichtet, mich und viele andre. Lassen Sie es mich zusammenfassen in der Antwort, die EINSTEIN mir gab, als ich ihn 1938 in den Ferien auf Long Island aufgesucht hatte, und, abschiednehmend, ihn fragte, ob ich etwas in Deutschland für ihn bestellen könnte. „Grüßen Sie Laue", sagte er. Ich nannte einige andre, fragend ob ich sie einschließen dürfte. Seine Antwort war: „Grüßen Sie Laue."

W. L. BRAGG

# The Diffraction of Röntgen Rays by Crystals

I am glad to have this invitation to write about the early days of X-ray analysis, and to pay tribute to MAX VON LAUE, in recognition both of his fame in the world of science, and of his warm and generous nature which has endeared him to friends all over the world. His discovery of X-ray diffraction is one of those great events in the history of science which occur from time to time, which open up hitherto unknown regions for exploration. I shall not deal with the knowledge it has given us about X-ray spectra, important though it has been in revealing the structure of the atom with as its first result MOSELEY's assigning of atomic numbers to the elements. I will confine myself to X-ray analysis, which as a way of revealing the arrangement of atoms in various forms of matter has become one of the powerful weapons of modern science, of which it has profoundly affected nearly every branch. Its findings have by now become so much a part of current scientific thought that it is easy to forget the part that X-ray analysis played in the early days in revolutionizing many ideas about the structure of matter. As one who played a part in the early developments, I may perhaps be forgiven for indulging in reminiscence.

I so well remember my father's excitement when he first saw the famous paper by FRIEDRICH, KNIPPING and VON LAUE which was published in the Sitzungsberichte der Königlich Bayerischen Akademie der Wissenschaften in June 1912. He received it when we were spending our summer vacation in Yorkshire, and we pored over it and discussed it together. He was at that time strongly attracted to the view that X-rays and $\gamma$-rays were some form of corpuscular radiation, the 'neutral pair' theory. He arrived at it from his experiments on ionization by these rays, from which he had deduced that the ionization did not occur in the whole body of a gas, such as one would expect in the case of waves, but was caused by discrete tracks starting at definite points as if the atoms were being hit by projectiles. It must be remembered that this was before the Wilson Cloud Chamber had been developed. My father deduced the nature of the ionization by a series of tests and a chain of reasoning which was very searching, and his conclusions were later completely confirmed by WILSON's photographs. I was of course a warm adherent of the parental theory, and we tried to find whether the spots on LAUE's picture could be due to particles shooting down avenues in the crystal. At the end of the holiday, I set up an experiment to check the avenue idea in my father's laboratory at Leeds. But when I returned to Cambridge and pondered further over VON LAUE's paper, I became convinced of the correctness of his deduction that the effect was one of wave-diffraction, but also convinced that his analysis of the way it took place was not completely correct. It is small clues which often lead to a solution and perhaps I may be forgiven for repeating a figure from my paper in the 'Proceedings of the Cambridge Philosophical Society' (November 1912), fig. 1.

VON LAUE had taken two pictures of the diffraction by zincblende, the plate being closer to the crystal in one and more distant in the other. If, as VON LAUE had supposed, the spots were due to certain specific wave-lengths, the angle of diffraction should be constant, and the radial width of a spot in the figure should be the same whatever the position of the plate. However, the spots became narrower in a radial direction as the distance from the crystal increased, and as the figure shows a divergent beam from the X-ray tube would converge again in just this way if the rays were *reflected* by the crystal planes. J. J. THOMSON had been lecturing to us about the theory that X-rays were narrow pulses due to the abrupt stopping of the electrons as they hit the target, and this seemed to give the clue, for such irregular pulses would be reflected by the crystal planes into a train of pulses as if the crystal were

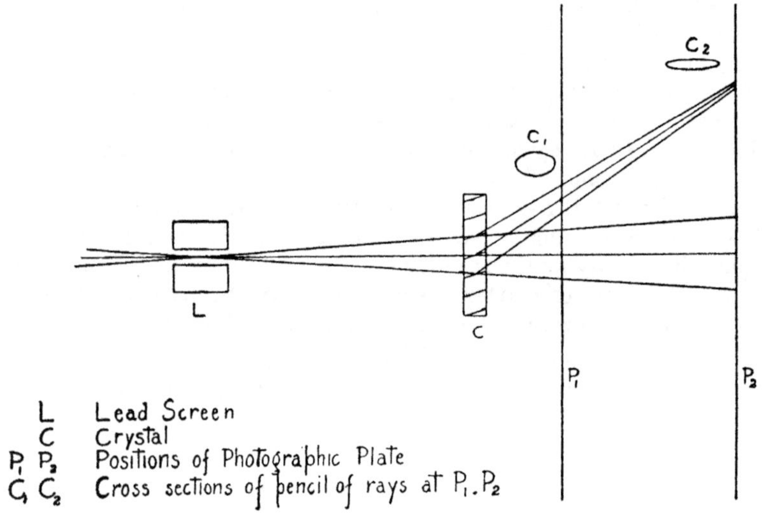


Fig. 1

selecting from a continuous spectrum the fundamental and higher orders of an appropriate wave length. My analysis was in effect the same as VON LAUE's, except for this assumption that all wavelengths within a certain range were present in the incident beam, that it was like 'white light'. An examination of the intensities of the spots showed, however, that they did not follow a regular sequence such as one would expect from a set of scattering points on a simple cubic lattice. Now in our College Scientific Society a fellow student had read a paper on the ideas of POPE and BARLOW about crystal structure, and incidentally had mentioned the face-centered cubic lattice. I found that the range of reflections in VON LAUE's picture could be explained if one divided the spots into two sets, as we would now express it those with indices $h$, $k$, $l$ all even, and those with $h$, $k$, $l$ all odd, indicating that the zinc-blende crystal pattern was based on a face-centered cubic lattice.

C. T. R. WILSON was very interested and prompted me to try whether a very lamellar crystal like mica would give a good reflection. I set up a simple form of spectrometer with a plate of mica as a mirror, and found that at each setting of the mica a reflected spot appeared at the expected place. I well remember taking the first crude pictures to show to J. J. THOMSON; he was really stirred, he pushed his spectacles up on his forehead and grinned at me in his characteristic way and said that this was something really fundamental — a wonderful moment for me. But I did not turn the mica continuously and so missed the X-ray spectra! POPE was also interested and provided crystals of sodium chloride and potassium chloride. Their simple LAUE photographs made it possible to assign to them a cubic structure of alternate atoms, like a three-dimensional chessboard.

I had called my first paper in 1912 'The Diffraction of Short Electromagnetic Waves by a Crystal' because I did not want to rule out the possibility that the real X-rays were my father's 'neutral pairs'. My father set out to check whether the reflected rays were X-rays by constructing the first ionization spectrometer, and soon satisfied himself by absorption experiments that this was indeed true. With the ionization spectrometer, however, he was able to measure the strength of reflection at small intervals of angle, and as a result he discovered the first X-ray spectrum, the L series from platinum (Proc. Roy. Soc. April 1913). He then tried various faces of a number of crystals, starting with NaCl to which I had assigned a structure, and found the same spectra in each case but at different angles corresponding to the spacings of the crystal planes.

It was at this point that we joined forces and worked together at Leeds. My father was principally interested in the X-ray spectra, and I do not think it is generally realized how much pioneer work he did in this field. He had X-ray tubes constructed with targets of Osmium, Iridium, Platinum, and of Palladium, Rhodium, Copper and Nickel. The latter group gave K lines, and he remarked "If the spectra of the last four metals are compared, it is seen that the wave-length increases as the atomic weight diminishes. The frequency is not quite proportional to the square of the atomic weight". He also measured the absorption edges and showed that they were a regular progression (Proc. Roy. Soc. Nov. 1913). This was actually the inspiration of MOSELEY's brilliant determination of atomic number. MOSELEY and DARWIN had looked for spectra at Manchester but missed them because their slits were too fine. MOSELEY came to consult my father, who put him on the right track, and MOSELEY then made his X-ray tube with interchangeable anticathodes with which he discovered complete ranges of K and L spectra. BOHR was then in RUTHERFORD's laboratory in Manchester and his ideas helped MOSELEY to establish the origin of the spectra and so the order of the elements.

Because I was able to use my father's spectrometer, which was so much more effective than the LAUE photograph, I was able to establish the structure of a number of simple crystals ($CaF_2$, ZnS, $FeS_2$, $CaCO_3$). Even these simple crystals had a profound influence on chemical ideas at that time, because they showed that inorganic compounds were composed of a regular pattern of atoms (or ions as we would now term them) and not of molecules. I well remember how startlingly novel this conception appeared to current chemical thought; we were begged to discover that there was some association, however small, between pairs of atoms in sodium chloride! The structure which aroused most excitement at the time, however, was that of diamond and which my father and I published together; the visual demonstration of the four carbon bonds was so convincing.

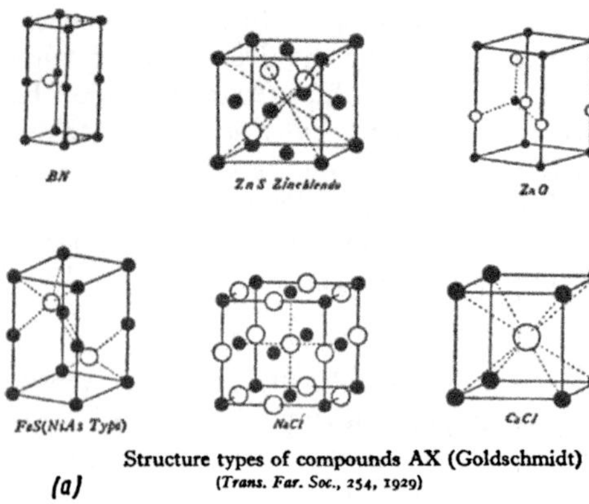


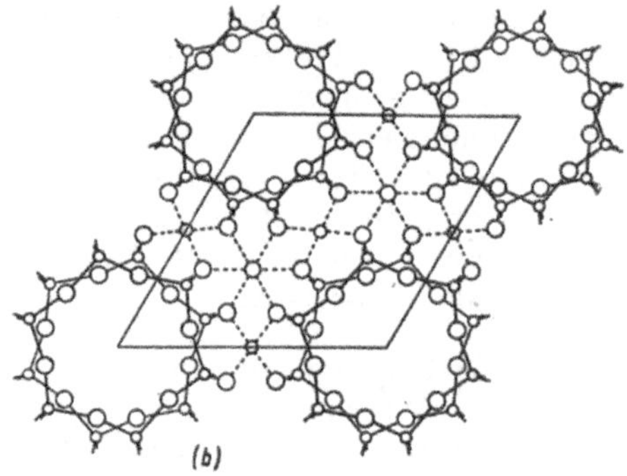


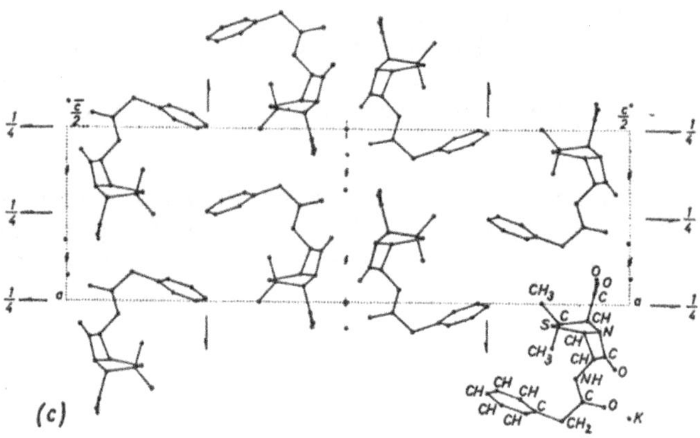


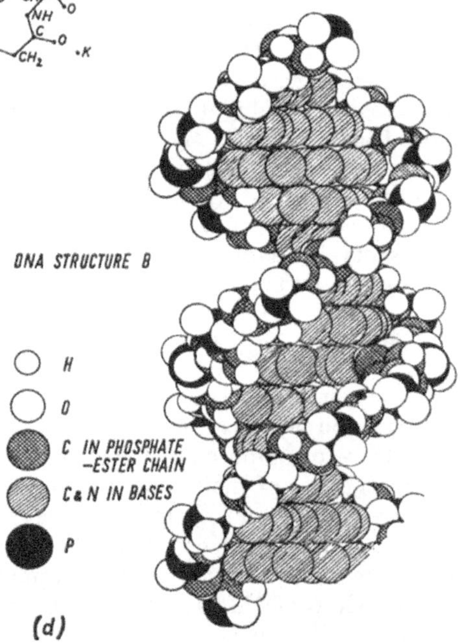


Fig. 2. Examples of structures representing stages reached at approximate intervals of ten years since X-ray analysis started.

(a) 1915-25. One of these shows the structure of sodium chloride, the first to be discovered.

(b) 1925-35. The structure of the silicate mineral, beryl or emerald.

(c) 1940-50. The structure of penicillin — representing the application of X-ray analysis to organic compounds

(d) 1950. The structure of nucleic acid — one of the attempts to probe by X-ray analysis into the structure of living matter.

The story of X-ray analysis since VON LAUE's discovery in 1912 has been one of application to ever more complex structures. It is only possible here to mention some of the more outstanding stages in this development. The first organic compounds, naphthalene and anthracene, were investigated by my father after the 1914—18 war, and he created a research centre at the Royal Institution in London which explored this rich field. He also started the Fourier methods which are now so universally used. During the war DEBYE and SCHERRER, and HULL, independently developed the powder method which made unnecessary the use of large single crystals and so enabled many new types of crystalline matter to be analysed. In my school at Manchester, we made analysis more powerful by basing it on C. G. DARWIN's original equations for the strength of X-ray reflection, also brilliantly developed by EWALD. The first structures to be analysed had at most one or two parameters or variables defining the exact position of the atoms. We showed that with quantitative methods one could deal with a number of such independent parameters. As part of this work, silicate structures were examined and this led to a great simplification in ideas about these important minerals. PAULING generalised the conditions for stability in inorganic compounds, in a series of concepts of fundamental importance to inorganic chemistry. WESTGREN, BRADLEY, and others examined alloy structures, and this led to HUME-ROTHERY's concept of electron-atom ratios determining the crystalline type. It is perhaps not too much to say that for the first time alloy chemistry began to assume some logical form. It became clear that some standard method of space-group determination was essential, and NIGGLI, WYCKOFF, ASTBURY and YARDLEY published appropriate tables. To name specific structures which opened new fields, I would choose naphthalene and anthracene in the organic field, diopside, $CaMg\ (SiO_3)_2$ amongst the minerals, and $\gamma$-brass amongst the alloys. At a later stage, the determination of the structure of penicillin and of vitamin $B_{12}$ by Mrs. HODGKIN and others were examples of highly developed X-ray analysis. More recently it has been extended to the structure of biological molecules. The fascinating and suggestive structure proposed for nucleic acid (DNA) by CRICK and WATSON is an example, as are also the structures proposed for collagen, muscle, and the viruses. Quite recently KENDREW has published the first three-dimensional picture of a protein molecule, which contains thousands of atoms. The figures chosen to illustrate this note give an index of the increasingly complex compounds which are being successfully investigated (fig. 2).

The great importance of VON LAUE's discovery of X-ray diffraction is that an accurate plan of atomic arrangement can be deduced with the aid of X-ray analysis. As each new field has been opened up, a flood of light has been cast on the behaviour and properties of matter. Few of the great discoveries of science have led to such important and far-reaching consequences.

F. LAVES

# Kristallstruktur und Kristallchemie von Elementen und metallischen Verbindungen

Seit alters her sind die Metalle und ihre Legierungen als eine rätselhafte Stoffgruppe empfunden worden, was nicht ausschloß, daß man sich ihrer gerne bediente. Dies geschah jedoch auf rein empirischer Basis. Es fehlte an einer theoretischen Beherrschung der Gründe für ihr mannigfaltiges Verhalten, und daher war es schwierig, planmäßig nach solchen Legierungen zu suchen, welche als Werkstoffe günstige Eigenschaften haben würden.

Erst zur Zeit der Jahrhundertwende begann man, insbesondere TAMMANN und seine Schule, die Legierungen systematisch wissenschaftlich zu untersuchen. Sogenannte Zustandsdiagramme, zunächst vorwiegend binärer Systeme, wurden ermittelt, und später folgten dann auch solche ternärer und höherer Mehrstoffsysteme, denen insbesondere TAMMANNS Schüler VOGEL seine Aufmerksamkeit widmete. Und auch heute noch befaßt sich ein großer Teil der metallkundlichen Forschung mit der Aufklärung derartiger Zustandsdiagramme. Denn der Kombinationen gibt es viele, und die Technik stellt steigende Anforderungen an Werkstoffqualität.

Diese Untersuchungen sind aber heutzutage viel leichter durchzuführen als vor 50 Jahren. Daß dem so ist, verdanken wir dem genialen Experiment, welches auf v. LAUES Anregung im Jahre 1912 von FRIEDRICH und KNIPPING durchgeführt wurde*). Hiernach wurde es ja möglich, die Kristallstrukturen der Elemente und ihrer Legierungen zu bestimmen, Gesetze der Mischkristallbildungen konnten aufgefunden werden, und man lernte die mechanischen und sonstigen physikalischen Eigenschaften der Metalle auf Grund der ermittelten Kristallstrukturen verstehen. Leider ist es im Rahmen dieses Artikels nicht möglich, auf all die interessanten Beziehungen zwischen der Kristallstruktur von Legierungen bzw. ihrer Komponenten und ihren physikalisch-mechanischen Eigenschaften einzugehen. Ich muß mich auf die Diskussion einiger kristallchemischer Gesetzmäßigkeiten beschränken, welche in vielen Beziehungen als die Grundlage für das Verhalten und für die Voraussage des Verhaltens bekannter oder noch unbekannter Legierungen angesehen werden können.

Im folgenden sei unter Legierung irgend eine metallische Kombination von zwei oder mehr Elementen verstanden. Legierungen können spröde oder dehnbar sein. Sprödigkeit und Dehnbarkeit sind auch heute noch im übertragenen Sinne charakteristische Eigenschaften der Legierungen in Bezug auf Versuche, das kristallchemische Verhalten der Legierungen von einem einheitlichen Gesichtspunkte aus zu verstehen. Spröde entzieht sich die metallische Materie einer befriedigenden Deutung, und dehnbar oder vielleicht besser „verschwommen“ sind die bislang gefundenen Regeln, und auch die Begriffe, welche man benötigt, um die bislang vorliegenden kristallchemischen Untersuchungsergebnisse zusammenfassend darstellen

*) Eine dramatische Beschreibung dieses historischen Ereignisses findet sich in einem Artikel von W. FRIEDRICH: „Die Geschichte der Auffindung der Röntgeninterferenzen“, Naturwiss. **10** (1922) 363—366.

zu können. Ich muß darum von vornherein den Leser um Verzeihung bitten, wenn die beobachtbaren Gesetzmäßigkeiten sich nicht streng deduktiv ableiten lassen, wie es sich wohl mancher Physiker wünschen möchte; oder es sogar auch fordert mit dem Hinweis, daß alle anderen Versuche, zu einer Deutung zu gelangen, eigentlich nicht mehr in unsere heutige Zeit gehören (SLATER, 1956). Zur Entschuldigung sei aber bemerkt, daß es bislang noch niemandem gelungen ist, auf Grund moderner theoretischer Methoden die Existenz, geschweige denn die Struktur, irgend einer intermetallischen Verbindung vorherzusagen, lediglich unter Benutzung der Kernladungszahlen der Komponenten eines Legierungssystems. Daß eine Beachtung der von SLATER aufgestellten Forderung sehr begrüßenswert wäre, ist außer Zweifel, ebenso wie es außer Zweifel ist, daß von theoretischer Seite bereits viel zum Verständnis angesammelter experimenteller Tatsachen beigetragen wurde, wobei ich an Namen wie BORN, DEHLINGER, JONES, SEITZ und WIGNER erinnern möchte. Die folgenden Ausführungen müssen sich hingegen darauf beschränken, einige wichtige Gesetzmäßigkeiten allgemeiner Natur, vorwiegend geometrischen Charakters, zusammenzustellen und auf gewisse Merkwürdigkeiten hinzuweisen, deren tiefere theoretische Deutung in Form von „Gesetzen“ von der zukünftigen Forschung zu erhoffen ist.

## A. EINIGE HAUPTPROBLEME DER KRISTALLCHEMIE METALLISCHER STOFFE

Einige Kernfragen kristallchemischer Erforschung metallischer Stoffe können etwa in folgender Weise formuliert werden:

Gegeben seien zwei (oder auch mehr) Metalle A und B. Wenn man diese Metalle zusammenschmilzt, werden sie dann

a) als ein Gemisch von reinem A und reinem B kristallisieren,

b) oder als Mischkristall,

c) oder als Verbindungen?

d) Wenn Verbindungen auftreten, wie wird das stöchiometrische Verhältnis sein, lassen sich Voraussagen machen auf Grund bewährter Valenzvorstellungen?

e) Welche Gesetzmäßigkeiten lassen sich zwischen Kristallstruktur und chemischer Zusammensetzung erkennen?

f) Welche Beziehungen bestehen zwischen Kristallstruktur und physikalischen Eigenschaften?

Ein spezielles Beispiel möge dies erläutern. Wir wählen als A und B die Metalle K und Na. Je nach dem Mischungsverhältnis erhält man reines K + $KNa_2$, reines $KNa_2$, oder $KNa_2$ + reines Na. Es wird also eine Verbindung $KNa_2$ gebildet, deren Existenz auf Grund chemischer Valenzvorstellungen nicht hätte vermutet werden können, wohl aber auf Grund geometrischer Gesetzmäßigkeiten tatsächlich vermutet wurde. Und zwar konnte nicht nur die Existenz von $KNa_2$ vermutet werden, sondern auch ihre Kristallstruktur.

Ein weiteres Beispiel: In einer Diskussion über die Bauzusammenhänge innerhalb der Kristallstrukturen (1930) wurden Gesetzmäßigkeiten diskutiert, derart, daß die

„Koordinationszahl“ innerhalb einer Kolonne des periodischen Systems sich mit zunehmender Atomnummer erhöht. Zum Beispiel wurde diskutiert, daß sich das Verhältnis $d/d'$ (d seien die kürzesten und $d'$ die nächstkürzesten Atomabstände) in den Reihen As, Sb, Bi und S, Se, Te mit steigender Atomnummer dem Wert 1 nähert. Da As, Sb, Bi drei $d$- und drei $d'$-Werte haben, und da in beiden Fällen die Strukturen derart sind, daß bei $d = d'$ ein einfaches kubisches Gitter mit der Koordinationszahl 6 resultieren würde, kann erwartet werden, daß ein Element „unter dem Bi“ stehend in einem einfachen kubischen Gitter kristallisieren würde, in ähnlicher Weise wie sich die Reihe S, Se, Te, Po verhält. Wie von Beamer und Maxwell (1946) gezeigt wurde, kristallisiert Po nämlich einfach kubisch mit $d/d' = 1$, das heißt: $d$ und $d'$ sind strukturell ununterscheidbar, und die Koordinationszahl ist exakt gleich 6 geworden.

Bevor wir zur Besprechung spezieller Gesetzmäßigkeiten übergehen, müssen einige Begriffe diskutiert bzw. definiert werden.

## B. ÜBER DEN BEGRIFF „KOORDINATIONSZAHL“ (KZ)

Zunächst sei die Frage behandelt, was wir unter KZ verstehen wollen. Der Begriff ist zwar allen Kristallographen geläufig, kann aber sehr unterschiedlich ausgelegt werden. Dies kann von weittragendem Einfluß auf andere Begriffsbestimmungen sein, welche sich als für die Charakterisierung von Strukturtypen nützlich erwiesen haben.

Im allgemeinen versteht man unter KZ die Anzahl nächster Nachbarn. Was heißt aber „nächste Nachbarn“? Die Antwort kann man sich leicht machen, wenn man „streng“ vorgeht, z. B. folgendermaßen: Man denke sich ein Atom A einer Struktur mit allen anderen Atomen durch Stäbe verbunden. Dann gibt es einen kürzesten Abstand $= d$. Die Anzahl der von A ausstrahlenden Stäbe der Länge $d$ sei die Koordinationszahl KZ. Ein solch starres Vorgehen ist aber in vielen Fällen, wie in der Arbeit über Bauzusammenhänge (1930), an Hand vieler Beispiele ausführlich diskutiert wurde, meist sinnlos. Einige Beispiele mögen das erläutern. Be kristallisiert in hex. dichtester Kugelpackung mit $a = 2{,}28$, $c = 3{,}57$, und $c/a = 1{,}565$ (bekanntlich wäre der „ideale“ Wert $c/a = 2\sqrt{2/3} = 1{,}633$). Der kürzeste Abstand ist also $d = \sqrt{a^2/3 + c^2/4} = 2{,}22$. Da jedes Be-Atom 6 nächste Nachbarn in diesem Abstand $d$ (was durch $d^6$ symbolisiert sei) hat, wäre im strengen Sinne KZ $= 6$. Ein Be-Atom hat aber noch 6 etwas weitere Nachbarn im Abstand $d^{6'} = a = 2{,}28$. Der kleine Unterschied von 2,7% zwischen $d$ und $d'$ sollte aber nicht hindern, dem Be die KZ $= 12$ zuzuordnen. Wie soll man sich nun aber beim Cd ($c/a = 1{,}89$) entscheiden, mit $d^6 = 2{,}97$ und $d^{6'} = 3{,}30$? Hier beträgt die Differenz bereits 11,1%.

Noch schwieriger wird die Situation bei komplizierteren Elementstrukturen oder gar bei gewissen heute im Brennpunkt des Interesses stehenden Verbindungen, welche im Typ des $\alpha$-Mn, $\beta$-W, oder $\beta$-Uran ($\sigma$-Phasen) kristallisieren. Als Beispiel sei das $\alpha$-Mn diskutiert. Setzt man hier (eine auch im folgenden oft geübte Praxis) den kürzesten Abstand $d = 1$, so erscheinen bei einer Diskussion der Koordinationsverhältnisse die in Tabelle 1 gegebenen Abstände (trotz ihrer großen Variabilität) als „Bindungs“-Richtungen von Wichtigkeit. $\alpha$-Mn kristallisiert kubisch mit 58 Atomen pro Zelle, die sich auf 4 verschiedene Punktlagen I, II, III, IV mit den Zähligkeiten 2, 8, 24, 24 verteilen.

*Tabelle 1*

| Mn | Anzahl und Abstand der Nachbarn | Mn | Anzahl und Abstand der Nachbarn |
|---|---|---|---|
| I<br>(2) | 12 IV in 1,21<br>4 II in 1,26 | IV<br>(24) | 1 IV in 1,00<br>2 IV in 1,07<br>1 III in 1,09<br>2 III in 1,12<br>2 III in 1,19<br>2 II in 1,20<br>1 I in 1,21<br>1 II in 1,29 |
| II<br>(8) | 3 III in 1,11<br>6 IV in 1,20<br>1 I in 1,26<br>3 IV in 1,29<br>3 III in 1,32 | | Mittelwerte |
| III<br>(24) | 1 IV in 1,09<br>1 II in 1,11<br>2 IV in 1,12<br>6 III in 1,19<br>2 IV in 1,19<br>1 II in 1,32 | I (2)<br>II (8)<br>III (24)<br>IV (24) | 16 Mn in 1,22<br>16 Mn in 1,23<br>13 Mn in 1,18<br>12 Mn in 1,15 |
| | | Mn | 13,1 Mn in 1,17 |

Während die Frage nach dem kürzesten Abstand $d$ eindeutig zu beantworten ist scheint es etwas im Belieben des Betrachters zu liegen, welche Abstände er als mit den kürzesten noch vergleichbar ansieht. Ganz so schlimm ist es aber in den meisten Fällen nicht. Das zeigt folgende Betrachtung. Ordnen wir die Anzahl der Bindungen pro Formeleinheit derart, wie es Tabelle 2 zeigt, so sieht man ein deutliches Maximum bei etwa 1,20 mit anschließendem Abklingen. (Erst wieder bei höheren $d'$-Werten, wenn die Atome „zweiter" Koordinationssphären ins Spiel kommen, würde man einen erneuten Anstieg der „Anzahl"-Werte finden.)

*Tabelle 2.* Anzahl der Bindungsabstände pro Formeleinheit $Mn^{I}_{1}Mn^{II}_{4}Mn^{III}_{12}Mn^{IV}_{12}$

| 1,00—1,04 | 1,05—1,09 | 1,10—1,14 | 1,15—1,19 | 1,20—1,24 | 1,25—1,29 | 1,30—1,34 |
|---|---|---|---|---|---|---|
| 12 | 36 | 84 | 120 | 72 | 32 | 24 |

Aus vorstehenden Beispielen erkennt man, daß es sinnlos wäre, für die Ermittlung der KZ nur *den* kürzesten Abstand in Betracht zu ziehen, denn dann würden *nur* die $Mn^{IV}$ eine KZ haben, und für diese wäre sie nur gleich 1. Lassen wir andererseits — was vernünftig ist — alle in Tabelle 1 aufgeführten Abstände zu, so stellen wir eine erhebliche Variabilität der Abstandslängen (von 1,00 bis 1,32, also bis zu 32 % bezogen auf den kürzesten Abstand) fest.

Lassen wir nun beim $\alpha$-Mn für die Bestimmung der KZ die obige Variabilität zu, so erhebt sich sofort die Frage, welche KZ soll man dann dem kubisch rz. Gitter, also dem W-Typ (einige Vertreter dieses Typs: Li, Na, K, $\alpha$-Fe) zuordnen. Der kürzeste Abstand ist $d^8 = \frac{a}{2}\sqrt{3}$ und ein etwas weiterer $d^{6'} = a \cdot 1$. Es verhält sich also $d^8/d^{6'} = 1{,}00/1{,}15$ mit einem (gewichteten) Mittelwert für $d^{(8+6)} = d^{14(m)} = 1{,}06$. Dieser Wert ist also viel kleiner als der entsprechende beim $\alpha$-Mn, wo wir $d^{13,1(m)} = 1{,}17$ fanden (Tab. 1). Hat nun das kub. rz. Gitter die Koordinationszahl 8 oder

8 + 6 = 14 ? Von V. M. Goldschmidt (1928) wurde für die Bestimmung der „Atomradien" und deren Beeinflussung durch die Koordinationszahl der Wert 8 als charakteristisch angenommen im Gegensatz zum Wert 12 bei den dichtesten Kugelpackungen (Cu- und Mg-Typ).

Falls man sich beim kub. rz. Gitter für KZ = 14 entscheidet, wäre diese Struktur wohl unter die Klasse der Strukturtypen mit „überhöhter" Koordinationszahl bzw. „überhöhter Packung" im Sinne von Dehlinger und Schulze (1939) einzuordnen.

Dieser Wert würde sich zwanglos als *richtiger* Wert ergeben, wenn man einer von Frank und Kasper (1958) vorgeschlagenen Definition der KZ folgt. Diese Autoren vergleichen in einer sehr interessanten, weiter unten näher zu besprechenden, Untersuchung einige mehr oder weniger komplizierte Strukturtypen, die häufig von Legierungen der Übergangsmetalle gebildet werden. Einige wenige Bauprinzipien werden als wesentlich erkannt und unter Bezugnahme auf „Koordinationspolyeder" diskutiert. Sie definieren die Koordinationszahl eindeutig und in strenger Weise, mit dem Ziel, die oben angeführten Schwierigkeiten durch die damit verbundene gewisse Willkür der KZ-Ermittlung dadurch umgehen zu können, daß in ihrer Definition der „kürzeste" Abstand gar keine Rolle spielt. Die Frank-Kasper-Definition sei hier wörtlich wiedergegeben (vgl. hierzu Figur 1 auf Seite 167):

> „We define the *domain* of an atom*) as the space in which all points are nearer to the center of that atom than any other. It is a polyhedron, each face of which is the plane equidistant between that atom and a *neighbor*. If we describe all the planes bisecting the lines joining the central atom to all other atoms, then the innermost polyhedron bounded by these planes is the domain of that central atom, and every atom whose domain has a face in common with the domain of the central atom is, by this definition, one of its neighbors. The number of neighbors will be called the *coordination number* of the central atom, and the set of neighbors *its coordination shell*. The polyhedron whose edges are the lines joining all the atoms of the coordination shell which are also neighbors of each other will be called its *coordination polyhedron*. The coordination polyhedron and the domain stand in dual relationship, each having a vertex corresponding to each face of the other."

Diese Definition ermöglicht es in der Tat auf eine zweite Weise, eindeutig Koordinationszahlen zu ermitteln. Auch ist sie bei komplizierten Strukturtypen sicherlich einer KZ-Ermittlung überlegen, welche mit dem Begriff der „kürzesten Abstände" operiert (wegen der oben angedeuteten Schwierigkeiten). Der Wert dieser Definition für eine allgemeine Anwendbarkeit muß aber doch bezweifelt werden, denn es können in anderer Weise analoge Schwierigkeiten auftreten, wie sie bei der „kürzester-Abstand-Methode" diskutiert wurden.

Einige Beispiele mögen diese Bedenken erläutern. Konstruiert man z. B. die „Domänen" für die Atome des Germaniums (also für die Diamantstruktur), so ergibt sich ein 16-Flächner, d. h. im Frank-Kasperschen Sinne errechnet man dann KZ = 16, mit dem Abstandsverhältnis $d^4 : d^{12'} = \sqrt{3}/4 : \sqrt{2}/2 = 1{,}00 : 1{,}63$. Niemandem wird aber bei der Diamantstruktur diese hohe Koordinationszahl 16 sympathisch sein. Ein anderes Beispiel: $\gamma'$-Mn kristallisiert praktisch kubisch flächenzentriert, aber

*) Dieser Begriff „Domain of an atom" ist identisch mit dem von P. Niggli (1927, S. 404 u. 1930, S. 230) eingeführten Begriff „Wirkungsbereich".

leicht tetragonal deformiert mit einem Achsenverhältnis $c/a = 0{,}93$. Dies hat zur Folge, daß die Frank-Kaspersche Domäne ein 14-Flächner ist. Die KZ ergäbe sich also $= 14$ mit $d^8 = 2{,}58$, $d^{4'} = 2{,}67$, $d^{2''} = 3{,}51$; also 1,00:1,04:1,36. Erkennt man aber in diesem Falle KZ = 14 als berechtigt an, dann wäre es nur ein kleiner Schritt weiter, als „Grenzfall" für das kubisch flz. Gitter KZ = 18 anzuerkennen mit $d^{12} = 1{,}00$ und $d^{6'} = 1{,}41$.

Vorstehende Diskussion läßt erkennen: Ermittelt man Koordinationszahlen durch strenges Befolgen einer auf den Begriff „kürzester Abstand" basierenden Definition, so wird man oft Zahlen erhalten, die von einem strukturvergleichenden Standpunkt aus gesehen *zu klein* erscheinen. Ermittelt man Koordinationszahlen durch strenges Befolgen einer auf dem Begriff „Wirkungsbereich" (domain-Methode von Frank und Kasper) basierenden Definition, so wird man oft Zahlen erhalten, die von einem strukturvergleichenden Standpunkt aus gesehen *zu groß* erscheinen. Die Abstands-(distance-)Methode und die Wirkungsbereich-(domain-)Methode verhalten sich gewissermaßen reziprok zueinander und können *beide* unbefriedigend sein, wenn man sie *streng* anwendet. Im praktischen Fall wird es daher das beste sein, jeweils anzugeben, welche Abstände man noch als „dem kürzesten" derart vergleichbar ansehen will, daß man glaubt, sie als zur Koordinationszahl beitragend verwenden zu dürfen. In diesem Sinne wurde z. B. vom Verfasser in der Untersuchung über die Bauzusammenhänge (1930) verfahren und auch bei der Beschreibung wichtiger Strukturtypen in einem Artikel über „Crystal structure and atomic size" (1956). Oder andererseits: Falls man bei Anwendung der Methode von Frank und Kasper „Nachbarn" findet, welche einen erheblich größeren Abstand vom Zentralatom haben als die absolut nächsten, wird man sich berechtigt fühlen dürfen, sie unberücksichtigt zu lassen. Bei beiden Methoden ist also eine gewisse Willkür nicht zu vermeiden.

In den meisten Fällen werden jedoch die entsprechenden Entscheidungen leicht zu fällen sein, was durch die nochmalige Heranziehung des Beispieles Selen illustriert sei:

$$d^2 = 1{,}00; \quad d^{4'} = 1{,}49; \quad d^{2''} = 1{,}59; \quad d^{6'''} = 1{,}87.$$

Bezeichnet man mit „Bauzusammenhang" diejenigen Atome, die durch den kürzesten Abstand verbunden werden können, so ergibt sich hier bei alleiniger Verwendung von $d_2 = 1{,}00$ ein „Ketten"-Zusammenhang. Betrachtet man den nächst weiteren Abstand als „mit dem kürzesten vergleichbar", was in dem Fall hier durchaus berechtigt sein dürfte, wenn man auf die Ähnlichkeiten der Strukturen von Se, Te, Po hinweisen will, so erhält man mit $d^2 = 1{,}00$ und $d^{4'} = 1{,}49$ einen „Gitter"-Zusammenhang mit KZ = 6, wodurch sofort die Ähnlichkeit mit einem verzerrten einfachen kubischen Gitter angedeutet ist. Andererseits würde die Frank-Kaspersche Wirkungsbereich-Methode KZ = 14 ergeben, mit den $d$-Werten von 1,00 bis 1,87 reichend.

## C. ÜBER DIE BEGRIFFE „BAUZUSAMMENHANG" (BZ, bz)

Bezeichnen wir in einer Struktur von gleichwertigen Atomen (der Begriff mag gelegentlich auch auf Atome ausgedehnt werden, die nicht gleichwertig sind, aber als sich ähnlich verhaltend betrachtet und zusammengefaßt werden sollen) mit $d$ den kürzesten Abstand (oder im Sinne des vorigen Abschnitts *den* kürzesten Abstand und *die* „etwas" größeren, welche aber noch als mit „dem kürzesten vergleichbar" angesehen werden), so nennen wir einen Bauzusammenhang die Summe solcher Atome, welche durch *d*-Stäbe verbunden werden können*).

Ein solcher Bauzusammenhang kann endlich sein, oder er kann in einer, zwei oder drei Dimensionen unendlich sein. Die Bauzusammenhänge werden dementsprechend Inseln (I), Ketten (K), Netze (N) oder Gitter (G) genannt [englisch: Islands (I), Chains (C), Nets (N) or Lattices (L)].

Durch Angabe des Bauzusammenhanges und der darin beobachtbaren Koordinationszahlen sind meist wesentlichste geometrische Merkmale einer Struktur darstellbar.

Zum Beispiel:

12G symbolisiert die dichtesten Kugelpackungen des Cu(kub.)- und Mg(hex.)-Typs,
8G (bzw. 14G*) den W-Typ,
4G den Diamant-Typ,
2K (bzw. 6G*) den Se-Typ,
3N (bzw. 6G*) den Bi-Typ,
2I den Schwefel-Typ usw.

Während für gleichwertige oder als gleichwertig zu behandelnde Atome die großen Buchstaben I, K, N, G (*homogene* Bauzusammenhänge) als Symbole für die Dimension eines Bauzusammenhanges gewährt werden, kann man als Symbol für Bauzusammenhänge aus ungleichwertig zu behandelnden Atomen die kleinen Buchstaben i, k, n, g (*heterogene* Bauzusammenhänge) benützen. Diesen Buchstaben werden dann zur weiteren Charakterisierung die Koordinationszahlen hinzugefügt.

Die $CaF_2$-Struktur, bei metallischen Verbindungen z. B. im $Mg_2Sn$ vorliegend, kann dann in folgender Weise symbolisiert werden:

Ca 8g4 F

d. h.: Ca *und* F bilden zusammen einen gitterartigen heterogenen Bauzusammenhang (g), in welchem Ca acht nächste F-Nachbarn, F hingegen nur vier nächste Ca-Nachbarn hat.

Bei metallischen Verbindungen hat sich erwiesen, daß gelegentlich die Umgebung bezüglich der gleichartigen Atome von mindestens ebenso großer Bedeutung ist wie die Umgebung bezüglich der ungleichartigen Atome.

Um die Abstandsverhältnisse schnell überblicken zu können, ist folgende Symbolisierung (Bausymbol) für eine Verbindung $A_nB_m$ zweckmäßig:

| A | $KZ_{AB} \cdot bz \cdot KZ_{BA}$ | B |
|---|---|---|
| ↓ | $d_{AB}$ | ↓ |
| $KZ_A \cdot BZ$ | | $KZ_B \cdot BZ$ |
| $d_A$ | | $d_B$ |

*) Eine genauere, dafür aber längere Definition findet sich in der Arbeit 1930.

worin bedeuten:

| | | |
|---|---|---|
| bz | = heterogener Bauzusammenhang zwischen A und B | |
| BZ | = homogener Bauzusammenhang zwischen A beziehungsweise zwischen B | |
| $KZ_{AB}$ | = Anzahl von B um A; $KZ_{BA}$ = Anzahl von A um B | |
| $KZ_A$ | = Anzahl von A um A; $KZ_B$ = Anzahl von B um B | |
| $d_{AB}$ | = kürzester Abstand zwischen A und B | Gelegentlich werden zum Vergleich außer *den* kürzesten Abständen auch noch weitere angegeben. Die dahinter in Klammern gesetzten Zahlen bedeuten dann die Anzahl von Nachbarn, welche man mit dem entsprechenden Abstand vorfindet |
| $d_A$ | = kürzester Abstand zwischen A und A | |
| $d_B$ | = kürzester Abstand zwischen B und B | |

Ein vollständiges Bausymbol der Flusspat-Struktur würde dann wie folgt aussehen (wobei $d_{AB} = 1{,}00$ gesetzt ist). Zum Vergleich ist rechts davon das Bausymbol des $MgCu_2$ gesetzt, desjenigen „metallischen" Struktur-Typs, von dem bis heute 56 binäre Vertreter bekannt geworden sind.

| | | | | | |
|---|---|---|---|---|---|
| Ca | 8g4 | F | Mg | 12g6 | Cu |
| ↓ | 1,00 | ↓ | ↓ | 1,00 | ↓ |
| 12G | | 6G | 4G | | 6G |
| 1,63 | | 1,15 | 1,05 | | 0,86 |

Man erkennt sofort (ein übrigens sehr charakteristisches Merkmal metallischer Strukturtypen im Vergleich mit salzartigen), daß die Abstände zwischen *gleichen* Atomen durchaus vergleichbar werden den Abständen zwischen ungleichen Atomen. Ein weiterer wichtiger Wert zur Charakterisierung eines Strukturtyps ist daher:

$$Q = (d_A + d_B)/2d_{AB}.$$

Wenn $Q \gg 1{,}00$ (wie z. B. beim $CaF_2$ mit $Q = 1{,}39$), liegt ein „polarer" (oder gelegentlich auch „kovalenter") Strukturtyp vor. Wenn $Q < 1$ oder $Q \approx 1$, liegt ein „metallischer" Strukturtyp vor (wie z. B. im $MgCu_2$ mit $Q = 0{,}96$).

Auch für die Kennzeichnung von Strukturen bzw. Strukturtypen durch Bauzusammenhänge ist es natürlich entscheidend, welche Abstände außer „*den* kürzesten" als für den Bauzusammenhang wichtig angesehen werden. In Zweifelsfällen wird man nicht umhin können, verschiedene Vorschläge zu diskutieren wie etwa im Falle des Cd, welches entweder als ein

$$6N \text{ oder } 12G \; (d^6 = 1{,}00;\; d^{6\prime} = 1{,}11)$$

aufgefaßt werden kann.

Vorstehend wurde das Verfahren der Strukturbeschreibung durch eine Bausymbolik an zwei einfachen Beispielen veranschaulicht. Ihr praktischer Nutzen ergibt sich bei strukturvergleichenden Betrachtungen, wie z. B. bei einem Vergleich wichtiger $AB_2$-Typen:

| | | | | |
|---|---|---|---|---|
| $SiO_2$: | Si | 4g2 | 0 | ($Q = 1{,}82$); Cristobalit-Modifikation |
| | ↓ | 1,00 | ↓ | |
| | 4G | | 6G | |
| | 2,00 | | 1,63 | |

| | | | | |
|---|---|---|---|---|
| $TiO_2$: | Ti | 6g3 | O | ($Q = 1,47$); Rutil-Modifikation |
| | ↓ | 1,00 | ↓ | |
| | 2K | | 11G | |
| | 1,51(2) | | 1,25(1) | |
| | 1,74(8) | | 1,38(8) | |
| | | | 1,74(2) | |

| | | | | |
|---|---|---|---|---|
| $CaF_2$: | Ca | 8g4 | F | ($Q = 1,40$) |
| | ↓ | 1,00 | ↓ | |
| | 12G | | 6G | |
| | 1,63 | | 1,16 | |

| | | | | | |
|---|---|---|---|---|---|
| $CuAl_2$: | Cu | 8g4 | Al | ($Q = 1,19$) | |
| | ↓ | 1,00 | ↓ | | |
| | 2K | | 1I oder | 11G | |
| | 0,95 | | 1,05 | 1,05(1) | |
| | | | | 1,12(2) | Ähnlich (mit G statt N) dem $MoSi_2$ |
| | | | | 1,20(4) | sind die 2 Typen des $TiSi_2$ und |
| | | | | 1,25(4) | $CrSi_2$: |

| | | | | | | | | |
|---|---|---|---|---|---|---|---|---|
| $MoSi_2$: | Mo | 10g5 | Si | ($Q = 1,11$) | Ti | 10g5 | Si | ($Q = 1,10$) |
| | ↓ | 1,00 | ↓ | | ↓ | 1,00(m) | ↓ | |
| | 4N | | 5G | | 4G | | 5G | |
| | 1,22(4) | | 1,00(5) | | 1,20 | | 1,00(m) | |
| | 1,73(12) | | 1,22(4) | | | | | |

| | | | | |
|---|---|---|---|---|
| $MgCu_2$: | Mg | 12g6 | Cu | ($Q = 0,96$) |
| | ↓ | 1,00 | ↓ | |
| | 4G | | 6G | |
| | 1,05 | | 0,86 | |

| | | | | |
|---|---|---|---|---|
| $AlB_2$: | Al | 16g6 | B | ($Q = 1,01$) |
| | ↓ | 1,00 | ↓ | |
| | 8G | | 3N | |
| | 1,26(6) | | 0,73 | |
| | 1,36(2) | | | |

| | | | | |
|---|---|---|---|---|
| $ThSi_2$: | Th | 12g6 | Si | ($Q = 1,04$) |
| | ↓ | 1,00 | ↓ | |
| | 8G | | 3G | |
| | 1,31 | | 0,76 | |

Wegen späterer Diskussionen seien noch einige weitere Symbole für Typen, von denen viele Vertreter bekannt wurden, hinzugefügt:

| | | | | |
|---|---|---|---|---|
| $Cr_3O$ ($\beta$-Wolfram): | Cr | 4g12 | O | ($Q_{\text{Mittel}} = 1,18$) |
| | ↓ | 1,00 | ↓ | |
| | 2K oder 10G | | 8G | |
| | 0,89  0,89(2) | | 1,55 | |
| | 1,09(8) | | | |

| | | | | |
|---|---|---|---|---|
| $Cu_3Au$: | Cu | 4g12 | Au | ($Q_{\text{Mittel}} = 1,10$) |
| | ↓ | 1,00 | ↓ | |
| | 8G | | 6G | |
| | 1,00 | | 1,41 | |

## D. GEOMETRISCHE PRINZIPIEN UND REGELN, ABLEITBAR AUS DEN ELEMENTSTRUKTUREN

Durch GOLDSCHMIDTS Arbeiten ist es zum wissenschaftlichen Allgemeingut geworden, daß drei Hauptfaktoren die Kristallstrukturen salzartiger Verbindungen bestimmen: Erstens, das Verhältnis der Komponenten, also die stöchiometrische Formel;

Zweitens, das Radienverhältnis der Komponenten;

Drittens, „Polarisations"-Einflüsse, welche u. a. auch die relative „Größe" der Partner beeinflussen.

Den Einfluß ähnlicher Faktoren darf man daher auch bei metallischen Verbindungen erwarten. Dabei ist jedoch zu beachten, daß bei *salzartigen* Stoffen „das Verhältnis der Komponenten" im wesentlichen durch die Valenzen der Komponenten bestimmt ist, die stöchiometrische Formel also im wesentlichen bereits festgelegt ist. Bei *metallischen* Verbindungen ist dies aber ganz anders. Um bei dem eingangs erwähnten Beispiel $KNa_2$ zu bleiben: Valenzchemisch ist die Existenz dieser Verbindung nicht zu verstehen. Eine wesentliche Aufgabe der Kristallchemie der Legierungen ist es daher, gerade die Gründe für die seltsamen chemischen Zusammensetzungen metallischer Verbindungen zu finden.

Das kann zur Zeit nur auf empirischem Wege erfolgen, und zwar etwa folgendermaßen: Man hat auf Grund des empirisch gefundenen Tatsachenmaterials nach Eigenschaften zu suchen, welche den Vertretern häufiger Strukturtypen gemeinsam sind. Man hat dann zu versuchen, diese Eigenschaften als „Regeln" zu formulieren und nach Prinzipien zu suchen, welche diese Regeln als Konsequenz solcher Prinzipien erwarten lassen. Man hat weiterhin zu versuchen, ob sich auf Grund dieser Prinzipien und Regeln Voraussagen machen lassen. Lassen sich derartige Voraussagen dann experimentell bestätigen, so darf man sich zu der Ansicht berechtigt fühlen, sich um einen Schritt dem endgültigen Ziel genähert zu haben: dem Auffinden der Gesetze, welche die Bildung der intermetallischen Verbindungen beherrschen. Von diesem Ziel sind wir noch weit entfernt. Immerhin sind einige Regeln und Prinzipien auffällig. Sie seien folgend diskutiert.

Wenn man *vor* der LAUEschen Entdeckung eine Rundfrage gehalten hätte, etwa folgendermaßen formuliert: „Vorausgesetzt, Kristalle sind so aufgebaut, wie es die Schoenflies-Federow-Theorie verlangt, werden Sie erwarten, daß alle metallischen Elemente eine gleiche „Struktur" haben, oder werden Sie erwarten, daß jedes Element (entsprechend seiner Stellung im periodischen System) einen eigenen Strukturtyp hat, oder ziehen Sie vor, gar keine Vermutungen zu äußern", dann wären die Antworten sicherlich sehr verschieden ausgefallen. Nachdem aber jetzt die Strukturen der meisten Elemente bekannt sind, lassen sich für diese einige Regeln formulieren, welche hier zusammengestellt seien, da sie auch als für metallische Verbindungen gültig angesehen werden dürfen.

### a) Vorherrschen hoher Symmetrie und dichtester bzw. dichter Raumerfüllung

Die meisten metallischen Elemente kristallisieren als 12G-Typen, also als dichteste „Kugelpackungen" (entweder kubisch oder hexagonal). Nächst häufig ist der kubisch raumzentrierte 8G-Typ (beziehungsweise 14G*-Typ, wenn man $d^8 = 1{,}00$ und $d^{6'} = 1{,}15$ noch als vergleichbar betrachtet). Daran erkennt man die zwei Prinzipien: Vorherrschen hoher Symmetrie und dichteste bzw. dichte Raumerfüllung.

### b) KZ- und Packungs-erniedrigender Einfluß gerichteter Kräfte

#### 1. Infolge von p-Schalen-Lücken

$\alpha$) *Hume-Rothery-Regel* (in strenger Formulierung). Elemente im periodischem System „rechts" stehend, d. h. etwa rechts der *Zintl-Grenze*, welche zwischen B, Al, Ga, Zn, Tl und C, Si, Ge, Sn, Pb verläuft (siehe Laves, 1941), zeigen die Tendenz, infolge der Ausbildung kovalenter Bindungen, niedrige Koordinationszahlen zu haben. Die KZ ist dann (nicht immer) gleich den Stellen, um welche das betreffende Element links von den Edelgasen Ne, Ar, Kr, Xe, Rn steht. Diese Gesetzmäßigkeit ist als *Hume-Rothery-Regel* bekannt. Während die Edelgase mit dichtesten Kugelpackungen kristallisieren (KZ = 12), findet man beim F, Cl, Br, I die KZ = 1, beim S, Se, Te die KZ = 2, beim As, Sb, Bi die KZ = 3, und beim C, Si, Ge, Sn die KZ = 4.

$\beta$) *Hume-Rothery-Tendenz.* Die unter $\alpha$) genannte Regel wirkt als „Tendenz" auch noch etwas über die Zintl-Grenze nach links hinaus, allerdings ohne Fortsetzung der Hume-Rotheryschen Zahlengesetzmäßigkeit (was übrigens auch gar nicht zu erwarten ist). So hat Ga die KZ = 1 oder 7 ($d^1 = 1{,}00$, $d^2 = 1{,}11$, $d^2 = 1{,}12$, $d^2 = 1{,}15$). Indium hat eine tetragonal flächenzentrierte Struktur mit dem Bauzusammenhang 4N, wenn man nur den kürzesten Abstand berücksichtigt ($d^4 = 1{,}00$; $d^8 = 1{,}04$). Zn und Cd haben (siehe S. 159) 6N-Zusammenhänge, während Hg mit 6G oder 12G* symbolisiert werden kann ($d^6 = 1{,}00$; $d^{6'} = 1{,}16$).

#### 2. Infolge von *d*- (bzw. *d*- und *f*-) Schalen-Lücken

Als besonders augenfällige Beispiele seien genannt: Die komplizierten Tieftemperaturmodifikationen des Mn ($\alpha$- und $\beta$-); die komplizierten Tieftemperaturmodifikationen des U ($\alpha$- und $\beta$-); die Tendenz des W und Mo, bei minimalen Verunreinigungen durch Sauerstoff den „$\beta$-W" ($Cr_3O$)-Typ zu bilden; die $\alpha$- und $\beta$-Modifikationen des Np; die $\gamma$-Modifikation des Pu. Weiterhin dürften hier zu nennen sein die bei Zimmertemperatur stabilen, kubisch raumzentrierten Modifikationen des $\alpha$-Fe und $\alpha$-Cr.

### c) Steigende KZ mit steigender Periodennummer

Innerhalb einer Kolonne des periodischen Systems steigt KZ mit steigender Atomnummer. Zum Beispiel: C hat 3N (als Graphit) oder 4G (als Diamant); Si und Ge haben 4G; Sn hat 4G (als graues Zinn) oder 6G (als weißes Zinn) mit $d^4 = 1{,}00$ und $d^2 = 1{,}05$; Pb hat 12G. Man erkennt daraus: je „metallischer" ein Element, desto größer die Koordinationszahl.

### d) KZ-Beeinflussung durch Temperaturbewegung

#### 1. KZ-Erniedrigung (Regel von Goldschmidt)

Bei höherer Temperatur haben stabile Modifikationen im allgemeinen niedrigere Koordinationszahlen. Zum Beispiel haben Li, Na, Ca, Sr, Ti, Zr, Hf, Th, Cr, $\gamma$-Mn, $\gamma$-Fe, Tl bei relativ tiefer Temperatur KZ = 12 (kubisch oder hex. dichteste Kugelpackung); bei relativ höherer Temperatur sinkt dann KZ auf 8 (kub. rz. Gitter). Von diesem Standpunkte aus wäre also für das kub. rz. Gitter (wie auch für die CsCl-Struktur) KZ = 8. [Dies hindert nicht, daß für anders geartete Betrachtungen, wie z. B. bei Strukturdiskussionen im Sinne Kaspers (1956) bzw. Franks und Kaspers (1958) als Koordinationszahl 14 (= 8 + 6) gewählt wird, siehe unten.]

**2. KZ-Erhöhung durch Schwächung des Einflusses gerichteter Kräfte**

Andererseits kann die Koordinationszahl dadurch *erhöht* werden, daß die unter (b) diskutierten gerichteten Kräfte infolge starker Temperaturbewegung nicht zur Auswirkung (bzw. nicht zur vollen Auswirkung) kommen können, und daß dann die nach hoher Symmetrie und dichter Raumerfüllung strebenden „metallischen" Kräfte an Einfluß gewinnen.

Zum Beispiel hat Sn, welches bei tiefer Temperatur mit KZ = 4 kristallisiert, bei höherer Temperatur die Koordinationszahl 6. Dies läßt sich folgendermaßen interpretieren: Bei tiefer Temperatur wirkt Einfluß (b), mit steigender Temperatur schwächt aber die Temperaturbewegung die bei tiefer Temperatur vorherrschende „ideal kovalente" Bindung und „metallische" Bindung gewinnt an Einfluß. Als Kompromiß ergibt sich dann bei höherer Temperatur KZ = 6. Da Sn nahe (rechts) der Zintl-Grenze liegt, ist es nicht verwunderlich, daß sich auch noch im metallischen Zinn Kräfte kovalenter Natur auswirken, analog wie es bei den vorstehend unter (b 1$\beta$) aufgeführten, links der Zintl-Grenze stehenden, Elementen Ga, In, Zn, Cd, Hg bereits besprochen wurde. — Als weitere Beispiele für diesen Temperatureffekt seien genannt:

Cr (KZ = 8 bei Zimmertemperatur, KZ = 12 bei hoher Temperatur); Fe ($\alpha$-Fe mit KZ = 8, $\gamma$-Fe mit KZ = 12), Mn ($\alpha$- und $\beta$-Mn, stabil bei relativ tiefer Temperatur, haben komplizierte Strukturen; $\gamma$-Mn, stabil bei hoher Temperatur, ist kubisch flz. mit KZ = 12); U (die $\alpha$- und $\beta$-Modifikationen sind kompliziert; $\gamma$-U ist kubisch rz.); Pu ($\gamma$-Pu ist orthorhombisch mit KZ = 10 bei 210 °C; $\delta$-Pu ist kubisch flz. mit KZ = 12 bei 320 °C; mit weiterer Temperatursteigerung befolgt es die Goldschmidt-Regel: bei 490 °C ist $\varepsilon$-Pu kub. rz. mit KZ = 8; zwischen $\delta$ und $\varepsilon$ liegt eine $\delta'$-Phase, welche eine tetragonal deformierte $\delta$-Struktur hat mit $c/a \approx 0{,}95$; siehe Ellinger, 1956).

**e) Abhängigkeit des „Atomradius" von der Koordinationszahl**

Wenn entsprechend (c) und (d) polymorphe Modifikationen mit verschiedenen Koordinationszahlen existieren, so haben bei kleinerer KZ die Atome einen kleineren „Radius" (Goldschmidt, 1928). Eine erweiterte Zusammenstellung möglichst vergleichbarer Daten von Atom- und Ionenradien wurde vom Verfasser (1956) gegeben.

**f) Tendenz zur Ausbildung von Bauzusammenhängen hoher Dimensionszahl**

Diese Tendenz ist einerseits erkennbar an den $d/d'$-Verhältnissen der Reihen As, Sb, Bi und S, Se, Te, Po sowie andererseits an den Achsenverhältnissen der Elemente, die mit der dichtesten hexagonalen Kugelpackung kristallisieren. Tabelle 3 zeigt die $c/a$-Werte. Wenn $c/a > 1{,}633$, so resultiert bei alleiniger Benützung der kürzesten Abstände als Bauzusammenhang 6N; wenn $c/a < 1{,}633$, so resultiert als Bauzusammenhang 6G. Man erkennt aus der Tabelle 3: Wenn aus irgend welchen, hier nicht näher zu diskutierenden, Gründen $c/a$ nicht exakt 1,633 (mit KZ = 12) ist, so geht die Deformation im allgemeinen nicht in Richtung einer 6N-Bildung, sondern einer 6G-Bildung [in den 6N-Fällen des Zn und Cd wirkt der unter (b 1$\beta$) diskutierte Einfluß].

*Tabelle 3.* Achsenverhältnis $c/a$ der Elemente mit „dichtester Kugelpackung". ( ) bedeutet, daß das betreffende Element zwar mit „dichtester Kugelpackung" kristallisiert, daß es aber nicht die einfachste Folge, ABA . . ., sondern kompliziertere Folgen hat, zum Beispiel ABACA . . . oder ABCBCACABA . . . usw.

| $c/a$ | |
|---|---|
| 1,56 | Li |
| 1,57 | B, Y, Tm |
| 1,58 | Tb, Dy, Er, Ru, Os |
| 1,59 | Sc, Gd, Lu, Ti, Zr, Hf |
| 1,60 | Tc, Tl |
| 1,61 | (La), (Pr), (Nd), (Sm), Ho, (Am), Re |
| 1,62 | Mg, Ce, Co |
| 1,63 | Ca, Sr |
| 1,86 | Zn |
| 1,89 | Cd |

*Zusammenfassend* zeigt Tabelle 4 eine Übersicht bis heute bekanntgewordener Elementstrukturen links der Zintl-Grenze. Man erkennt deutlich:

das Vorherrschen hoher Koordinationszahlen: *Packungs-Prinzip*

das Vorherrschen hoher Symmetrie: *Symmetrie-Prinzip*

das Vorherrschen von Bauzusammenhängen hoher Dimension: *Konnexions-Prinzip*

*Tabelle 4.* Strukturen der Elemente (unter Beschränkung auf die im periodischen System links der Zintl-Grenze stehend), geordnet nach Bausymbolen. Polymorphe Elemente finden sich gegebenenfalls in der Tabelle an mehreren Stellen.

| Bausymbol | |
|---|---|
| 12G | kubisch: Li, Na, Ca, Sr, Sc, La, Ce, Pr, Yb, Th, δ-Pu, Cr, Mn, γ-Fe, Co, Ni, Rh, Pd, Ir, Pt, Cu, Ag, Au, Al, Ac<br>hexagonal: Li, Be, Mg, Ca, Sr, Sc, Y, La, Ce, Pr, Nd, Gd, Tb, Dy, Ho, Er, Tm, Lu, Ti, Zr, Hf, Tc, Re, Co, Ru, Os, Tl, (Zn), (Cd)<br>rhomboedrisch: Hg; tetragonal: In, δ'-Pu, γ'-Mn |
| 10G | Pa, γ-Pu |
| 8G | Li, Na, K, Rb, Cs, Ca, Sr, Ba, Eu, Ti, Zr, Hf, Th, γ-U, ε-Pu, V, Nb, Ta, Cr, Mo, W, α-Fe, Tl |
| 7G | Ga |
| | Bei Berücksichtigung nur *des* kürzesten Abstandes: |
| 8G | δ'-Pu, γ'-Mn |
| 6G | Die hexagonal dichtesten Kugelpackungen (ausgenommen Zn, Cd); Hg |
| 6N | Zn, Cd |
| 4N | In |
| 1I | Ga |

Kompliziertere Strukturen (vgl. Diskussion unter Db2) haben noch: α-Mn, β-Mn, (β-W, β-Mo), α-U, β-U, α-Np, β-Np, α-Pu.

Das kubisch flächenzentrierte Gitter mit KZ = 12 genügt allen drei geometrischen Prinzipien am besten. Daß nicht alle Elemente in dieser Struktur kristallisieren, liegt an entgegengesetzt wirkenden physikalisch bedingten Einflüssen: Ein *Temperatur-Einfluß* wirkt „auflockernd" entgegen dem Packungsprinzip und vermindert die

Koordinationszahl. Spezielle *Bindungs-Einflüsse* können infolge starker gerichteter Kräfte Koordinations-Beziehungen verlangen, welche mit dem einen oder anderen oder mit allen drei geometrischen Prinzipien unvereinbar sind.

## E. GEOMETRISCHE PRINZIPIEN UND REGELN BEOBACHTBAR BEI METALLISCHEN VERBINDUNGEN

### a) Bereits bei den Elementstrukturen diskutierte Prinzipien

Ein Überblick über die Strukturtypen metallischer Verbindungen zeigt, daß dort die gleichen Prinzipien und Faktoren herrschen, wie sie oben für die Elemente zusammengestellt wurden.

Das *Konnexions-Prinzip* sei jedoch für *Verbindungen* aus mehreren Komponenten bezüglich seines Bedeutungs-Inhaltes etwas erweitert. Bereits 1930 war es aufgefallen, daß sich die Verbindungen des NiAs-Types vom NaCl-Typ wesentlich in einer Weise unterscheiden, wie sie am besten durch Angabe der Bausymbole ersichtlich wird:

| NiAs (real $c/a = 1{,}39$) | | | NiAs (ideal $c/a = 1{,}63$) | | | NaCl | | |
|---|---|---|---|---|---|---|---|---|
| Ni | 6g6 | As | Ni | 6g6 | As | Na | 6g6 | Cl |
| ↓ | 1,00 | ↓ | ↓ | 1,00 | ↓ | ↓ | 1,00 | ↓ |
| 2K | | 12G | 2K | | 12G | 12G | | 12G |
| 1,03(2) | | 1,34(6) | 1,15(2) | | 1,41 | 1,41 | | 1,41 |
| 1,48(6) | | 1,49(6) | 1,41(6) | | | | | |
| | $Q = 1{,}22$ | | | $Q = 1{,}28$ | | | $Q = 1{,}41$ | |

Während in *beiden* Typen die heterogenen A-B-Zusammenhänge bezüglich der Koordination um A gleich sind, haben die A-Teilchen im NiAs-Typ ausgesprochenen Kettencharakter, mit einem $d_A = 1{,}03$, vergleichbar dem $d_{AB} = 1{,}00$. Es wurde daraus bereits früher (LAVES, 1930, S. 292—297; KLEMM, 1938; LAVES und WALLBAUM, 1941) geschlossen, daß im NiAs-Typ die A-A-Atombindungen zwischen *gleichen* Teilchen von Bedeutung sind. Obwohl nämlich der NaCl-Typ geometrisch den Verbindungen vom NiAs-Typ (bei gleicher A-B-Koordination und gleicher Raumerfüllung) die Gelegenheit geben würde, gleiche Teilchen möglichst weit voneinander getrennt zu plazieren, wird als Struktur diejenige des NiAs-Typs gewählt, in welchem gleiche Teilchen sich möglichst nahe kommen können. Es bilden sich „Konnexionen“ *gleicher* Teilchen, und die Gitterkonstanten werden maßgeblich durch die „Radien“ der diese Konnexionen formierenden Atome bestimmt. Auf eine solche Konnexions-Tendenz gleicher Teilchen konnte außer beim NiAs-Typ bei vielen anderen wichtigen metallischen Strukturtypen aufmerksam gemacht werden [$MgX_2$-Typen (1932); $CaB_6$ (1933); NaTl, ZINTL und WOLTERSDORF (1935); über Boride siehe KIESSLING (1950 und 1954) und BEATTIE (1958); vgl. auch die Diskussion der Typen $Cu_2Al$, $AlB_2$, $ThSi_2$, $Cr_3O$ ($\beta$-W) in dem Artikel des Verfassers (1956)].

Auf Grund des Vorstehenden wollen wir also bei metallischen Verbindungen unter *Konnexions-Prinzip* verstehen, daß *gleichartige Atome* gegenseitigen Kontakt anstreben, unter Bildung homogener Bauzusammenhänge möglichst hoher Dimensionszahl. Die kürzesten Abstände innerhalb dieser Bauzusammenhänge kommen dann dem doppelten Atomradius nahe, bzw. können diesen Betrag wesentlich unterschreiten. Ein besonders extremes Beispiel für letzteren Effekt wurde kürzlich durch

Wood und Compton (1958) bekannt. $BaPt_2$ kristallisiert im $MgCu_2$-Typ, dessen Bausymbol (mit $d_{MgCu} = 1{,}00$) folgend gegeben sei. Rechts daneben steht das Bausymbol der Verbindung $BaPt_2$ mit den wirklichen Abstandswerten:

| | | | | | |
|---|---|---|---|---|---|
| Mg | 12g6 | Cu | Ba | 12g6 | Pt |
| ↓ | 1,00 | ↓ | ↓ | 3,28 | ↓ |
| 4G | | 6G | 4G | | 6G |
| 1,05 | | 0,86 | 3,44 | | 2,80 |

Es ist interessant, $d_{Ba} = 3{,}44$ mit $2\,R_{Ba}(KZ = 12) = 4{,}50$ zu vergleichen. Es errechnet sich eine Kontraktion von $(4{,}50—3{,}44) = 1{,}06$ Å, d. h. um 25 %. Diese Kontraktion ist viel größer, als sie sich nach der unter (D, e) oben erwähnten Regel erwarten ließe, auch wenn man als KZ des Ba nur 4 annehmen, und die Nachbarschaft der 12 Pt-Atome unberücksichtigt lassen würde. Nach einer auf Grund Goldschmidtscher (1928) Vorstellungen in einem Artikel des Verfassers (1939 oder 1956) diskutierten Kurve würde sich für KZ = 4 lediglich eine Kontraktion von etwa 12 % erwarten lassen.

Daß es unmöglich ist, diese starken Kontraktionen mit Hilfe der von Pauling (1956, siehe dort auch weitere Literatur) entwickelten Vorstellungen über die Bindung in metallischen Verbindungen zu deuten, wurde ausführlich im Artikel 1956, besonders am Beispiel des $LaNi_2$ und SrMg, diskutiert. Paulings (1956, speziell S. 240/241) Bemerkung hierzu bleibt unbefriedigend, da er dabei den Boden seiner eigenen Theorie verläßt und willkürlich diejenigen Atomabstände, z. B. La-La in der Verbindung $LaNi_2$, unberücksichtigt läßt, welche sich seiner Theorie nicht einfügen lassen, wenn man es unternimmt, die Theorie mit den experimentellen Tatsachen zu vergleichen. Demgegenüber konnte vom Verfasser (1956) eine qualitative Deutung der Verhältnisse in folgender Weise vorgeschlagen werden: Der $MgCu_2$-Typ (und analog der $MgZn_2$- und $MgNi_2$-Typ) besteht aus der Durchdringung von 4G- und 6G-Bauzusammenhängen. Innerhalb der Baugitter sind die Atome durch kovalentartige Kräfte zusammengehalten. Werden zu deren Ausbildung Elektronen des anderen Partners verwandt, so ergeben sich partiell polare Kräfte zwischen den beiden Baugittern. Im Falle des $BaPt_2$ hätte man also die Durchdringung eines positiven $4G^+$ (Ba-Zusammenhang) mit einem negativen $6G^-$ (Pt-Bauzusammenhang), mit gegenseitiger „heteropolarer" Anziehung. Die hohen Koordinationszahlen 12 und 6 zwischen Ba und Pt sind eine Folge des Radienquotienten.

**b) Die Kasperschen Koordinationspolyeder**

Eine hochbedeutsame Feststellung geometrischer Natur, welche für Verbindungen der Übergangsmetalle gilt, verdanken wir Kasper (1956). In den letzten Jahren wurden viele neue Vertreter einiger zunächst sehr kompliziert erscheinender Strukturtypen gefunden. Es sei da insbesondere auf die Arbeiten P. A. Becks (z. B. Greenfield und Beck, 1954 und 1956; Darby und Beck, 1957; Philips und Beck, 1957) und seiner Mitarbeiter hingewiesen. Besonders die Typen des $\alpha$-Mn, der $\sigma$-Phasen (ähnlich dem $\beta$-U) und des $Cr_3O$ ($\beta$-W) seien hier genannt. Zum letzten Typ vergleiche auch E. A. Wood und Mitarbeiter (1958, dort auch weitere Literatur).

Kasper (1956) fand, daß in all diesen Strukturtypen (und auch noch in einigen anderen, die häufig als Strukturtypen gewählt werden von Verbindungen, deren Komponenten ausschließlich Übergangselemente sind) vier „Koordinationspolyeder" beobachtbar sind, welche folgende Eigenschaften haben (die Definition*) des

*) Eine zweidimensionale Erläuterung der Begriffe gibt Figur 1.

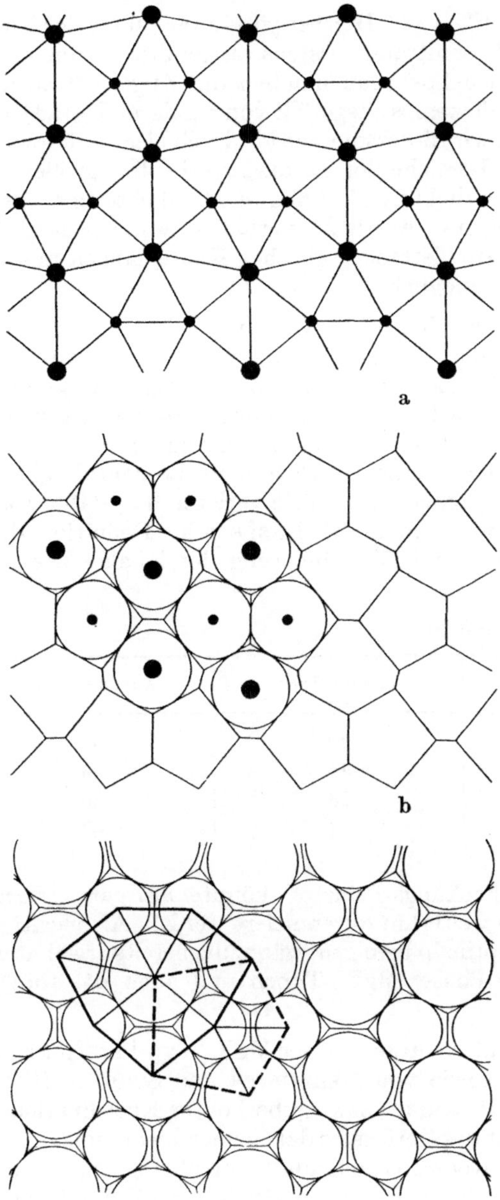


Koordinationspolyeders siehe oben, S. 156): Sie sind konvex und nur von gleichseitigen oder nahezu gleichseitigen Dreiecken begrenzt. In den Ecken ($E_5$ oder $E_6$) treffen sich mindestens fünf und höchstens sechs Kanten. KASPER (1956) fand in dem ihm vorliegenden experimentellen Material, und den vorstehenden Charakteristika genügend, ein Polyeder mit 12 Ecken (nahezu das reguläre Ikosaeder, z. B. im $\alpha$-Mn und in $MgX_2$-Typ-Phasen); eines mit 14 Ecken (z. B. in den $\sigma$-Phasen sowie im „$\beta$-W“); eines mit 15 Ecken (z. B. in den $\sigma$-Phasen) und eines mit 16 Ecken (z. B. im $\alpha$-Mn, in den $\sigma$-Phasen und in den $MgX_2$-Typ-Phasen). In einer weiteren Arbeit (FRANK und KASPER, 1958) wurde bewiesen, daß es vom topologischen Standpunkt aus *nur* diese vier genannten Polyeder gibt, wenn man die folgenden drei Eigenschaften vorgibt: erstens konvex, zweitens alle Flächen sollen Dreiecke sein, drittens nur 5kantige ($E_5$) oder 6kantige ($E_6$) Ecken seien erlaubt. Umstehende Tabelle 5 charakterisiert diese Kasper-Polyeder näher.

KASPER (1956) sowie FRANK und KASPER (1958), deuten diese Feststellung folgendermaßen: Es gibt zwei verschiedene Prinzipien bester Raumausnutzung durch Kugelpackungen (die man vielleicht als Fernpackungs- und Nahpackungs-Prinzipien charakterisieren könnte):

Figur 1. Zweidimensionale Veranschaulichung der KASPER- bzw. FRANK und KASPERschen Koordinations-Vorstellung: *Bild a* zeigt die Punkte einer AB-Struktur, A repräsentiert durch kleine Kreise, B durch große. Die gezeichneten Dreiecke entsprechen den im Text erwähnten Tetraedern. A hat KZ = 5, B hat KZ = 7. *Bild b* zeigt die von FRANK und KASPER definierten „Domänen“ (Wirkungsbereiche). Unter Annahme gleich großer Atome gibt es Überlappungen einerseits (zwischen A) und weite Entfernungen andererseits (zwischen B). *Bild c* zeigt die „Koordinationspolyeder“ um A (gestrichelt) und um B (ausgezogen). Die Wirkungsbereiche wurden hier durch Parallelverschiebung der in (b) gezeichneten Domänen-Seiten bezüglich ihrer relativen Größe derart verändert, daß ein gleichmäßigerer Kugel-Kontakt resultiert unter gleichzeitiger Veränderung von $R_A/R_B$. Man wird daher vielleicht gelegentlich zweckmäßigerweise zwischen den Wirkungsbereichen (streng definierbar, Bild b) und den effektiven Wirkungsbereichen (Bild c) zu unterscheiden haben.

**Erstens: Dichteste Kugelpackungen der KZ = 12.** Hierbei wird zwar (unter der Voraussetzung gleich großer Kugeln) der Gesamtraum bestens ausgefüllt, es gibt aber starke lokale Dichteschwankungen. Betrachtet man nämlich die Kugelzentren als Ecken von Polyedern, so wird der Raum lückenlos ausgefüllt von regulären Tetraedern *und* von regulären Oktaedern. Ersetzen wir die Ecken wieder durch sich berührende Kugeln, so ist klar, daß die Dichte im Bereiche der Tetraeder erheblich größer ist als im Bereiche der Oktaeder. Eine *noch* dichtere Packung als die dichteste Kugelpackung — und ohne Dichteschwankungen — würde man erhalten, wenn es möglich wäre, den Raum lückenlos durch reguläre Tetraeder gleicher Kantenlängen auszufüllen. Dieses ist aber geometrisch nicht möglich.

**Zweitens: Dichteste Tetraederpackungen der KZ > 12.** Es ist aber möglich, den Raum lückenlos mit Tetraedern auszufüllen, wenn man die Forderung fallen läßt, es sollten reguläre Tetraeder sein. Sind die Kantenlängen derartiger irregulärer Tetraeder-Raumausfüllungen nicht *zu* verschieden, und denkt man sich dann die Tetraederecken durch sich (zwar nicht in allen Kantenrichtungen) berührende Kugeln ersetzt, so wird eine Packung hoher Dichte resultieren, die zwar im Vergleich zu den „dichtesten Kugelpackungen" bezüglich Symmetrie verloren hat, dafür aber an Koordinationszahl gewonnen hat (wenn man die Kaspersche Definition der Koordinationszahl akzeptiert) und eine starke Verminderung der lokalen Dichteschwankungen erkennen läßt.

*Tabelle 5*

| | Anzahl Ecken | Anzahl Flächen | Anzahl Kanten |
|---|---|---|---|
| KZ 12 | 12 $E_5$ | 20 | 30 |
| KZ 14 | 12 $E_5$, 2 $E_6$ | 24 | 36 |
| KZ 15 | 12 $E_5$, 3 $E_6$ | 26 | 39 |
| KZ 16 | 12 $E_5$, 4 $E_6$ | 28 | 42 |

Das oben bei Elementen erkannte „Packungs-Prinzip" könnte also als „*Fernpackungs*"- und „*Nahpackungs*"-Prinzip weiterhin differenziert werden. Als wichtige Strukturtypen, welche das Nahpackungsprinzip befolgen, wären die bereits erwähnten Typen $\alpha$-Mn, $\sigma$-Phasen, $Cr_3O$ ($\beta$-W), $\mu$-Phase, $MgX_2$-Typen und auch das $CuAl_2$ zu nennen.

Es sei darauf hingewiesen, daß die besondere Stabilität der $MgX_2$-Typ-Phasen sowie des $CuAl_2$ bereits von Schulze (1939) sowie von Dehlinger und Schulze (1940 und 1941) auf ein Prinzip „überhöhter Packung" bzw. „überhöhter Koordinationszahl" zurückgeführt wurde. Nach Ansicht des Verfassers darf jedoch nicht außer Acht gelassen werden, daß diese „überhöhte Koordinationszahl" [für $MgX_2$ sich sowohl nach Dehlinger-Schulze (1940) wie auch nach Kasper (1956) als $13\frac{1}{3}$ im Durchschnitt ergebend] wegen Mitberücksichtigung der nicht-kürzesten Nachbarn nicht unbedingt vergleichbar ist mit der KZ = 12 der dichtesten Kugelpackungen, bei welchen *nur die kürzesten* Abstände berücksichtigt werden. Denn man könnte ja auch in dieser Linie weitergehend für das rz. Gitter die „überhöhte KZ" 14 ableiten und daraus dann schließen, daß für Elemente das rz. Gitter bezgl. seiner Anordnung stabiler sein sollte als die dichtesten Kugelpackungen mit der geringeren Koordinationszahl 12. Wie oben diskutiert, ist es eine schwierige Frage, welche Koordinationszahl man für Strukturen, bei denen die Koordinationszahl nicht eindeutig durch den kürzesten Abstand bestimmt ist (also etwa bei den $MgX_2$-Typen,) annehmen soll, wenn man z. B. durch Vergleich mit den Elementradien [dargestellt als $f$(KZ)] feststellen will, ob die Radien in Verbindungen gleich sind wie in den reinen Komponenten (was sie meist nicht sind!). In solchen Fällen kann man auch etwa so vorgehen, wie es der Verfasser (1935) vorgeschlagen hat (das aber wiederum wohl nur dann, wenn die Atome einigermaßen hochsymmetrische Umgebung haben, also nicht im Falle des $CuAl_2$, welches eine Sonderdiskussion erfordert, 1956): Man denke sich die Punktlage soweit „aufgeblasen", bis die dadurch entstehenden Kugeln sich berühren. Man berechne dann das Verhältnis des von den Kugeln eingenommenen Volumens zum Gesamtraum und vergleiche dieses Verhältnis mit den entsprechenden Werten von Strukturtypen, bei denen die KZ-Ermittlung *eindeutig* auf Grund *eines* kürzesten Abstandes in sinnvoller Weise möglich ist. Tut man dieses für die $MgX_2$-Typen, so erhält man als Raumerfüllung den Wert 0,71. Dichteste Kugelpackungen haben den Wert 0,74, das kubisch raumzentrierte Gitter 0,68. Der Wert 0,71 liegt also in der Mitte zwischen 0,74 und 0,68, woraus man als „effektive" KZ den Wert 10 ableiten könnte. Dieses wäre dann eine dritte, durchaus vertretbare Möglichkeit der Ermittlung einer Koordinationszahl! (Daß sowohl die traditionelle, wie auch die DEHLINGER-SCHULZE-FRANK-KASPERsche KZ-Ermittlung nicht ohne Willkür durchführbar ist, wurde bereits diskutiert). Man vergleiche zu diesem Problem auch eine Arbeit von KUBASCHEWSKI (1959) sowie von KUBASCHEWSKI und SLOMAN (1959).

### c) Einfluß der Radienquotienten

#### 1. Mischkristalle („15%-Regel")

Bekanntlich kristallisieren viele Legierungen als Mischkristalle mit Strukturtypen der Komponenten. Die Fähigkeit zur Mischkristallbildung wurde schon frühzeitig mit dem Radienverhältnis der Komponenten in Beziehung gebracht. Quantitative Daten sind aber erst auf Grund eines systematischen Studiums der Fähigkeit des Silbers und Kupfers, fremde Elemente in ihren Gittern aufzunehmen, von HUME-ROTHERY, NABBOT und CHANNEL-EVANS (1934) gegeben worden: Es wurde als Hypothese formuliert, daß Metalle im festen Zustand dann zu ausgedehnter Mischkristallbildung neigen, wenn sich die Atomradien um weniger als 15% unterscheiden. Einflüsse, wie sie unter F und G besprochen werden, können aber der Auswirkung dieser Neigung entgegenstehen. [Weitere Literatur zu Problemen der Mischkristallbildung: HUME-ROTHERY und RAYNOR (1954), FRIEDEL (1954), DEHLINGER (1955), AVERBACH (1956), ORIANI (1959).]

#### 2. Überstrukturen einfacher Element-Typen

Wirken einer zufälligen Verteilung der Atome ordnende Kräfte entgegen (sei es, daß der Radienquotient außerhalb der 15% liegt, sei es aus unter F oder G aufgeführten Gründen), so werden oft Überstrukturen einfacher Element-Typen gebildet.

Zum Beispiel:

$AuCu_3$-Typ (Überstruktur des Cu-Typs): $Ca\{Tl,Sn,Pb\}_3$; $\{Ce,Pr,La\}\{Sn,Pb\}_3$; $PrIn_3$; $Ti\{Pt,Zn\}_3$; $ZrHg_3$; $Th\{In,Tl,Sn,Pb\}_3$; $U\{Ru,Al,Ga,In,Tl,Ge,Sn,Pb\}_3$; $NpAl_3$; $VCo_3$; $Cr\{Ir,Pt\}_3$; $Mn\{Ni,Pt,Zn\}_3$; $Fe\{Ni,Pd,Pt\}_3$; $CoPt_3$; $PdCu_3$; $Pt\{Cr,Fe,Cu, Ag\}_3$; $AgPt_3$; $AuCu_3$; $ZnPt_3$; $HgTi_3$; $Al\{Zr,Ni,Pt\}_3$; $GaNi_3$; $\{Si,Ge\}Ni_3$; $\{Sn,Pb\}Pd_3$.

$MgCd_3$-Typ (Überstruktur des Mg-Typs): $LiHg_3$; $MgCd_3$; $LaHg_3$; $ThAl_3$; $UPt_3$; $\{Mo,W\}Co_3$; $CdMg_3$; $InNi_3$; $SiTa_{4,5}$; $GeMn_{3.4}$; $Sn\{Ti,Mn,Fe,Ni\}_3$; $PbTi_4$; $SbTi_4$.

$TiNi_3$-Typ (Überstruktur einer dichtesten Kugelpackung mit der Schichtenfolge ABAC ...): $Ti\{Ni,Pd\}_3$; $ZrPt_3$; $UPd_3$.

CuAu-Typ (tetragonale Überstruktur des Cu-Typs)*): {Li,Na}Bi; MgIn; Ti{Ag,Hg, Al}; ZrHg; Mn{Ni,Pd,Ir,Pt}; Fe{Pd,Pt}; CoPt; Ni{Mn,Pt,Zn}; Pd{Mn,Fe,Zn, Cd,Hg}; IrMn; Pt{Mn,Fe,Co,Ni,Zn,Cd}; CuAu; AgTi; AuCu; Zn{Ni,Pd,Pt}; Cd{Pd,Pt}; Hg{Ti,Zr,Pd}; AlTi; InMg; Bi{Li,Na}.

CsCl-Typ (Überstruktur des W-Typs)*): Li{Ag,Hg,Tl,Pb}; Be{Co,Ni,Pd,Cu}; Mg{Sr,La,Ce,Pr,Rh,Ag,Au,Hg,Tl}; Ca{Cd,Hg,Tl}; Sr{Mg,Cd,Hg,Tl}; Ba{Zn,Cd, Hg}; Al{Nd,Fe,Co,Ni,Rh,Pd}; ScRh; {La,Ce,Pr} {Mg,Ag,Zn,Cd,Hg,Tl}; Nd{Al, Hg}; Ti{Fe,Co,Ni,Ru,Os}; V{Fe,Ru}; TaRu; Mn{Rh,Pd,Au,Hg}; Fe{Al,Ti,V, Co}; Co{Be,Al,Ti,Fe}; Ni{Be,Al,Ti,Zn,Ga,In}; Ru{Ti,V,Ta,Si}; Rh{Mg,Al,Sc, Mn,In}; OsTi; Pd{Be,Al,Mn,Cu,In}; Cu{Be,Pd,Zn}; Ag{Li,Mg,La,Ce,Pr,Zn,Cd}; Au{Mg,Mn,ZnCd}; Zn{Ba,La,Ce,Pr,Ni,Cu,Ag,Au}; Cd{Ca,Sr,Ba,La,Ce,Pr,Ag, Au}; Hg{Li,Mg,Ca,Sr,Ba,La,Ce,Pr,Nd,Mn}; GaNi; In{Ni,Rh,Pd}; Tl{Li,Mg,Ca, Sr,La,Ce,Pr,Bi}; SiRu; PbLi; BiTl.

Eine Diskussion der Radienverhältnisse und Atomabstände vorstehender Überstruktur-Verbindungen (Laves, 1956) zeigt, daß in vielen Fällen, insbesondere bei den CsCl-Typ-Verbindungen, „heteropolare" Bindungsanteile eine Rolle zu spielen scheinen, und daß in den CsCl-Typ-Verbindungen solche mit einem Radienverhältnis $\neq 1$ ($\approx 0{,}9$ bzw. 1,1) mengenmäßig bevorzugt sind, was durch das Packungs-Prinzip (siehe Fig. 20 der Arbeit 1956) verständlich wird.

### 3. Typen mit Radienquotient $\approx 1$

Außer den unter (2) aufgeführten Typen sei hier besonders der $Cr_3O$($\beta$-W)-Typ erwähnt. Das Seite 160 gegebene Bau-Symbol zeigt deutlich die Wirkung des Konnexions-Prinzips. Kovalente *und* heteropolare Kräfte scheinen eine Rolle zu spielen [Laves (1956), wo auch die Radienverhältnisse ausführlich diskutiert wurden; vgl. dazu auch Greenfield und Beck (1956), Geller (1956, 1957), Pauling (1957)]. Schreiben wir die Verbindungen $A_3B$, so fällt auf, *daß im periodischen System die B-Komponente niemals links der A-Komponente* steht:

$Ti_3\{Pt,Ir,Au,Hg\}$; $Zr_3Hg$; $V_3\{Ni,Co,Rh,Ir,Pt,Au,Ga,Si,Ge,Sn,As,Sb\}$; $Nb_3\{Rh, Os,Ir,Pt,Au,Al,Ga,Ge,Sn,Sb\}$; $Ta_3Sn$; $Cr_3\{Ru,Rh,Os,Ir,Pt,Ga,Si,Ge,O\}$; $Mo_3\{Os, Ir,Al,Ga,Si,Ge\}$; ($W_3O$). Oder geordnet als $BA_3$; $CoV_3$; $NiV_3$; $RuCr_3$; $Rh\{V,Nb,Cr\}_3$ $Os\{Nb,Cr,Mo\}_3$; $Ir\{Ti,V,Nb,Cr,Mo\}_3$; $Pt\{Ti,V,Nb,Cr\}_3$; $Au\{Ti,V,Nb\}_3$; $Hg\{Ti, Zr\}_3$; $Al\{Nb,Mo\}_3$; $Ga\{V,Nb,Cr,Mo\}_3$; $Si\{V,Cr,Mo\}_3$; $Ge\{V,Nb,Cr,Mo\}_3$; $Sn\{V, Nb,Ta\}_3$; $AsV_3$; $Sb\{V,Nb\}_3$; $O\{Cr,(W)\}_3$.

Weiterhin sei erwähnt: $\beta$-W und $\beta$-Mo (aufzufassen als $WW_3$ bzw. $MoMo_3$). Allerdings ist noch nicht geklärt, ob nicht Spuren von Sauerstoff notwendig sind, um diesen Typ beim W und Mo zu stabilisieren. Auch ist interessant, daß ein $H_3U$ in diesem Typ kristallisiert und ein $U_3U \cdot H_{12}$, bei welcher Verbindung die U-Atome die $Cr_3O$-Anordnung besitzen. Schließlich sei darauf hingewiesen, daß die Supraleiter mit höchstem bislang bekannten Sprungpunkt in diesem Typ kristallisieren (Wood und Mitarbeiter, 1958, siehe dort auch weitere Literatur bzgl. der wichtigen Arbeiten von Matthias zu dem Problem „Supraleitung und chemische Zusammensetzung"): $Nb_3Sn$(18,05 °K); $Nb_3Al$(17,5 °K ); $V_3Ga$(16,5 °K); $Nb_3Ga$(14,5 °K).

*) Die Vertreter wurden, zwecks leichterer Überblickbarkeit, nach A- und B-Komponente zusammengefaßt und dem periodischen System folgend angeordnet.

#### 4. Typen mit Radienquotient ≠ 1

Nur einige der Typen können hier (und auch nur kurz) erwähnt werden. Eine ausführliche Besprechung der in diesen Typen kristallisierenden Verbindungen findet man mit weiteren Literaturangaben im Artikel des Verfassers (1956).

Bei den $AB_2$-Verbindungen der $MgX_2$-Typen ($MgCu_2$-, $MgZn_2$-, $MgNi_2$-Typ) wird geometrisch ein Radienverhältnis $R_A/R_B \approx \sqrt{3}/\sqrt{2} = 1.23$ gefordert. Diese, bezüglich ihres Bausymbols identischen, Typen entsprechen von allen bekannten Typen metallischer Verbindungen am besten den drei Prinzipien: Packungs-Prinzip, Symmetrie-Prinzip und Konnexions-Prinzip. Daher kristallisieren sehr viele $AB_2$-Verbindungen in ihnen, wenn $R_A/R_B \approx 1{,}23$ *ist*, oder durch die Ausbildung geeigneter Bindungen, eventuell unter Elektronen-Verlagerung, *erreicht werden kann*. Daß dabei auch heteropolare Bindungsanteile zwischen den sich durchdringenden Gittern erzeugt werden können, wurde bereits auf S. 166 erwähnt.

Es ist die geometrische Sonderstellung dieser $MgX_2$-Typen (in vieler Hinsicht ausgezeichnet im Vergleich mit den beliebig vielen anderen $AB_2$-Anordnungen, die im Rahmen der 230 Raumgruppen denkbar wären), welche sie als Atomanordnungen für metallische Verbindungen besonders geeignet macht. Wenn es in unserem dreidimensionalen Raum nicht möglich wäre, derartig geometrisch günstige $AB_2$-Anordnungen zu realisieren, wäre es sehr fraglich, ob z. B. die Verbindung $KNa_2$ existieren würde (Laves und Wallbaum, 1942). Von diesem Gesichtspunkte aus erscheinen die stöchiometrischen Verhältnisse vieler metallischer Verbindungen mehr durch die geometrischen Eigenschaften unseres Raumes bedingt zu sein, als durch die „Valenzen" ihrer Komponenten. (Über eine mathematische Untersuchung der geometrischen „Ausgezeichnetheit" der $MgX_2$-Typen vergleiche auch Dehlinger und Schulze, 1940).

Als weitere Typen, deren Vertreter neben anderen Bedingungen gewissen Radienquotientenbedingungen genügen müssen, seien aufgezählt: $AlB_2$-Typ; $ThSi_2$-Typ; $CuAl_2$-Typ; $CaF_2$-Typ. Sie wurden im Artikel des Verfassers (1956) ausführlich besprochen.

#### 5. Mischkristall- und Verbindungsbildung in Systemen mit mehr als zwei Komponenten

Eine sinngemäße Anwendung der in (1) bis (4) diskutierten Gesetzmäßigkeiten bewährt sich auch bezüglich des Problems zu erwartender Phasen in Drei- und Mehrstoffsystemen. „Binäre Strukturtypen" werden bevorzugt, indem sich die drei oder mehr Komponenten entsprechend ihrem Radienverhältnis und unter Berücksichtigung der „15%-Regel" — siehe oben unter (1) — auf die „binären" Punktlagen verteilen. Ternäre Verbindungen mit eigenen Strukturtypen (d. h. solchen, die nicht auch schon als Strukturtypen von binären Verbindungen oder gar von Elementen her bekannt sind) sind daher relativ selten (Laves, 1939). Einige Literaturangaben über Mischkristalle in Mehrstoffsystemen finden sich in dem Artikel über „Crystal Structure and Atomic Size" (1956, S. 183).

#### 6. Einlagerungsstrukturen

Solche Strukturen können bei Boriden, Carbiden und Nitriden auftreten, wenn R(Metalloid/)R(Metall) kleiner als etwa 0,60 ist. Sie wurden besonders von Hägg (1929, 1931) studiert. Eine sehr schöne Übersicht über das kristallchemische Verhalten derartiger Verbindungen findet man bei Kiessling (1954).

*Zusammenfassend* läßt sich etwa folgendes formulieren. Vorausgesetzt, die Atome würden sich wie Kugeln verhalten, (sowohl bezüglich ihrer Form wie auch bzgl. ihrer sich anziehenden Kräfte) und vorausgesetzt, die Bindungskräfte seien gleich zwischen gleichen und ungleichen Atomen, dann könnte das Packungs-Prinzip als Packungs-Gesetz formuliert werden. Bei $R_A/R_B = 1$ müßten dichteste Kugelpackungen gebildet werden (wie es ja auch die meisten metallischen Elemente tun). Für $R_A/R_B \neq 1$ könnte untersucht werden, bei welchen speziellen Radienverhältnissen Anordnungen für spezielle stöchiometrische Formeln $A_nB_m$ derart möglich sind, daß dichtere Packungen resultieren als die sogenannten ,,dichtesten Packungen gleichgroßer Atome". Derartige Packungen wären dann energetisch günstiger als die Gemische der reinen A- und der reinen B-Komponente. (Von Entropie-Einflüssen sei bei dieser Betrachtung abgesehen). Das Problem möglicher stöchiometrischer Verhältnisse wäre dann ein rein geometrisches und eine Funktion von $R_A/R_B$.

Die Erfahrung zeigt, daß die metallischen Verbindungen nicht ein solches geometrisches Packungs-*Gesetz* befolgen (z. B. dürfte es *nur dann* Verbindungen des $Cu_3Au$-Typs geben, wenn $R_A = R_B$ wäre). Dies zeigt, daß die Voraussetzungen des vorigen Absatzes nicht zutreffen. Insbesondere werden die Bindungskräfte A-A, B-B und A-B nicht gleich sein. Diese Tatsache macht die Wirkung geometrischer ,,Gesetze" unmöglich und läßt nur noch ,,Prinzipien" oder ,,Regeln" erkennen. Je stärker das Verhältnis der bindenden Kräfte A-A:B-B:A-B von 1:1:1 abweicht, desto mehr werden die Strukturen der Verbindungen von solchen Strukturtypen abweichen können, welche man geometrisch auf Grund des Packungs- und Symmetrie-Prinzips erwarten sollte. Das Konnexions-Prinzip kann hingegen (infolge relativ starker A-A- oder B-B-Bindungen kovalenter Natur) durchaus auch dann noch befolgt werden.

Einige der Einflüsse, welche den geometrischen Prinzipien entgegenwirken, seien im Folgenden kurz aufgezählt. Bezüglich weiterer Information muß der Leser auf die spezielle Literatur verwiesen werden, z. B. auf die Bücher von Hume-Rothery und Raynor (1954), Dehlinger (1955), ,,Theory of Alloy Phases" (American Society for Metals, Cleveland, Ohio, 1956, 378 Seiten), sowie auf neuere Übersichts-Artikel von Nowotny, Holub, Wittmann (1959), Raynor (1959) und Kubaschewski, Sloman (1959).

## F. DER STRUKTURTYP-BEDINGENDE EINFLUSS HETEROPOLARER KRÄFTE

Hier wären besonders die Untersuchungen Zintls und seiner Schule zu erwähnen. Eine zusammenstellende Übersicht der Ergebnisse vieler Publikationen Zintls wurde vom Verfasser (1941) gegeben. Zintl zeigte, daß die Verbindungen in Legierungssystemen, deren eine Komponente im periodischen System rechts der ,,Zintl-Grenze" (Definition siehe oben S. 162) ihren Platz hat, in Strukturtypen kristallisieren, welche man auch als Strukturtypen charakteristisch für salzartige Verbindungen kennt. Als ein Beispiel sei das $Mg_2Sn$ genannt, welches im $CaF_2$-Typ kristallisiert und formalvalenzchemisch als $Mg_2^{2+}Sn^{4-}$ gedeutet werden kann. Daß der heteropolare Charakter hier natürlich stark geschwächt vorliegt (im Sinne V. M. Goldschmidts infolge der hohen Polarisierbarkeit eines $Sn^{4-}$ und der stark polarisierenden Wirkung des $Mg^{2+}$) und daß man mit Pauling bereits weitgehend einen kovalenten Charakter der Bindung zwischen Mg und Sn anzunehmen hat, ist auch schon von Zintl für diese und ähnliche Verbindungen, die sich formal-valenzchemisch deuten lassen, angenommen worden. Das im Rahmen dieses Artikels Wichtige bei diesen Verbindungen ist aber, daß den ,,Hetero-Bindungen" (um das Wort ,,heteropolar" zu vermeiden) zwischen den ungleichartigen Teilchen, also den Bindungen A-B, ein entscheidender Einfluß zukommt. Dieser Einfluß führt dazu, daß *nicht* ein metallischer Verbindungstyp mit kleinem $Q$-Wert (Definition siehe oben S. 159), z. B. der relativ dichte $MoSi_2$-Typ (Überstruktur eines 10G mit $Q = 1{,}11$) gebildet wird, was bei $R_{Mg}/R_{Sn} \approx 1$ durchaus denkbar wäre, sondern der relativ lockere $CaF_2$-Typ mit den Koordinationszahlen 8 und 4, und mit $Q = 1{,}40$ [Vergleiche dazu auch die detaillierten Betrachtungen des Verfassers (1956); Nowotny und Mitarbeiter (1959); Krebs (1956)].

Daß solche ,,Hetero-Bindungen" auch dann noch recht einflußreich sein können, wenn der ,,negative" Partner links der Zintl-Grenze steht, sei am Beispiel des $Cu_2In$ demonstriert (Laves und Wallbaum, 1941). Indium hat eine praktisch gleiche Atomgröße wie das Magnesium. Es war daher erwartet worden, daß $InCu_2$ im $MgCu_2$-Typ kristallisieren würde. Es zeigt sich jedoch, daß $InCu_2$ im aufgefüllten NiAs-Typ kristallisiert, als metallischstes Endglied etwa einer Reihe $Cu_2In$-$Ni_2In$-$Ni_3Sn_2$-$Ni_3Sb_2$ NiAs-NiS. Da alle Verbindungen dieser Reihe im NiAs-Typ kristallisieren, wird man dafür, daß $Cu_2In$ *nicht* im $MgCu_2$-Typ ($Q = 0{,}96$) sondern im aufgefüllten NiAs-Typ ($Q = 1{,}25$) kristallisiert, Hetero-Bindungen verantwortlich machen dürfen, welche zwischen ,,positivem" Cu und ,,negativem" In herrschen. Daß auch hier infolge Polarisation die Cu-In-Bindung vorwiegend kovalenten Charakter haben wird, ist nicht zu bezweifeln. Andererseits ist auch nicht zu bezweifeln, daß diese vorwiegend kovalente Bindung heteropolar dadurch bedingt ist, daß das Indium im periodischen System seinen Platz nahe der Zintl-Grenze hat.

Auch von Dehlinger ist des öftern auf heteropolare Bindungsanteile in Legierungen hingewiesen worden, desgleichen von Hume-Rothery (,,electrochemical factor"). Entsprechende Literaturhinweise findet man in den Büchern dieser Autoren (1954, 1955); siehe auch z. B. Nowotny (1941).

## G. HUME-ROTHERY-PHASEN UND ,,ELECTRON-COMPOUNDS"

Bereits vor etwa 30 Jahren bemerkte Hume-Rothery (1926) eine sehr seltsame Gesetzmäßigkeit, welche viele Verbindungen beherrscht, deren eine Komponente von den Elementen Mn bis Cu, Ru bis Ag, Os bis Au gestellt wird, und deren andere Komponente relativ nahe der Zintl-Grenze liegt, z. B. Si, Zn bis Ge, Cd bis Sn. Die z. T. recht komplizierten Kristallstrukturen dieser Verbindungen treten dann auf, wenn das Verhältnis von ,,Valenzelektronen" zu Atomen in der Nähe von Werten liegt, welche experimentell als für die betreffenden Strukturtypen charakteristisch gefunden wurden. Zum Beispiel wurde von Hume-Rothery für den Strukturtyp des $\gamma$-Messing ein Wert um 21/13 als charakteristisch gefunden (vgl. dazu eine Diskussion von Witte, 1937). Kürzlich ist von Massalski (1956) ein ausgezeichneter Überblick über das zur Zeit vorliegende Material gegeben worden, zusammen mit ausführlichen theoretischen Diskussionen und Literaturangaben. Zur weiteren Information sei der Leser daher auf diesen Artikel verwiesen. Hier sei nur betont, daß auch bei diesen Verbindungen (allerdings nicht so eindeutig wie bei den Zintl-Phasen, und in einer völlig neuen Art) Valenzbetrachtungen noch eine Rolle spielen und in mehreren Fällen ($\beta$-Mn-Typ, $\gamma$-Messing-Typ) Atomanordnungen verstehen lassen, die man ,,geometrisch" nicht hätte voraussehen können. In diesem Zusammenhang sei auch auf die Arbeiten Schuberts (z. B. 1956) über Ortskorrelationen der Elektronen hingewiesen.

Im letzten Jahrzehnt hat sich der Hume-Rotherysche Begriff der Valenzelektronenkonzentration (allerdings in etwas modifizierter und noch nicht voll verstandener Weise) als ordnendes Prinzip auch noch für eine Reihe anderer recht komplexer

Verbindungen erwiesen, die heute allgemein „electron compounds" genannt werden. Als wichtige Strukturtypen seien diejenigen des $\alpha$-Mn und der $\sigma$-Phasen ($\beta$-Uran) genannt. Es ist besonders Beck und seinen Mitarbeitern (siehe z. B. Greenfield und Beck, 1956; Darby und Beck, 1957) zu danken, daß wir heute so viele Vertreter dieser Typen kennen. Die beachtenswerte Häufigkeit dieser Vertreter zeigt, daß z. B. die komplizierte Struktur des $\alpha$-Mn nicht, wie man früher hätte annehmen können, einer „Zufallslaune" der Natur ihre Existenz verdankt, sondern daß bedeutende Fragen allgemeiner Natur dahinter stecken, von deren Beantwortung große Schritte in Richtung des Verständnisses der Legierungsbildung zu erwarten sind. [Vgl. dazu auch eine Arbeit Dehlingers (1935) über das im $\alpha$-Mn-Typ kristallisierende $Mg_{17}Al_{12}$]. Abgesehen von den Beckschen Arbeiten wird in Artikeln von Duwez (1956) und Kasper (1956) Wesentliches zur Aufklärung dieser und anderer Verbindungen zwischen Übergangsmetallen mitgeteilt.

*$\sigma$-Phasen* sind z. Z. bekannt in den binären Systemen: Ti-Mn; V-{Mn, Fe, Co, Ni}; Nb-{Re, Rh, Pd, Pt}; Ta-{Re, Os, Rh, Ir, Pt}; Cr-{Mn, Re, Fe, Ru, Os, Co, Ni (wenn geringe Mo- bzw. W-Mengen anwesend sind)}; Mo-{Mn, Re, Fe, Ru, Os, Co, Ni (siehe unter Cr-Ni)}; W-{Re, Fe, Ru, Os, Co, Ni (siehe unter Cr)}.

*$\alpha$-Mn-Typ-Verbindungen*: Re-W; Re-Mo; Re-Nb; Re-Ta; Re-Ti; $Cr_{12}Fe_{36}Mo_{10}$; $Mg_{17}Al_{12}$.

## H. ATOMRADIEN IN VERBINDUNGEN

Im Abschnitt (D, e) wurde darauf hingewiesen, daß es nach Goldschmidt (1928) möglich ist, aus den Elementstrukturen „Atomradien" abzuleiten. Daß diese Atomradien in metallischen Verbindungen erheblich andere Werte haben können (auch nach Berücksichtigung des Koordinationszahl-Einflusses), ist lange bekannt [siehe z. B. Zintl, Woltersdorf (1935), dort auch Hinweise auf frühere Arbeiten) und Laves (1936)]. Eine Diskussion von bis 1955 in der Literatur vorliegenden Daten wurde vom Verfasser (1956) versucht. Man verdankt Biltz (1934) und seiner Schule (z. B. Weibke, 1938) die Erkenntnis, daß starke Volumenkontraktionen dann beobachtbar sind, wenn die Komponenten große Unterschiede in ihrer „Edelart" aufweisen (heute „difference in electro-negativity" genannt). Volumenkontraktionen und Abstandskontraktionen (also „Radien-Verkleinerung") stehen natürlich in einem ursächlichen Zusammenhang. Daß, sofern die entsprechenden Kristallstrukturen bekannt sind, eine Auswertung der Abstandskontraktionen zu quantitativ weitgehenderen Aussagen führen kann als eine Auswertung der Volumenkontraktionen, wurde vom Verfasser (1936) insbesondere für $MgX_2$-Typ-Verbindungen gezeigt.

Die Tatsache, daß die stark elektropositiven Elemente sich besonders stark „verkleinern", läßt sich als Hinweis dafür deuten, daß heteropolaren Kräften ein wesentlicher Einfluß auf die beobachteten Abstandskontraktionen zuzuschreiben ist. Daß des öfteren diese Abstandskontraktionen nicht mit den von Pauling (1956, dort weitere Literaturangaben) entwickelten Vorstellungen zu deuten sind (trotz der vielen Variablen, welche für eine Anpassung der Theorie an das Experiment vorgesehen sind), wurde im Artikel des Verfassers (1956) gezeigt (vgl. dazu auch die Bemerkungen auf S. 000 oben). Bei vielen metallischen Verbindungen wird man daher wohl erst dann zu einer befriedigenden Deutung der Atomabstände kommen können, wenn man gelernt hat, den Anteil der kovalenten Bindungen (bzw. Atombindungen) innerhalb der homogenen Bauzusammenhänge zum Anteil der heteropolaren Bindungen in den heterogenen Bauzusammenhängen in Beziehung zu setzen, und vorhersagen zu können. In dieser Hinsicht wird viel von Untersuchungen der Richtung zu erwarten sein, wie sie von KUBASCHEWSKI (1959) sowie von KUBASCHEWSKI und SLOMAN (1959) verfolgt wird.

## I. ZUSAMMENFASSUNG

Betrachten wir rückschauend die zuletzt erwähnten Legierungsgruppen: Zintl-Phasen, NiAs-Typ-Phasen, Hume-Rothery-Phasen, „electron compounds", so stellen wir fest, daß in der hier gegebenen Reihenfolge die „Heteropolarität" zwar abnimmt, Valenzelektronenverhältnisse aber weiterhin eine Rolle spielen. Während in den Zintl-Phasen [zu denen in diesem Sinne natürlich auch die ZnS-Typ- und (ähnliche) Verbindungen gehören] die Hetero-Bindungen strukturtypbestimmend sind, zeichnen sich bereits in den NiAs-Typ-Phasen neben den Hetero-Bindungen A-B die Homöo-Bindungen A-A (Ni-Ketten!) als wesentlich strukturbestimmend ab. Wenn beide Bindungstendenzen etwa gleich stark werden, ergibt sich vielleicht als Kompromiß die Dominanz der Valenzelektronenkonzentration mit ihren speziellen strukturbestimmenden Anordnungen. In den „electron compounds" werden dann schon die Homöo-Bindungs-Tendenzen überwiegen, finden sich doch auch in den Systemen, welche $\sigma$-Phasen enthalten, oft bei anderen Zusammensetzungen Verbindungen des $Cr_3O$-($\beta$-W)-Typs, deren Kristallstruktur gut erkennen läßt, daß 75 % aller Atome offensichtlich durch Homöo-Bindungen in Ketten zusammengehalten sind. Von hier aus ist es dann kein großer Schritt mehr zur bevorzugten Ausbildung von $MgX_2$-Typ-Verbindungen, in welchen für beide Komponenten die Möglichkeit besteht, Homöo-Bindungen zu haben, in einer Struktur hoher Packung und hoher Symmetrie, und mit der zusätzlichen Möglichkeit der Ausbildung von Hetero-Bindungen (mehr oder weniger „heteropolar") zwischen den beiden Baugittern. In diesem Zusammenhang ist die Bemerkung KASPERS (1956) interessant, der darauf hinweist, daß im System W-Fe neben der im $MgZn_2$-Typ kristallisierenden Verbindung $WFe_2$ eine solche der Zusammensetzung $W_6Fe_7$ vorkommt mit einer „$\mu$-Phase"-Struktur, die eine rhomboedrische Variante des $\sigma$-Typs ist. Daß auch über die Existenz einer $\sigma$-Phase im System W-Fe in der Literatur berichtet wurde, sei zusätzlich erwähnt.

Ich habe mich bemüht, aus der Fülle des vorliegenden experimentellen Materials solche Gesetzmäßigkeiten hervorzuheben, die es gestatten, einige der wichtigsten Strukturtypen von einem einigermaßen einheitlichen Standpunkte aus überblicken zu können. Hiernach ergeben sich die speziellen Strukturen

I. als drei einfachen Prinzipien folgend, die geometrisch formulierbar sind, ohne auf die individuellen Eigenschaften der einzelnen Komponente Rücksicht zu nehmen;
II. als eine Konsequenz der individuellen Eigenschaften der Komponenten, insbesondere ihrer Neigung, Elektronen abzugeben oder aufzunehmen, bzw. diese nicht so hochsymmetrisch zu verteilen, wie es unser dreidimensionaler Raum geometrisch zulassen würde.

Oder anders ausgedrückt: Den kollektiven Möglichkeiten, welche unser dreidimensionaler Raum den kristallisierenden Atomen zu bieten vermag, wirken die individuellen Kräfte der Atome entgegen. Neben extremen Strukturtypen in der einen oder anderen Richtung werden Kompromißlösungen realisiert. Die „Gesetze" zu finden, welche es ermöglichen sollten, für irgendein Mehrkomponentensystem vorherzusagen, wie es sich in Abhängigkeit von der chemischen Zusammensetzung und der Temperatur bezüglich der Wahl seiner Strukturtypen verhalten dürfte, wird eine nicht leichte Aufgabe zukünftiger theoretischer Forschung sein.

## Literatur

AVERBACH, B. L.: The structure of solid solutions; Theory of alloy phases, (1956) 301—320; Am. Soc. Metals, Cleveland, Ohio.

BEAMER, W. H., C. R. MAXWELL: The crystal structure of polonium; J. Chem. Physics **14**, 569 (1946).

BEATTIE, H. J.: The crystal structure of a $M_3B_2$ double boride; Acta Cryst. **11**, 607—609 (1958).

BILTZ, W.: Raumchemie der festen Stoffe (1934); Voss, Leipzig, 338 Seiten.

DARBY, J. B. und P. A. BECK: $\sigma$-phase in certain ternary systems with vanadium; Trans. AIME **209**, 69—72 (1957).

DEHLINGER, U.: Der Übergang von metallischer zu heteropolarer Bindung; Z. Elektrochemie **41**, 344—346 (1935).

DEHLINGER, U.: Theoretische Metallkunde; Springer, Berlin (1955) 250 Seiten.

DEHLINGER, U., G. E. R. SCHULZE: Kristallchemie der Verbindungen vom Typ $MgCu_2$ und $MgZn_2$; Z. Krist. **102**, 377-390 (1940).

DEHLINGER, U., G. E. R. SCHULZE: Das einfachste Prinzip in der Kristallchemie der Legierungen; Z. Metallkunde **33**, 157—160 (1941).

DUWEZ, P.: Intermediate phases in alloys of the transition elements; Theory of alloy phases, (1956) 243—255; Cleveland, Ohio.

ELLINGER, F. H.: Crystal structure of $\delta'$-Pu and the thermal expansion characteristics of $\delta$, $\delta'$ and $\varepsilon$-Pu; Transactions AIME **206**, 1256—1259 (1956).

FRANK, F. C., J. S. KASPER: Complex alloy structures regarded as sphere packings. I. Definitions and basic principles; Acta Cryst. **11**, 184—191 (1958).

FRIEDEL, J.: Electronic structure of primary solid solutions in metals; Advances in Physics **3**, 446—507 (1954).

GELLER, S.: A set of effective coordination number (12) radii for the $\beta$-wolfram structure elements; Acta Cryst. **9**, 885—889 (1956).

GELLER, S.: Comments on Pauling's paper on effective metallic radii for use in the $\beta$-wolfram structure; Acta Cryst. **10**, 380—81 (1957).

GOLDSCHMIDT, V. M.: Über Atomabstände in Metallen; Z. phys. Chem. **133**, 397—419 (1928).

GREENFIELD, P., P. A. BECK: The sigma phase in binary alloys; Trans. AIME **200**, 3—7, (1954).

GREENFIELD, P., P. A. BECK: Intermediate phases in binary systems of certain transition elements; Transactions AIME **206**, 265—275 (1956).

HÄGG, G.: Eigenschaften der Phasen von Übergangslementen in binären Systemen mit Bor, Kohlenstoff und Stickstoff; Z. phys. Chem. B **6**, 221—232 (1929).

HÄGG, G.: Gesetzmäßigkeiten im Kristallbau bei Hydriden, Boriden, Carbiden und Nitriden der Übergangselemente; Z. phys. Chem. B, **12**, 33—56 (1931).

HUME-ROTHERY, W.: Nature, properties and formation of intermetallic compounds; J. Institute of Metals **35**, 295—361 (1926).

HUME-ROTHERY, W., G. W. NABBOTT, K. M. CHANNEL-EVANS: The limits of solid solutions in alloys of Ag and Cu with B-subgroup elements; Phil. Trans. Roy. Soc. A, **233** (1934) Nr. 721, 97 Seiten.

HUME-ROTHERY, W., G. V. RAYNOR: The structure of metals and alloys; The Institute of Metals, London (1954), 363 Seiten.

KASPER, J. S.: Atomic and magnetic ordering in transition metal structures; Theory of alloy phases (1956) 264—279; Am. Soc. Metals, Cleveland, Ohio.

KIESSLING, R.: The borides of some transition elements; Acta Chemica Scand. **4**, 209—227 (1950).

KIESSLING, R.: Die Nitride, Karbide, Boride und Silizide der Übergangsmetalle; Fortschritte d. Chem. Forschung **3**, 41—69 (1954).

KLEMM, W.: Untersuchungen über die Chalkogenide des Vanadins und ihre Beziehungen zu den Chalkogeniden der übrigen Übergangslemente; Atti del X. Congr. Internaz. di Chimica. Roma 15/21. Mai 1938, Bd. 2, S. 696—705.

KREBS, H.: Der Einfluß homöopolarer Bindungsanteile auf die Struktur anorganischer Salze. II. Halbleiter und legierungsartige Phasen; Acta Cryst. **9**, 95—108 (1956).

KUBASCHEWSKI, O.: The problem of the stability of intermetallic phases; Proc. Symposium on Phys. Chem. of metallic solution and intermetallic compds, Nat. Phys. Lab. Teddington, 1959, 12 Seiten.

KUBASCHEWSKI, O., H. A. SLOMAN: Relations between physical properties and bond mechanism of intermediate compounds; Proc. Symposium on Phys. Chem. of metallic solution and intermetallic compds, Nat. Phys. Lab. Teddington, 1959, 13 Seiten.

LAVES, F.: Die Bauzusammenhänge innerhalb der Kristallstrukturen; Z. Kristallogr. **73**, 202—265 u. 275—324 (1930).

LAVES, F.: Zur Kristallstruktur der Boride vom Typus $MeB_6$; Z. phys. Chemie (B) **22**, 114—116 (1933).

LAVES, F.: Vergleich von Volumen- und Abstandskontraktionen in metallischen Verbindungen; Metallwirtschaft **15**, 631—639 (1936).

LAVES, F.: Kristallographie der Legierungen; Naturwissenschaften **27**, 65—73 (1939).

LAVES, F.: Eduard Zintls Arbeiten über die Chemie und Struktur von Legierungen. Naturwiss. **29**, 244—255 (1941).

LAVES, F.: Crystal structure and atomic size; Theory of alloy phases (1956) 124—198; Am. Soc. Metals; Cleveland, Ohio.

LAVES, F., K. LÖHBERG: Die Kristallstruktur von intermetallischen Verbindungen der Formel $AB_2$; Nachrichten Ges. Wiss. Göttingen, Math. Phys. K. IV, Geologie und Mineralogie. Neue Folge, Bd. 1, Nr. 6, 59—66 (1932).

LAVES, F., H. J. WALLBAUM: Über einige neue Vertreter des NiAs-Typs und ihre kristallchemische Bedeutung; Z. f. angewandte Mineralogie **4**, 17—46 (1941).

LAVES, F., H. J. WALLBAUM: Über den Einfluß geometrischer Faktoren auf die stöchiometrische Formel metallischer Verbindungen, gezeigt an der Kristallstruktur des $KNa_2$. Z. anorg. Chemie **250**, 110—120 (1942).

MASSALSKI, T. B.: Intermediate phases and electronic structure; Theory of alloy phases (1956) 63—124; Am. Soc. Metals, Cleveland, Ohio.

NIGGLI, P.: Die topologische Strukturanalyse. I; Z. Krist. **65**, 391—415 (1927).

NIGGLI, P.: Stereochemie der Kristallverbindungen. II. Komplexe Verbindungen AB; Z. Krist. **75**, 228—264 (1930).

NOWOTNY, H.: Ternäre Valenzverbindungen in den Systemen Cu(Ag)-As(Sb, Bi)-Mg; Z. Metallkunde **33**, 391—394 (1941).

NOWOTNY, H., F. HOLUB, A. WITTMANN: Crystal structure and bond mechanism; Proc. Symposium on Phys. Chem. of metallic solution and intermetallic compds, Nat. Phys. Lab. Teddington, 1959, 10 Seiten.

ORIANI, R. A.: Thermodynamics and models of metallic solutions; Proc. Symposium on Phys. Chem. of metallic solution and intermetallic compds, Nat, Phys. Lab. Teddington, 1959, 14 Seiten.

PAULING, L.: The electronic structure of metals and alloys; Theory of alloy phases (1956) 220—242 Am. Soc. Metals, Cleveland, Ohio.

PAULING, L.: Set of effective metallic radii for use in compounds with the $\beta$-wolfram structure; Acta Cryst. **10**, 374—375 (1957).

PHILIP, T. V., P. A. BECK: CsCl-type ordered structure in binary alloys of transition elements; Trans. AIME **209**, 1269—1271 (1957).

RAYNOR, G. V.: Crystal structure and bond mechanism of intermetallic phases; Proc. Symposium on Phys. Chem. of metallic solution and intermetallic compds, Nat. Phys. Lab. Teddington 1959, 19 Seiten.

SCHUBERT, K.: Über einige Beziehungen zwischen Kristallstrukturen. II. Strukturen mit kommensurabler Ortskorrelation der Partner ($Cu_2Mg$, $CaCu_2$, $NaZn_{13}$ und Verwandte). Z. f. Naturforschung **11a**, 999—1010 (1956).

SCHULZE, G. E. R.: Zur Kristallchemie der intermetallischen $AB_2$-Verbindungen (Laves-Phasen); Z. Elektrochemie **45**, 849—865 (1939).

SLATER, J. C.: Band theory of bonding in metals; Theory of alloy phases (1956) 1—12; Am. Soc. Metals, Cleveland, Ohio.

WEIBKE, F.: Intermetallische Verbindungen, Z. Elektrochemie **44**, 209—221 u. 263—283 (1938).

WITTE, H.: Der Gültigkeitsbereich der Hume-Rotheryschen Regel; Metallwirtschaft **16**, 237—245 (1937).

WOOD, E. A., V. B. COMPTON, Laves-Phase compounds of alkaline earths and noble metals; Acta Cryst. **11**, 429—433 (1958).

WOOD, E. A., V. B. COMPTON, B. T. MATTHIAS, E. CORENZWIT: Beta wolfram structure of compounds between transition elements and aluminium, gallium and antimony; Acta Cryst. **11**, 604—606 (1958).

ZINTL, E., G. WOLTERSDORF: Gitterstruktur von LiAl. Z. Elektrochemie **41**, 877—879 (1935).

A. GUINIER

# L'Etude des Structures Cristallines Imparfaites par les Rayons X

L'aboutissement du travail du cristallographe qui étudie par les méthodes classiques de rayons X la structure d'un cristal, est la détermination de la forme de la maille élémentaire et la position de tous les atomes dans celle-ci. Mais quelle est la relation entre ce schéma et le cristal réel sur lequel les expériences ont été faites ?

On sait maintenant que le cristal réel n'est pas la répétition rigoureuse de mailles identiques dans tout le volume utilisé pour l'expérience de diffraction. Le cristal contient des défauts, comme les lacunes ou les dislocations, si bien que certains atomes ont un entourage anormal. Etant donné les estimations actuellement admises, du nombre de ces défauts, il semble que, même dans un très bon cristal, il puisse y avoir une proportion d'atomes de l'ordre de $10^{-3}$ qui ne sont pas "normaux". Enfin ces défauts peuvent se grouper de façon à morceler le cristal en petits domaines légèrement désorientés. Les écarts de direction d'une famille de plans réticulaires, dans un volume de l'ordre du $mm^3$, est le plus souvent de l'ordre de plusieurs minutes et peut même atteindre le degré dans beaucoup d'échantillons utilisés pour les déterminations de structure.

D'autre part, il n'y a, à aucun moment, aucun motif du cristal réel qui ait exactement la disposition du motif théorique. En effet, les atomes sont doués d'agitation thermique et ceci à toute température, même au zéro absolu, à cause de l'énergie du point zéro.

Les oscillations des atomes peuvent être considérables par rapport à la précision avec laquelle sont situés les atomes dans les schémas que fournissent les techniques modernes de mesure et de calcul. Par exemple la distance entre ions $Na^+$ et $Cl^-$ est facilement déterminée dans le sel gemme à 0,0001 Å près. Or la fluctuation quadratique moyenne de cette distance est de 0,2 Å à la température ordinaire [1]. Les distances entre carbones de la molécule de benzène ont été précisées à 0,003 Å à la température de 0 °C, c'est à dire à 5 °C seulement au-dessous du point de fusion du benzène; mais l'amplitude des mouvements thermiques atteint alors en moyenne 0,25 Å [2].

Enfin, même si l'on considère le centre de gravité des oscillations atomiques, les points obtenus peuvent, dans bien des cas, s'écarter du schéma périodique pour de multiples raisons, dont nous donnons plus loin quelques exemples.

Or ces multiples écarts avec un cristal idéal ne gènent pas les déterminations de maille ou de structure. Au contraire, il est un peu paradoxal de constater que certaines les facilitent. Du point de vue théorique, le calcul de la diffraction est bien plus simple pour le cristal morcelé en petits domaines (théorie cinématique) que pour le gros bloc rigoureusement sans défauts (théorie dynamique) [3]. Le cristal mosaïque donne des intensités de réflexion bien plus fortes, et un cristal trop parfait introduit des erreurs difficiles à éliminer dans la mesure de l'intensité des

[1] R. W. James, The Optical Principles of X-Ray Diffraction, Bell and Sons, Londres (1948), p. 238.
[2] E. G. Cox, Rev. Mod. Phys. **30**, 159 (1958).
[3] W. H. Zachariasen, Theory of X-Ray Diffraction in Crystals, John Wiley and Sons (New York, 1945).

taches (effets d'extinction). D'autre part l'agitation thermique, en diminuant l'intensité des taches de diffraction d'indices élevés, facilite certaines sommations de Fourier.

En somme on peut dire que la figure de diffraction d'un cristal n'est sensible en première approximation qu'aux composantes périodiques dans la structure de l'objet diffractant. Les rayons X font en quelque sorte l'effet d'un filtre qui ne retient que les informations relatives au cristal idéal: ainsi ils exagèrent apparemment la régularité du cristal. C'est pourquoi l'étude des structures cristallines a pu se développer facilement, *malgré* l'imperfection des cristaux naturels ou artificiels. On a même pu l'étendre à des solides aussi mal cristallisés que la cellulose par exemple.

Cette propriété des Rayons X, très avantageuse pour la cristallochimie, a malheureusement une contrepartie fort génante pour la physique du solide. On sait en effet que le schéma du cristal idéal est complétement insuffisant pour rendre compte de nombre de propriétés physiques du solide cristallisé, par exemple les propriétés mécaniques ou la conductibilité électrique. Dans ces cas ce sont les défauts de structure qui jouent le rôle primordial. D'où l'immense intérêt pour le physicien du solide d'avoir un moyen direct d'observation de la structure réelle du solide à l'échelle atomique. Malheureusement comme nous l'avons dit, beaucoup des irrégularites d'un cristal imparfait ne produisent que des effets de second ordre devant les effets de diffraction du cristal régulier moyen dont il dérive par de légères perturbations. Donc les expériences seront difficiles, nécessitant des techniques perfectionnées. D'autre part on peut aussi prévoir que les calculs pour l'interprétation de résultats expérimentaux seront complexes; en effet si un petit nombre de paramètres suffisent à décrire un arrangement régulier d'atomes, une irrégularité est, par définition, difficile à exprimer mathématiquement.

En dépit de ces obstacles, l'étude des imperfections cristallines par les rayons X s'est développée parallèlement à l'étude des structures. Certes l'importance relative de cette branche de la cristallographie est modeste par rapport à celle des structures, quant au nombre des travaux et à la précision des résultats obtenus. Mais les rayons X ont maintenant rendu assez de services à la physique des solides, pour que ces applications soient signalées dans ce livre, non seulement parce qu'elles découlent de la découverte fondamentale de M. von Laue, mais aussi parce que le grand physicien s'est intéressé à ces questions et qu'on lui doit des résultats qui sont la base de nombreux développements, actuels et futurs.

**Les deux types d'imperfection cristalline**

Il y a deux types d'imperfection qui correspondent à des points de vue bien différents. D'une part imaginons que nous partions du gros cristal rigoureusement parfait dans tout son volume. Des défauts relativement rares, disons des dislocations, le divisent en petits domaines eux-mêmes sans défauts. Si ces domaines sont assez petits, on arrive au cas du cristal dit "idéalement imparfait". Mais il est naturellement toute une gamme d'états intermédiaires. Le problème, pour les déterminer, consiste à définir la nature et le nombre des défauts du cristal. Nous verrons plus loin ce qui a été fait de ce point de vue.

Pour le moment, nous considérerons l'autre type d'imperfections. Nous partons du cristal idéalement imparfait et nous ne cherchons pas à préciser la nature des imperfections qui divisent le cristal en petits blocs incohérents les uns par rapport aux autres. Nous supposons simplement que les défauts sont assez nombreux pour que la théorie cinématique s'applique sans difficulté.

On s'intéresse uniquement à la structure des petits blocs (de $1\mu$ ou même moins) qui diffractent de manière cohérente, c'est à dire que l'on veut trouver les défauts de périodicité à petite échelle existant au sein de ces blocs élémentaires. Ce sont ces défauts de périodicité qui ne produisent que des effets de second ordre sur les figures de diffraction.

Dans cette catégorie, pour les corps purs, entrent les défauts dus à l'agitation thermique des atomes, à la déformation d'un cristal sous une action mécanique extérieure (problème de l'écrouissage des métaux), aux perturbations résultant de l'action d'un rayonnement très énergétique ("radiation damages" dûs aux neutrons par exemple).

D'autre part, un problème qui a été très étudié est celui de la structure réelle des solutions solides. La source des défauts de périodicité est la présence de plusieurs sortes d'atomes qui doivent se placer aux noeuds d'un réseau unique. Même si leurs positions sont rigoureusement régulières, il n'y a plus périodicité du cristal, puisque les translations élémentaires du réseau substituent un atome à un atome de propriétés différentes. En plus, à cause des volumes différents des atomes, il se produit souvent des déplacements des atomes en dehors des noeuds du réseau idéal régulier. Dans ces divers problèmes, très importants pour la physique du solide, les rayons X ont apporté des éléments d'information décisifs, qu'aucune autre méthode n'est capable de fournir.

**Les défauts de periodicité dans les cristaux „idéalement imparfait"**

Sans entrer dans les détails, nous voudrions donner une idée de la nature des résultats acquis dans ce domaine.

1) *Agitation thermique*: Grâce aux travaux théoriques, de Laval, en particulier [4], l'étude de la diffusion des rayons X par les cristaux a conduit à des résultats précis. On peut déterminer de façon absolue la vitesse de propagation d'ondes de fréquences plus élevées que celles qu'on peut exciter mécaniquement dans le cristal. On met ainsi en évidence la dispersion des vitesses avec la fréquence. On détermine aussi les constantes élastiques et l'on a pu étudier la nature des forces interatomiques.

2) *Déformation plastique des métaux*: Les théoriciens analysent ces déformations en termes de dislocations qu'ils ont décrit avec précision et qui permettent d'expliquer un grand nombre de faits dans les propriétés mécaniques des métaux. Cependant jusqu'ici,il n'a pas été possible d'obtenir, par diffraction de rayons X, une confirmation de la structure atomique des dislocations. Les calculs théoriques montrent d'ailleurs que leur effet doit être trop faible pour que nos techniques actuelles puissent les déceler [5]. Etant donné l'importance capitale des dislocations en physique du métal, et le besoin considérable de bases expérimentales pour la théorie, cette déficience des rayons X est très regrettable et de grands efforts dans cette direction seront rentables.

Ce qu'il a été possible de connaître sur les métaux déformes, c'est, grâce aux travaux de Warren et Averbach [6] et de leur école, simplement une statistique des variations

[4] J. Laval, Bul. Soc. Franç. Miner. **62**, 137 (1939); **64**, 1 (1941).
[5] A. J. C. Wilson, Nuovo Cimento **10**, 277 (1955).
[6] B. E. Warren and B. L. Averbach, in „Imperfections in nearly perfect Crystals", W. Shockley edit., Wiley and Sons, New York (1953), p. 152.

des distances interatomiques consécutives à une déformation plastique. Les données des rayons X ne suffisent pas pour suggérer par elles-mêmes un modèle de structure mais elles peuvent discerner, parmi les modèles proposés, ceux qui ne sont pas en contradiction avec l'expérience. D'autre part, BARRETT [7] puis WARREN [8] ont pu démontrer l'existence de fautes d'empilement produites par les glissements des plans (111) dans le réseau c. f. c. (stacking faults), ce mode de déformation ayant été auparavant suggéré par les théoriciens.

3) *Effet de taille*: Si le cristal diffractant est très petit, pratiquement de dimension inférieure au micron, ses taches ou raies de diffraction s'élargissent. C'est là encore une altération des diagrammes dû à un type particulier de défaut: ici la limitation de la structure périodique à un très petit domaine. M. VON LAUE [9] a donné des formules qui permettent de préciser la relation entre la taille et la forme du cristal et les dimensions de la tache de diffraction: c'est la base d'une méthode de mesure des dimensions de grains cristallins submicroscopiques.

4) *Solutions solides en equilibre*: Si un cristal mixte est dans les conditions d'équilibre, par exemple un alliage binaire $AB$, l'idée la plus simple est d'admettre que les deux atomes sont répartis au hasard aux noeuds du réseau du cristal mixte. M. VON LAUE [10], a, le premier, évalué l'effet de ce défaut de périodicité. Il a montré que la figure de diffraction était constituée par celle d'un cristal "moyen" dont tous les atomes identiques seraient un atome fictif, moyenne entre les atomes $A$ et $B$ proportionnellement à leur concentrations respectives, et d'une diffusion continue se produisant en dehors des directions de réflexions sélectives, à laquelle on a donné le nom de "diffusion de Laue". Cette diffusion, à condition que les atomes constituants aient des pouvoirs diffusant assez différents, est d'un ordre de grandeur accessible à l'expérience, bien que faible.

Or l'étude de la plupart des solutions solides a montré que la diffusion observée était différente de celle prévue par LAUE. D'où la conclusion que, en règle générale, les atomes ne sont pas disposés au hasard dans une solution solide. Ou bien les atomes $A$ tendent à s'entourer d'atomes $B$: il y a tendance à l'ordre; ou bien ils tendent à avoir des voisins de même nature: c'est la tendance à la segrégation. On a été ainsi conduit à ne plus se contenter de la division trop simple en solutions solides ordonnées et désordonnées, mais on s'attache à déterminer expérimentalement la statistique de la répartition des atomes en mesurant ce qu'on appelle les "degrés d'ordre" [11]. Ces paramètres se calculent directement à partir des figures de diffraction. Cette notion a été un des élements importants de progrès dans nos connaissances sur les alliages, et on voit la place fondamentale qu'occupe le travail initial de M. VON LAUE.

Récemment on a approfondi l'étude de la structure réelle des solutions solides par la détermination des distorsions du réseau qui résultent de la juxtaposition d'atomes de diamètres différents [12]. Sur ce point, les mesures sont plus délicates et les résultats dépendent encore des hypothèses simplificatrices qu'on est obligé d'adopter pour

---

[7] C. S. BARRETT, in „Imperfection in nearly perfect crystals", W. Shockley edit., Wiley and Sons. Chap. III.
[8] B. E. WARREN and E. P. WAREKOIS, Acta Met. **3**, 473 (1955).
[9] M. VON LAUE, Zeit. f. Krist. **64**, 115 (1926).
[10] M. VON LAUE, Ann. der Phys. **56**, 497 (1918).
[11] J. M. COWLEY, J. App. Phys. **21**, 24 (1950).
[12] B. E. WARREN, B. L. AVERBACH and B. W. ROBERTS, J. App. Phys. **22**, 149 (1951). B. BORIE, Acta Cryst. **10**, 89 (1957).

l'interprétation des diagrammes. Quoi qu'il en soit, on est sûr qu'il faut tenir compte de ces distorsions pour rendre compte des propriétés thermodynamiques des solutions solides.

5) *Solutions solides hors d'équilibre*: Il est fréquent pour les alliages métalliques que l'on puisse conserver par trempe une phase unique, désordonnée, à une température où l'état d'équilibre vrai est soit une solution solide ordonnée, soit un mélange de deux phases. La solution solide métastable évolue vers un état plus stable, avec une vitesse d'autant plus grande que la température est plus élevée. La réaction se fait au sein du cristal par diffusion des atomes et il est possible de suivre l'évolution du cristal car, en général, la réaction à la température ambiante est très lente. On a constaté que certains états intermédiaires sont caractérisés par une structure imparfaitement périodique, que les rayons X ont permis de déceler et de préciser.

On a pu suivre, par exemple, comment s'établit l'ordre dans une solution solide, trempée à l'état désordonné. Le résultat le plus intéressant, c'est que l'évolution réelle n'est pas la plus simple que l'on puisse imaginer.

Ainsi dans l'alliage $AuCu_3$ [13], la maille ordonnée est un cube à faces centrées dans lequel les sommets sont seuls occupés par l'atome d'or. Etant donné un réseau cubique à faces centrées, on peut à partir d'un atome d'or placé sur un noeud quelconque bâtir un cristal $AuCu_3$ ordonné. Mais si l'on part de plusieurs atomes d'or, les domaines ordonnés peuvent ne pas se raccorder, si les deux atomes d'or pris comme point de départ n'étaient pas sur le même sous-réseau. Donc si le cristal s'ordonne à partir d'un grand nombre de centres, on prévoit qu'il sera composé de domaines ordonnés mais séparés par des fautes dans l'ordre. Ce qui a été observé, et pas encore expliqué, c'est que ces domaines tendent eux-mêmes à s'arranger: ils sont en forme de lamelles d'une épaisseur voisines de 5 plans atomiques et, séparés par des plans (100). Autrement dit, l'état intermédiaire se rapproche d'une surstructure complexe à très grande maille. Dans un autre alliage or-cuivre, AuCu, cette surstructure atteint même le stade d'une périodicité rigoureuse [14]. La difficulté est de trouver la raison de ces arrangements sur des distances de l'ordre d'une dizaine de plans atomiques, car ils doivent mettre en jeu des forces entre atomes à longue distance dont on ne peut pas, pour l'instant, rendre compte quantitativement. On a invoqué dans certains cas les déformations élastiques du réseau.

Le cas le plus important de structure non parfaitement périodique est celui des alliages dits à durcissement structural ("age-hardening alloys"). C'est le cas d'une solution solide, homogène à haute température, qui se trouve sursaturée à température ordinaire par suite de la baisse de la solubilité des éléments d'addition. L'alliage trempé est donc instable: l'état stable est constitué par une solution solide de concentration normale, donc faible, l'excès des atomes dissous se retrouve dans un précipité. Par exemple Al-4 % Cu devient Al-0,1 % Cu + $Al_2Cu$.

Mais les métallographes ont constaté que les alliages trempés maintenus à température suffisament basse, changent de propriétés mécaniques et physiques: ce qui est intéressant, c'est qu'il y a *amélioration*, car l'alliage durcit. Il est néanmoins impossible de déceler la présence d'un précipité, même avec un instrument à très grand pouvoir séparateur comme le microscope électronique. L'intérêt métallurgique de ces alliages durcis a suscité un très grand nombre de travaux pour trouver la structure responsable

[13] A. J. C. Wilson, X-Ray Optics, Methuen, Londres [1949];
A. Guinier and R. Griffoul, Rev. Métallurgie **45**, 387 (1948).
[14] C. H. Johansson et J. O. Linde, Ann. der Phys. (5), **25**, 1 (1936).

de l'amélioration des propriétés du métal, grâce à laquelle les alliages légers sont si couramment employés (le type en est le duralumin).

La première théorie (MERICA [15]) qui a été émise reposait sur une idée très simple. Puisqu'un précipité visible se développe quand on fait évoluer l'alliage vers sa forme stable à une température suffisante, ce précipité se formerait aussi à basse température, mais, étant donné la vitesse moindre de diffusion des atomes dans le solide, les précipités seraient très petits et échapperaient ainsi aux investigations les plus fines. Néanmoins, ces très petits précipités constitueraient des obstacles très nombreux à la propagation des dislocations, ce qui releverait la limite élastique du métal.

Cette théorie simple a dû être abandonnée pour deux raisons principales. D'abord, de nombreuses propriétés physiques mettent en évidence deux stades distincts d'évolution de l'alliage suivant la température d'évolution: ces deux stades ne se raccordent pas de façon continue [16]. Le second, dit durcissement à chaud, correspond à la présence de précipités visibles. Le premier, le durcissement à froid, doit donc correspondre à une structure atomique particulière et non pas à une précipitation de même nature, mais seulement plus fine. D'autre part les rayons X ont confirmé l'individualité, au point de vue structural, du premier stade d'évolution, dit *pré-précipitation* [17].

Le diagramme de diffraction dû cristal d'alliage durci comporte, en effet, des taches ou traînées diffuses, en plus des taches normales de LAUE-BRAGG de la solution solide, qui ne peuvent pas s'interpréter comme des taches de diffraction d'un précipité quel que soit sa structure, même si l'on suppose que ce précipité est en grains submicroscopiques. Ces phénomènes de diffusion anormale doivent provenir de petites régions du réseau dans lesquelles la périodicité est altérée: on les appelle des "Zones". Evidemment puisque les atomes dissous ont tendance à se segréger, on peut admettre que ces zones sont provoquées par des rassemblements d'atomes dissous en excès au sein du cristal, dont la forme extérieure et la texture générale restent inchangées. La plus simple des hypothèses serait que les atomes restent aux noeuds du réseau: le défaut de périodicité est alors provoqué uniquement par une variation locale de concentration des atomes dissous: ce sont les "*zones sans distorsion*" dont on a trouvé des exemples, particulièrement dans les systèmes où les deux atomes, de la base et de l'addition, ont même diamètre [18]. Il est alors facile de comprendre que géométriquement le réseau ne soit pas sensiblement altéré par une variation de concentration.

Si au contraire, il existe une différence notable entre les volumes des deux sortes d'atomes, l'enrichissement de la zone en atomes dissous provoque des *distorsions du réseau*. La périodicité est alors troublée à la fois par les substitutions et les déplacements d'atomes.

La différence entre la zone et un petit précipité est que la zone n'a pas de structure cristalline bien définie; c'est simplement une région du réseau de la matrice qui est plus ou moins déformée. Mais la zone reste cohérente avec la matrice, c'est à dire qu'il n'y a pas d'interfaces définies entre zones et matrice.

---

[15] P. P. MERICA, R. G. WALTENBERG and J. R. FREEMAN, Trans. AIME **64**, 3 (1920).
[16] U. DEHLINGER, Chemische Physik der Metalle und Legierungen, Akad. Verlagsges., Leipzig (1939).
[17] A. GUINIER, Journ. Met. 673 (1956).
[18] C. B. WALKER et A. GUINIER, Acta Met. **1**, 568 (1953).

C'est là que réside la raison de leur apparition. En effet il est certain que, si les atomes formaient des petits précipités de même taille que les zones, l'énergie libre de l'ensemble serait plus petite. Mais le précipité se raccorde avec la matrice par une surface de discontinuité le long de laquelle les atomes ont une énergie élevée à cause de leur entourage très anormal. La formation d'un grain de précipité nécessite, à cause de la création de cette surface une énergie d'activation trop importante pour qu'elle puisse se réaliser à très basse température. Par contre dans ces conditions, la zone peut se faire, car, l'énergie d'interface est faible, puisqu'il y a parfaite cohérence avec la matrice. Toutefois cet état de pré-précipitation correspond à une énergie libre encore assez élevée et il est remplacé par la précipitation vraie quand l'alliage est porté à plus haute température, où l'énergie d'agitation thermique est suffisante pour rendre possible la formation des grains de précipités.

La zone a une structure assez différente de celle des précipités pour rendre compte des discontinuités observées entre les propriétés des deux stades d'évolution. C'est pourquoi cette nouvelle notion se montre utile dans la technologie des traitements thermiques des alliages durcissants.

Il a été possible de déduire des observations des diagrammes de rayons X des indications assez précises sur la nature des imperfections cristallines des zones. Un des systèmes les mieux connus, et d'ailleurs un des premiers étudiés, est l'alliage Al-Cu [19]. La zone, appelée dans ce cas "zone Guinier-Preston", a une forme très particulière: les atomes de cuivre se rassemblent en plaquettes sur les plans (100) du cristal: le diamètre de ces plaquettes est de l'ordre de 100 Å et leur épaisseur de l'ordre de quelques plans atomiques. Comme l'atome de cuivre est plus petit que celui d'aluminium, les plans adjacents de la matrice sont rapprochés. Mais la périodicité du réseau n'est altérée que suivant la normale au plan de la zone. Dans ce plan, les atomes restent dans la zone conservent la disposition rigoureuse d'un plan (100) normal d'aluminium.

Les déformations de réseau qui ont été observées dans les zones étudiées jusqu'ici sont de natures trés variées, Ainsi, dans les alliages ternaires comme Al-Mg-Si, [20], la périodicité n'est conservée que les long des rangées [100] et ces rangées, intactes, sont déplacées les unes par rapport aux autres.

Actuellement les rayons X ont révélé l'existence de cristaux à structure cristalline imparfaite dans de nombreux types d'alliages mais dans beaucoup de cas, la structure atomique détaillée des zones imparfaites n'est pas encore connue. Si des résultats précis ont pu être obtenus dans quelques cas, c'est que le nombre relatif d'atomes participant à ces imperfections est assez grand, si bien que l'effet des imperfections sur le diagramme devient expérimentalement perceptible. Ainsi dans ce cas, le théoricien connait à la fois la structure atomique réelle d'un métal et ses propriétés physiques. Ceci est d'autant plus intéressant que, comme nous l'avons dit, dans le cas du métal pur, la structure des imperfections n'est pas encore donnée par des observations directes.

Dans les alliages que nous venons de considérer, les zones à cristallisation imparfaite sont de petites régions englobées dans un réseau normal. On retrouve une situation analogue dans la structure de certains cristaux soumis au bombardement de neutrons.

---

[19] G. D. Preston, Proc. Roy Soc. London **A 167**, 526 (1938).
A. Guinier, Ann. de Phys. **12**, 161 (1939).

[20] H. Lambot, Rev. Metallurgie **47**, 709 (1950).

Les atomes sont bousculés par le choc des particules, primaires ou secondaires, et une action très prolongée détruit complétement la structure cristalline (quartz irradié [21], minéraux métamictes [22]). Pour les irradiations ménagées, les défauts cristallins sont concentrés en zones perturbées, que les rayons X permettent de décrire (cas de LiF [23]).

Ce n'est pas seulement dans les métaux que l'on a signalé des structures imparfaites, mais aussi dans des minéraux. Le perfectionnement des méthodes expérimentales de rayons X a fait apparaître dans les diagrammes de nombreux cristaux, des phénomènes de diffusion en dehors des réflexions de LAUE-BRAGG, caractéristiques de défauts de périodicité. Nous ne ferons que signaler ici comme exemple le travail de JAGODZINSKI sur la wurtzite [24].

Enfin rappelons l'existence des corps mal cristallisés comme les polymères organiques, que HOSEMANN appelle paracristaux [25]. Là encore, les Rayons X peuvent donner des informations précises sur leur structure.

Ainsi il apparaît toute une large classe de solides dont la structure est intermédiaire entre le cristal parfait et le corps amorphe, certains étant très proches du cristal et d'autres se rapprochant plutôt de l'état amorphe. Ces solides interviennent à cause de leurs propriétés intéressantes dans des techniques très variées, depuis la métallurgie jusqu'aux plastiques. Aussi les études de structure par rayons X, outre leur intérèt théorique à cause de la notion de structure cristalline imparfaite, ont-elles contribué aux progrès de la technique.

**Les cristaux presque parfaits**

Au lieu de partir de la théorie du cristal "idéalement imparfait", on peut prendre comme base la théorie dynamique valable pour le cristal parfait et comparer les observations aux prévisions de cette théorie. Cette théorie ne convient qu'à l'étude des cristaux *presque parfaits*, que jusqu'ici nous n'avions pas considérés.

Il est particulièrement approprié d'aborder ici ce sujet, parce que la contribution personnelle de M. VON LAUE [26] est, comme on le sait, considérable dans le développement de la théorie dynamique de la réflexion cristalline. D'autre part, bien que l'on soit encore aux débuts des applications de cette méthode d'étude des cristaux, il semble que celle-ci doive être féconde.

Rappelons un des résultats fondamentaux de la théorie dynamique. Quand un cristal est *rigoureusement périodique* dans un volume étendu, disons de dimensions de l'ordre d'une dizaine de microns au moins, les réflexions se produisent pour les directions qui étaient prévues par la théorie du cristal mosaïque, mais le pouvoir réflecteur du cristal est bien plus faible, le rapport des intensités réfléchies, suivant le cristal et la longueur d'onde, peut être de 10 à 30. Ainsi l'introduction des *premières* imperfections a un effet considérable sur le pouvoir réflecteur, alors que nous avons vu que l'introduction de défauts de périodicité rares ou peu importants dans un cristal mosaïque

[21] M. WITTELS and F. A. SHERRILL, Phys. Rev. **93**, 1117 (1954).
[22] L. VEGARD, Phil. Mag., **32**, 65 (1916).
[23] M. LAMBERT, Thèse Univ. Paris (1958) No 4145.
[24] H. JAGODZINSKI, Acta Cryst. **2**, 298 (1949).
[25] R. HOSEMANN, Acta Cryst. **4**, 520 (1951).
[26] M. VON LAUE, Die Interferenzen von Röntgen- und Elektronenstrahlen. J. Springer Berlin (1935). M. VON LAUE, Acta Cryst. **2**, 106 (1949); **5**, 619 (1952).

n'a qu'un effet très faible sur sa figure de diffraction. On en conclut que, pour les cristaux presque parfaits, la mesure du pouvoir réflecteur doit être une méthode sensible pour évaluer l'"état de perfection" du cristal. Malheureusement, actuellement, on ne peut encore qu'être assez vague, car cette notion d'"état de perfection" n'a pas encore de définition précise en fonction de la structure réelle.

On ne dispose pas de théorie permettant un calcul correct de l'influence de la nature et du nombre des défauts que l'on introduit, par exemple des dislocations. Cela provient de ce que la théorie dynamique revient en somme à trouver une solution des équations de MAXWELL, ce qui est très difficile, si on considère, au lieu d'un cristal homogène et infini, un cristal limité ou contenant des imperfections. Le besoin d'une telle théorie est d'autant plus grand que l'on dispose actuellement d'un excellent matériel expérimental. Jusqu'il y a quelques années, les conclusions de la théorie dynamique n'avaient pu être vérifiées que sur des cristaux naturels exceptionnels comme la calcite, les autres cristaux naturels étant tous du type mosaique. Maintenant on sait préparer des cristaux de silicium ou de germanium, parfaits ou contenant un nombre variable et déterminable de dislocations. Ces échantillons permettraient de contrôler les prévisions théoriques.

En attendant des développements probables très intéressants dans cette direction, on a déjà utilisé cette variation du pouvoir réflecteur avec le degré de perfection de façon qualitative. Il existe des méthodes expérimentales, dérivées de celle dite de BERG-BARRETT [27], qui donne d'une surface ou d'un section plane d'un cristal une image où les inégalités de noircissement du film correspondent à des inégalités du pouvoir réflecteur aux différents points du cristal. On obtient ainsi une carte de la répartition des imperfections dans le cristal, sans toutefois en connaître la nature ou le degré. Des résultats importants ont déjà été obtenus parmi lesquels le plus remarquable est la "photographie" des lignes de dislocation dans un cristal presque parfait de silicium [28].

Ces méthodes de rayons X n'ont pas très grand pouvoir séparateur, de l'ordre du micron au maximum; mais dans un très bon cristal de silicium, les dislocations sont assez séparées pour être distinguées sur l'image aux rayons X. Il n'en serait pas de même avec un métal quelconque.

Par contre, si on remplace les rayons X par les électrons le pouvoir de résolution peut être très amélioré. Il faut citer, comme se rattachant étroitement aux méthodes qui viennent d'être décrites, les très belles expériences de HIRSCH et WHELAN [29] qui ont pu photographier et même cinématographier des lignes de dislocation en mouvement dans un métal. On fait avec un microscope électronique l'image d'une feuille métallique assez mince pour être traversée par les électrons. Une partie de l'énergie absorbée dans la feuille correspond à l'énergie diffractée par des plans réticulaires rencontrés sous un angle à BRAGG. Le long de la ligne de dislocation, le pouvoir réflecteur est accru, donc l'énergie diffractée est plus grande ainsi que l'absorption. La ligne apparaît donc comme une ligne sombre sur l'image. Le contraste est suffisant, à cause de la grande sensibilité du pouvoir réflecteur à la perfection du cristal.

---

[27] C. S. BARRETT, Trans. AIME **161**, 15 (1945).
[28] A. LANG, J. Appl. Phys. **29**, 596 (1958).
G. BORRMANN, H. HARTWIG et H. IRMLER, Zeit. f. Naturforsch. **13**a, 423 (1958).
[29] M. J. WHELAN et P. B. HIRSCH, Phil. Mag. **2**, 1121 et 1303 (1957).

D'après les seuls résultats de la diffraction des rayons X, il était admis que la théorie dynamique ne pouvait pas s'appliquer à des métaux usuels, et voici qu'apparaissent, pour les électrons, mais, peut-être bientôt aussi pour les rayons X, des applications simples et très importantes. Ainsi les calculs, fort complexes, de M. von Laue, il y a quelques années, étaient considérés par la majorité des cristallographes comme une curiosité utilisable seulement pour des anomalies de la nature. Mais maintenant, l'on pense qu'ils seront la source d'une des méthodes les plus fines pour l'exploration des défauts des cristaux dont la connaissance est à la base de la théorie d'un solide quelconque.

H. JAGODZINSKI

# Struktur- und Phasenbegriff in Mischkristallen

Seit der Entdeckung der Röntgenstrahlbeugung an Kristallen durch v. LAUE [1] hat die Bestimmung der Kristallstrukturen anorganischer und organischer Stoffe so große Fortschritte gemacht, daß man glauben könnte, wir stehen dicht vor dem Abschluß einer wichtigen Forschungsepoche. Wenn man sich jedoch die Frage überlegt, inwieweit die Ergebnisse der Strukturanalyse bereits dazu verwendet werden konnten, überall die wichtigsten Prinzipien der Struktur der stofflichen Welt zu erfassen, so wird man bald erkennen, daß man auch wesentliche Fragen noch nicht übersieht. Es mag zutreffen, daß zwischen vielen Problemen von gestern und heute nur ein gradueller Unterschied der Schwierigkeit besteht, jedoch gibt es zweifellos auf vielen Gebieten noch prinzipielle Fragen, deren Lösung einer künftigen Entwicklung vorbehalten bleiben muß.

Beugungsmethoden mit Röntgen- oder Korpuskularstrahlung haben sich auf fast allen Gebieten als wichtiges Hilfsmittel durchgesetzt; durch verbesserte Untersuchungsmethoden wurden die Schlußfolgerungen aus dem Experiment vertieft. Der Kristall wird dabei meist vom theoretischen Standpunkt als ein Gebilde angesehen, das sich praktisch aus unendlich vielen Bausteinen zusammensetzt. Das erkennt man z. B. an der Feststellung, daß er die Translation als Symmetrieoperation enthält. Streng gilt das nur für den unendlichen Kristall, man schaltet also den Rand als für unsere Anschauung unwesentlich aus. Es ist trivial, daß diese Auffassung mit sinkender Kristallgröße immer unzutreffender wird. Eine Entscheidung darüber, ob die Definition des Kristalls bei hundert, einigen Milliarden oder bei noch mehr Elementarzellen aufhören soll, wurde bisher jedoch vermieden. Man kann aber zeigen, daß der wesentliche Unterschied zwischen nicht kristallin und kristallin im Grenzübergang zum Unendlichen liegt, und damit wären wir eigentlich jeder Sorge enthoben, da eine weitere Grenze im Endlichen nicht zu erwarten ist.

Trotzdem haben sich Begriffe wie glasig oder amorph einerseits, und kristallin andererseits durchaus als gegeneinander abgrenzbare Zustände unserer stofflichen Welt erhalten. Streng genommen besteht aber zwischen beiden nur ein gradueller Unterschied, und eine Diskussion darüber, ob man sich z. B. das Glas aus Kristalliten aufgebaut denken darf oder nicht, ist eigentlich unnötig. Es bestehen eben alle Übergänge vom Glasigen zum Kristallinen, so lange man das Unendliche ausschaltet. Man könnte sich damit zu retten versuchen, daß kein Grund dagegen spricht, den Einkristall auch im (uns unzugänglichen) unendlichen System als stabiles (oder vielleicht metastabiles) Gebilde anzusehen. Es gibt jedoch heute schwerwiegende Gründe dagegen, die stoffliche Welt von einem Gedankenexperiment her beschreiben zu wollen. Eine Theorie muß grundsätzlich auf dem Boden des experimentell Beobachtbaren aufgebaut sein. BORN [2] hat darauf hingewiesen, daß es Gründe geben kann, die gegen den unendlichen Kristall als den eigentlichen stabilen Grenzzustand sprechen; jedoch soll diese Fragestellung in dieser Arbeit nicht berührt werden. Wir wollen uns hier mit einigen Punkten zu der Frage befassen, in welcher Richtung die

---

[1] M. v. LAUE, W. FRIEDRICH und P. KNIPPING, Münchener Sitzungsberichte (1912), S. 303.
[2] M. BORN, Festschrift zum 200jährigem Bestehen der Akademie der Wissenschaften in Göttingen, Math.-Phys. Klasse, Springer (1951), S. 1.

Endlichkeit der experimentell beobachtbaren Systeme die Ergebnisse unserer experimentellen Untersuchungen beeinflussen kann, und ob unsere Aussagen nicht unter Umständen irreführend oder sogar falsch sein können.

## 1. Der zufällige Mischkristall

Wir werden uns in der folgenden Untersuchung oft mit Problemen der Röntgenstrahlbeugung zu beschäftigen haben. Es seien daher zur Erläuterung der hier verwendeten Methodik einige bekannte Bemerkungen zum Röntgenbeugungsproblem vorangestellt.

Irgendeine Dichteverteilung streuender Objekte als Funktion der Ortskoordinate $x$ bezeichnen wir mit $\varrho(x)$. Im Falle des Röntgenbeugungsproblems betrachtet man Elektronendichteverteilungen; die Benutzung der eindimensionalen Auffassung bedeutet keine Beschränkung der Allgemeingültigkeit der Überlegungen. Amplitude $A$ und Phase der gebeugten Strahlen ermittelt man bekanntlich durch die Fourier-Transformation:

$$A(h) = \int_{\text{Raum}} \varrho(x)\, e^{-2\pi i h x}\, dx\,. \tag{1}$$

Die komplexe Funktion $A(h)$ stellt in bekannter Weise Amplitude und Phase der gebeugten Welle dar; $h$ steht mit dem Einfalls- und dem Beugungswinkel in einem einfachen geometrischen Zusammenhang, der uns hier nicht interessieren soll. ($h = 0$ entspricht dem Beugungswinkel 0). Experimentell meßbar ist nur die Intensität der gebeugten Strahlen, also das Amplitudenquadrat $|A(h)|^2$. Mit Hilfe von Gleichung (1) kann man zeigen, das $|A(h)|^2$ wiederum die Fourier-Transformierte einer Funktion $P(u)$ ist, die mit unserer ursprünglichen Dichtefunktion in folgendem Zusammenhang steht:

$$P(u) = \int_{\text{Raum}} \varrho(x) \cdot \varrho(x-u)\, dx = \int_{-\infty}^{+\infty} |A(h)|^2\, e^{+2\pi i h u}\, dh\,. \tag{2}$$

Wir wählen die neue Ortsvariable $u$ (Abstandsvariable). Daß $P(u)$ ebenfalls durch eine Umkehr-Transformation aus $|A(h)|^2$ gewonnen werden kann, folgt aus den allgemeinen Sätzen der Fourier-Transformationen. Gleichung (2) sagt aus, daß man aus der Intensitätsmessung allein nicht die Funktion $\varrho(x)$ selbst, sondern die Funktion $P(u)$ erhält. Man nennt $P(u)$ auch das Faltungsquadrat von $\varrho(x)$ [3].

Die geometrische Veranschaulichung der durch das erste Integral in Gleichung (2) dargestellten Faltungsoperation gibt Abb. 1 für eine Anordnung von Punkten wieder. Wir denken uns die gesamten Elektronen eines Atoms in einem Punkt konzentriert, so daß der Integralwert über ein Atom mit der Elektronenzahl des Atoms übereinstimmt. Wir zeichnen uns nun unsere Punktanordnung auf je einem Streifen Papier auf und verschieben gemäß Gleichung (2) die beiden Streifen um den Betrag $+u$ gegeneinander. Jedem Punkt $i$ unserer Anordnung wird nun eine Zahl $f_i$ zugeordnet, die mit der Elektronenzahl des darzustellenden Atoms übereinstimmt.

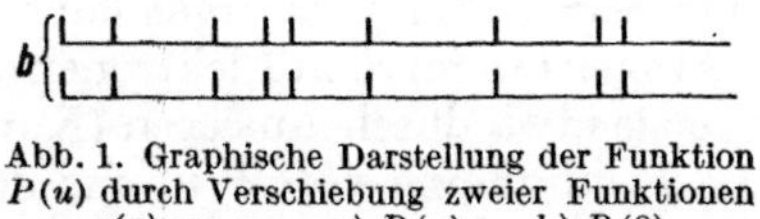

Abb. 1. Graphische Darstellung der Funktion $P(u)$ durch Verschiebung zweier Funktionen $\varrho(x)$ um $u$ a) $P(u)$ b) $P(0)$

[3] R. Hosemann und S. N. Bagchi, Acta Cryst. 7, 237 (1954).

Man erhält also $P(u)$ gemäß Gleichung (2) durch Summation der Zahlenprodukte $f_i f_k$ der bei der Verschiebung um $u$ zusammenfallenden Punkte $i$ und $k$. $P(0)$ (unverschobene Funktion) läßt sich dabei sofort übersehen, denn es gilt

$$P(0) = \Sigma f_i^2, \tag{3}$$

weil alle Punkte zusammenfallen. Man erkennt aus Gleichung (3) in Verbindung mit Gleichung (2) wegen

$$P(0) = \int_{-\infty}^{+\infty} |A(h)|^2 dh = \sum_i f_i^2,$$

daß die integrale Intensität eines Beugungsbildes nur von der Zahl der Atome und von ihren Elektronenzahlen abhängt. Sie ist unabhängig von der gegenseitigen Anordnung, sofern keine Atome mit sich selbst zur Deckung gebracht werden. Man erkennt aus Abb. 1 weiter, daß $P(u) = P(-u)$ gelten muß. Es ist dasselbe, ob man sich den unteren Streifen nach rechts oder den oberen Streifen nach links verschoben denkt. Wir werden also in folgenden Funktionen $P(u)$ immer nur einseitig, z. B. $P(+u)$, auftragen.

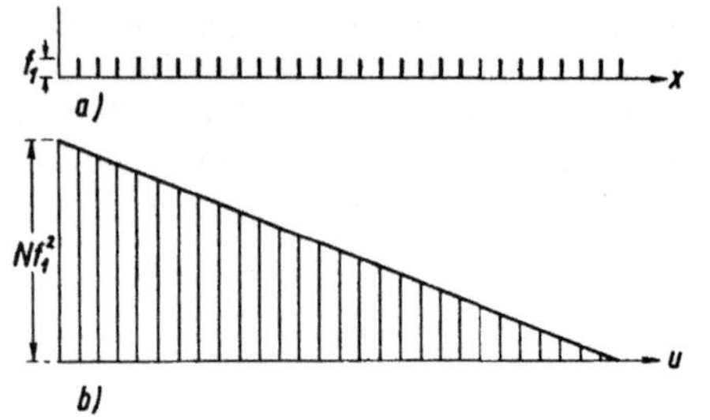


Abb. 2a, b. $P(u)$ (Abb. 2b) eines endlichen Gitters $\varrho(x)$ (Abb. 2a) aus gleichen Punkten $f_1$, $x$ und $u$ haben denselben Längenmaßstab

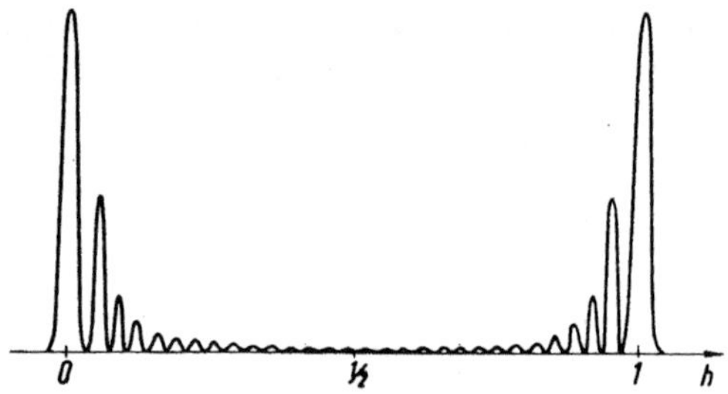


Abb. 2c. Fouriertransformierte (Beugungsbild) der Abb. 2b

Abb. 2a zeigt eine endliche Kette von $N_0$ gleichen Punkten $f_1$ ($f_1$ = Elektronenzahl) im gleichen Abstand $a$, die dazugehörige Funktion $P(u)$ (Abb. 2b) läßt sich nun leicht übersehen, da nur dann von Null verschiedene Werte von $P(u)$ auftreten, wenn $u = ma$ ($m$ = ganze Zahl) gilt. Es kommen also nach Verschiebung um $m \cdot a$ ($N_0 - m$) Punkte mit sich zur Deckung. $P(u)$ ist also die in Abb. 2b dargestellte, monoton abklingende gitterartige Funktion. Ihre Fourier-Transformierte, die das Beugungsbild kennzeichnet, zeigt Abb. 2c. Neben dem Hauptmaximum für $h = 0$, $h = 1$ usw. erhält man $N_0 - 1$ Nebenmaxima zwischen je 2 Hauptmaxima.

Wir betrachten jetzt irgendeine statistische Anordnung, vgl. Abb. 3a. Es wurden 2 Atomarten mit den Elektronenzahlen $f_1 = 1$ und $f_2 = 2$ in einer Anordnung gewählt, wie sie etwa durch Auslosen (Kopf und Adler) mit einer Münze auftreten kann. Für die Bestimmung von $P(u)$ aus $\varrho(x)$ gemäß Gleichung (2) kann man nun graphisch durch Verschieben zweier Funktionsstreifen vorgehen. Man kann aber auch $P(u)$ durch Auszählen der Paare im Abstand $u$ in $\varrho(x)$ bestimmen. So erhält man für $u = 3a$

z. B. 13 gleiche Paare vom Typ $f_1$, 11 gleiche Paare vom Typ $f_2$, die restlichen, an $N_0-3$ $(=47)$ fehlenden Paare (23) sind ungleiche Paare. Nennen wir in üblicher Konvention die Wahrscheinlichkeit eines Münzenwurfes vor dem Wurf a-priori-Wahrscheinlichkeit, die Wahrscheinlichkeit nach Ausführung eines oder mehrerer

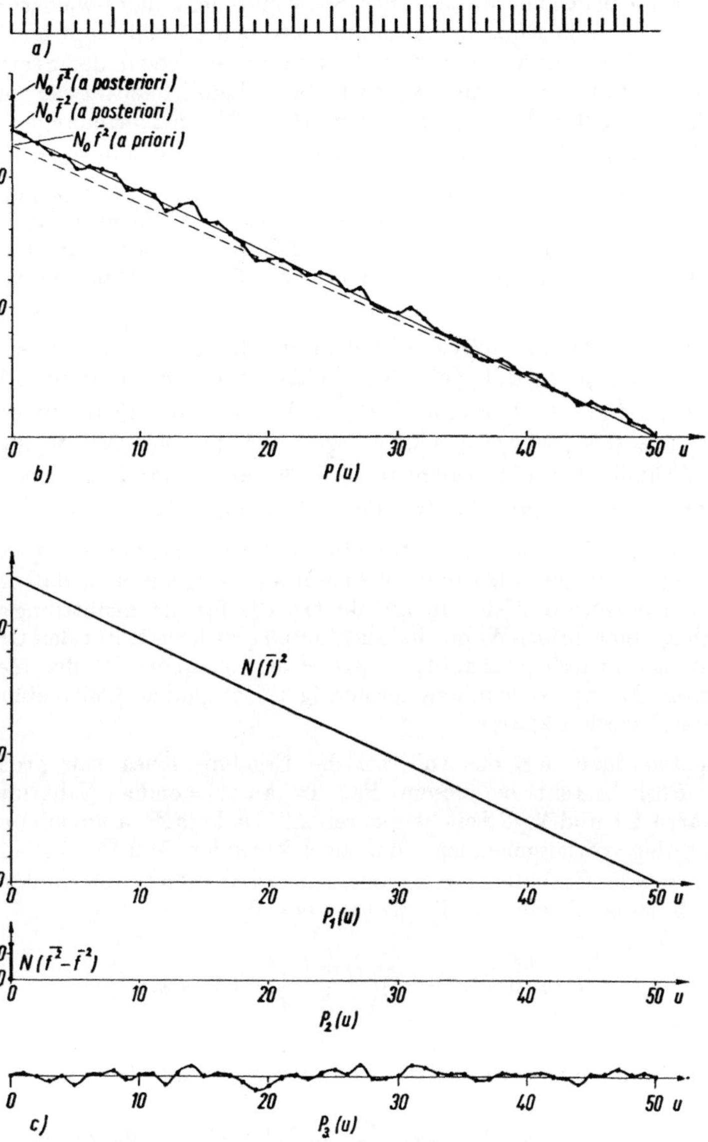


Abb. 3

a) Modell für einen eindimensionalen Mischkristall mit $f_1 = 1$ und $f_2 = 2$.

b) $P(u)$ für Abb. 3a.

c) Graphische Zerlegung der Abb. 3b in $P_1(u)$, $P_2(u)$ und $P_3(u)$

Würfe die a-posteriori-Wahrscheinlichkeit, so kann man diese Größe für unser Experiment wie folgt angeben:

Die a-priori-Wahrscheinlichkeit für die beiden Teilchenarten 1 und 2 ist gleich und beträgt 1/2, vorausgesetzt, daß die Ober- und Unterseite der Münze beim Wurfexperiment gleichwertig sind. Die a-posteriori-Wahrscheinlichkeit eines 1- oder 2-Teilchens unterliegt aber statistischen Schwankungen, da es wiederum keineswegs sicher ist, daß nach 50 Einzelexperimenten wirklich 25 mal Kopf und 25 mal Adler erschienen ist. Nach den bekannten Schwankungsgesetzen der Statistik wird die mittlere Abweichung von der a-priori-Wahrscheinlichkeit zwar mit der Zahl der Einzelexperimente $N_0$ immer größer (bei „Normalverteilungen" beträgt die mittlere Abweichung $\sqrt{N_0}$), aber ihr Verhältnis — angenommen, es sei $\sqrt{N_0}/N_0 = 1/\sqrt{N_0}$ — geht mit $1/\sqrt{N_0}$ gegen 0. In unserem Fall beträgt die a-posteriori-Wahrscheinlichkeit eines 1-Teilchens 27/50 und die eines 2-Teilchens 23/50. Es besteht aber kein Zusammenhang zwischen dem Ausfall der ersten und letzten Würfe eines Experiments, wenn zufällig bei den ersten Würfen eine Häufung von 1-Teilchen aufgetreten wäre.

Wir gehen nun zu Abb. 3 zurück; die oben erwähnte Auszählung der Paare liefert offensichtlich die a-posteriori-Wahrscheinlichkeit unserer Anordnung. Werden nämlich $N_{11}^{(m)}$ und $N_{22}^{(m)}$ gleiche Paare, und $N_{12}^{(m)} + N_{21}^{(m)}$ ungleiche Paare im Abstand $u = ma$ gezählt, so gibt mit $N_m = N_{11}^{(m)} + N_{22}^{(m)} + N_{12}^{(m)} + N_{21}^{(m)}$ der Wert $N_{ik}/N_m$ die a-posteriori-Wahrscheinlichkeit eines Teilchenpaares $i$, $k$ im Abstand $ma$ an. Für $N_0$ gilt $N_{ik}^{(0)} = 0$ (für $i \neq k$). $N_{ii}^{(0)}$ gibt die Zahl der Teilchen der Sorte $i$ an.

Die Ableitung der Funktion $P(u)$ für eine statistische Anordnung von zwei oder mehreren Teilchensorten wird nun allgemein so vorgenommen, daß man die oben diskutierten a-posteriori-Wahrscheinlichkeiten, die für die Ermittlung von $P(u)$ benötigt werden, den a-priori-Wahrscheinlichkeiten gleichsetzt. Für den Grenzübergang nach $\infty$ ist das sicherlich erlaubt, unsere Frage ist aber: Ist der hier begangene Fehler so groß, daß bei Anwendung der heutigen Röntgenmethoden eine Abweichung noch gemessen werden kann?

Wir betrachten dazu nun das theoretische Ergebnis eines sehr großen Kristalls ($N_0 \to \infty$). $P(0)$ besteht in diesem Fall in ausreichender Näherung aus $N_0/2$ Teilchenpaaren 1,1 und $N_0/2$ Teilchenpaaren 2,2. Da kein Zusammenhang irgendeines Wurfes mit den vorhergehenden oder nachfolgenden Würfen besteht, sind alle anderen Werte von $P(u)$ aus den gleichen a-priori-Wahrscheinlichkeiten der 4 Paarmöglichkeiten zu ermitteln. So gilt also für $m \neq 0$

$$P(ma) = (N_0 - m)\left(\frac{f_1 + f_2}{2}\right)^2 = (N_0 - m)\,\bar{f}^2 .$$

Die Gesamtzahl der hier verwendeten Atompaare beträgt also

$$N_0 + \tfrac{1}{2} N_0 (N_0 - 1) = \frac{N_0^2}{2} + \frac{N_0}{2} \quad \text{gleiche Paare},$$

$$\tfrac{1}{2} N_0 (N_0 - 1) = \frac{N_0^2}{2} - \frac{N_0}{2} \quad \text{ungleiche Paare}.$$

Da unsere Anordnung aber aus $N_0/2$ Teilchen 1 und $N_0/2$ Teilchen 2 besteht, (das ist durch $P(0)$ festgelegt), ist die bei der Faltung entstehende Gesamtzahl der Paare:

$$\frac{N_0^2}{2} \text{ gleiche Paare und } \frac{N_0^2}{2} \text{ ungleiche Paare;}$$

denn jedes Teilchen kommt mit sich selbst und jedem anderen genau einmal zur Deckung. Wir haben also einen systematischen Fehler dadurch gemacht, daß wir zu viele gleiche Paare und zu wenig ungleiche Paare benutzt haben. Abgesehen vom Faktor $(N_0 - m)$ beträgt die Differenz $P(0) - P(ma)$ für beliebiges $m$

$$P(0) - P(ma) = N_0(\tfrac{1}{2}f_1^2 + \tfrac{1}{2}f_2^2) - N_0(\tfrac{1}{2}f_1 + \tfrac{1}{2}f_2)^2 = N_0(\overline{f^2} - \bar{f}^2) = N_0\left(\frac{f_1 - f_2}{2}\right)^2 > 0.$$

$(\overline{f^2} - \bar{f}^2)$ ist die als mittleres Schwankungsquadrat bekannte Größe. Der obige Ausdruck ist also positiv, und zeigt, daß $P(u)$ an der Stelle $u = 0$ eine herausragende Spitze besitzt. Man erkennt weiterhin aus der rechten Seite der obigen Gleichung, daß $P(0) - P(ma)$ genau dem integral begangenen Fehler entspricht, denn die Differenz $P(0) - P(ma)$ entspricht der Differenz von $N_0/2$ Produkten gleicher und $N_0/2$ Produkten ungleicher Teilchenpaare. Man kann nun zeigen, daß dieser Fehler auch nicht dadurch umgangen wird, daß man an Stelle der a-priori-Wahrscheinlichkeiten die a-posteriori-Wahrscheinlichkeiten $p_{ii}^{(0)}$*) einsetzt. Die $p_{ik}^{(0)}$ müssen also im Durchschnitt etwas kleiner sein als die $p_{ii}^{(0)}$, damit der an der Stelle $u = 0$ begangene Fehler für $P(u)$ ausgeglichen wird.

Abb. 3b zeigt die graphische Erläuterung dieser Verhältnisse:

1. Es ist richtig, die empirisch ermittelte Anordnung mit den a-posteriori-Wahrscheinlichkeitsgraden anzunähern, denn die a-priori-Wahrscheinlichkeitsgrade (gestrichelte Linie) liegt dadurch zu tief, daß mehr stärker streuende Teilchen ermittelt wurden.

2. Man kann sich Abb. 3b aus drei additiven Anteilen $P_1(u)$, $P_2(u)$ und $P_3(u)$ zusammengesetzt denken, wie sie in Abb. 3c einzeln aufgeführt sind.

3. $P_3(u)$ wird bei den üblichen Ableitungen der Intensität für den Mischkristall vernachlässigt. Da wir es aber bei dieser Näherung immer mit einer systematischen Abweichung zu tun haben, wird der Integralwert bzw. der Summenwert von $P_3(u)$ immer negativ sein. Die Tatsache, daß $P_3(0) = 0$ gilt, kann im Sinne der Gleichung (2) so ausgelegt werden, daß $P_3(u)$ keinen Beitrag zur integralen Intensität des Beugungsbildes liefert.

Will man nun die gebeugte Intensität der Anordnung Abb. 3b bestimmen, so muß man gemäß Gleichung (2) die Umkehr-Transformation von $P(u)$ vornehmen. Man erkennt leicht die Wirkungsweise der beiden in Abb. 3c dargestellten oberen Anteile. $P_1(u)$ (vgl. Abb. 3c) liefert die schon bekannten Hauptmaxima mit den v. Laueschen Nebenreflexen. Der Anteil $P_2(u)$ (nur ein „streuender" Punkt) ergibt einen kontinuierlichen Untergrund, der dritte Anteil hängt jeweils vom Ausfall des Experiments

*) $p_{ik}^{(m)}$ ist die a-posteriori-Wahrscheinlichkeit im Abstand $ma$ ein Teilchenpaar $i, k$ zu finden.

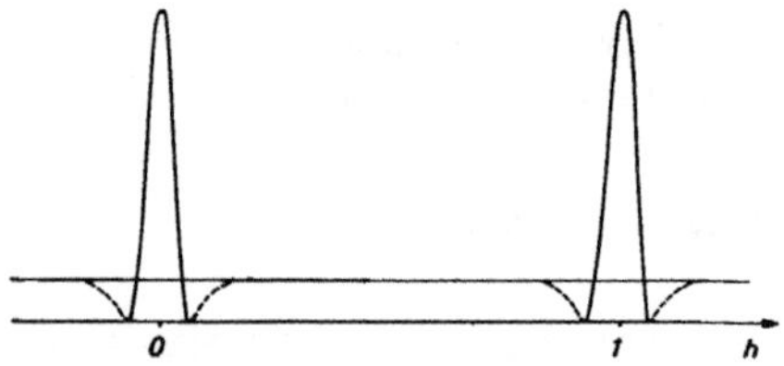


Abb. 4. Beugungsbild der Anteile $P_1(u)$ und $P_2(u)$ von Abb. 3c. (Ausgezogene Linie). Über die Bedeutung der gestrichelten Linien vgl. den Text. Für die scharfen Reflexe wurden die Nebenreflexe weggelassen (vgl. Abb. 2c). (Übergang auf große Kristalle!)

ab und wird für den Kristall als unwesentlich vernachlässigt. Liegen aber systematische Fehler im Sinne eines negativen Integralwertes vor, der genau dem Wert der an der Stelle $P(0)$ über dem allgemeinen Mittelwert eingeführten Anhäufung entspricht, so kann das ein Absinken der diffusen Streuung um den Bragg-Reflex (gestrichelte Linie in Abb. 4) bewirken. Es müssen nun für das Beugungsexperiment drei verschiedene Fälle ins Auge gefaßt werden.

1. Der Kristall kann während des Experiments genügend viele Atome und Energie für Platzwechsel austauschen. Experimentell kann man das z. B. dadurch realisieren, daß man eine große Zahl von Einzelkristallen möglichst von der gleichen Größe nacheinander untersucht. (Der Statistik liegt dann eine große kanonische Gesamtheit im thermodynamischen Sinne zugrunde). In unserem Wurfexperiment mit der Münze entspricht dieser Fall einem häufigen Auslosen desselben Kristallgitters.

   Das Röntgenbeugungsbild dieses Falles zeigt einen bis in die scharfen Reflexe hineingehenden diffusen Untergrund ohne meßbare Schwankungen.

2. Der Kristall besitzt relativ große Bezirke (z. B. Mosaikbezirke) gleicher Zusammensetzung, die zwar Energie aber keine Materie austauschen können. Unter Energieaustausch soll hier auch eine Veränderung der atomaren Anordnung z. B. durch Diffusion verstanden werden. Dieser Fall dürfte in der Praxis oft vorkommen. (Im thermodynamischen Sinne könnte man im homogenen Teilbezirk das Analogon zu einer kanonischen Gesamtheit sehen.) Wir haben also eine *vorgegebene* Anzahl von 1- und 2-Teilchen. Da damit Anhäufungen von mehr als $N_0/2$ gleichen Teilchen ausgeschlossen und auch solche Anhäufungen, die $N_0/2$ nahe kommen, sehr unwahrscheinlich werden, ist die statistische Schwankung der Anhäufungen begrenzt .Die mathematische Beschreibung dieses Sachverhaltes läßt sich folgendermaßen vornehmen: A-priori und a-posteriori-Wahrscheinlichkeit sind in diesem Fall keine unabhängigen Größen mehr; es gilt $w_{ii}^{(0)} = p_{ii}^{(0)}$ ($w_{ii}^{(0)}$ = a-priori-Wahrscheinlichkeit). Dieses Experiment kann also nicht mit einem Auslosungsversuch mit einer Münze verglichen werden, weil die Würfe in diesem Fall unabhängig vom Ausfall der vorhergehenden und nachfolgenden Würfe sind. Das liegt in diesem Fall nicht vor, denn eine Anhäufung von gleichen Teilchen an irgendeiner Stelle muß zwangsläufig die Wahrscheinlichkeit einer gleichen Anhäufung an einer anderen Stelle vermindern. Die a-posteriori-Wahrscheinlichkeiten sind also keine streng unabhängigen Größen mehr. Ein richtiges Experiment wäre also das Ausschütten einer Urne mit 1- und 2-Teilchen, deren Verhältnis der chemischen Zusammensetzung des Teilbezirks entspricht. Das Röntgenbeugungsbild dieses Falls zeigt infolge der größeren Homogenität des Kristalls die schon besprochene Aufhellung des diffusen Untergrundes in der Nähe der Bragg-Reflexe (Abb. 4).

3. Der 3. Fall kommt sicherlich oft vor: Es findet weder ein Energieaustausch als Folge von Platzwechseln noch ein Teilchenaustausch statt. Damit liegt also das Analogon einer mikrokanonischen Gesamtheit der Thermodynamik vor. In diesem

Fall lassen sich keine unmittelbaren Zusammenhänge der feinen Effekte in der Umgebung der LAUE-Maxima angeben, da die zufällig aufgetretene Besetzung der Gitterplätze des Einkristalls einen Einfluß auch auf diese Bereiche der Beugung haben kann.

Aus den obigen Erläuterungen für den eindimensionalen, zufällig geordneten Mischkristall erkennt man jedoch, daß sich keine prinzipiell neuen Probleme ergeben, wenn man auf drei Dimensionen übergeht. Anders wird es aber für die sogenannten kooperativen Probleme, bei denen gewisse direkte Abhängigkeiten der Besetzungswahrscheinlichkeiten benachbarter Gitterplätze als Folge ihrer Wechselwirkungspotentiale bestehen.

## 2. Das eindimensionale kooperative System

Wir betrachten jetzt ein eindimensionales System aus 1,2-Atomen, die auf ein eindimensionales Gitter (Kette) verteilt sind. Nimmt man an, die potentielle Energie hängt nur von den unmittelbaren Nachbarn ab, so genügt die Einführung der Potentiale $V_{11}, V_{22}, V_{12}, V_{21}$. Damit lassen sich die a-posteriori-Wahrscheinlichkeiten $p_{ik}^{(m)}$ nach dem Boltzman-Theorem definieren. Setzen wir $V_{11} = V_{22}$, $V_{12} = V_{21}$, so gilt

$$p_{11}^{(1)} = \frac{1}{4} \frac{e^{-V_{11}/kT}}{e^{-V_{11}/kT} + e^{-V_{12}/kT}}, \quad p_{12}^{(1)} = \frac{1}{2} - p_{11}^{(1)}. \tag{4}$$

Wegen der geforderten Symmetrie der $V_{ik}$, erhält man für $p_{22}^{(1)}$ und $p_{21}^{(1)}$ die gleichen Werte. Wie schon früher gezeigt wurde [4], läßt sich das vorliegende Problem geschlossen für die $p_{ik}^{(m)}$ lösen. Entsprechend unserer Erläuterung im vorigen Paragraphen dürfen die $p_{ik}^{(m)}$ durch ihre Mittelwerte ersetzt werden, wenn der Statistik eine große kanonische Gesamtheit zugrunde liegt, was wir hier für die folgenden Überlegungen annehmen wollen. Die Lösung für die $p_{ik}^{(m)}$ lautet [4]:

$$\begin{aligned} p_{11}^{(m)} &= \tfrac{1}{4} + \tfrac{1}{4}(2\,p_{11}^{(1)} - 1)^m, \\ p_{12}^{(m)} &= \tfrac{1}{2} - p_{11}^{(m)} = \tfrac{1}{4} - \tfrac{1}{4}(2\,p_{11}^{(1)} - 1)^m. \end{aligned} \tag{5}$$

Der Zusammenhang der $p_{ik}^{(m)}$ mit thermodynamischen Größen wurde bereits früher diskutiert [4]. Ist $p_{11}^{(1)} > 0{,}5$, (Bevorzugung gleicher Teilchen) so ist $p_{11}^{(m)}$ eine kontinuierlich fallende Funktion. Es gilt weiterhin

$$\lim_{m \to \infty} p_{ik}^{(m)} = \tfrac{1}{4}$$

d. h., die gemittelten a-posteriori-Wahrscheinlichkeiten gehen mit $m \to \infty$ in die a-priori-Wahrscheinlichkeiten des Systems über; es besteht also keine Abhängigkeit der Besetzungswahrscheinlichkeiten solcher Gitterplätze, deren Abstand nur groß genug ist. Analoges gilt für $p_{11}^{(1)} < 0{,}5$, mit dem Unterschied, daß die $p_{11}^{(m)}$ als Funktion von $m$ alternieren. Aber ihr Grenzwert für $m \to \infty$ beträgt ebenfalls 1/4.

[4] H. JAGODZINSKI, Struktur und Materie der Festkörper, Springer (1952), S. 96.

Die hier herausgestellte Tatsache, daß die $p_{ik}^{(m)}$ für $m \to \infty$ einem unabhängigen Grenzwert zustreben, ist das typische Kennzeichen dafür, daß keine Fernordnung vorhanden ist. Gilt z. B. $2p_{11}^{(1)} - 1 = 1$, so wird der Grenzwert 1/4 für kein noch so großes $m$ erreicht; ein Vergleich mit den Definitionsgleichungen (4) von $p_{11}^{(1)}$ zeigt aber, daß dieser Fall nur für $T = 0$ eintreten kann.

Aus diesen Definitionen erkennt man sofort, daß die experimentelle Prüfung, ob eine endlich ausgedehnte Kette Fernordnung besitzt oder nicht, unmöglich ist. Der Begriff der Fernordnung ist ja an den Unendlichkeitsbegriff gebunden, und hat im Endlichen seinen Sinn verloren. Im Endlichen gibt es für endliche $V_{ik}$ eine Temperatur $T > 0$, bei der die Mehrzahl einer vorliegenden Zahl von Kristallen Fernordnung zeigt. Wir haben nach Gleichung (5) $T$ so klein zu wählen, daß $(2p_{11}^{(1)} - 1)^m$ noch merklich von 0 abweicht. Eine Möglichkeit der Unterscheidung bestünde noch darin, daß man die Temperaturabhängigkeit der Fernordnung untersucht; gibt es dann im endlichen Modell eine Stelle, bei der die Fernordnung unstetig verschwindet, so könnte man dieses Verhalten als Kriterium der Fernordnung angeben.

Das eindimensionale Modell liefert auch im allgemeinsten Fall keine Fernordnung, wie von Gürsey [5] gezeigt werden konnte.

## 3. Das mehrdimensionale kooperative System

An der Diskussion der allgemeinen Lösung des eindimensionalen Gittermodells kann man sofort erkennen, daß auch das Gittermodell des dreidimensionalen Kristalls keine Fernordnung kennt, solange es nicht in zwei Dimensionen unendlich ausgedehnt ist. (Für den in allen drei Dimensionen endlichen Kristall ist diese Frage nach den Erläuterungen im vorigen Paragraphen ohnehin gegenstandslos.)

Wir teilen dazu das Gittermodell senkrecht oder annähernd senkrecht zu seiner angenommenen unendlichen Ausdehnung in Netzebenen ein, die wir der Einfachheit wegen als identische Ebenen ansehen. (Hierin liegt keine Beschränkung der Allgemeinheit.) Jede Netzebene besteht nun aus $N_1 N_2$ Gitterpunkten, auf die zwei Teilchenarten zu verteilen sind. Es gibt dann $2^{N_1 \cdot N_2}$ Konfigurationen, eine große, aber endliche Zahl für endliche $N_1$, $N_2$. Wir definieren nun analog zu Gleichung (4) Nachfolgewahrscheinlichkeiten aus den $V_{ik}$, wobei $i, k$ jetzt $2^{N_1 N_2}$ Werte annehmen können. Wegen der endlichen $V_{ik}$ erhält man ein zu Gleichung (5) analoges Lösungssystem, das keine Fernordnung zeigt, solange $m$ groß genug gewählt werden kann. Allerdings darf man nicht übersehen, daß sich ganze Gruppen der $V_{ik}$ beträchtlich unterscheiden können, weil es viele Einzelbindungen zwischen den Netzen gibt. Man muß also damit rechnen, daß man zu wesentlich höheren Werten gehen muß, um die kooperativen Nahordnungseffekte unwirksam zu machen.

Wenn also im mehrdimensionalen Modell überhaupt ein unstetiger Übergang von der Nahordnung zur Fernordnung existiert, so kann er nur durch den Übergang zum Unendlichen mindestens einer weiteren Dimension bedingt sein. Man kann durch Grenzwertbetrachtungen des vorstehend beschriebenen Modells direkt zeigen, daß solche kritischen Punkte einer Teilchenstatistik unter gewissen Voraussetzungen für wenigstens zweidimensional unendliche Gitter auch wirklich auftreten.

---

[5] F. Gürsey, Proc. Cambridge Philos. Soc. **46**, 182 (1950).

Die Lösung des zweidimensionalen Gittermodells (Statistik auf vorgegebenen Gitterplätzen) wurde zuerst von ONSAGER [6] für das rhombische Flächengitter gelöst ($a \neq b$, $\gamma = 90°$). Für $a = b$ geht dieses in das quadratische Gitter über, das wir aus Gründen der Einfachheit hier diskutieren wollen. Abb. 5 zeigt eine graphische Darstellung des zugrundeliegenden Gitters in einer Stellung, die gegenüber der sonst üblichen Aufstellung um 45° gedreht ist. Die nächsten Nachbarn, auf die wir die Wechselwirkungspotentiale ausschließlich beschränken wollen, wurden durch Verbindungsstriche eingezeichnet. Führen wir wieder zwei Teilchenarten und Wechselwirkungspotentiale $V_{11}$, $V_{22}$, $V_{12}$, $V_{21}$ ein, so erkennt man, daß eine Überstruktur für $T = 0$ existiert, wenn

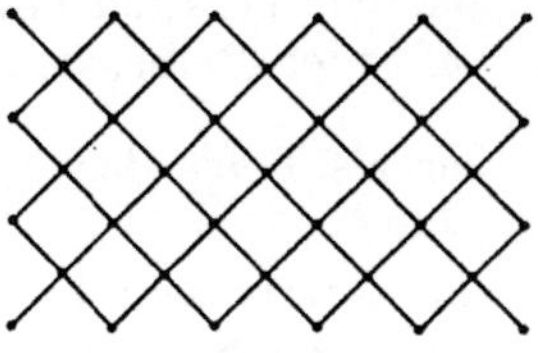

Abb. 5. Quadratisches Gitter

$$V_{12} = V_{21} < V_{11},\ V_{22}.$$

In diesem Fall gibt es ein Gitter mit nur $V_{12}$-Bindungen, nämlich das quadratische flächenzentrierte Gitter, bei dem in unserer Abb. 5 die horizontalen und vertikalen Ketten alternieren. Es gibt für $T = 0$ ein stabiles Gitter aus $i$-Teilchen mit $V_{ii}$, wenn eines der beiden $V_{ii}$ die Bedingung

$$V_{ii} < V_{12}$$

erfüllt. Im allgemeinen wird aber das Modell in vollsymmetrischer Form mit der Nebenbedingung $V_{11} = V_{22}$ behandelt. $V_{12} = V_{21}$ ist bei Zentralkräften wohl selbstverständlich. Diese Symmetriesierung der $V_{ik}$ trägt jedoch neue Symmetrieeigenschaften in das Modell, die in allgemeiner Form nicht vorhanden sind. Die beiden Fälle

$$V_{11} \gtrless V_{12}$$

werden nun totalsymmetrisch. Beziehen wir nämlich die potentiellen Energien auf einen Ursprung in

$$\frac{V_{11} + V_{12}}{2}, \text{ so wird } V'_{11} = \frac{V_{11} - V_{12}}{2}$$

$$\text{und } V'_{12} = -\frac{V_{11} - V_{12}}{2}.$$

Führen wir nun einen alternierenden Operator ein, der die Atome der 1., 3., 5 usw. Horizontalreihe in Abb. 5 beläßt, für die Atome der 2., 4., 6., usw. Horizontalreihe eine Vertauschung von 1- und 2-Teilchen vornimmt, so werden die Vorzeichen aller Wechselwirkungspotentiale $V_{ik}$ umgekehrt. Wir erhalten also ein Ergebnis, das wir auch mit einer Vorzeichenvertauschung von $V_{11}$ und $V_{12}$ bekommen hätten. Diese angenehme Eigenschaft enthebt uns der Aufgabe das Problem zweimal, nämlich für die „Überstruktur" und für die „Entmischung" getrennt untersuchen zu müssen. Im Entmischungsfall treten nun je nach Grad der Entmischungsneigung mehr oder weniger große 1, 2-Anhäufungen (schwarz-weiß-Gebiete) auf. Um von einer solchen Statistik zur Überstruktur zu gelangen, müssen wir auf die Anordnung den oben erwähnten alternierenden Operatur einwirken lassen. Man erhält dann sowohl aus den Weiß-Gebieten als auch aus den Schwarz-Gebieten schwarz-weiße Überstrukturgebiete. Sie unterscheiden sich dadurch, daß in dem einen Falle die geraden Reihen

[6] L. ONSAGER, Phys. Rev. **65**, 117 (1944).

„weiß", im anderen Falle die ungeraden Reihen „weiß" sind. Die Symmetriebeziehung $V_{11} = V_{22}$ macht „schwarz" und „weiß" äquivalent. Eine Symmetrieoperation, die schwarz in weiß und umgekehrt weiß in schwarz überführt, (also keine Platz-gebundene, sondern an die Teilchenart gebundene Symmetrieoperation), ändert die Gesamtstatistik nicht. Letztere Symmetrieeigenschaften deuten nun immer eine Symmetrie-Entartung an: Für $T \to \infty$ werden die $V_{ik}$ bedeutungslos und wir erhalten eine zufällige Anordnung mit praktisch gleichvielen 1,2-Atomen auf jeder Reihe, denn die relativen Schwankungen verschwinden mit $\frac{1}{\sqrt{N}}$. Tritt aber als Folge der $V_{ik}$ einmal eine Temperatur auf, bei der mehr 1-Teilchen für die charakteristische Konfiguration einer bestimmten Reihe vorkommen, so tritt sofort eine Symmetrieentartung auf. Infolge der Vertauschungssymmetrie der Teilchensorten sind zwei verschiedene Lösungen möglich. Diese Symmetrieentartung ist typisch für das Ordnungsproblem.

Aber auch die Symmetrieeigenschaften des gewählten Grundgitters, auf dessen Plätzen die Teilchenstatistik ausgeführt wird, ist wichtig. Ein Beispiel soll das erläutern: Lassen wir in Abb. 5 in jeder 2. Horizontalreihe die Hälfte (vgl. Abb. 6) der Gitterplätze aus, so resultiert ein Gitter, bei der es zwei verschiedene Sorten von Gitterplätzen gibt. Jeder Gitterplatz der Art 1 hat nämlich 4 Nachbarn im gleichen Abstand, ein Gitterplatz der Art 2 aber nur 2 Nachbarn. Lassen wir nur Wechselwirkungspotentiale der nächsten Nachbarn zu, so läßt sich auch in diesem Fall eine Überstruktur aufbauen. Eine Symmetriesierung der Teilchen-Arten wird aber in diesem Fall sinnlos, da wir dann ja gleiches chemisches Verhalten (vierbindig und zweibindig) fordern müßten. Wir wollen jedoch annehmen, es sei eine Art heteropolare Verbindung $AB_2$ mit 4-wertig positiven Kationen und 2-wertig negativen Anionen als Überstruktur für $T = 0$ stabil. In diesem Fall ist ein Ionenaustausch bei hohen Temperaturen durchaus möglich, die $V_{ik}$ hängen ebenfalls nur vom Abstand ab. Eine Abweichung vom stöchiometrischen Verhältnis $AB_2$ wird jedoch sehr unwahrscheinlich, wegen der damit verbundenen Aufladung.*) Wir haben damit die Symmetrie dadurch entscheidend gestört, daß wir die Vertauschbarkeit von 1- und 2-Teilchen für unser Problem aufgehoben haben. In diesem Fall existiert bei keiner endlichen Temperatur ein kritischer Punkt. Das kann man sich auf Grund der Tatsache überlegen, daß Teilchenart 1 von vornherein den Gitterplätzen 1 und Teilchenart 2 den Gitterplätzen 2 zugeordnet werden muß. Eine eingehende Analyse dieses Falls zeigt, daß die Vertauschbarkeit erst für $T \to \infty$ wieder erreicht werden könnte. Eine Diskussion dieses Grenzübergangs wäre wohl bestenfalls von theoretischem Interesse. (Man erkennt an diesem Beispiel, daß die Bragg-Williams-Theorie in keiner quantitativen Beziehung zum Problem der kooperativen Erscheinungen steht. Im oben diskutierten Fall, für den eine Einteilung in „falsche" und „richtige" Gitterplätze physikalisch sinnvoll ist, versagt sie; darüberhinaus zeigt sie ebenfalls

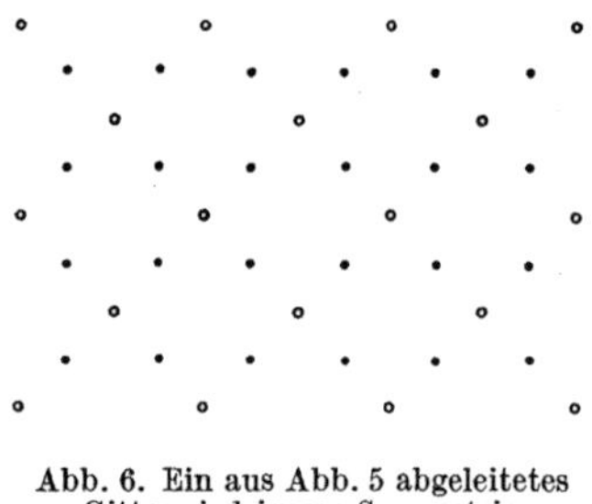

Abb. 6. Ein aus Abb. 5 abgeleitetes Gitter niedrigerer Symmetrie

*) Rechnerisch erfaßt man diesen Aufladungseffekt durch die Hinzunahme der Wechselwirkungspotentiale der entfernteren Nachbarn.

nicht, daß ein eindimensionales Gittermodell keine Fernordnung besitzt.) Wir sehen also, daß sicherlich nicht jeder Ordnungs- und Unordnungsübergang eines mehrdimensionalen Systems ein Problem mit kritischer Temperatur zwischen Ordnung und Unordnung ist.

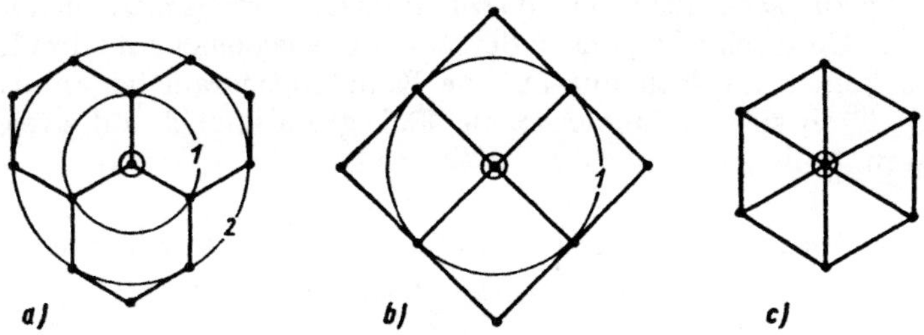


Abb. 7. Demonstration des Rückkopplungseffekts in kooperativen Systemen
a) Graphit-Netz ($Z = 3$, $k_i = 3_2$, $g = 2$)
b) quadratisches Netz ($Z = 4$, $k_i = 2_2$, $g = 2$)
c) hexagonales Netz ($Z = 6$, $k_i = 1_1$, $g = 2$)

Wir wollen nun den charakteristischen Unterschied der kooperativen mehrdimensionalen Probleme näher beleuchten, damit das Wesentliche dieser Erscheinungen besser verstanden werden kann. Das kooperative System mit kritischen Punkten, unterscheidet sich von eindimensionalen Systemen durch das Auftreten einer „Rückkopplung" der Besetzungswahrscheinlichkeiten der nächsten Nachbarn. Die Abb. 7a-c sollen das näher erläutern. Ausgehend von einem beliebigen Zentralatom können wir die Besetzungsstatistik der unmittelbaren $Z$ Nachbarn ($Z$ = Koordinationszahl der nächsten Nachbarn) nach der Art einer Kettenstatistik berechnen. Schreiten wir auf den Verbindungslinien der nächsten Nachbaratome fort, so kommt man bei einem kooperativen System mit Fernordnung einmal zu einer Stelle, bei der die Wege entweder so geschlossen werden, daß zwei oder mehrere Endglieder der Wege nächste Nachbarn werden (Rückkopplung 1. Art), bzw. 2 oder mehrere Wege beim gleichen Atom enden (Rückkopplung 2. Art). Man kann zeigen, daß unendliche Systeme im Falle dieser Rückkopplung einen Umwandlungspunkt besitzen können. Wir verwenden folgende Kennzahlen: 1. die Koordinationszahl $Z$, 2. die Zahl der Schritte $k_1, k_2$ (Rückkopplung 1. Art entspricht $k_1$), nach der die Rückkopplung eintritt, 3. die Zahl $g$ der Nachbarn, die erstmalig rückgekoppelt werden. Auf diese Weise kann man eine einfache qualitative Zuordnung der „Kooperationsstärke" des Gitters z. B. zum kritischen Punkt angeben. Diese Rückkopplung beeinflußt die Besetzungswahrscheinlichkeiten des Zentralplatzes direkt oder indirekt. Gehen wir vom Zentralplatz mit einer vorgegebenen Wahrscheinlichkeit aus, so kann man die Besetzungswahrscheinlichkeiten der Nachbarplätze berechnen. Die Rückkopplungen haben nun einen Einfluß auf die Besetzung des Zentralplatzes; letztere wirkt wieder auf die Nachbarplätze usw. Der „Schaukelprozeß" konvergiert für endliche Anordnungen relativ rasch gegen Null. Bei Betrachtung im unendlichen Kristall kann der Fall eines nicht verschwindenden Anteils (Fernordnungsanteils) auftreten. Die Kennzahlen $Z$, $k_i$, $g$ für einige heute berechnete Gittertypen sind in Tab. 1 den berechneten Werten von

$$e^{\frac{V_{12}-V_{11}}{kT_k}}$$

gegenübergestellt. Es ist aber unsicher, ob das Diamantgitter schwächer kooperativ als das quadratische Gitter ist. Es dürfte sich jedoch nicht wesentlich davon unterscheiden, da ja auch das einfach kubische Gitter mit 0,64 (wahrscheinlich zu hoher, angenäherter Wert) recht nahe am Wert 0,414 (exakter Wert) für das quadratische Gitter liegt. Das Diamantgitter ist daneben sicher wesentlich schwächer kooperativ als das einfache kubische Gitter. Mit dieser Auffassung stellt man auch fest, daß kein grundsätzlicher Unterschied zwischen dem zweidimensionalen und dreidimensionalen Fall besteht, kommt es doch nur auf die Kopplungsparameter an. Es ist jedoch noch ungeklärt, ob sich dreidimensionale Fälle grundsätzlich auf zweidimensionale abbilden lassen.

*Tabelle 1.* Kennzahlen der Kooperationsstärke und $e^{-\frac{V_{12}-V_{11}}{kT_k}}$ (Entmischungstendenz). $T_k$ = kritische Temperatur

| Gittertyp | $Z$ | $k_i$ | $g$ | $e^{-\frac{V_{12}-V_{11}}{kT_k}}$ |
|---|---|---|---|---|
| Allseitig flächenz. Gitter hexagonale Kugelpackung*) | 12 | $1_1$ | 3 | 0,82 |
| kub. raumz. Gitter | 8 | $2_2$ | 4 | 0,74 |
| primitives kub. Gitter | 6 | $2_2$ | 3 | 0,64 |
| hexagonales Netz | 6 | $1_1$ | 2 | 0,58 |
| quadratisches Netz | 4 | $2_2$ | 2 | 0,414 |
| Diamantgitter | 4 | $3_2$ | 2 | ? |
| Graphitnetz | 3 | $3_2$ | 2 | 0,27 |
| Kette | 2 | $\infty_2$ | 1 | 0 |

*) Die hexagonale Kugelpackung läßt sich hinsichtlich ihres Kooperationsproblems direkt auf das kubische allseitig flächenzentrierte Gitter (kubische Kugelpackung) abbilden, falls man nur Wechselwirkungspotentiale der nächsten Nachbarn annimmt.

## 4. Statistische Versuche

Zur Veranschaulichung der hier gegebenen Erläuterungen wurden einige statistische Versuche für das zufällige und das kooperative Problem am Beispiel des quadratischen Gittermodells durchgeführt. Wir benutzten dazu die „Permanenzen" des Spielkasinos Bad Neuenahr (Monte-Carlo-Methode). Die a-priori-Wahrscheinlichkeiten für das Problem zweier Teilchenarten kann man durch entsprechende Zuordnung verschiedener Anzahlen der 36 Zahlen zu den Teilchenarten 1 und 2 festlegen Jeder so zu besetzende Gitterplatz erhält dann die gleiche a-priori-Wahrscheinlichkeit vor dem Besetzungsversuch. Abb. 8 zeigt das Ergebnis einer mit gleichen a-priori-Wahrscheinlichkeiten (= ½) ausgelosten Anordnung. Das Bild ist gegenüber der Abb. 5 um 45° gedreht. Die Anordnung stimmt im Prinzip mit dem von Laves [7] veröffentlichten, durch Würfeln ermittelten Bild überein. Abb. 9a zeigt ein ähnliches Experiment mit veränderten a-priori-Wahrscheinlichkeiten (4/36 für schwarz, 32/36 für weiß). Vielleicht ist mancher Leser überrascht über die trotzdem noch zahlreichen „Anhäufungen" der seltenen schwarzen Teilchen.

[7] F. Laves, Die Chemie **57**, 30 (1944).

Abb. 8. Zufällige Verteilung einer symmetrischen Statistik von schwarzen und weißen Teilchen

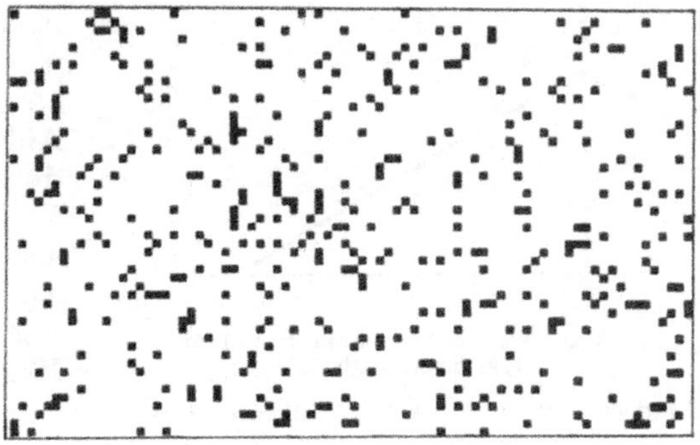

a) Zufällige Verteilung einer unsymmetrischen Statistik; schwarz: weiß wie 1:8

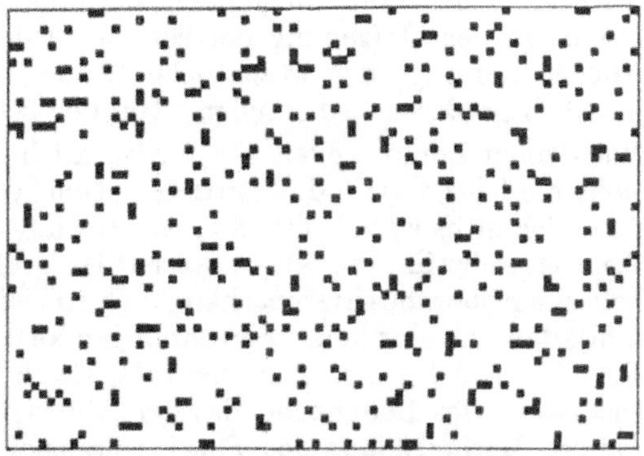

b) Wie Abb. 9a, jedoch mit absoluter Homogenität im 12×12-Feld

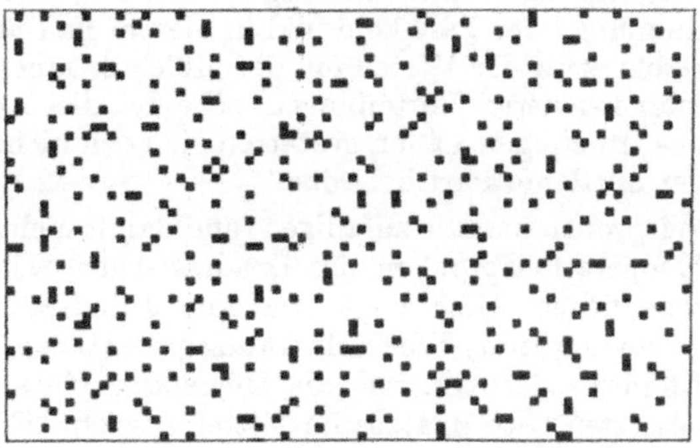

c) Wie Abb. 9a, mit absoluter Homogenität im 5×5-Feld

Abb. 9

In Ziffer 2 haben wir Unterschiede diskutiert, die gegenüber einer wirklich zufälligen Anordnung auftreten können, wenn der Chemismus einer Substanz fest vorgegeben ist. Der Leser mag meinen, daß solche feinen Unterschiede zufälliger Anordnungen unwesentlich sind. Man muß aber bedenken, daß der zufällige Fall die Grenze zwischen *Bevorzugung* gleicher und *Benachteiligung* gleicher Nachbarn einnimmt. Für die Beurteilung eines kristallchemischen Sachverhalts ist es also durchaus wünschenswert, diese Grenze zu kennen. Außerdem werden in der Praxis die untersuchten Anordnungen von der zufälligen Verteilung abweichen. Das muß durchaus nicht immer die Folge der Wechselwirkungspotentiale sein. Wir haben deshalb auch eine Statistik ausgelost, die wesentlich homogener für die Verteilung der schwarzen Teilchen ist. Das wurde folgendermaßen erreicht: Wir haben insgesamt 4 Teilchen auf 12×12 Felder verteilt und durch entsprechende Überlappung dieser Felder dafür gesorgt, daß die Teilchendichte 1:8 erhalten blieb. Es wurde so für eine recht homogene Verteilung gesorgt (Abb. 9b). Zusammenfall der Teilchen wurde ausgeschaltet. Trotz dieses großen Unterschieds in der Auswahl der Versuchsbedingungen ist das Ergebnis für das Auge nicht sehr unterschiedlich. In Abb. 9c wurde die Verteilung

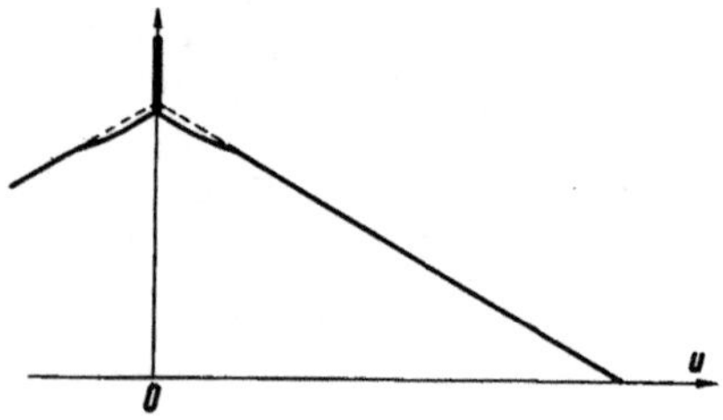


Abb. 10. Qualitativer Verlauf von $P(u,0)$ für $\varrho(x,y)$ der Abb. 9b, c

nach einem ähnlichen Prinzip noch homogener gemacht (1 Teilchen auf jeweils 25 Felder). Der Unterschied gegenüber Abb. 9a ist wesentlich deutlicher. Ein eindimensionaler Schnitt durch die Patterson-Funktion $P(u, v)$, z. B. $P(u,0)$, würde also in der Umgebung der Stelle $P(0,0)$ ganz anders aussehen, als für die zufällige Verteilung der Abb. 9a. Der Ausgleich des Maximums $P(0,0)$ würde bereits in einem Abstand von 12 Gitterlängen bzw. 5 Gitterlängen eintreten. Abb. 10 zeigt das prinzipielle Verhalten von $P(u,0)$. Das Beugungsbild einer solchen Statistik zeigt — im Sinne der im Zusammenhang mit der Abbildung 4 geführten Diskussion — Aufhellungen (unter Umständen sogar neue Maxima) des kontinuierlichen Untergrunds in der Umgebung der scharfen kristallinen Reflexe. Es besteht gegenüber Abb. 4 allerdings der wesentliche Unterschied, daß diese Aufhellungen schon in merklich größeren „Abständen" von den scharfen Reflexen auftreten müssen.

Noch einen Punkt wollen wir ausdrücklich erwähnen. Die Abb. 8 und 9a—c zeigen wohl eindeutig, daß die mittlere „Teilchengröße" z. B. der schwarzen Teilchen, sicherlich größer als 1 Teilchen ist. Für die weißen Teilchen ist ja sogar die mittlere Teilchengröße in Abb. 9a—c wesentlich größer als die der schwarzen. Die mittlere Teilchengröße eines Systems hängt von so vielen Faktoren ab (z. B. der Koordinationszahl), daß wir hier keine Berechnungen ausführen wollen. Das diffuse Beugungsbild der Abb. 8 und 9a ist aber charakteristisch für ein *einziges* Teilchen. (Vgl. dazu die Diskussion des Beugungsbildes der Abb. 4.) Man erkennt daran, daß die oft angewandte Methode, aus der Fourier-Transformation des diffusen Untergrunds Aufschlüsse über die mittlere Form der Partikeln eines statistischen Problems zu erfahren, eigentlich nicht zulässig ist. Sie ist anwendbar für den Fall „unendlicher Verdünnung" der Partikeln und in diesem Fall nur dann, wenn die Verteilung der Partikeln etwa der Verteilung der Moleküle eines Gases gleicht. Bei homogeneren oder inhomogeneren Verteilungen, scheidet die oben erwähnte Methode im allgemeinen aus. In einigen Fällen gestatten sie noch nicht einmal eine qualitative Abschätzung der mittleren Partikelgröße.

Wir wollen nun die zufälligen (und damit nicht kooperativen) Fälle verlassen und das Kooperationsproblem des quadratischen Netzes durch ähnliche Methoden veranschaulichen. Hier zeigt sich eine grundsätzliche Schwierigkeit: die strenge Auswürfelung mit Wechselwirkungspotentialen $V_{11} = V_{22}$, $V_{12} = V_{21}$ erfordert die Kenntnis darüber, wie die Umgebung eines herausgegriffenen schwarz oder weiß besetzten Gitterplatzes im Mittel aussieht. Ein beliebiger Gitterplatz des quadratischen Netzes kann nun von 4, 3, 2, 1 und keinem gleichen Teilchen umgeben sein. Bezeichnen wir die Differenz $\frac{V_{12} - V_{11}}{2}$ mit $V$, so können wir die Wahrscheinlichkeit, daß der Zentralplatz von einem gleichen Atom besetzt ist, für die 5 Fälle angeben:

$$1.\ \alpha^+ = \frac{e^{+4V}}{e^{+4V} + e^{-4V}}, \qquad 2.\ \beta^+ = \frac{e^{+2V}}{e^{+2V} + e^{-2V}}, \qquad 3.\ \tfrac{1}{2},$$

$$4.\ \beta^- = \frac{e^{-2V}}{e^{+2V} + e^{-2V}}, \qquad 5.\ \alpha^- = \frac{e^{-4V}}{e^{+4V} + e^{-4V}}.$$

Ein Würfelexperiment durch eine Nacheinander-Auslosung der Gitterplätze fällt aus, da wir nicht wissen können, wie die nachfolgend auszulosende Umgebung aussehen wird. Man kann ja nur an der „Halbkristallage" unter Benutzung der Ergebnisse der vorhergehenden Auslosungen operieren, d. h. die Hälfte der Nachbarn ist uns unbekannt. Über die andere Hälfte müssen wir Annahmen einführen. Eine Arbeitshypothese wäre: die beiden unbekannten Nachbarn bestehen im Mittel aus einem gleichen und einem ungleichen Teilchen. (Das trifft sicher nicht zu.) Unter dieser Annahme wurde die Anordnung der Abb. 11a ermittelt. Wir benötigen für dieses Experiment nur die Wahrscheinlichkeiten $\beta^+$, $\beta^-$ und 1/2. Zur Vermeidung von Randeffekten wurde die Figur in der Weise geschlossen, daß rechts und links eine Reihe identisch besetzt wurde (Schließung auf einen Zylinder!). $\beta^+$ betrug in diesem Fall $30/36 = 0{,}83$, wir werden später sehen, daß dieser Fall einer Temperatur entspricht, die oberhalb der kritischen Temperatur $T_k$ der Entmischung liegt, d. h., wir haben garantiert keine Phasentrennung vor uns, sondern ein thermodynamisch homogenes System.

Abb. 11a. Neigung zur Entmischung in symmetrischer schwarz-weiß-Verteilung

Abb. 11b. Wie Abb. 11a, aber als Überstruktur gezeichnet. Den zusammenhängenden schwarzen bzw. weißen Gebieten in Abb. 11a entsprechen zusammenhängende Überstrukturgebiete in Abb. 11b

Wir haben vorhin gezeigt, daß die Einführung eines alternierenden Operators, der die Teilchen auf geraden Gitterplätzen beläßt, und die Teilchen auf ungeraden Plätzen, in ihrer Farbe vertauscht, das Entmischungsproblem in ein Überstrukturproblem überführt. Diese Operation wurde an Abb. 11a durchgeführt; das Ergebnis zeigt Abb. 11b. Abb. 11b ist wesentlich übersichtlicher als Abb. 11a, selbst wenn man das Ergebnis der Überstrukturbildung zu haben wünscht. Die schwarzen und weißen Felder der Abb. 11a entsprechen den „richtig" und „falsch" geordneten Überstrukturgebieten der Abb. 11b. Wir werden daher im folgenden auf die Wiedergabe des Überstrukturbildes verzichten, da es der Leser sich selbst aus dem Bild „Entmischungstendenz" ableiten kann.

Die kritische Temperatur $T_k$ des quadratischen Netzes ist bereits von Kramers und Wannier [8] bestimmt worden; sie liegt bei $\beta_k^+ = 0{,}85$. Es wäre nun sicherlich

[8] H. A. Kramers und G. H. Wannier, Phys. Rev. **60**, 263 (1941).

besonders interessant, die richtigen Strukturbilder dicht oberhalb und dicht unterhalb $T_k$ zu kennen; oberhalb von $T_k$ haben wir diese Verteilung näherungsweise mit Hilfe eines Konvergenzverfahrens zur Ermittlung der Verteilungsfunktion einer Kette bestimmt. Es zeigte sich, daß bei der Kleinheit unseres Modellversuchs die Schwankungen doch beträchtlich sind, so daß Abb. 12a, das dem Ergebnis unseres Versuchs entspricht, nicht unbedingt als typisch angesprochen werden kann. Es sei

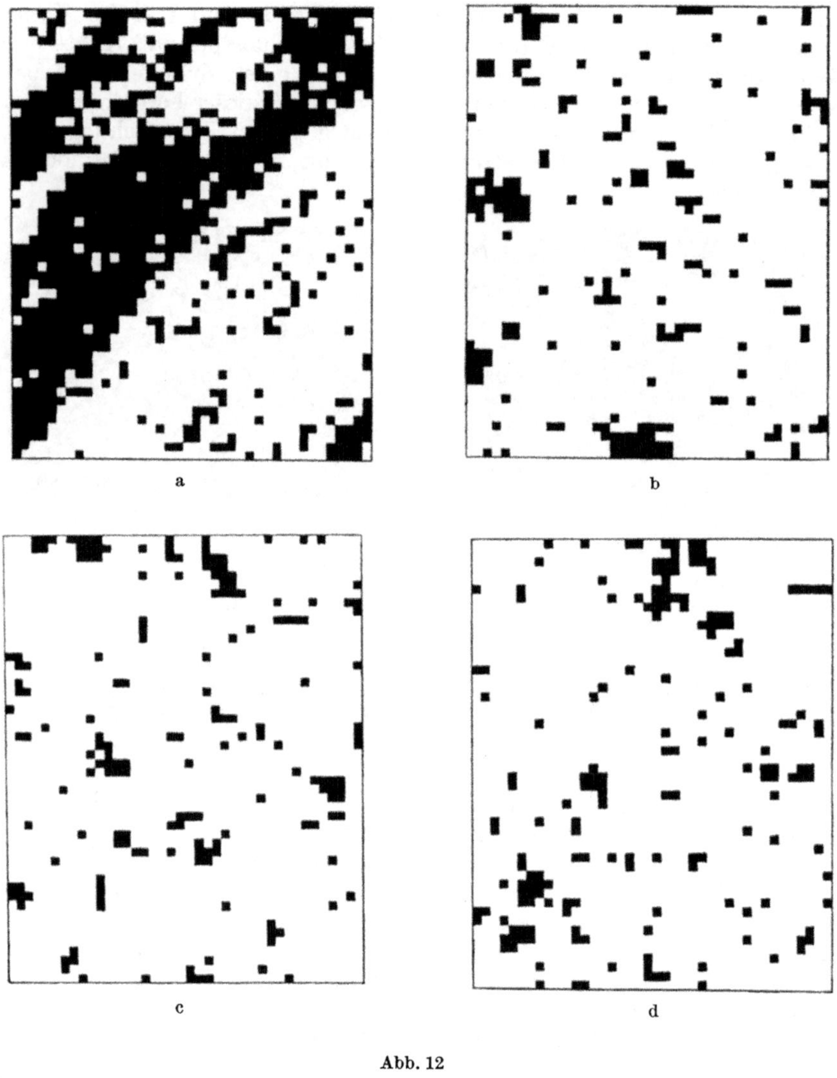


Abb. 12

a) Symmetrische schwarz-weiß-Statistik des quadratischen Netzes dicht oberhalb der kritischen Temperatur $T_k$, $\beta^+ = 0{,}83$

b) Symmetrische schwarz-weiß-Statistik unterhalb der kritischen Temperatur, $\beta^+ = 0{,}86$ („mit Rand")

c) Wie Abb. 12b, jedoch $\beta^+ = 0{,}89$

d) Wie Abb. 12b jedoch „ohne Rand"

ausdrücklich festgestellt, daß auch Abb. 12a noch die homogene Phase im thermodynamischem Sinne zeigt. Dieses Bild offenbart uns die ganze Kalamität des Phasenbegriffs im endlichen System. Nach den Untersuchungen von A. MÜNSTER [9] kann man die Phasenumwandlung allgemein dadurch definieren, daß bestimmte relative Schwankungen einiger statistisch definierter thermodynamischer Größen nicht mehr verschwinden. Es hängt vom speziellen Problem ab, wie sich diese statistischen Schwankungen thermodynamischer Größen auf die statistischen Schwankungen der Struktur übertragen. Abgesehen davon, kann aber ein endliches System grundsätzlich kein Zeugnis über die großen Schwankungen in der Nähe des kritischen Punktes ablegen. Es ist klar, daß eine Untersuchung von vielen kleinen Einzelsystemen uns hier nicht vorwärts bringen kann. Es ist daher unmöglich, etwa mittels Elektronenbeugung durch Häufung mehrerer unabhängiger Teilexperimente statistische Aussagen zu machen, sofern ein großes System nicht gebietsweise untersucht werden kann.

Andererseits zeigt die Definition des Phasenbegriffs in der klassischen Thermodynamik durch EHRENFEST [10], daß die Natur der Umwandlung an der Art der Singularität erkannt werden sollte. Wie ist das möglich, wenn die Singularität infolge der Endlichkeit des Objekts nicht experimentell erfaßt werden kann? Jeder Versuch einer Extrapolation auf Grund des Verhaltens in der unmittelbaren Umgebung ist nicht gefahrlos, da die Untersuchung eines, im Vergleich zum Unendlichen kleinen Gebietes, nicht ohne weiteres Schlüsse auf das Verhalten des unendlichen Gebietes selbst zuläßt. Für den endlichen Kristall ist also die Aussage, ob er sich unterhalb oder oberhalb des kritischen Punktes befindet, gegenstandslos, da die beiden Gebiete nicht durch eine Singularität getrennt sind. Selbst wenn sich das System beim Übergang zum Unendlichen „normal" verhalten sollte, ist der Zustand des endlichen Kristalls genügend dicht oberhalb $T_k$ nicht von dem Zustand dicht unterhalb $T_k$ zu unterscheiden. Man kann zwar auf Grund der Untersuchung genügend vieler Teilsysteme, oder durch genügend lange Beobachtungszeiten, eine statistische Beschreibung des endlichen Systems erhalten. Es gibt aber keine Beweismöglichkeiten, daß dieses Verhalten des endlichen Systems auch typisch für ein unendliches System ist. Man muß also für einen endlichen Kristall, die Aussage: „der Kristall befindet sich im ferngeordneten Zustand" durch die Wahrscheinlichkeits-Aussage „der Kristall befindet sich mit einer bestimmten Wahrscheinlichkeit im ferngeordneten Zustand" ersetzen.

Die Abb. 12b und 12c zeigen nun noch die beiden Anordnungen für $\beta^+ = 31/36 = 0{,}86$ und $\beta^+ = 32/36 = 0{,}89$. Beide Werte liegen jetzt unterhalb $T_k (\beta_k^+ = 0{,}85)$. Trotzdem erkennt man, daß diese beiden Bilder weit weniger Schwankungen zeigen. Abb. 12d entspricht Abb. 12b, nur wurde in diesem Fall der Randeinfluß durch Schließung der 4 Ränder ausgeschaltet; man erkennt deutlich den Randeinfluß der Lösung. Die Abbildungen 12b—d wurden theoretisch vorausberechnet und anschließend durch häufiges Losen im Modell auf ihre Richtigkeit geprüft.

Der Vergleich der Abb. 12a—d zeigt deutlich, daß oberhalb der kritischen Temperaturen wesentlich stärkere Strukturschwankungen auftreten als unterhalb. Das stimmt qualitativ mit dem von ONSAGER [6] bestimmten Verlauf der Atomwärmen überein.

---

[9] A. MÜNSTER, Z. Naturforschung **7a**, 613 (1952).
[10] P. EHRENFEST, Comm. Kamerlingh Onnes Lab. Univ. Leiden, Suppl. **75b** (1933).

## 5. Das Problem der Entmischung

Entmischungen in Kristallen enthüllen eine ganz besondere Schwierigkeit für die Entscheidung der Frage, ob eine beobachtete „Entmischung" auch wirklich im Sinne der Thermodynamik eine Entmischung ist. Wenn es eine „echte" Entmischung ist, dann müßten zwei getrennte Phasen mit einer einzigen Grenzfläche der eigentlich stabile Zustand sein. Trifft letzteres sicher zu, so ist die Feststellung unwesentlich, daß die Trennung nicht experimentell erreichbar ist. Es gibt aber gerade bei Berücksichtigung der neueren Erkenntnisse ernste Zweifel, ob diese Aussage überhaupt mit Sicherheit getroffen werden kann. Bei heterogenen Gleichgewichten spricht man von Entmischung in ein Zweiphasensystem, wenn man z. B. neben den Röntgeninterferenzen der ursprünglichen Phase die Interferenzen einer neuen Struktur erkennen kann. Die Messung der thermodynamischen Funktionen kann in diesem Fall die Umwandlung selbst und gegebenenfalls auch die Natur der Umwandlung feststellen. Die Frage, ob es sich um eine Umwandlung: Phase I → Phase II, oder: Phase I → Phase II + Phase III handelt, ist nicht auf diesem Wege zu entscheiden. Röntgenmethoden oder sogar optische Methoden heranzuziehen, ist wertvoll, um die homogene oder inhomogene Verteilung der Materie festzustellen. Die rein thermodynamische Frage kann aber nicht durch die Messung einer chemischen, physikalischen oder strukturellen Eigenschaft entschieden werden. Gerade die Abb. 12a, die nach der Theorie noch eine homogene Phase darstellt, läßt diese Schwierigkeit deutlich erkennen. Es kann nämlich kein Zweifel darüber bestehen, daß der Nahordnungsgrad dieser Anordnung bereits ziemlich scharfe Röntgeninterferenzen der Überstruktur liefern würde, falls wir Abb. 12a als Überstrukturmodell auffassen (die weißen und schwarzen Gebiete stellen dann die zusammenhängenden „richtigen" und „falschen" Überstrukturgebiete dar).

Folgender theoretischer Fall soll diese Überlegung noch schärfer präzisieren: Eine bei hoher Temperatur homogenisierte Phase eines Mehrstoffsystems kann bei tiefer Temperatur in zwei Strukturen mit wesentlich günstigerer potentieller Energie zerfallen. Die Struktur I benötigt dazu aber je Zellinhalt der groß angenommenen Zelle z. B. ein Elektron mehr, die dem Wirtgitter verwandte Struktur II entsprechend viel Elektronen weniger, um eine stabile Elektronenbindung aufzubauen. Ist nun die Temperatur niedrig genug, daß die Keimbildungsarbeit durch die Entropieschwankungen überwunden werden kann, so wird zunächst also ein Wachstum der Struktur I in der Struktur II auftreten. Dabei erfolgt eine entgegengesetzte elektrische Aufladung der beiden Strukturen. Es läßt sich sofort einsehen, daß in diesem Fall die Trennung in Struktur I und Struktur II mit einer einzigen Grenzfläche niemals der stabile Grenzzustand sein kann. Die Gitterenergie pro Molekül wird für ein aufgeladenes Gitter auf alle Fälle positiv unendlich, während die üblichen Gitterenergien je Molekül sicher endlich bleiben. Es gibt also einen Zustand, bei dem ein weiteres Wachstum der Keime nicht mehr möglich ist. Wie groß die mittlere Teilchengröße der Struktur I oder Struktur II im Mittel ist, hängt nur von der Wahl der Ausgangsbedingungen ab; grundsätzlich ist jede Größe erreichbar. Hier haben wir also ein Beispiel einer Umwandlung von homogener Phase $a$ (bei hoher Temperatur) in homogene Phase $b$, (Struktur I + Struktur II), obwohl man röntgenographisch — und unter Umständen sogar optisch — die beiden Strukturen durchaus voneinander trennen kann. Es liegt also sicher keine thermodynamische Entmischung vor. Man erkennt am obigen Beispiel, daß selbst die Existenz einer „Phasengrenzfläche" nicht typisch für die Beurteilung einer Entmischung zu sein braucht.

Wir wollen nun noch an einem Beispiel zeigen, daß ähnliche Fälle auch in der Praxis vorkommen. Wie von SAALFELD und JAGODZINSKI [11] mitgeteilt wurde, tritt beim Tempern $Al_2O_3$-übersättigter Spinelle eine recht komplizierte metastabile Zwischenstruktur auf, die praktisch aus reinem $Al_2O_3$, besteht. Solange die Temperungstemperaturen unterhalb etwa 1000 °C bleiben, ist diese Zwischenstruktur außerordentlich stabil und in experimentell erreichbaren Temperungszeiten nicht zu zerstören. Erst ab 1100 °C setzt die Umwandlung des Systems in Spinell mit einem molaren Verhältnis $MgO:Al_2O_4 = 1:1$ und $\alpha$-$Al_2O_3$ ein. Merkwürdigerweise „entmischt" das System metastabil nicht vollständig in $MgAl_2O_4$ und Zwischenstruktur; die „Entmischung" bleibt bei einem Mischungsverhältnis $MgO:Al_2O_3 \approx 1:2{,}5$ stehen, gleichgültig, welche Zusammensetzung das System ursprünglich hatte. Man erkennt das an den Röntgenpulveraufnahmen der Abb. 13 für die metastabile Entmischung

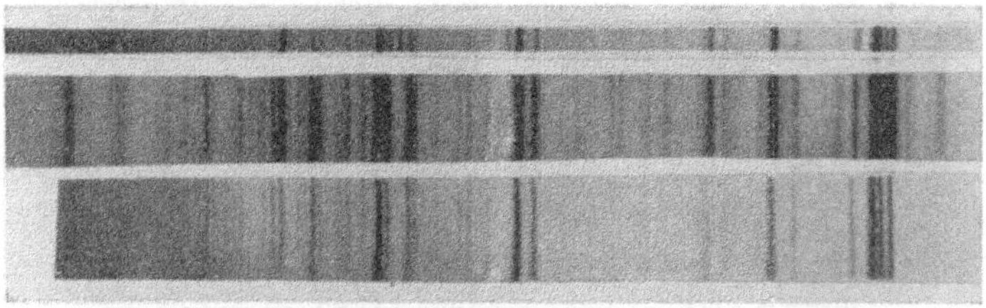

Abb. 13. Die Pulveraufnahmen des Endstadiums der „Entmischung"
unten Spinell 1:7; Mitte Spinell 1:5; oben Spinell 1:3,5
Die Spinellreflexe erkennt man an der Intensitätszunahme von unten nach oben.

der Spinelle 1:7, 1:5 und 1:3,5, bei denen die Spinellintensitäten mit sinkendem $Al_2O_3$-Gehalt zunehmen. Die lamellenförmigen Strukturgebiete der Zwischenstruktur sind in diesem Stadium auch optisch zu erkennen, sie besitzen Dicken von größenordnungsmäßig $1\mu$. Man sollte annehmen, daß es neben dem Spinell 1:1 noch einen weiteren ausgezeichneten Spinell 1:2,5 gibt. Die experimentelle Beobachtung, daß Spinelle mit einem molaren Verhältnis $MgO:AlO_3 < 2{,}5$ nicht mehr im metastabilen Gebiet „entmischen", könnte man dann nur mit einer lückenlosen Mischkristallreihe zwischen dem 1:1 Spinell und dem hypothetischen 1:2,5 Spinell deuten. Dann ist aber unverständlich, warum die $Al_2O_3$-übersättigten Spinelle nicht weiter entmischen.

Die Rückstrahlinterferenzen des Wirtgitters und der Zwischenstruktur sind während der Koexistenz der beiden Strukturen immer sehr unscharf. Das weist auf erhebliche Gitterspannungen hin. Die Untersuchung des thermischen Verhaltens des Spinells 1:2,5 und der Zwischenstruktur klärt den Sachverhalt. Das thermische Verhalten im Bereich von 20 bis 1000 °C. (Abb. 14) zeigt, daß die geometrischen Verwandtschaften der beiden Strukturen im gesamten Temperaturbereich erhalten bleiben. Man kann das an folgendem Umstand (vgl. Abb. 14) erkennen. Wie gezeigt wurde [11], sind sämtliche Spinellreflexe zugleich auch Reflexe der Zwischenstruktur. Diese systematischen Koinzidenzen, bleiben im ganzen Temperaturbereich bestehen, wie durch Untersuchung bei verschiedenen Temperaturen gezeigt werden konnte. Abb. 14 zeigt nur die Ergebnisse für Zimmertemperaturen und 1000 °C. Da die Zwischenstruktur nur eine monokline Symmetrie hat, müssen sich die Volumina der beiden Substanzen genau so aufeinander abstimmen, daß die geometrischen Verwandtschaften der beiden Strukturen erhalten bleiben, d.h., die Grenzfläche der

[11] H. SAALFELD und H. JAGODZINSKI, Z. Krist. **109**, 87 (1957).

beiden Strukturen ist für das Problem wesentlich. Man kommt also in diesem Fall auf Grund des experimentellen Sachverhaltes nicht um die Auffassung herum, daß es sich in diesem speziellen Falle um ein thermodynamisch homogenes und nicht um ein heterogenes System handelt. Trotzdem ist natürlich die optische und strukturelle Inhomogenität vorhanden.

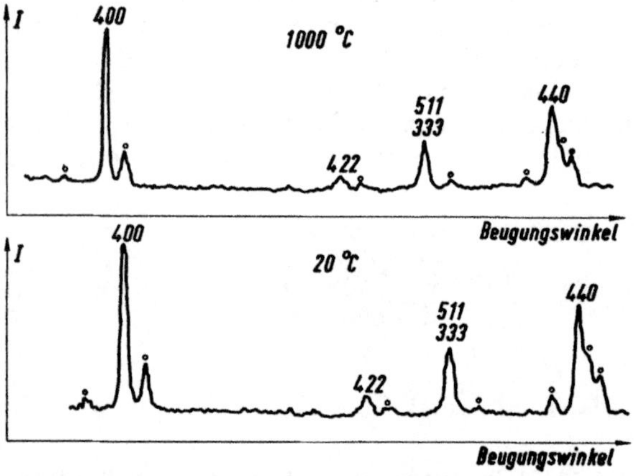


Abb. 14. Gleichmäßige Änderung der thermischen Ausdehnung des Spinells und der Zwischenstruktur bei 20 °C (unten) und 1000 °C (oben). Der Maßstab für die Beugungswinkel ist gleich. Die indizierten Reflexe sind Spinellreflexe. Die mit ○ markierten Reflexe gehören der Zwischenstruktur an.

Selbstverständlich gehören Extremfälle der oben beschriebenen Art zu den Ausnahmen, und man sollte deswegen nicht alle bestehenden Erkenntnisse anzweifeln. Jedoch mahnen solche Fälle zur Vorsicht gegenüber voreiligen Interpretationen, die unter Umständen zu Widersprüchen in Bezug auf die unumstößlichen Gesetze der Thermodynamik führen können.

Zum Schluß unserer Betrachtungen seien die Ergebnisse unserer kritischen Übersicht noch einmal kurz umrissen:

1. Die sichere Festlegung der Natur einer Phasenumwandlung ist im endlichen System im strengen Sinne unmöglich, da die Singularitäten dem Experiment nicht zugänglich sind, selbst wenn man die experimentellen Methoden beliebig verfeinern könnte.

2. Extrapolationsmethoden durch Messung unterhalb und oberhalb der kritischen Temperatur einer Umwandlung sind natürlich in den meisten Fällen richtig, aber nicht zuverlässig. Besondere Schwierigkeiten bereitet die Frage, ob ein System thermodynamisch homogen oder heterogen ist.

3. Man sollte streng zwischen thermodynamischer, physikalisch-chemischer, struktureller usw. Homogenität unterscheiden. Alle Eigenschaften hängen zwar miteinander zusammen, jedoch nicht in einheitlicher Weise. Eine konventionelle Festlegung solcher Grenzen, die sich allgemein als nützlich erwiesen haben, sollte für die einzelnen Begriffe getrennt vorgenommen werden. Künftige Verwirrungen würden dadurch vermieden.

4. Gerade der in Abb. 12d dargestellte Randeinfluß auf das Kooperationsproblem weist auf eine besondere Art möglicher Schwierigkeiten hin. In den meisten Einkristallen sind bekanntlich sehr viele innere Grenzflächen vorhanden, ohne daß der einkristalline Charakter gestört wird.

5. Symmetriebedingungen sind für Phasenumwandlungen sehr wesentlich; die entscheidende (nicht näherungsweise) Störung — z.B. der Vertauschungssymmetrien der Komponenten — kann einen entscheidenden Einfluß auf die Natur der Umwandlung haben. Die Verwendung einer großen kanonischen Gesamtheit wird also in einigen Fällen unzulässig sein.

Herrn Dr. H. Wondratschek und Frl. G. Pindur danke ich für die Durchführung der statistischen Experimente. Der Deutschen Forschungsgemeinschaft danke ich für die Überlassung von Röntgenbeugungsgeräten.

KATHLEEN LONSDALE

# Vibrating Atoms in Crystals

Among the substances examined by VON LAUE and his colleagues in 1912 was diamond; and VON LAUE pointed out, without any particular emphasis because it was so obvious to him, that the reason why the diffraction pattern of diamond, unlike that of some other light-atom crystals, was still intense even in the back-reflection regions, was that the thermal vibrations of the atoms in diamond were exceptionally small. This recognition of the relationship between the vibration amplitude of atoms and the intensity of their scattering power has opened up a wide field of investigation, an investigation which is concerned with one essential difference between a solid, a liquid and a gas, that of *movement*. Since those early days many other research workers have interested themselves in this subject, notably DEBYE, BORN, W. H. BRAGG, FAXEN, WALLER, LAVAL, PRESTON, ZACHARIASEN, RAMAN, WOOSTER, UBBELOHDE and the writer, their interests ranging from mathematical physics, through thermodynamics and the study of elasticity and plasticity to the simple observation of experimental X-ray scattering including effects not yet fully understood.

What is the difference between a solid, a liquid and a gas? The man-in-the-street would probably give some such answer as the following:

A solid retains its shape and size except when subjected to considerable force. A liquid takes the shape of the vessel into which it is poured, but remains of the same volume as before pouring. While a gas will expand, or can be forced without too much difficulty to contract, into a container of nearly any shape or size.

Of course it is not quite as simple as that. There are many substances, such as putty, paper, rubber and wool, which can hardly be called rigid, but which nevertheless do not conform to the usual idea of a liquid. Then there are the glasses and certain of the plastics which soften gradually on heating and become liquid, although there is no exact point of temperature at which the change can be said to take place. Most solids, however, have a definite melting-point, a temperature at which they suddenly lose their rigidity and become fluid, and at which there is an abrupt change in other physical properties such as density, electrical conductivity and so on. The change from ice to water at 0 °C is one which is most familiar to us even although in some ways ice is anomalous; it contracts on melting and expands on freezing. And yet ice in the form of a glacier can flow almost like a very viscous liquid. What does this signify? What is happening to the atoms or molecules in a solid that allows it, under the influence of a change of temperature or pressure or both, to change its state and to become liquid or gas; or to undergo deformation and begin to creep?

We know, from a variety of different kinds of evidence, but principally by means of their X-ray diffraction effects, that the atoms or molecules in solids are arranged regularly in three dimensions. One may picture them as occupying the points of a regular framework. We call this framework a lattice; we classify the different kinds of lattice that may exist, cubic, rectangular, hexagonal and so on and the kinds of symmetry that the arrangements of atoms on or about these positions may have. If the atoms or molecules are spherical they simply pack themselves as closely as possible, and if they are large enough they can be photographed by means of the electron microscope. Yet atoms are never arranged with perfect regularity. They are never all in their mean lattice positions simultaneously. Even at the absolute zero of temperature they will be restless, they have zero-point energy. At ordinary temperatures their movements are more energetic. They vibrate about their mean positions, not very far (or else it would not be possible to get a clear electron diffraction photograph of a virus crystal) but very fast. Their frequency of vibration is of the order $10^{18}$/sec, so that an atom in a grain of table salt will travel some 12,000 miles in 24 hours, although its average amplitude of vibration (root-mean-square amplitude) is only about 1/4000,000,000 cm, one 1000 millionth of an inch.

As the temperature rises the movements become greater, as it falls, or as the pressure increases, they subside. The melting-point of a solid is the temperature at which the movements become so violent that the regularity breaks down completely, the atoms no longer vibrate about mean fixed positions, they roll over each other and the arrangement becomes disordered. A glass is an arrangement of atoms or molecules in which there is in any case no order, no regular pattern, and it is rigid at low temperatures because the atoms or molecules are only slightly restless about their fixed though irregular positions. As the temperature rises the glass softens and eventually becomes liquid without any definite melting point because there is no regularity to lose. A glass is really a liquid of very high viscosity.

Let us now consider in more detail what is happening in a crystalline solid. The atoms or molecules are arranged in a regular or nearly regular pattern. As the temperature rises the crystal expands, not necessarily equally in all directions. This must mean that each atom or molecule occupies more space. Of course the atoms themselves do not increase in actual size; the atomic system of nucleus and electrons is much too strong to be particularly affected by a change in temperature.

But since even diamond does expand, the strongest interatomic bonds do lengthen as the atoms vibrate more violently. Where the bonds are weaker, as between molecules, the vibrations can be stronger and the expansions greater. Occasionally an atom or molecule may even break away from its normal position in the pattern and migrate through the solid, or along the surface, or break loose altogether and evaporate. Migration through the solid can take place particularly easily if there are occasional holes, that is, vacant sites, in the pattern. Diffusion in the solid state can be traced by making a few atoms radioactive or by using isotopes as tracers. Some different kinds of metals, when placed in close contact for some time, will diffuse into each other; metal atoms evaporated in vacuo on to the surface of galena (PbS) crystals may diffuse inside. Self-diffusion can take place in pure metals such as Pb where single Pb atoms can quite readily move through the metallic lattice. All those movements are due to the looseness of attachment of atoms to their crystal positions and therefore to the possibility of quite large oscillations in some cases. The process of oxidation is a matter of the interaction of metal atoms with the oxygen of the surrounding atmosphere, in which case either a protective layer is formed or, if diffusion of the metal atoms through the oxide layer easily takes place then the process may continue until the metal entirely disintegrates.

When a solid is a mosaic of small crystallites, thermal vibration will allow atoms from the surface of one crystallite to migrate to another, so that some grains will grow at the expense of others. This happens in metals during annealing and also in glaciers. The ice at the head of a glacier is a mosaic of very small crystals. Some are so arranged that they deform easily, they glide, under the pressure of the ice above them. Others are not so conveniently placed and they are therefore under considerable strain. These strained crystals tend to lose molecules to the crystals in which the strain is relieved by gliding and so the latter grow bigger and glide or flow takes place more easily. Indeed the ice crystals near the foot of a glacier may be several centimetres across.

Sometimes it is possible to alter the crystalline pattern of a metal by cold-working a single crystal of it in a direction along which the atomic vibrations are already particularly large. Barrett did this with lithium crystals, which he changed from body-centred cubic to face-centred cubic, at a temperature higher than the normal transformation point, by cold-working along the direction of the face diagonal. But it is not necessary to cold-work crystals in order to produce such transformations. Quite often they occur with change of temperature alone. The change may be a slight one, in which case it is often reversible, or it may be a drastic one and quite irreversible under normal conditions. The atomic bonds have broken down and new bonds have formed. This kind of change takes place when diamond is heated in the absence of oxygen to a moderately high temperature. It changes over to graphite. But the reverse graphite-to-diamond transformation can only occur at the enormous pressures and simultaneously high temperatures available in certain industrial laboratories in the U.S.A. and elsewhere.

If the particular solid configuration that exists is not the most stable at any given temperature, but the atomic vibrations are small, then a transformation to a more stable structure may take place, but it will take time, and there will be a threshold temperature below which it will not occur in any length of time. Very ancient glass is sometimes devitrified; it has ceased to be glass and has become crystallized and opaque. If alloys are quenched, that is, suddenly cooled from a high temperature, their atoms may be disordered, randomly occupying regular positions in space. In time, however, especially if a little heat is applied to loosen the atoms up, the structure becomes ordered. The atoms have changed places and sorted themselves out.

If an alloy containing only a small percentage of one constituent is allowed to age, the second component may crystallize into small flakes by the gradual diffusion of the atoms into concentrations. If these flakes have a distribution in space which inhibits the tendency of the metal itself to glide then the alloy is said to be age-hardened.

In every case these phenomena are the consequences of movements associated with the restlessness of the atoms and with changes in their vibratory movements due to some change in external circumstances. Now the atomic vibrations must, of course, affect and be affected by the forces between neighbouring atoms and they are therefore related to the elastic properties of the crystal as a whole since these are also, for single crystals, related to the forces between neighbouring atoms. In the case of those crystals which have relatively simple structural arrangements of atoms, the nature of the atomic vibrations can actually be calculated if the elastic properties of the crystal are known, and vice versa. It will readily be understood that a complete knowledge of the atomic vibrations, of their frequencies, amplitudes, polarizations and preferred directions must provide information about the nature and strength of the forces between the atoms which is of interest to the physicist and the chemist alike, not to mention the engineer.

But there are other atomic movements not related to the elastic properties of the crystal, movements of the atoms relatively to each other within the molecule, as well as oscillations or rotations of the molecule as a whole; and those movements which show themselves spectroscopically may or may not change with temperature. Some of these movements I shall describe later when I have indicated, as I must now do, the ways in which we observe what is happening in crystal patterns, even though the atoms or molecules may be too small to photograph even with an electron microscope.

Here I must be selective and I shall confine myself largely to the diffraction methods initiated by VON LAUE'S inspiration.

If we look at a distant point source of light through a two-dimensional grating such as a fine handkerchief, we see not one point of light, but a pattern; a diffraction pattern. Suppose we make the apertures not square but shaped like molecules, though still regularly arranged, then the pattern seen will be one characteristic of that particular molecular model. This illustrates the principle of the structure analysis of crystals by means of diffraction methods. We cannot use visible light with real crystals because the wave-length of visible light is too long compared with the actual distances apart of the atoms in real crystals; but we can use short wavelength radiations, in particular X-rays, neutrons and electrons, in order to obtain diffraction patterns from crystals. From the patterns given by any crystal under various conditions we can work back to the atomic arrangement. Of course the working back involves a good deal of measurement and of computation, although the improvement and availability of digital and electronic computers is making a vast difference to the possibilities of analyzing really complicated crystal patterns.

The first stage of an X-ray examination, that is, measurement of the geometry and intensity of the sharp diffraction spectra given by the crystal, tells us what is the pattern that represents the *average* arrangement of the atoms or molecules in time and space, at the temperature of the experiment. But if we test our structure by calculating what spectra are to be expected from a stationary arrangement of atoms in these positions, we never get very good quantitative agreement. The reason is easily seen by means of an optical synthesis for a simple crystal. It is possible to take the observed spectra and superimpose them in a machine of the kind designed by Professor LIPSON or Dr. VON ELLER and to obtain a projection of the structure along a given direction. Fig. 1a shows the structure of diparaxylylene. The positions of the carbon atoms are quite clear; and it is therefore possible to *calculate* the positions and intensities to be expected for the spectra from a crystal in which all the atoms are at rest, and then to make an optical synthesis of those spectra. The first picture was what the observed data lead to. The second (fig. 1b) was calculated for atoms at rest. If we finally subtract the amplitudes for the real structure from those for the structure with stationary atoms and make a third synthesis, we get a pattern which shows quite clearly the effect of the thermal vibrations of the atoms (fig. 1c). The same thing can be done, more accurately of course, by rather lengthy calculation; and it is found that whereas in simple cubic crystals the amplitudes of thermal motion may be isotropic, it is usually necessary to assume anisotropic thermal motion in crystals of lower symmetry. It is also found that some atoms, even in the same structure, are more energetic than others.

JAMES and FIRTH, by making measurements of differing intensities of X-ray diffraction from rock-salt crystals in different directions, at different temperatures, showed

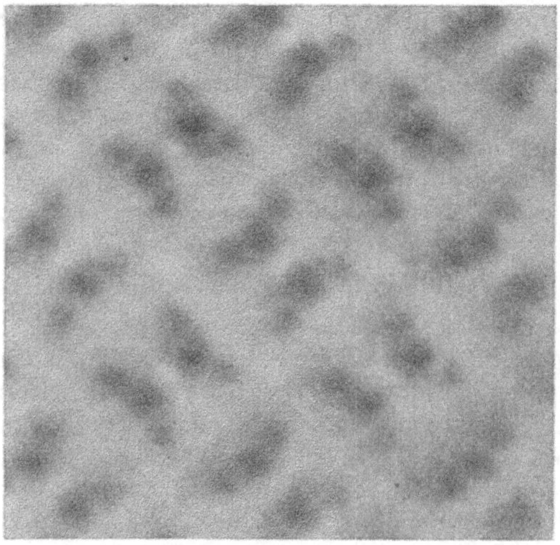

a

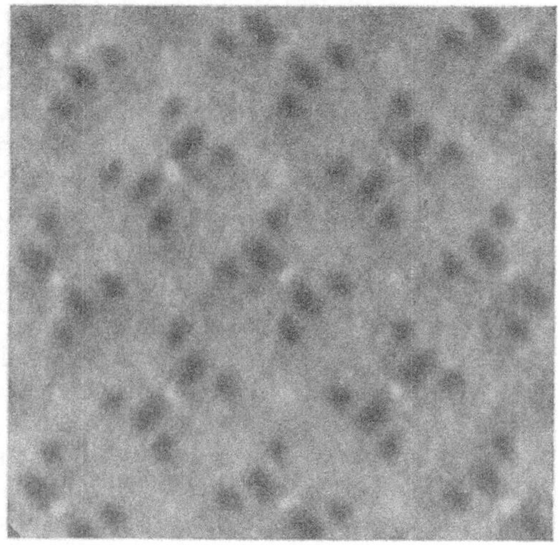

b

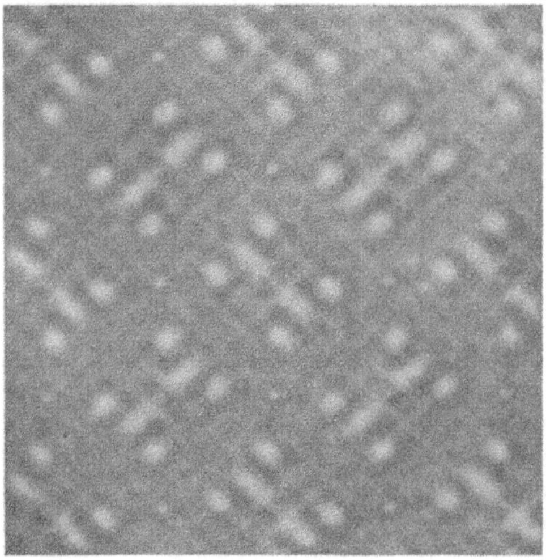

c

Fig. 1. Fourier projections of the structure of diparaxylylene along the *c* axis; optical synthesis

a) using observed data, room temperatures

b) using data calculated for atoms at rest

c) difference of b) and a)

that the root-mean-square amplitudes of vibration of sodium and chlorine respectively are

| | 86 °K | 290 °K | 500 °K |
|---|---|---|---|
| Na | 0.152 Å | 0.242 Å | 0,315 Å |
| Cl | 0.133 | 0.218 | 0.283 |

the Na-Cl distance in rocksalt being 2.814 Å.

Incidentally, of course, a given vibration of the atoms has more effect on the intensity of reflection from planes of small spacing than from those of large spacing, other things being equal, just as a fidgetty person sitting on the same seat in a railway compartment is much more trying than the same person, just as fidgetty, on another seat on the railway platform.

An extreme case of a difference in behaviour of atoms in the same crystal is that of the $\gamma$-form of silver iodide. In this modification the iodine atoms, vibrating in a moderate and well-behaved way, form a normal body-centred cubic lattice, but the silver atoms are so restless and so loose in their behaviour that they fit in just anywhere and can be made to stream steadily through the iodine framework under the influence of a small electrical force.

An intermediate, but extremely interesting case, recently reported by JACK and WACHTEL, is that of $Cs_3Sb$, a semi-conductor of somewhat variable composition ($Cs_{3+x}\,Sb_{1-x}$) which is the most efficient photo-emitter known. The observed X-ray diffraction effects from this crystal can only be accounted for if the thermal vibrations of the caesium atoms in this compound are more than twice as large as those of antimony. This is also true of metallic Cs and metallic Sb separately, but the diffraction effects when both are combined in one crystal are really striking. Normally one would expect that the scattering power from any given set of crystal planes would be decreased by the vibrations, but the combination of two kinds of atoms vibrating so differently results in widely differing values of the ratio of scattering by the structure at rest (calculated) and in motion (observed), depending upon the direction in which the scattering takes place. The expected ionic radii of $Cs^+$ and $Sb^{3-}$ respectively are 1.7 Å and 2.1 Å, but in fact the interatomic Cs—Sb distance in caesium antimonide is 3.96 Å and not 3.8 Å, and this distance increases as the percentage of Cs relative to Sb increases, which is what would ordinarily be expected in a metallic compound, but not in an ionic one.

In these binary compounds there is no reason to suppose that the vibrations are not isotropic, but in certain metals, such as zinc and cadmium, which crystallize with the hexagonal close-packed arrangement, some of those properties which usually depend upon vibration amplitudes are far from isotropic. The crystals are several times as compressible parallel to the hexagonal axis as they are in perpendicular directions, and the axial ratio, instead of being the ideal value of 1.633, is up to 15% larger. Part of this effect may be due to a real anisotropy of the atom itself or of its bonding to neighbouring atoms, but part is certainly an anisotropy of the atomic vibrations.

Even in the case of simple substances such as metallic sodium, where the average amplitude of atomic vibration is the same in all directions, it does not follow that this average is made up from the same components in all directions. In fact it is not; but it is by no means easy to determine just what those components are, except in the simplest cases.

I remember, when I was small, being most impressed because my brother told me that if I threw a stone into a pond the ripples I made would go on for ever. We both threw stones into the pond and enjoyed the feeling that we were making history. Our waves were combined, perhaps, with those made by the stones thrown by a little girl and her brother in the time of Queen Elizabeth I as well as by the stones that we ourselves had thrown at other times. The displacements of the water molecules might seem quite random, yet in fact they would be made up of a large number of waves caused by definite forces.

Now an instantaneous photograph of the atoms in any crystal, if we could take such a photograph, would show an apparently random displacement of the atoms from their mean lattice positions. But the displacements are not random. They are controlled by definite forces in the crystal just as certainly as the movements of water molecules are controlled by disturbing forces due to stones, banks, fish and wind and restoring forces due to the surface tension and other bonds to neighbouring molecules.

In the case of crystals we can get some information about the different types of thermal and other waves that are imposed upon the regular lattice by using special kinds of X-ray photographs which measure the spreading of diffracting power around and between the discrete spectra. It would take more space than I now have to describe these patterns in detail, but I can show some of them. Fig. 2 is a picture of sorbic acid taken by keeping the crystal stationary and using an X-ray beam in which there is a strong Cu$K\alpha$ characteristic component. The weak diffuse spots are due to thermal movements of the atoms whereas the sharp, strong spots give the

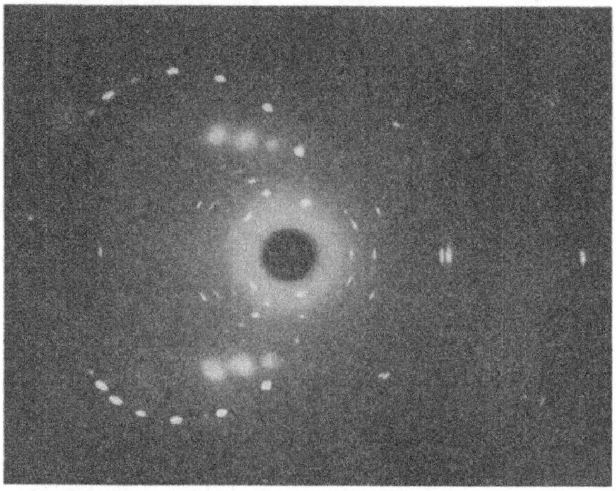

Fig. 2. Laue photograph of sorbic acid showing diffuse and sharp spots: Cu$K\alpha$, room temperature

geometry of the ideal crystal lattice. The nature of the pattern depends upon the orientation of the crystal. The symmetry of the lattice is shared by the thermal waves. Preston showed many years ago that as the temperature was raised the thermal spots become much stronger, the lattice spots weaker. The same effect may be shown in reverse by cooling the crystal. A photograph (fig. 3a) of a single crystal at ordinary temperatures shows diffuse and sharp spots which alter in intensity at liquid air temperatures (fig. 3b), the diffuse spots becoming weaker as the thermal vibrations die down, and the lattice spots stronger. In the case of a layer structure, such as that of graphite, the thermal vibrations of the atoms normal to the layer plane are very large. Within the layer plane they are tightly bound and cannot move so freely, so that only the one spectrum due to diffraction by the layer plane really shows much diffuse scattering and this disappears entirely at low temperatures leaving a sharp, small but intense spot. It will be realised that this explains why charcoal (which is essentially rather impure graphite) has to be cooled to the temperature of liquid air for it to be a really efficient absorber of gases. The interplanar spaces are more easily able to take up foreign atoms when the planes are quiescent.

On the other hand in chain structures such as those of natural vegetable and protein fibres, or long-chain molecules of any kind, the chains can oscillate or alter their mutual distances, but the atoms in the chains do not move very much along the length of the chain. It would be rather curious if they did. It would mean that blades of grass, besides waving from side to side, would expand and contract like Alice in Wonderland; and that hair would stretch or shrink as easily as it can now be bent. All this is demonstrated on X-ray photographs by the presence of diffuse streaks as well as roundish spots.

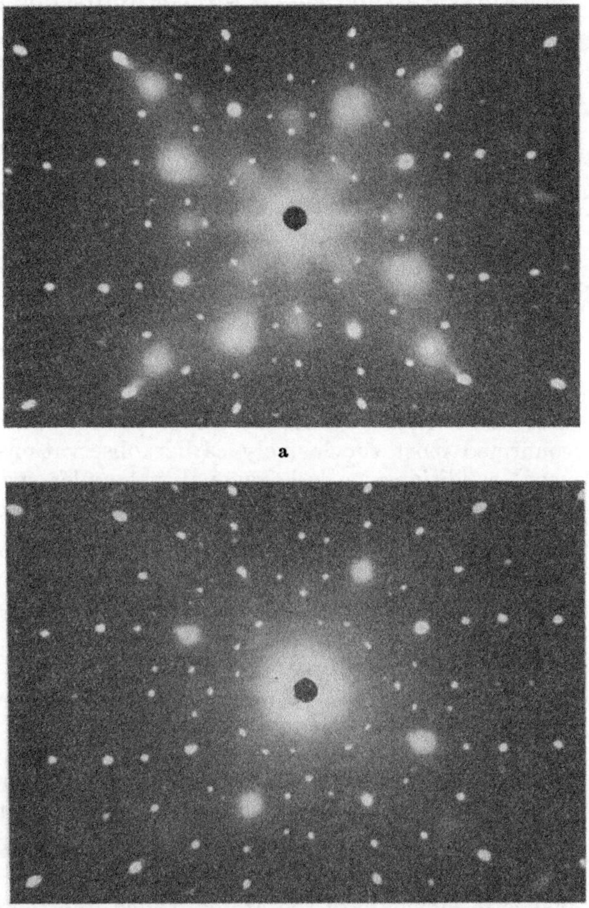

a

b

Fig. 3. Laue photographs of penta-erythritol, *c* axis along the X-ray beam

a) at room temperatures

b) at 90 °K

But although these diffuse patterns do give some intelligible information, we are not yet in a position to be able to interpret all of it by any means, and most of our knowledge about atomic movements is obtained by a combination of methods. We observe the diffuse patterns in the hope that one day we may fully understand them; in the meantime we collect what data we can while we have the crystals. We make careful measurements of all possible diffraction intensities at one temperature and we carry out a complete structure analysis, if possible finding what thermal vibrations are necessary in order to attain good agreement between observed and calculated data. In the case of benzil, for example, which gives really remarkable diffuse patterns, a Fourier synthesis shows the atomic positions, but successive difference syntheses reveal the fact that the oxygen atoms are executing an elliptical movement about their bond to the nearest carbon atom.

Sometimes measurements of straight diffraction effects made at different temperatures will also help to elucidate the movements of the atoms and they will, of course, show the existence of transformations, either of structure or of properties. Ice, for example, has three forms, excluding those that are formed only at very high pressures and about which we really know very little. In the absence of impurities of other nucleating particles, water supercools down to about —35 °C. The restless molecules do not particularly want to attach themselves to definite lattice positions; and most clouds well below 0 °C are still made up of water vapour, or minute particles of water. After freezing has taken place the ordinary crystal form is hexagonal, as far as the oxygen atoms are concerned; but the hydrogen atoms are randomly arranged on twice as many positions as there are atoms. The ease with which deuterium can move through ice shows also that the hydrogen can jump from one possible position to another along the same hydrogen bond and that the water molecule occasionally turns round, thus switching a hydrogen from one bond to another.

BLACKMAN and LISGARTEN, using electron diffraction techniques, have recently confirmed most conclusively earlier observations of KÖNIG that although under usual conditions ice is hexagonal, yet under special conditions of low temperature and pressure it can be cubic, or even glassy at lower temperatures still.

A transformation from a disordered arrangement of molecules to an ordered one can be effected by mechanical treatment alone in the case of polyisobutylene and other rubber-like substances.The unstretched material is disordered because in the absence of any constraining force any one of the many disordered arrangements is more probable than an ordered structure. But if the substance is stretched it becomes not only ordered but hot. The molecules on which work has been done are forced to vibrate more about their fixed positions. If the stretched structure is allowed to attain thermal equilibrium with its surroundings and is then released from strain it will not only contract into disorder but will become cold; work has been done by the material at the expense of the molecular vibrations.

The ordering process in a magnetic material may also be achieved either by mechanical means or by a lowering of temperature. In this case the ordering is that of the magnetic moments of the atoms, which line themselves up either in parallel or in anti-parallel positions, according as to whether the substance is ferromagnetic or antiferromagnetic. What is relevant to my subject is the fact that above a certain temperature for any such substance the vibrations of the atoms prevent this ordering and the substance is only paramagnetic. The point at which magnetic ordering occurs can be detected by a discontinuity in the specific heat curve, but it can be detected even more strikingly by neutron diffraction techniques. Transformations in the *type* of ordering can also be detected and studied.

Neutron diffraction techniques have also been used to detect the movements of hydrogen atoms in ferroelectric crystals such as $KH_2PO_4$. At temperatures outside the ferroelectric range, the hydrogen atoms behave as they do in ice, randomly distributing themselves in either of two possible positions, and probably jumping across from one position to the other. But within the ferroelectric range this disorder can be inhibited by an imposed electric field, which obliges the hydrogen atoms to stay in a single position.

I have mentioned diffraction measurements made at various temperatures as a means of determining the vibrational movements of the atoms. This has been done so far only for a very few substances. It ought to be done for a great many; indeed, many of the earlier structure determinations of simple elements and of inorganic and organic compounds need repeating under the more stringent experimental conditions now possible, using different diffraction techniques and making use of high-speed computers to eliminate as much of the mathematical drudgery of interpretation as possible. Measurements ought to be made of all possible diffraction intensities on several crystals of the same substance, at several temperatures, with the maximum accuracy possible. A large number of measurements are necessary because if the parameters to be determined include not only the atomic co-ordinates, but also the principal directions and amplitudes of the atomic vibrations, then the number of unknowns becomes very large. We usually reckon that for reliable results the number of independent measurements should be at least three times the number of independent parameters to be determined. The problem is complicated by the fact that as the temperature changes not only do the atomic and molecular vibrations change in amplitude and frequency distribution, but the molecular orientation may change and, of course, the unit cell dimensions will change also. However, by combining the measurements made at different temperatures and by different methods, and especially by combining results from X-ray and neutron diffraction techniques, it should be possible to sort out zero-point energy from thermal vibrations, translational from angular movements and anisotropy of atomic vibrations from anisotropy of electron bonding.

So far the data from neutron and X-ray measurements, for example on urea, can only be said to agree just to within the limits of experimental error, but both agree in proving that in this substance the molecules have a fairly large angular vibration about the molecular axis, superimposed on a translatory vibration. Some optical difference syntheses of the X-ray data show, I think, that the atomic movements may be even more complex than had been previously postulated. As yet we cannot be sure how much the molecule itself changes with temperature. Some change there must be, although it will be small. The result of the very anisotropic thermal movements of the molecules is that the thermal expansion is also very anisotropic; in fact, as mentioned earlier, the atomic movements are quite simply related to many of the properties of solids. The quantitative relationships can be shown only as yet in the case of some of the simplest cubic structures. For example, it seems that melting takes place where the root-mean-square vibration amplitude is about 22 per cent of the interatomic distance, in metals of the face-centred and body-centred cubic types and in NaCl-type crystals. One of my students, Louis Cartz, has pointed out that this explains why so many properties of these crystals vary similarly when expressed in terms of the reduced temperature $T/T_M$ ($T_M$ = melting point). This applies to elastic constants, the electrical resistance, atomic diffusion rates, atomic or molecular heats, the variation of coefficient of thermal expansion, and thermal conductivities at least at temperatures not too near to the melting-point.

W. HOPPE

# Organische Moleküle und Röntgenstrahlen

Für die Strukturanalyse von organischen Molekülen mit Röntgenstrahlen gibt es grundsätzlich zwei Möglichkeiten. Der einen liegt die Verschiedenheit der inter- und intramolekularen Bindungskräfte zugrunde, welche bewirkt, daß die Relativbewegung und damit die Interferenz der abgebeugten Strahlen von zwei Atomen unterschiedlich ist, je nachdem, ob sie dem gleichen oder zwei verschiedenen Molekülen angehören. Ein Beispiel dieser Verfahren ist die Gasinterferenzmethode. In einem Gas bleibt in erster Näherung der Abstand zweier, dem gleichen Molekül angehörender Atome konstant, während sich zwei Atome verschiedener Moleküle unabhängig voneinander bewegen; der Streueffekt entspricht einer Mitteilung über die Fouriertransform des Moleküls über alle Raumwinkel. Ein weiteres Beispiel ist die Strukturanalyse von Molekülen über die diffuse Wärmestreuung von Kristallen, in welcher das verschiedene Schwingungsverhalten der verschiedenen gebundenen Atome die Basis für die strukturelle Analyse liefert [1].

Man kann aber auch die Struktur eines Moleküls über den Umweg der Strukturanalyse eines, aus den Molekülen aufgebauten Kristalles bestimmen. In diesem Fall ist es für die Art des Streueffektes gleichgültig, ob 2 Atome dem gleichen oder verschiedenen Molekülen angehören. Doch treten für die Abgrenzung der Moleküle keine Schwierigkeiten auf, da sich die Hauptvalenzbindungen durch die Bindungslängen von den Nebenvalenzbindungen stark unterscheiden. Es gelang, mit dieser Untersuchungsmethode bis zur Strukturbestimmung von komplizierten organischen Strukturen vorzudringen; es ist Ziel dieses Artikels über die Probleme und Verfahren dieser Methode zu berichten*).

Im Prinzip sind Dunkelfeldmikroskop und Kristallbeugungsapparatur nahe verwandt: Beide messen letztendlich die Streuverteilung eines Objektes, wobei das erstere die Fouriersynthese des Bildes durch unmittelbar angeschlossene physikalische Mittel (Linsensysteme) vornimmt, während die letztere zunächst diese Streuverteilung ausmißt, worauf die Bildsynthese nachträglich auf mathematischem Weg erfolgen muß. Die Vervielfachung des Objektes im dreidimensionalen Gitter führt zu einer vielmillionenfachen Verstärkung des Streueffektes einer einzigen Zelle und gestattet so die Anwendung relativ grober experimenteller Anordnungen. Allerdings geht auch der Phasenzusammenhang der Streuwellen verloren: Das wesentliche Problem einer Strukturanalyse besteht nun gerade in der Auffindung dieser Phasen, und damit in der Ergänzung der nur in ihren Absolutwerten experimentell gemessenen Strukturfaktoren zu ihren komplexen Werten. Daß diese Aufgabe trotz des Fehlens der Hälfte der zur Fouriersynthese des Bildes nötigen Daten zu eindeutigen Lösungen führen kann, liegt daran, daß mehr Beugungsreflexe erfaßbar sind, als im Prinzip für die Festlegung der Bestimmungsstücke der Struktur (welche aus einer begrenzten

[1] W. Hoppe und Mitarbeiter, Naturwiss. **42**, 484 (1955) und weitere Arbeiten Z. Kristallogr. ab 1956.
M. L. Canut und J. L. Amorós, P. Dep. Crist. Min. ab 1957.

*) Vgl. auch einen weiteren zusammenfassenden Artikel des Verfassers in Angew. Chemie, **69**, 659 (1957).

Anzahl von Atomen von annähernd bekannter Elektronendichteverteilung besteht) erforderlich wären. Freilich ist zwar z. B. seit der Aufstellung der HARKER-KASPERschen Ungleichungen [2] und später der SAYRE-COCHRAN-ZACHARIASEN-Beziehungen [3] bekannt, daß die Intensitätsverteilung nicht unabhängig ist von der Phasenverteilung, so daß man also aus ersterer auf letztere rückschließen kann — für die Bestimmung von Strukturfaktorenvorzeichen im reellen Fall zentrosymmetrischer Kristalle wurden sie ja tatsächlich auch praktisch angewandt — doch gibt es trotz verschiedener interessanter Ansätze heute noch keine allgemein anwendbare Methode, welche gewissermaßen als Analysenmethode auf unmittelbarem Wege zum Ziele führen würde.

Es hat sich herausgestellt, daß eine hohe Symmetrie der Moleküle zwar die Analyse in den Anfangsstadien zu erleichtern vermag, daß jedoch später Schwierigkeiten wegen Neigung zu pseudohomometrischen Lösungen*) auftreten. Bei nicht so hochsymmetrischen Strukturen ähnelt die Verteilung der Reflexintensitäten einer Zufallsverteilung, wenn man den, durch den Temperaturfaktor und die Atomform bedingten allgemeinen Abfall der Intensitäten nach hohen Winkeln kompensiert (unitäre Strukturfaktoren). Das Streuvermögen eines Atoms sei $z_j$ (= Elektronenanzahl des Atoms; dieses Streuvermögen ist wegen der Korrektur auf unitäre Strukturfaktoren konstant im reziproken Raum), das über alle Reflexe gewonnene Mittel aus den unitären Strukturfaktorenquadraten eines Kristalles mit $n$-Atomen $\langle U^2 \rangle$ ist

$$\langle U^2 \rangle = \sum_{j=1}^{n} z_j^2. \tag{1}$$

Das maximale Strukturfaktorquadrat des Kristalles (Streuung der nullten Ordnung) ist dagegen wegen Wegfallens aller Schwächungen durch Interferenz gleich

$$U_{000}^2 = \left( \sum_{j=1}^{n} z_j \right)^2. \tag{2}$$

Es sinkt daher das mittlere gegenüber dem maximalen unitären Strukturfaktorenquadrat mit der Anzahl der Atome in der Elementarzelle; bei gleichen Atomen ist das Verhältnis $\eta$

$$\eta = \frac{U_{000}^2}{\langle U^2 \rangle} \tag{3}$$

gerade gleich der Anzahl $n$ der Atome. Da nun die Reflexintensitäten eine ungefähre Zufallsverteilung zeigen, läßt sich sofort schließen, daß etwa 10 % der Strukturfaktorenquadrate größer als der dreifache, aber nur 1‰ größer als der zehnfache Wert des mittleren Strukturfaktorenquadrates sein können. Mit diesen einfachen statistischen Beziehungen läßt sich nun schon verstehen, daß der Einbau einzelner schwerer Atome in organische Moleküle phasenbestimmend sein kann. Wir wählen als Beispiel die

[2] D. HARKER und J. S. KASPER, J. Chem. Phys. 15, 822 (1947).
[3] D. SAYRE, Acta Cristallogr. 5, 60 (1952); W. COCHRAN, ebenda 5, 65 (1952).

*) = falsche Strukturen, welche eine ungefähre Übereinstimmung zwischen berechneten und experimentellen Fourierkoeffizienten sowie leidliche Fouriersynthesen ergeben und daher erst wegen ihrer Nichtkonvergenz während des Verfeinerungsprozesses als falsch erkannt werden können.

Struktur von Platinphthalocyanin $C_{32}H_{16}N_8Pt$ (Raumgruppe $C_{2h}^5$— $P2_1/a$, 2 Moleküle), welche als eine der ersten nach der Schweratomtechnik gelöst wurde [4]. Da man in ausreichender Näherung die Wasserstoffatome vernachlässigen und die Streuvermögen von C, N und O einander gleichsetzen darf, kann man von einem Molekül mit vierzig leichten Atomen und einem wesentlich stärker streuenden Atom (Pt) sprechen. Die Schweratome und die Molekülzentren müssen in Symmetriezentren liegen, außerdem enthält die kleinste Zelle der b-Projektion nur ein (zentrosymmetrisches) Molekül ($h0l$ für $l=2n+1$ ausgelöscht). Man kann also in dieser Projektion die Schweratome als Ursprung wählen; ihr Beitrag zum Strukturfaktor ist konstant, er ist ungefähr gleich dem 12fachen Streuvermögen $z_0$ eines C-Atoms. Das mittlere Strukturfaktorenquadrat einer Struktur aus 40 gleichen Atomen ist nach (1) gleich

$$\langle U^2\rangle = n\, z_0{}^2 = 40\, z_0{}^2. \tag{4}$$

Nur 10% der Reflexe haben ein Strukturfaktorenquadrat von größerer als $3\cdot\langle U^2\rangle$ bzw. einen Absolutwert des Strukturfaktors

$$|U| = z_0\sqrt{120} \sim 11\, z_0.$$

Wegen der Zentrosymmetrie reduziert sich die Phasenunbestimmtheit auf eine Vorzeichenunbestimmtheit. Aus diesen Beziehungen läßt sich sofort entnehmen, daß mehr als 90% der Strukturfaktoren in ($h\,0\,l$) positives Vorzeichen besitzen müssen, denn der gesamte Strukturfaktor ergibt sich als Summe des konstanten positiven Schweratomanteils der Größe 12 $z_0$ und dem in Größe und Vorzeichen wechselnden Leichtatomanteil, der aber bei 90% der Strukturfaktoren im ungünstigsten Fall gleich $-11 z_0$ sein kann, so daß die Summe auch dann noch positiv sein wird. Abb. 1 zeigt die, mit durchweg positiven Vorzeichen gerechnete Fouriersynthese dieser Projektion, welche das Bild des Moleküls deutlich zeigt.

Der ideale Fall zentrosymmetrischer Kristalle mit Anordnung der Schweratome in den Ecken der Elementarzelle tritt außerordentlich selten auf; meist sind mehrere Moleküle und damit auch Schweratome vorhanden, die in allgemeiner Lage in der Zelle liegen. Der Schweratombeitrag variiert dann wegen der Interferenzen der Schweratome miteinander in Größe und Vorzeichen. Auch in diesem Fall werden bei einer großen Anzahl von Reflexen die Schweratombeiträge größer sein als die Leichtatombeiträge — genügend schwere Atome vorausgesetzt. Nimmt man daher einfach die Vorzeichen der Schweratome als Vorzeichen der Strukturfaktoren, so wird dieses Vorzeichen für viele Reflexe richtig sein; eine Fouriersynthese sollte daher — wenn auch undeutlicher als in Abb. 1 wegen der Vorzeichenfehler — das Molekülbild erkennen lassen. Noch ungünstiger werden die Verhältnisse, wenn die Struktur kein Symmetriezentrum besitzt. Es wird dann sowohl der Schweratombeitrag wie auch der Leichtatombeitrag des Strukturfaktors komplex sein; die Phase der Summe wird im Gegensatz zum zentrosymmetrischen Fall immer von der Phase des Schweratombeitrages abweichen. Trotzdem kann man aber die Schweratomtechnik auch hier anwenden. Die Kenntnis des Schweratombeitrages reduziert nämlich, wie Abb. 2 zeigt, die möglichen Phasen des Strukturfaktors auf einen Phasenbereich, dessen Größe vom Schweratombeitrag und vom möglichen Leichtatombeitrag abhängt.

[4] J. M. Robertson und J. Woodward, J. Chem. Soc. London, 36 (1940).

Die Phase des Schweratombeitrages ist die mittlere Phase in diesem Bereich. Es ist daher eine sinnvolle Näherung, die experimentell gemessenen Strukturfaktoren mit diesen Phasen zu versehen und eine Fouriersynthese zu rechnen in der Hoffnung, zumindest einen Teil des Moleküls zu erkennen; die identifizierten Leichtatome können dann zum Schweratomanteil hinzugeschlagen werden und verbessern die nächste Phasenberechnung, bis man schließlich in mehreren Zyklen zur endgültigen

Abb. 1. Projektion von Pt-Phthalocyanin entlang der $b$-Achse. Das Molekül wird etwas verzerrt abgebildet, da es mit einem Winkel von 26,5° gegen die Projektionsebene geneigt ist (nach [4])

Struktur gelangt. Wie weit man mit dieser Methode gelangen kann, zeigt die Auflösung der Konstitution des Vitamin B 12 durch D. CROWFOOT-HODGKIN und Mitarbeitern in Oxford, J. G. WHITE in Princetown und R. J. PROSEN und K. N. TRUEBLOOD [5]

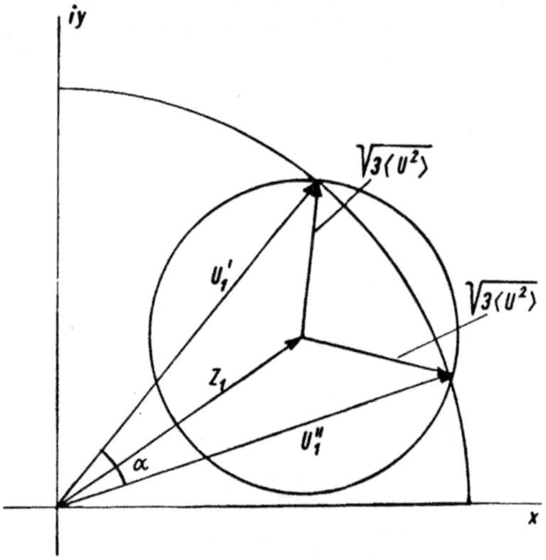


Abb. 2

**Schweratomtechnik bei nichtzentrosymmetrischen Kristallen**

Gemessen sei der Betrag des unitären Strukturfaktors des Schweratomkristalles $|U_1|$. Berechnet sei der komplexe unitäre Schweratombeitrag $Z_1$ (in Abb. 2 in der Gaußschen Ebene als Vektor dargestellt) und der mittlere Leichtatombeitrag $\sqrt{\langle U^2\rangle}$ (vgl. Text). Da 90 % der Reflexe einen Leichtatombeitrag besitzen, der kleiner ist als $\sqrt{3\langle U^2\rangle}$, kann dieser Wert als ungefährer Extremwert für den Leichtatombeitrag $|U|$ angesehen werden. Damit wird jedoch wie Abb. 2 durch Konstruktion der Vektordreiecke zeigt, der mögliche Phasenwinkel von $U_1$ auf den Winkelbereich $\alpha$ eingeschränkt; $U_1$ muß zwischen $U_1'$ und $U_1''$ liegen. Die Phase von $Z_1$ ist die mittlere Phase in diesem Bereich; es ist daher sinnvoll, sie als Näherungsphase für $U_1$ zu wählen. $\alpha$ und damit der möglichen Phasenfehler von $U_1$ wird umso kleiner, je größer $f_1$ verglichen mit $\sqrt{\langle U^2\rangle}$ ist.

**Methode des multiplen isomorphen Ersatzes**

Die gleiche Figur vermittelt das Verständnis der Methode des multiplen isomorphen Ersatzes. Ist nämlich der Absolutwert des Leichtatombeitrages $|U|$ für den betrachteten Strukturfaktor zusätzlich aus Messungen am isomorphen, schweratomfreien Kristall bekannt, so kann die gleiche Konstruktion mit dem nun bekannten Leichtatombeitrag (an Stelle von $\sqrt{3\langle U^2\rangle}$) durchgeführt werden. $U_1'$ und $U_1''$ sind dann nicht Extremwerte, sondern innerhalb der Meßfehler genaue Werte für $U_1$. Allerdings ist die Lösung zweideutig: Es kann nur entweder $U_1$ oder $U_2$ (ebenso auch nur einer der beiden Vektoren für den Leichtatomstrukturfaktor $U$) richtig sein. Die Zweideutigkeit kann man beseitigen, wenn man genau die gleiche Konstruktion für ein isomorphes Paar mit einem anderen Schweratomderivat (geändertes $Z_1$) für $U_1$ und $U$ wiederholt; die richtigen Lösungen für $U$ müssen in beiden Konstruktionen identisch sein. Um die Sicherheit der Phasenbestimmung zu erhöhen, empfiehlt es sich, weitere isomorphe Paare in gleicher Weise zu untersuchen.

(1949–1957) in Los Angeles. Zu Beginn der Untersuchung war nicht einmal die Summenformel genau bekannt; sie wurde 1951 zu $C_{63}H_{84}N_{14}O_{14}PCo$ festgelegt. Da Kobalt nur das 4,5fache Streuvermögen von Kohlenstoff besitzt, das somit kleiner ist als das mittlere Streuvermögen des Leichtatomrestes, welches dem 10,7fachen Streuvermögen von Kohlenstoff gleich ist, wird man zunächst bezweifeln, ob das Schweratom die Phasen einer ausreichenden Zahl von Reflexen genügend genau bestimmen vermag. Es war daher überraschend, daß die 3-dimensionalen Fouriersynthesen von $B_{12}$ tatsächlich alle Atome zeigten. Allerdings entsprachen nur 60 % der auftretenden Dichtemaxima Atomen von $B_{12}$, auch waren sie zum Teil außerordentlich stark verzerrt.

[5] D. CROWFOOT-HODGKIN und Mitarbeiter; J. G. WHITE, R. J. PROSEN und K. N. TRUEBLOOD, Proc. Roy. Soc. **242**, 228 (1957).

Abb. 3 zeigt — um einen Begriff von einer solchen Fouriersynthese im frühen Stadium einer Analyse zu geben — einen Schnitt durch die Synthese. Man sieht in der Umgebung der Kobaltatome ein ungefähr vierzähliges Gebilde, in welches sich ein Porphyrinring recht gut einpassen läßt; es gab chemische Argumente, welche eine

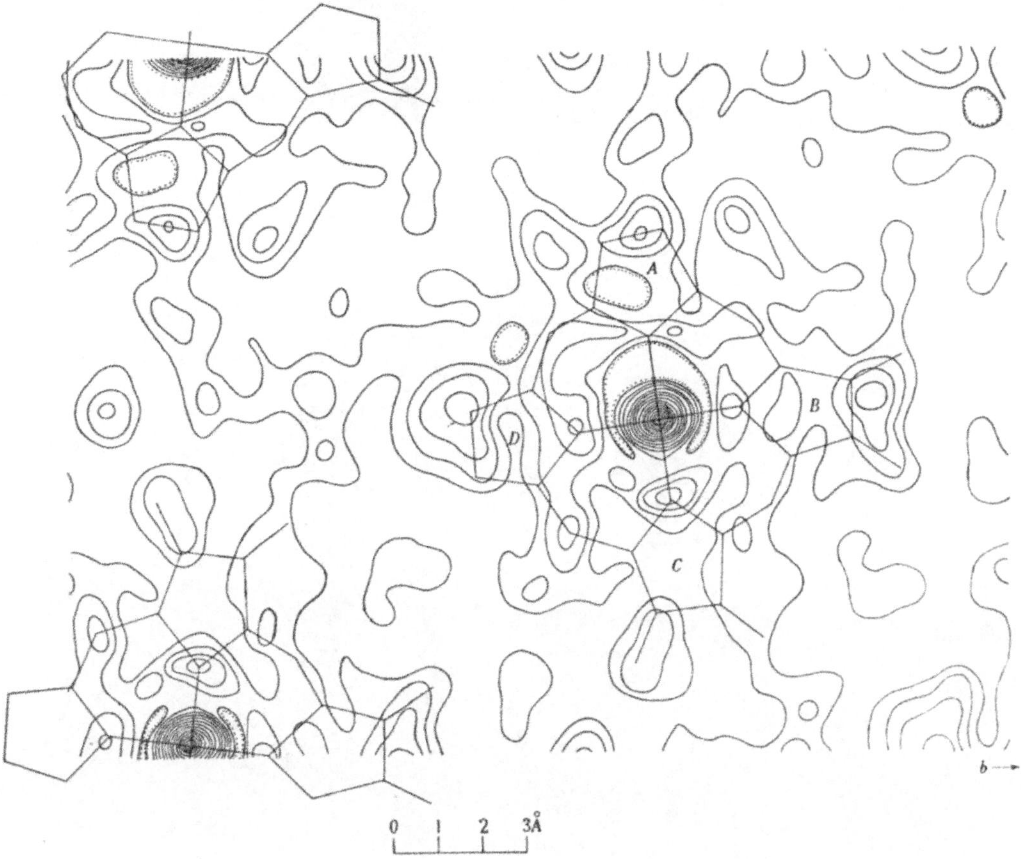


Abb. 3. Schnitt in der Höhe $x = 0$ einer dreidimensionalen Fouriersynthese der Strukturfaktorabsolutwerte von $B_{12}$ mit den Phasen von Kobalt (nach [5])

Verwandtschaft von $B_{12}$ mit Porphyrinverbindungen wahrscheinlich machten, insbesondere als auch schon die, zur Bestimmung der Schweratomparameter erforderlichen zugespitzten 3-dimensionalen Pattersonsynthesen in die gleiche Richtung gewiesen hatten. Allerdings schien das Abbild des ebenen Porphyrinringes sehr verzerrt und gar nicht so eben, wobei es unklar war, ob diese Verzerrungen nur auf Phasenfehler zurückzuführen waren. In diesem Stadium war es nun sehr wertvoll, daß die Analyse parallel an 4 verschiedenen Derivaten vorgetrieben werden konnte: an $B_{12}$ lufttrocken, $B_{12}$ feucht, $B_{12}$ SeCN und schließlich vor allem auch an einer Hexacarbonsäure, welche im wesentlichen nur das Kobalt enthaltene Ringsystem von $B_{12}$ enthielt. Es war damit möglich, verschiedene, voneinander völlig unabhängige

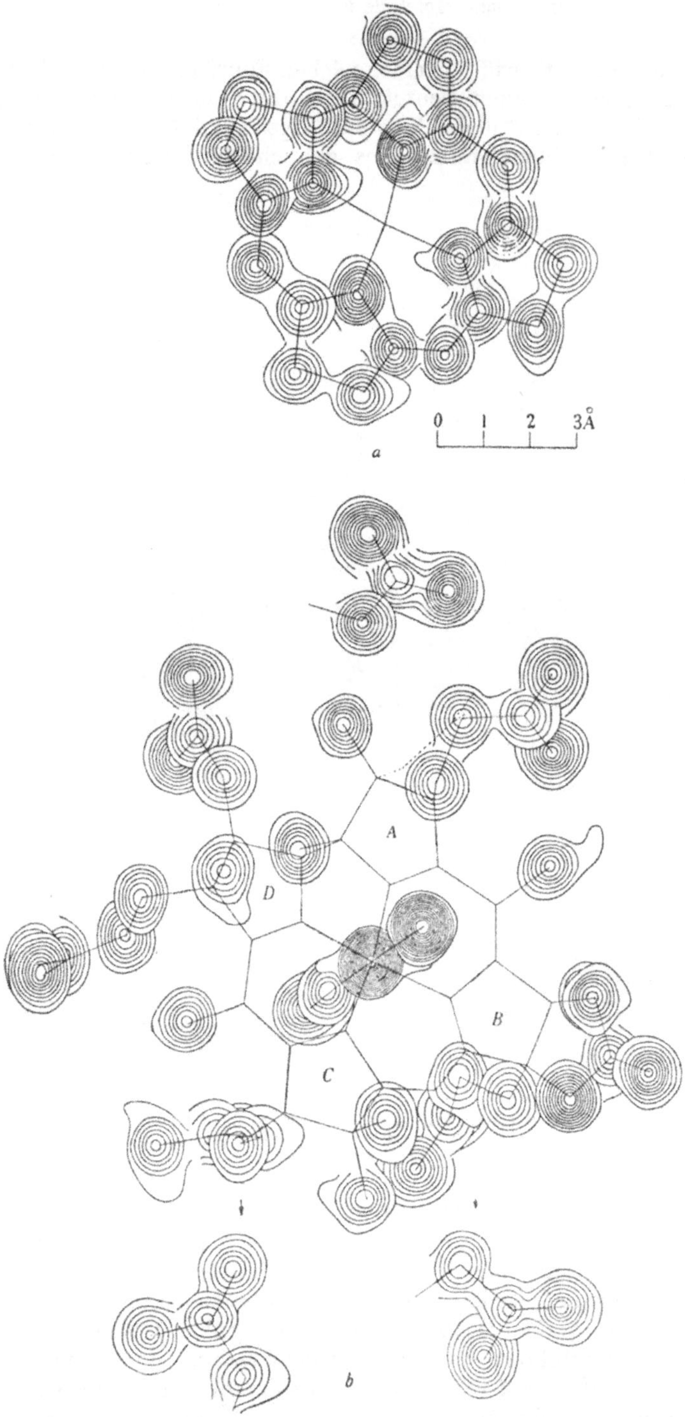


Abb. 4. Oben (a) der Ring und unten (b) die Seitenketten des $B_{12}$-Fragments nach Verfeinerung der Atomkoordinaten (nach [5])

Abbildungen des Moleküls zu vergleichen und so u. a. zu erkennen, daß tatsächlich nur ein porphyrinähnlicher, nicht völlig ebener Ring im Molekül auftritt, in welchem eine der 4 Methinbrücken zwischen den Pyrrolringen durch eine direkte Verbindung ersetzt ist. Abb. 4 zeigt schließlich das Bild des Ringsystems und das Bild der Seitenkettenanordnungen der Hexacarbonsäure nach dem Verfeinerungsprozeß, sowie Abb. 5 die Formel und eine schematische Darstellung des $B_{12}$.

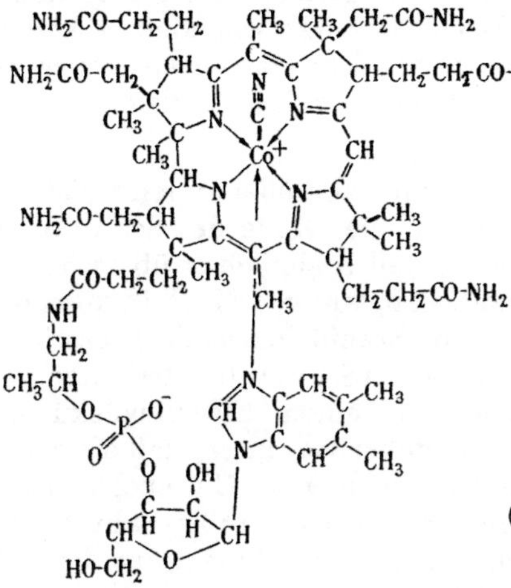

(III)

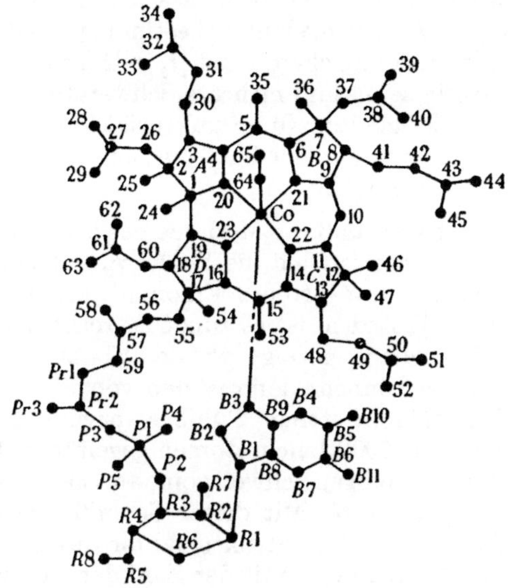

Abb. 5. Die aus der Röntgenstrukturanalyse abgeleitete Strukturformel von $B_{12}$ (nach [5])

Die Schweratomtechnik kann nur mit Einschränkung als direkte Methode bezeichnet werden; die unvermeidlichen Phasenfehler bewirken Unklarheiten des Bildes, welche dessen Deutung beträchtlich erschweren können. Man hat verschiedene neue Varianten dieser Technik entwickelt, welche im wesentlichen auf eine Gewichtsfunktion hinausgehen, welche phasenunsichere Fourierglieder in der Fouriersynthese verkleinert. Auch die mit Überlagerungen von Pattersonfunktionen arbeitenden Bildsuchmethoden lassen sich bei Vorliegen schwerer Atome als Varianten der Schweratommethode mit speziellen Gewichtsfunktionen auffassen. „Direkt“ im engeren Sinne des Wortes wäre nun eine Strukturbestimmungsmethode, nach welcher nicht nur Näherungswerte der Phasen, sondern im Rahmen der Meßfehler genaue Phasenwerte bestimmt werden. Läßt man die Methoden der anomalen Streuung außer Betracht (welche ebenfalls auf Phasen schließen lassen), die an anderer Stelle dieser Artikelreihe diskutiert werden, so verbleibt als echte direkte Methode eigentlich nur die Methode des isomorphen Ersatzes. Sie ist allerdings in ihrer Anwendung recht beschränkt, da sie das Auffinden isomorpher Kristalle voraussetzt. Diese Methode wurde in ihrer einfachsten Form ebenfalls an den schon erwähnten Phthalocyaninen angewandt [6] und zwar am Paar Nickelphthalocyanin und Phthalocyanin. Diese Strukturen sind von der Struktur von Platinphthalocyanin in Abb. 1 verschieden, besitzen aber die gleiche Raumgruppe und — im Nickelphthalocyanin — die gleiche Anordnung der

[6] J. M. Robertson und Mitarbeiter, J. Chem. Soc. London (1935—1937).

Schweratome. Man könnte daher im Prinzip wie bei Platinphthalocyanin die Schweratomtechnik anwenden, hätte jedoch viele Vorzeichenfehler, da Nickel nur 29% des Streuvermögens von Platin besitzt.

Da aber neben den Strukturfaktorabsolutwerten $|F_1|$ des Nickelphthalocyanins auch die Absolutwerte des Phthalocyanins $|F|$ gemessen werden können und da der Streubeitrag des Nickels $f_1$ in Größe und Vorzeichen bekannt ist (er ist hier wieder konstant und positiv), lassen sich die Vorzeichen der Strukturfaktoren auch für $|f_1|<|F|$ zwangsläufig bestimmen: Ist $|F_1|$ größer als $|F|$, so muß $F$ positiv sein und umgekehrt. Ist $|f_1|>|F|$, so muß $F_1$ wie bei der Schweratomtechnik immer positiv sein. Sind mehrere Schweratome in der Elementarzelle vorhanden, so können Schwierigkeiten für Strukturfaktoren auftreten, deren Schweratombeiträge wegen der Interferenz der Schweratome untereinander kleiner ausfallen als die experimentellen Meßfehler.

Es ist klar, daß die Methode des isomorphen Ersatzes bei komplizierteren Molekülen anwendbar ist, als die Schweratomtechnik, da es auf die Größe des Schweratombeitrages nur insofern ankommt, als er die experimentellen Meßfehler überschreiten muß. Trotzdem ist es zunächst recht überraschend, daß, wie von M. F. Perutz und Mitarbeitern gezeigt wurde [7], auch Phasen von Eiweißeinkristallen bestimmt werden können; denn in den von Perutz aufgefundenen Schweratomderivaten von Hämoglobin stehen 2 Silber- bzw. 2 Quecksilberatome einem Eiweißmolekül mit mehr als 5000 Leichtatomen gegenüber. Man könnte daher vermuten, daß die Streuung der wenigen Schweratome auf alle Fälle neben der Streuung des Eiweißes vernachlässigbar wäre. Mit dieser Schlußfolgerung würde man jedoch außer acht lassen, daß der mittlere Strukturfaktor des Leichtatomrestes mit der Wurzel aus der Zahl der Atome, nicht mit der Zahl der Atome zunimmt; das Hämoglobinmolekül streut daher im Mittel wie ein Schweratom der ungefähr 70fachen Elektronenzahl von Kohlenstoff. 2 Hg-Atome zeigen im Mittel 27% dieses Streuvermögens; es sind daher beträchtliche Intensitätsänderungen beim Einbau zu erwarten. Tatsächlich ist der experimentell gemessene mittlere Leichtatombeitrag sogar noch kleiner. Kürzlich wurde gezeigt [8], daß das starke Überwiegen der phasengleichen Streuung über die Streuung unregelmäßiger Objekte sogar die Anwendung einer Variante der Fouriertransformmethode zur röntgenographischen Orientierungsbestimmung der leichten Hämingruppe im Myoglobin erlaubt: Die Fouriertransform des genau ebenen Porphyrinringes dieser Gruppe enthält senkrecht zu dieser Ebene einen eng umgrenzten „Nullstab", in welchem alle Atome des Porphyrinringes phasengleich mit dem 29fachen Streuvermögen von Kohlenstoff streuen und somit ca. 80% des mittleren Strukturfaktors des Proteins erreichen (ca. 1300 leichte Atome). Tatsächlich kann dieser Stab im Streubild des Proteinkristalls direkt gesehen werden (vgl. Abb. 6 und 7).

Die außerordentlich große Anzahl von Atomen in Eiweißmolekülen erfordert die Messung von sehr viel Reflexen, wenn bis zur atomaren Auflösung vorgedrungen werden soll. Damit man bei der Erprobung der Isomorphiemethoden auf das Eiweißproblem nicht mit allzu großen Zeiträumen rechnen muß, kann man die lineare Auflösung der Fouriersynthesen und damit die Zahl der zu messenden Reflexe beschneiden. Trotz des Fehlens der atomaren Auflösung können wichtige chemische

[7] M. F. Perutz und Mitarbeiter: Proc. Roy. Soc. **225**, 287 (1954) (vgl. auch weitere Arbeiten dieser Serie).
[8] W. Hoppe, unveröffentlicht.

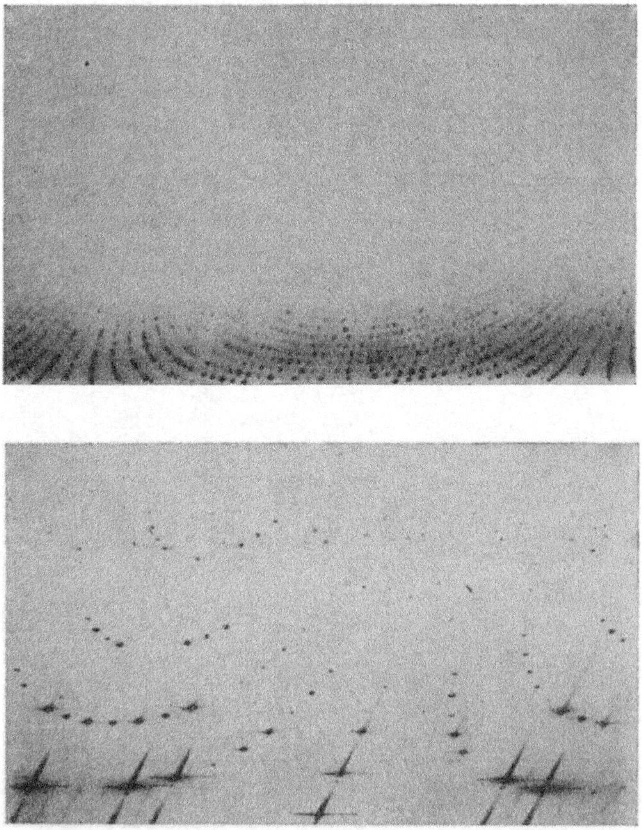

Abb. 6. Aufnahme eines Myoglobinkristalles mit einer normalen Weissenbergkamera (57,3 mm Durchmesser), verglichen mit der Aufnahme einer niedermolekularen organischen Substanz (Tetramethylnaphthalin). Man beachte die wesentliche engere Aufeinanderfolge der Reflexe (größere Elementarzelle) und das Fehlen von Reflexen mit hohen Abbeugungswinkeln (geringerer Ordnungsgrad) der Eiweißaufnahme.

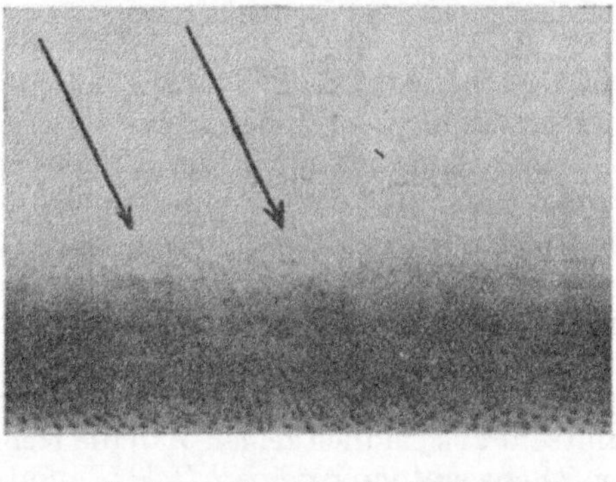

Abb. 7. Abbildung der Nullstäbe der Fouriertransform des Porphyrinringes der Hämingruppe im Weissenbergdiagramm von Myoblobin. Die Aufnahme enthält mehr Reflexe als Abb. 6, da zur besseren Mittelung 3 Schichtlinien übereinander aufgenommen wurden. Die Nullstäbe werden als schiefe, stabförmige Gebiete höherer Reflexdichte abgebildet. Ihre Richtung ist in der Aufnahme durch Pfeile gekennzeichnet.

Ergebnisse resultieren: Enthält das Eiweißmolekül zum Beispiel Peptidketten in der $\alpha$-Schraubenanordnung nach PAULING-COREY [9] (oder in einer verwandten Anordnung), so würden diese bereits bei einer linearen Auflösung von 6 Å als das Molekül durchziehende Schläuche erkennbar sein. Abb. 8 zeigt die erste Fouriersynthese eines Eiweißkristalles (W. L. BRAGG und M. F. PERUTZ [7]), nämlich die Projektion der Elementarzelle einer monoklinen Hämoglobinmodifikation (Raumgruppe $P_2$, 2 Moleküle) entlang der zweizähligen Drehachse bei einer Auflösung von 4 Å.

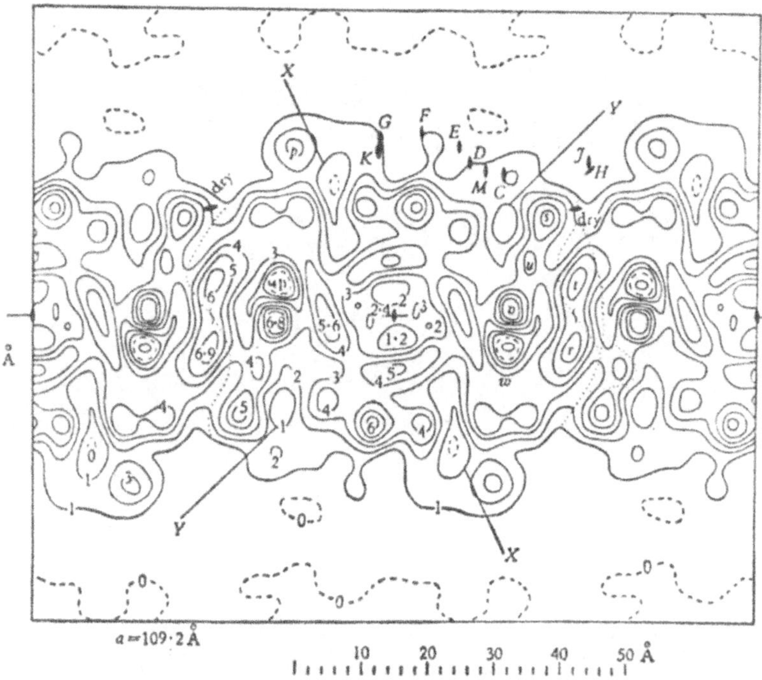


Abb. 8. Zweidimensionale Fouriersynthese von Hämoglobin in Richtung der zweizähligen Achse ($b$-Achse). Die Maxima entsprechen Stellen hoher Dichte an Atomen, zur Erkennung einzelner Atome würde — abgesehen von Überlappungsschwierigkeiten — die Auflösung der Projektion noch nicht ausreichen, da Reflexe mit $d = 6{,}5$ Å nicht berücksichtigt wurden (nach [11])

Wenn auch keine Zweifel bestehen, daß Abb. 8 richtig ist, so ist es doch kaum möglich, sie chemisch zu interpretieren, wenn nicht schon die Struktur des Moleküls als bekannt vorausgesetzt werden kann. Denn in der Projektionsrichtung projizieren sich ca. 30 Atome übereinander, so daß das Erkennen spezifischer Merkmale — etwa der Hämingruppen, der Anordnung der Peptidketten usw. — aussichtslos ist. Nur eine 3-dimensionale Fouriersynthese erscheint geeignet, die räumliche Struktur des Proteinmoleküls abzubilden. Da aber die Proteinkristalle (im Gegensatz zu ihren Projektionen entlang der Symmetrieachse) nicht zentrosymmetrisch sind, mußten erst Verfahren zur Bestimmung der Phasenwinkel durch isomorphen Ersatz ausgearbeitet werden. Man kann sehr anschaulich zeigen, daß die Kenntnis der Absolutwerte der Strukturfaktoren von 2 Schweratomproteinen $|U_1|$, $|U_2|$ und des reinen Proteins $|U|$,

[9] L. PAULING, R. B. COREY und H. R. BRANSON, Proc. Nat. Acad. Sc. Wash. **37**, 207 (1951).

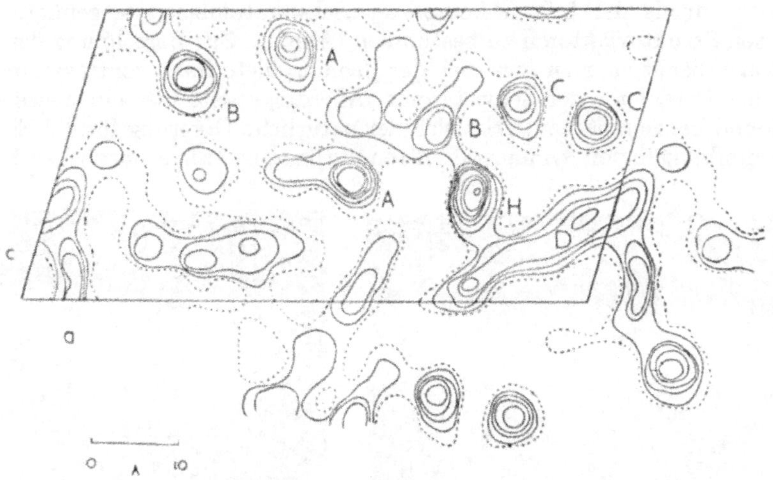


Abb. 9. Schnitt durch eine dreidimensionale Fouriersynthese von Myoglobin in der Höhe der Hämingruppe. Wegen der geringen Auflösung von 6 Å wird diese Gruppe als eine etwas abgeplattete Kugel abgebildet; ihr entspricht das höchste Maximum der Schichtlinienkarte (nach [11])

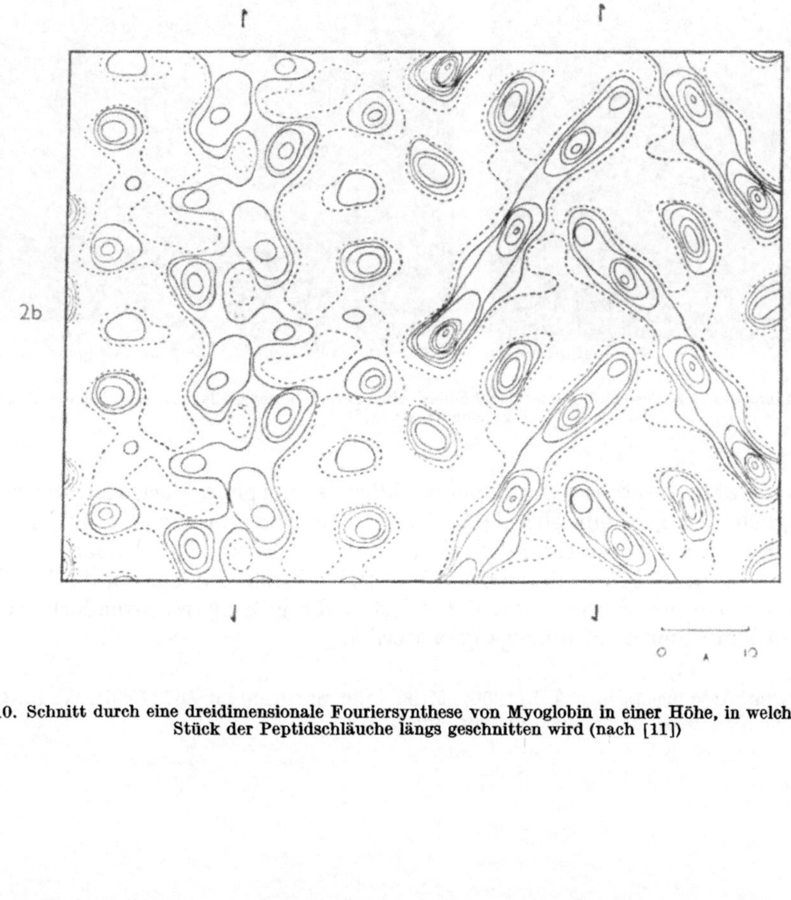


Abb. 10. Schnitt durch eine dreidimensionale Fouriersynthese von Myoglobin in einer Höhe, in welcher ein längeres Stück der Peptidschläuche längs geschnitten wird (nach [11])

sowie die Kenntnis der beiden komplexen Schweratombeiträge genügt, um alle 3 komplexen Strukturfaktoren zu bestimmen (Abb. 2). Zur Berechnung der Schweratombeiträge benötigt man wie bei der Isomorphietechnik zentrosymmetrischer Kristalle die Parameter der Schweratome. Allerdings tritt hier ein neues Problem auf: Während bei zentrischen Kristallen der natürliche Ursprung für die Elementarzellenbeschreibung in den Symmetriezentren festliegt, ist er in azentrischen Kristallen

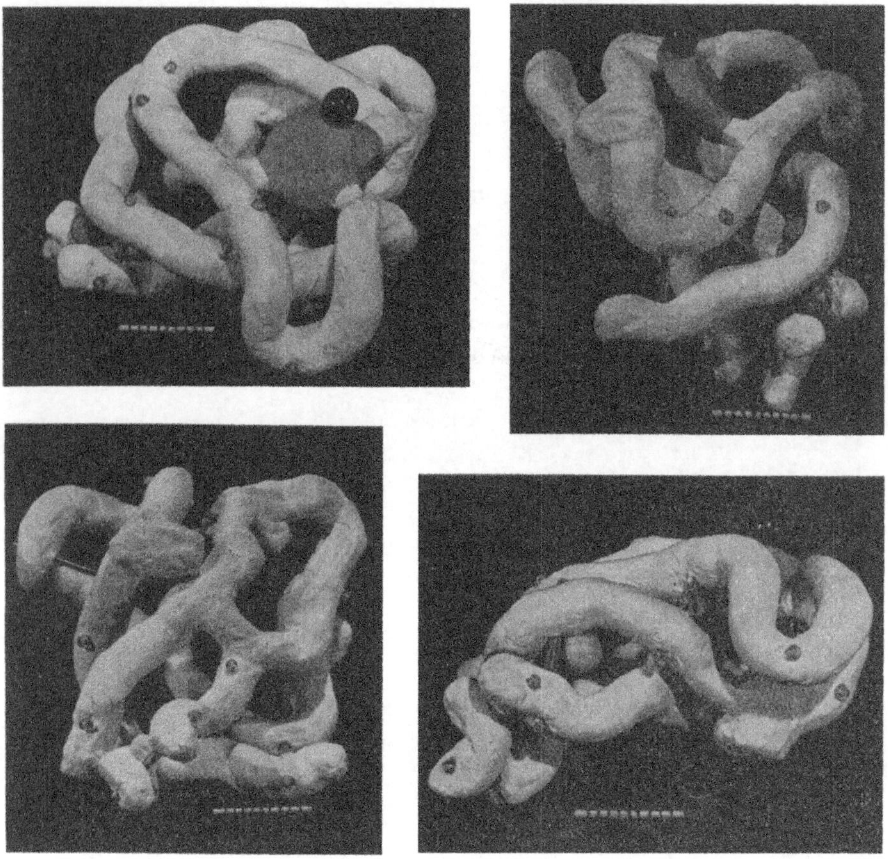

Abb. 11. Abbildung des idealisierten „Peptidschlauchbildes" eines Myoglobinmoleküls, aus verschiedenen Richtungen gesehen (nach [11])

willkürlich wählbar, muß aber natürlich in allen isomorphen Derivaten die gleiche Lage bezüglich der Proteinmoleküle besitzen. Die Bestimmung der, auf gleichen Ursprung bezogenen Schweratomkoordinaten war daher das Thema mehrerer theoretischer Arbeiten [10]. Gelöst wird die Aufgabe durch Korrelation der Strukturfaktorabsolutwerte des Proteins mit den Werten für je 2 Schweratomderivate; auf Einzelheiten kann hier nicht eingegangen werden.

---

[10] D. Harker, Acta crystallogr. **9**, 1 (1956); M. F. Perutz, ebenda **9**, 867 (1956); W. L. Bragg, ebenda **11**, 70 (1958); W. Hoppe, ebenda, im Druck.

Es ist im letzten Jahr nun tatsächlich gelungen, die erste 3-dimensionale Fouriersynthese der monoklinen Myoglobinmodifikation mit einer Auflösung von 6 Å zu rechnen [11]. Im Prinzip sollten zwei Schweratomproteinkristalle neben dem isomorphen Protein genügen, doch treten wieder Unbestimmtheiten für einzelne Reflexe wegen zu kleiner Schweratombeiträge oder aus anderen Gründen auf, so daß man bestrebt war, möglichst viele Schweratomproteine zur Untersuchung heranzuziehen; es wurden die Reflexe von 5 Derivaten und des reinen Proteins zur Phasenbestimmung ausgewertet. Die Auflösung von 6 Å ist ausreichend, um — wie bereits erwähnt — schraubenähnliche Peptidketten als „Schläuche" zu erkennen. Abb. 9 und Abb. 10 zeigen 2 Schnitte durch die 3-dimensionale Synthese, einmal in der Höhe der Hämingruppen und einmal in einer Höhe, in welcher ein längeres Stück der ungefähr 5 Å dicken Peptidschläuche längs geschnitten wird. Allerdings lassen diese Teilbilder wenig von dem Gesamtaufbau des Moleküls erkennen. Abb. 11 zeigt daher ein, aus der 3-dimensionalen Synthese abgeleitetes idealisiertes „Schlauchbild" des Moleküls, aus verschiedenen Richtungen gesehen. Bemerkenswert ist auch die Lage der Hämingruppe, welche zwar an der Oberfläche des Moleküls liegt und somit ihrer Aufgabe als Sauerstoffüberträger gut nachkommen kann, welche aber doch etwas vertieft sitzt, offenbar, um gegen allzu robuste Eingriffe von außen geschützt zu sein. Die neuesten Forschungen in diesem komplizierten und faszinierenden Gebiet haben die 3-dimensionale Synthese von Hämoglobin, die Aufdeckung der strukturellen Verwandtschaft zwischen Hämoglobin und Myoglobin und das Vordringen zur atomaren Auflösung zum Ziel.

---

[11] J. C. Kendrew und Mitarbeiter, Nature **181**, 18 (1958).

J. M. BIJVOET

# Anomalous Scattering in the Determination of Phase and of Absolute Configuration

The subject of this contribution is one specialised part of the immense field of research originating from MAX VON LAUE's great discovery of the diffraction of X-rays by crystals. It has its roots in one of VON LAUE's early papers and the author is very glad and honoured by its inclusion in the present volume.

## 1. Friedel's law

In 1913 FRIEDEL expressed the law of the equivalence of the $h_1h_2h_3$ and $\bar{h}_1\bar{h}_2\bar{h}_3$ reflexions and gave what he believed to be a proof [1] of its general validity.

The consequence of this law of the centrosymmetry of X-ray reflexions would be to rule out all possibility of determining the sense of polarity in a polar sequence of atoms, and hence the hand of optical antipodes.

VON LAUE criticized FRIEDEL's considerations (1916) and made the following essential remark concerning FRIEDEL's law: "Es wäre eine interessante Frage für den Versuch, ob sich nicht, namentlich bei stark absorbierenden Kristallen, und wenn die Frequenz der einfallenden Strahlung nahe einer Eigenfrequenz des Atomes liegt, doch Ausnahmen ... feststellen lassen." [2]

In the *kinematical theory* applied to *free scattering* electrons, all phase-difference between the radiation scattered at the different electrons is caused by light path difference, and the well known expression for the structure factor reads

$$F_H = \int_{\text{cell}} \varrho\,(r)\, e^{2\pi i (\boldsymbol{H}\cdot\boldsymbol{r})}\, dv \tag{1}$$

$\boldsymbol{H}$ denotes the reflexion vector in reciprocal space
$\boldsymbol{r}$ denotes the vector in crystal space
$\varrho(r)$ denotes the electron density at the point $r$.

In the case considered, $\varrho\,(r)$ being real, one reads from (1): $F_{\bar{H}} = F_H^*$, hence the equality of the intensities $I_{\bar{H}} = I_H$.

It is worth noticing that it is not necessary to make any assumptions concerning the electron distribution, in particular that no centrosymmetry of the atomic electron clouds is required.

If with some electrons *the scattering departs from free* scattering, the "anomalous" phase shift, $\delta(r)$, can be accounted for in the abc n of $F_H$ by giving $\varrho\,(r)$ the appropriate complex value. In this case $F_{\bar{H}} \neq F_H^*$, he: t for all atoms showing the same anomalous behaviour — $I_{\bar{H}} \neq I_H$.

In the *dynamical theory* one has to distinguish between infinite and bounded crystals. It follows from the MAXWELL — or SCHROEDINGER — equation that every solution for the wave-field in an infinite non-absorbing crystal after inversion again represents a solution. This could be interpreted as FRIEDEL's law for the infinite crystal. In the *finite* non-centrosymmetrical crystal, no symmetry operation in space and (or) time transforms the $h_1h_2h_3$ reflexion into the $\bar{h}_1\bar{h}_2\bar{h}_3$ reflexion.

[1] G. FRIEDEL, C. R. Acad. Sci. Paris **157**, 1533 (1913).
[2] M. VON LAUE, Ann. Physik **50**, 433 (1916).

Japanese scientists working on electron-diffraction have found experimentally and discussed theoretically conditions in which, *even in the absence of absorption*, FRIEDEL's law breaks down [3].

In 1928 NISHIKAWA and MATUKAWA discovered the effect of the anomalous phase shift in the 1 1 1 and $\bar{1}\,\bar{1}\,\bar{1}$ reflexions of ZnS [4]. The intensity ratio of these reflexions was found to differ for Mo$L\beta_1$ or $\beta_2$ rays, which suffer selective absorption, from that of the softer $\beta_4$-radiation. Later, COSTER, KNOL and PRINS (1930) carried out an independent investigation which resulted in the determination of the sense of polarity of the sequence of the Zn and S planes in the [1 1 1] direction [5].

We shall be concerned with the related problem of knowing the one optical antipode from the other. From the following quotations it is seen to be fully recognized by VON LAUE as linked up with the invalidation of FRIEDEL's law: "Es gibt Grenzen der röntgenografischen Strukturforschung. Eine davon liegt in der Ununterscheidbarkeit enantiomorpher Kristalle, wie es etwa Rechts- und Linksquarz sind ... Für die Intensität der abgebeugten Strahlen sind also enantiomorphe Kristalle völlig gleichwertig. Bei der Röntgenstrahlbeugung kommt zu den sonstigen Symmetrien der Punktgruppe des Kristalls noch ein Inversionszentrum hinzu. Aber diese FRIEDELsche Regel versagt, sobald die Röntgenstrahlung einer der Absorptionskanten eines im Kristall vorhandenen Atoms spektral nahekommt". Nevertheless, for a long time afterwards both facts, relating to the possible invalidation of FRIEDEL's law and to the view that the determination of hand, even in principle, would be impossible, have been accepted.

## 2. The use of anomalous scattering in the isomorphous substitution method

It was in looking at the problem of phase determination by the isomorphous substitution method in non-centrosymmetrical crystals that the identity of the ZnS-problem with that of the determination of absolute configuration became clear to us [6].

By comparing the diffraction intensities of corresponding reflexions of two isomorphous compounds $AR$ and $BR$, one can deduce the phases of their Fourier-waves except for sign: Denoting by $F$ the complex-structure factor, one has the relation

$$F_{AR} + F_{B-A} = F_{BR} \qquad (2)$$

where $F_{B-A}$ represents the contribution to the structure factor from the electron density introduced in the isomorphous replacement. The latter term can be calculated after determining the configuration of the substituted (heavy) atom, e.g. from Patterson-maps. For simplicity we shall assume the heavy atom configuration in itself to be centrosymmetrical, so that $F_B - F_A$ will be real. In a phasediagram the relation (2) is represented by a vector triangle (fig. 1). The three sides of the triangle being known — $|F_A|$ and $|F_B|$ from the observed diffraction intensities — its

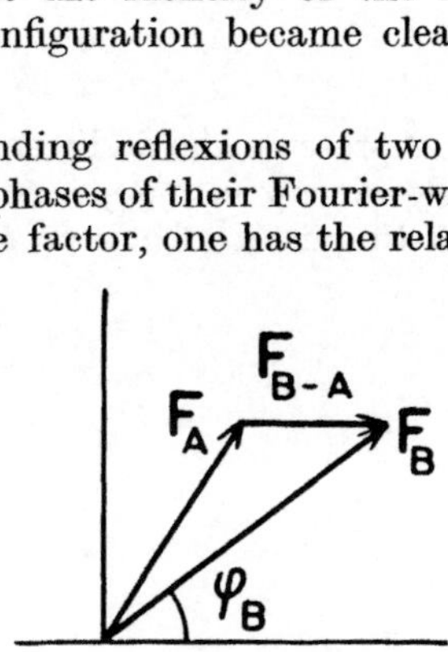


$$\cos \varphi_B = \frac{F_B^2 - F_A^2 - F_{B-A}^2}{2|F_A|F_{B-A}}$$

Fig. 1. Ambiguity in the location of a Fourier-wave

[3] S. MIYAKE and R. UYEDA, Acta Cryst. 8, 335 (1955).
[4] S. NISHIKAWA and K. MATUKAWA, Proc. Imp. Acad. Tokyo 4, 96 (1928).
[5] D. COSTER, K. S. KNOL and J. A. PRINS, Z. Physik 63, 345 (1930).
[6] J. M. BIJVOET, Nature 173, 888 (1954).

angles can be calculated and will give the phase angles $\varphi_A$ and $\varphi_B$. As the phase triangle can be constructed on either side of the X-axis, the *sign* of the phase angle is still undetermined.

At first this ambiguity was solved by performing the Fourier-synthesis with the double number of terms, including the density-waves with either sign of the phase angle. This synthesis results in the superposition of the real structure and its inversion; this doubled structure must afterwards be resolved into its two components by geometrical considerations. It obviously remains unsettled which of the mirror-structures corresponds to the antipode under investigation, no anomalous scattering being used up to this point.

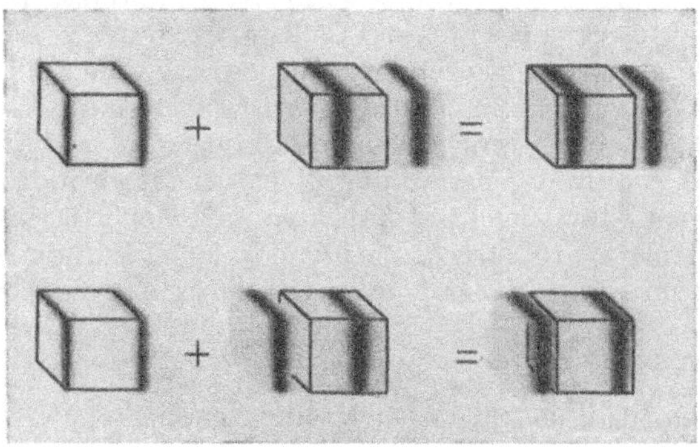


Fig. 2. Determination of phase angle in the isomorphous substitution method

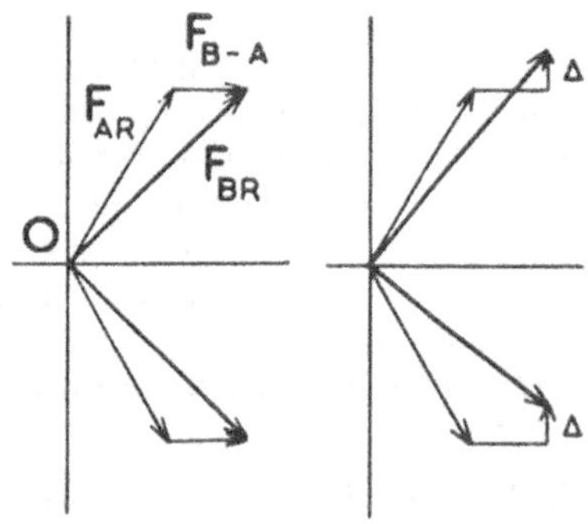


Fig. 3. Introduction of an anomalous scattering term eliminates the equivalence of positive and negative phase angle

Fig. 2 presents the addition of density waves according to equation (2), in the upper and lower row with opposite sign of phase angle resp. This visualization of the problem of distinguishing between the phase-angle signs:

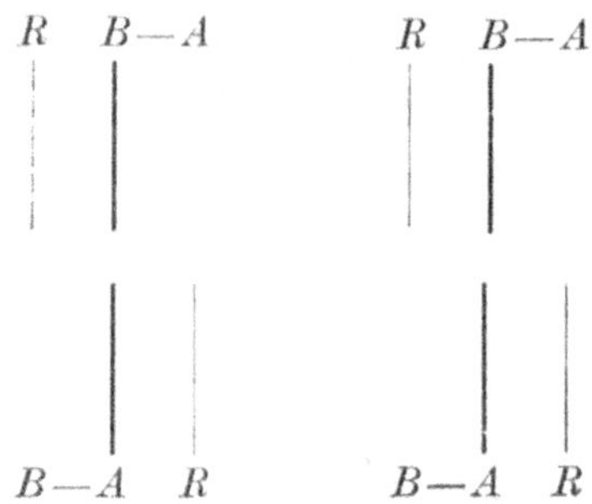


reminded us at once of the ZnS-situation: By the anomalous scattering effect, determining which of the reflexions $h_1h_2h_3$ and $\bar{h}_1\bar{h}_2\bar{h}_3$ is the stronger one, the sense of polarity, i. e. the phase-angle sign, can be determined. From fig. 3 it is seen that the phase angle is positive for the stronger of the two reflexions.

So we see that in the isomorphous substitution method a *direct synthesis of non-centrosymmetrical structures* is made possible by the use of the anomalous scattering effect in a *qualitative* way for *all* reflexions. The direct Fourier-synthesis of tyrosine HCl/HBr was the first example of this kind [7] of analysis. Fig. 4 gives the unrefined result.

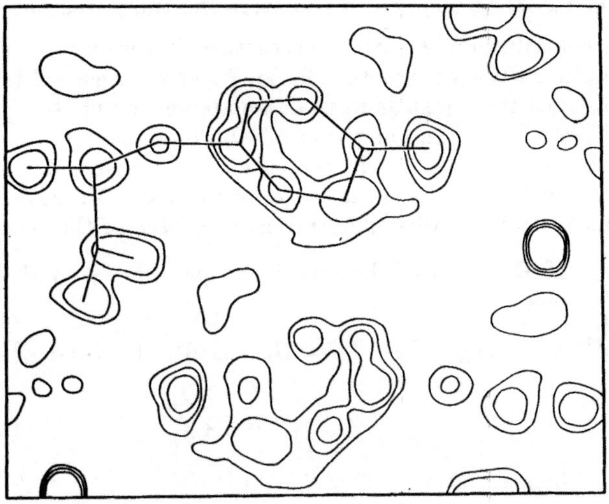

$NH_2-CH(COOH)-CH_2-C_6H_4-OH$

Fig. 4. Non-centrosymmetrical projection of tyrosine-HCl. Phases determined by isomorphous substitution, their signs by anomalous scattering

We may now remove for the heavy atom configuration the restriction to centrosymmetry. If this configuration is not centrosymmetrical — e.g. one trigonal axis being present — it can be determined at the start, except for possible inversion (situations I and II respectively). Next, in the manner described, one can determine the phase of each Fourier-wave of the compound, sign included, in respect to the corresponding wave of the assumed heavy atom configuration. In performing the synthesis, starting from I and II successively only the proper situation will lead to a reasonable density-distribution. Examples of this situation have not yet been worked on.

## 3. The use of anomalous scattering in the single heavy atom technique

In the preceding section, we introduced two changes in the scattering power of an atom, in order to determine the phases of the Fourier-waves: the first — by isomorphous substitution — in its actual electron-density, the second by the anomalous scattering effect. Through the first change it becomes possible to know the phase angle for each reflexion while the second gives its sign. Here the anomalous scattering effect is used in a qualitative way only, ascertaining which of the anomalous reflexions $h_1h_2h_3$ and $\bar{h}_1\bar{h}_2\bar{h}_3$ is the stronger one.

[7] S. W. Peterson, Nature **176**, 395 (1955).

It is now possible to get rid of the necessity of isomorphous substitution, by using the anomalous scattering effect in a *quantitative* way in the single compound heavy atom technique [8]. Let us again assume that the heavy atom configuration is centrosymmetrical. Without the use of anomalous scattering the phase of the wave of the compound is taken equal to that of the heavy atom contribution, which again results in a doubled structure. Fig. 5 shows how the quantitative treatment of the anomalous scattering effect enables us to determine the phase angle, sign included.

Fig. 5 shows the contribution, $F_A$, to the structure factor by the known heavy atom configuration together with the structure factor $F_H$ of known amplitude and unknown phase $\varphi_H$. It is obvious that, just as in the case above, the phase *sign* can be derived from the qualitative effect of the addition of (the imaginary part of) an anomalous scattering contribution $\Delta_H$, as it will increase the intensity if the phase angle is positive and decrease the intensity in the opposite case. Moreover, the magnitude of this anomalous scattering effect determines the *value* of the phase angle:

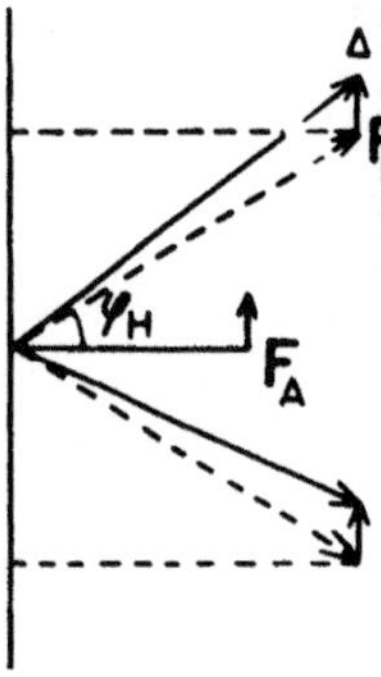


Fig. 5. Determination of phase angle by means of the anomalous scattering effect in the single heavy atom method

If $B_H$ denotes the imaginary part of $F_H$, and with $B_{\bar{H}} = -B_H$ one gets:

$$\Delta I_H \equiv I_H - I_{\bar{H}} = (B_H + \Delta_H)^2 - (B_{\bar{H}} + \Delta_H)^2 = 4\, B_H \cdot \Delta_H$$

$$B_H = \frac{\Delta I_H}{4\Delta_H} \qquad (3.1)$$

hence:

$$\sin \varphi_H = \frac{B_H}{|F_H|} \qquad (3.2)$$

$\Delta I_H$ is measured, and $\Delta_H$ calculated from the heavy-atom configuration and the tabulated value of the imaginary part of its atomic scattering power*).

This kind of phase determination, which makes the highest demands upon the accuracy of the intensity data has been tested by Raman [9] for the [001] projection of ephedrine HCl by comparing the result of the direct synthesis with the density map known from a previous investigation. In our laboratory the structure determination by direct synthesis of cytisine HI is in progress.

## 4. The sine-Patterson

For the case of normal scattering Patterson introduced the vector-distance function:

$$\varphi(uvw) \equiv \int \varrho(xyz)\, \varrho(x+u,\, y+v,\, z+w)\; dx\, dy\, dz$$

[8] A. F. Peerdeman and J. M. Bijvoet, Acta Cryst. **9**, 1012 (1956); Y. Okaya and R. Pepinsky, Phys. Rev. **103**, 1645 (1956); G. N. Ramachandran and S. Raman, Curr. Sci. India **25**, 1956 (1956).

[9] S. Raman, Proc. Ind. Acad. of Sci. **47**, 1 (1958).

*) $\varphi$ is found from its sine-value except for the choice between $\varphi$ and $\pi - \varphi$. However, the contribution of the heavy atom generally predominates and therefore $|\varphi|$ will have the smaller value. The opposite case may arise with very small intensities only; these are of no influence in a first Fourier-synthesis.

or in somewhat shorter notation:

$$\varphi(\boldsymbol{u}) \equiv \int \varrho(\boldsymbol{r})\, \varrho(\boldsymbol{r}+\boldsymbol{u})\, dv\,. \tag{4.1}$$

By expanding the factors in the integrand in a Fourier-series, and using $|F_{\overline{H}}| = |F_H|$ which applies in this case, one derives the well-known expression:

$$\varphi(\boldsymbol{u}) = \frac{1}{V} \Sigma |F_H|^2 \cos 2\pi (\boldsymbol{H}\cdot\boldsymbol{u})\,. \tag{4.2}$$

The right-hand member of this equation can be synthesized at once, no "phase-problem" being involved. Since the distance map contains $n(n-1)$ interatomic vectors, its evaluation to the atomic positions constitutes the practical problem. Anyhow, the Patterson-map being centrosymmetrical, we again find that normal scattering can not decide between inverse structures.

It has been remarked already that the case of *anomalous scattering* can be formulated as the scattering by a complex electron density.

PEPINSKY c.s. [10] considered the analogue of (4.1) and (4.2) for a complex density:

$$\varphi(\boldsymbol{u}) \equiv \int \varrho(\boldsymbol{r})^* \varrho(\boldsymbol{r}+\boldsymbol{u})\, dv = \frac{1}{V} \Sigma F_H F_H^* e^{-2\pi i (\boldsymbol{H}\cdot\boldsymbol{u})}\,. \tag{4.3}$$

If we divide $\varrho$ into a real and imaginary part

$$\varrho = \varrho' + i\,\varrho''$$

the equalization of the real parts of (4.3) gives the analogue of the cosine-Patterson (4.2), whilst that of the imaginary parts yields:

$$\int [\varrho(\boldsymbol{r})''\, \varrho(\boldsymbol{r}+\boldsymbol{u})' - \varrho(\boldsymbol{r}+\boldsymbol{u})''\, \varrho(\boldsymbol{r})']\, dv = \Sigma (|F_H|^2 - |F_{\overline{H}}|^2) \sin 2\pi (\boldsymbol{H}\cdot\boldsymbol{u})\,. \tag{4.4}$$

The right-hand member of (4.4) — the "sine-Patterson" — can also be synthesized directly from the experimental data. The result differs from zero only when FRIEDEL's law does not apply, that is for a non-centrosymmetrical structure and anomalous scattering. As seen from the left-hand member the diagram represents solely the distances in which an anomalous scattering atom is involved. A normal scattering atom at distance $\boldsymbol{u}$ from an anomalous scattering one gives rise to a positive contribution at $\boldsymbol{u}$ and a negative one at $\overline{\boldsymbol{u}}$. If the cell contains one anomalous scattering atom *the positive maxima of the sine-Patterson thus give the atomic positions* (relative to the heavy atom), *absolute configuration included.* At first sight this application of the anomalous scattering seems to bring a staggering simplification of the technique, leading almost directly to the atomic positions of a non-centrosymmetrical structure. The structure determination of cobaltous aspartate trihydrate is an example of this synthesis [11].

The weak point of this technique, however, is found in the fact that if in the structure two atoms $A$ and $A'$ are situated about symmetrically in respect to the anomalous

[10] Y. OKAYA, Y. SAITO and R. PEPINSKY, Phys. Rev. **98**, 1857 (1955).
[11] TH. DOYNE and R. PEPINSKY, Acta Cryst. **10**, 438 (1957).

scattering atom $B$, the maximum of the vector $BA$ will coincide with the minimum of $A'B$. So the sine-Patterson does not show the whole crystal structure but only that which *deviates from centro-symmetry*, the difference of the electron density of the structure and its inversion in respect of the anomalous scattering atom. Moreover, the anomalous scattering atom will, by symmetry, often repeat itself more than once in the unit-cell and correspondingly the sine-Patterson will be the superposition of a number of density distributions of the kind described.

## 5. Restrictions of the practical applicability of the methods discussed

For all phase-determining methods using heavy atoms, there is the difficulty that the contribution of the heavy atom is small (zero) in a considerable number of reflexions. The single heavy atom method requires high accuracy in the measurement of the intensity difference between anomalous $h_1h_2h_3$ and $\bar{h}_1\bar{h}_2\bar{h}_3$ reflexions, the smallness of the anomalous scattering effect interfering with a common quantitative use; besides the latter method, like the isomorphous substitution method, is very sensitive to the right scaling of the intensities — s. fig. 1 and eq (3.1) resp. —. We are engaged in comparing the power of these different methods in a number of structure analyses and model examples. During the determination of the structure of tyrosine-HCl/HBr, mentioned above, Dr. PEERDEMAN already derived the sine-Patterson, but — as a consequence of the approximation of the structure to centrosymmetry and in contrast with the isomorphous substitution method — it proved unsuccesful in this case.

With the increasing accuracy of the intensity measurements we may expect the direct synthesis by the heavy atom methods to become more and more fruitful for non-centrosymmetrical structures, which synthesis has been realised so impressively during the last two decades for the centrosymmetrical ones. The anomalous scattering effect proved valuable even in the phase-determination of protein-heavy atom compounds [12].

## 6. Absolute configuration

In the direct syntheses described above the structure of an optically active compound is found, hand included. On the other hand, when the structure of a non-centrosymmetrical crystal is known except for hand, the anomalous scattering effect of a *single* reflexion — which gives the sense of polarity in the direction normal to the reflexion plane — suffices to distinguish between the two inverse situations.

In this way the absolute configuration of a number of compounds has been determined including a number of tartrates and the complex strychnine structure. In the first mentioned example FISHER's convention of assigning model to optical antipode was found to correspond with the X-ray results.

Our more recent determinations have been concerned with the absolute configuration of $\beta$-quartz [13] and in its redetermination in the case of $Co(en)_3\,Cl_3 \cdot 2\frac{1}{2}NaCl \cdot H_2O$ and $NaClO_3$. These investigations have been undertaken with the aim of comparing the calculation of the rotatory power with the X-ray result. With *quartz* the result shows that the sense of rotation of the plane of polarization corresponds to that of the atomic spirals — as had been predicted. Also the optical assignment of the tartrate-

[12] D. M. BLOW, Proc. Roy. Soc. London **247**, 302 (1958).
[13] A. DE VRIES, Nature **181**, 1193 (1958).

ion was in agreement with the X-ray result. However, as to the complex Co-salt, Prof. W. KUHN drew our attention to the fact that in this case the optical calculation [14] and the X-ray result [15] are in conflict; we have confirmed the latter, so that the optical calculation will need refinement. In the case of the $NaClO_3$ structure the rotatory power result is most unexpected. We confirmed the X-ray conclusion given for $NaClO_3$ [16], but including $NaBrO_3$ in the investigation, corresponding configurations of chlorate and bromate were found to be of opposite rotation sign*)!

It may be worth emphasizing that the *possible errors* in the X-ray determination of hand belong to quite another class compared with those in the optical calculation. In the latter the conclusion may depend on fine structure details; so it is only lately, with rigid structures or by mutual comparison of related structures, that it has been possible to obtain more definite results. The fact of the opposite rotatory power of corresponding crystals of $NaClO_3$ and $NaBrO_3$ will make it necessary to change the basic assumptions of these calculations. In the X-ray determination on the other hand errors are essentially unnecessary. However, one must guard against a number of easily made mistakes, amongst which are the following:

1. The anomalous phase shift $\delta$ must be given its right sign in respect to the phase differences caused by the differences in path length. On the basis of a time-factor $e^{2\pi i\nu t}$ the anomalous phase factor reads $e^{+i\delta}$ with positive $\delta$. — Hence this phase shift is equivalent to a *de*crease in path length —.**)
2. Reflexion indices being used on the one hand in indexing the reflexions, on the other hand in calculating their intensities, one should be careful to use the same definition of sign in both stages. Because of FRIEDEL's law it is only beyond the domain of normal scattering that this sign assignment is material.
3. It requires care not to confuse $h_1h_2h_3$ and $\bar{h}_1\bar{h}_2\bar{h}_3$ reflexions in operating in the usual way on the Weissenberg technique. For example it is necessary to mark the film in one of the corners for the purpose of reconstructing its original position in the camera, otherwise $h_1h_2h_3$ and $\bar{h}_1\bar{h}_2\bar{h}_3$ spots could be interchanged.

   It is seen that all such possible errors in the X-ray determination of absolute configuration are of a trivial character.

## 7. Wavelength to be used in anomalous scattering experiments

Some puzzling intensity deviations in the scattering of Cu$K\alpha$ rays by tyrosine HBr were recognized only after some time to be caused by the anomalous scattering of the Br-$L$ electrons, whilst $\omega(\mathrm{Cu}\,K\alpha)$: $\omega_a$(Br, $L$ abs. edge) $\sim$ 4:1!

Indeed fig. 6 demonstrates that at the high frequency side of the absorption edge the imaginary part of the atomic scattering power, $\Delta f''$, falls off quite smoothly

[14] W. KUHN and K. BEIN, Z. Phys. Chem. **24**, 335 (1934).
[15] Y. SAITO, K. NAKATSU, M. SHIRO and H. KURVYA, Bull. Chem. Soc. Japan **30**, 795 (1957).
[16] G. N. RAMACHANDRAN and K. S. CHANDRASEKARAN, Acta Cryst. **10**, 671 (1957).

*) Refinement of the $NaBrO_3$-parameters has been started in order to substantiate this conclusion.

**) The presentation found in Z. angew. Chemie **68**, 93 (1956) is not in accordance with this fact.

with increasing frequency: $\Delta f''$ (Br, Zr $K$ rays) amounts to 3.1*, $\Delta f''$ (Br, Cu $K$ rays) is still about 1.1*). So whilst at first special rays close to the absorption edge had been used in these experiments — Au $L$ to excite Zn, Zr$K$ to excite Rb or Br, Ur $L$ to excite Br — later on anomalous scattering effects were found to be clearly perceptible even if the wavelength used is very far from the absorption edge of the excited atom. In the case of quartz Cr $K\alpha$ rays could be used to excite the Si-atom: (Cr $K\alpha$) = 2.29 Å, (Si, abs. edge) = 6.74 Å, $\Delta f''$(Si, Cr $K\alpha$) = 0.64.

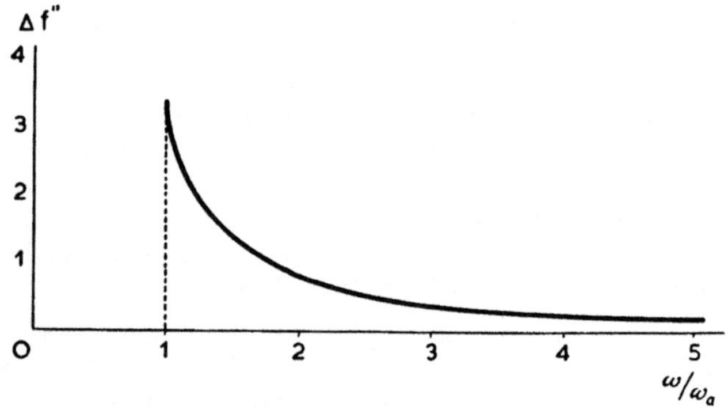


Fig. 6. The imaginary part $\Delta f''$ of the atomic scattering power as a function of the incident frequency

With the increased precision of measurement the practical invalidation of FRIEDEL's law is no longer restricted to the region "close to the absorption edge".

This survey of the part the anomalous scattering phenomenon will play in structure analysis is a direct tribute to VON LAUE, its initiator. But the author would also like to express his admiration of VON LAUE outside the field of science, for his honesty and wisdom and that gift of insight which is his in such full measure.

*) Expressed in the scattering power of a single electron as unit.

R. HOSEMANN

# Struktur von Atomen und Atomaggregaten

Gewißlich hat RÖNTGEN (1895) schon kurz nach der Entdeckung der nach ihm benannten Strahlen Wesentliches ihrer Eigenschaften erkannt, ihre Wellennatur aber lag so ziemlich außerhalb seines Gedankenkreises. J. J. THOMSON (1898) umgekehrt errechnete wohl an Hand der MAXWELLschen Theorie exakt die Röntgen-„Streuung" an einzelnen punktförmigen Elektronen. Die Interferenzeffekte der von den einzelnen Elektronen gestreuten Wellen aber vernachlässigte er auffallenderweise völlig. So fanden auch die von WALTER und POHL (1908) beobachteten Verbreiterungen enger, durch Keilspalte begrenzter Röntgenstrahlbündel selbst dann noch wenig Beachtung, als SOMMERFELD (1912) sie durch Beugungseffekte erklären konnte und auf eine Röntgenwellenlänge von etwa $10^{-8}$ cm kam. Das änderte sich mit einem Schlage, als LAUE mit Hilfe von FRIEDRICH und KNIPPING (1912) seine Idee verwirklichte, die Beugungsphänomene der Röntgenstrahlen nicht an makroskopischen Objekten, sondern an den von HAUY (1782) postulierten atomaren Raumgittern der Kristalle zu studieren. Die Geburtsstunde der „Röntgen-Kristallographie" und Röntgenspektroskopie hatte damit geschlagen, die ganz neue Einblicke in den Aufbau der Atome und Moleküle ermöglichte.

Nicht minder lehrreich ist die Geschichte der Elektroneninterferenzen: Den von PFLÜCKER (1858) entdeckten Kathodenstrahlen war von H. HERTZ (1892) und LENARD (1894) der Weg aus dem Entladungsgefäß in die umgebende Atmosphäre gebahnt worden und wieder dachte niemand an ihre Wellennatur, obwohl RAMSAUER (1920) festgestellt hatte, daß der Wirkungsquerschnitt der Atome gegenüber Elektronenstrahlen nicht monoton mit deren Härte steigt oder fällt. Auf Grund rein theoretischer Betrachtungen der EINSTEINschen Quantenbeziehung und des EINSTEINschen Relativitätsprinzips berechnete DE BROGLIE (1924) die Wellenlänge der Elektronenstrahlen. Und erst durch den Hinweis von ELSASSER (1925), die RAMSAUERschen Ergebnisse könnten möglicherweise gleichfalls auf Beugungserscheinungen beruhen, fanden DAVISSON und GERMER (1927) die Elektroneninterferenzen an Kristallen. Schließlich wurde von BOERSCH (1940) die Elektronenbeugung an makroskopischen Kanten gefunden.

In den auf diese Entdeckungen folgenden Jahrzehnten wurden in einer riesigen Zahl von Arbeiten die Beugungserscheinungen an verschiedensten Kristallen, Gasen und Flüssigkeiten studiert und mit Hilfe der MAXWELLschen und SCHRÖDINGER-DIRACschen Wellentheorien berechnet, wobei man sich entweder der von v. LAUE (1914) gegebenen sog. geometrischen Kristallinterferenztheorie oder der von EWALD (1917, 1920) begründeten dynamischen Kristallinterferenztheorie oder der von DEBYE (1915) und EHRENFEST (1915) veröffentlichten Theorie der Gasinterferenzen oder derjenigen der Flüssigkeitsinterferenzen von ZERNICKE-PRINS (1927) bediente. Und die Fruchtbarkeit dieser Theorien wurde an einer Unzahl von Beispielen erhärtet. Doch zeigte insbesondere die Kleinwinkelstreuung*), daß sich viele Realstrukturen den diesen Theorien zu Grunde liegenden Strukturmodellen nicht zuordnen ließen. Wenngleich man diesen Mangel durch mehr oder weniger willkürliche Ergänzungen zu beheben versuchte, so fehlte doch eine alle bekannten Theorien umfassende Struktur- und Interferenztheorie.

---

*) Vgl. hierzu *Hosemann* (1939).

Diese läßt sich ohne Tasten und Ergänzen in einfacher mathematischer Deduktion finden. Allerdings sind dazu einige mathematische Schwierigkeiten zu überwinden. Die erste interessante Feststellung ist hierbei, daß die von EWALD (1913) gegebene Konstruktion

$$b = \frac{s_0 - s}{\lambda} \tag{1}$$

($s_0, s$ Einheitsvektoren in Richtung der primären und gebeugten Strahlung, $\lambda$ deren Wellenlänge) heute wie damals ausschließlich für Kristalle Verwendung findet. Denn nur bei diesen, so sagt man, existieren im $b$-Raum „reziproke Gitterpunkte $b_h$ (siehe Abb. 1), während alle anderen Substanzen im $b$-Raum praktisch einen kugelsymmetrischen Verlauf („Pulverdiagramme") erzeugen. Gewiß sind als Folge dieser

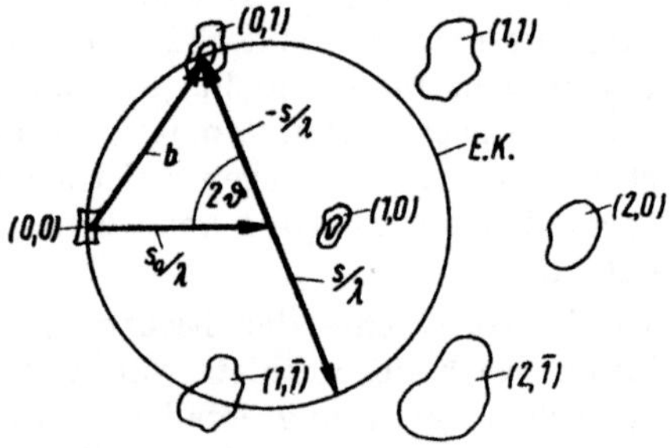


Abb. 1. Ewaldsche Konstruktion (Gleichung 1) und Strukturamplitude $R(b)$ (Gleichung 4), durch Niveaulinien schematisch im Fall eines Parakristalls dargestellt. Nur die „humps" (0,0); (0,1) und (1,1̄) sind in „reflexionsfähiger" Lage. 2ϑ der Streuwinkel, E.K. Schnittpunkt der Ewaldschen Ausbreitungskugel mit der Zeichenebene.

Vereinfachung die konventionalen Theorien der Flüssigkeiten und Gase besonders einfach. Aber der Zusammenhang mit der Kristalltheorie und manchem anderen Interessanten geht dadurch eben einfach verloren. Erst recht vermag man nicht die Gültigkeitsgrenzen dieser konventionalen Theorien zu erkennen und die bei Realstrukturen notwendige Ergänzungs- und Anstückelungsarbeit erfolgt dann lediglich nach „trial and error". Es ist also besser, diese der kugelsymmetrischen Verteilung zugrundeliegende Mittelung über alle Raumorientierungen erst nach sauberer Berechnung der Interferenzen vorzunehmen.

Ein weiterer, von EWALD (1940) zunächst nur für Kristalle durchgeführter Schritt zur mathematischen Vereinfachung besteht darin, mit dreidimensionalen Faltungsprodukten zu arbeiten, wie sie aus der Theorie der Laplacetransformation bekannt sind. Ist $g_1, g_2$ je eine Funktion des den physikalischen Raum aufspannenden Radiusvektor $x$ und sind $G_1, G_2$ zwei solche Funktionen im dreidimensionalen $b$-Raum, so folgt für ihre Faltungsprodukte (Symbol $\frown$)

$$\widehat{g_1 g_2} = \int g_1(y) g_2(x-y)\, dv_y; \quad \widehat{G_1 G_2} = \int G_1(c)\, G_2(b-c)\, dv_c. \tag{2}$$

Dabei laufen die Dreivektoren $y$ bzw. $c$ über den ganzen $x$- bzw. $b$-Raum, wobei $dv_y, dv_x$ ein Volumelement im $x$-Raum und $dv_c, dv_b$ ein solches im $b$-Raum ist. Es zeigt sich dann, daß die Ewaldsche Konstruktion (1) bei jedem beliebigen Beugungsversuch an beliebigen atomaren oder makroskopischen Strukturen oder Diaphragmen große Dienste leistet. Insbesondere gilt für die im Abstand $r$ vom Streukörper beobachtete kohärent gestreute Intensität $J_k$ für beliebige Strahlen (Licht-, Röntgen-, Elektronen-, Neutronenstrahlen usf.) in FRAUNHOFERscher Näherung bei „*Einfach*-beugung"

$$J_k = \frac{J_0}{r^2} f_e^2 f_\vartheta^2 \overline{R R^*(b)}; \tag{3}$$

wobei $J_0$ die auf das Objekt auffallende Primärintensität, $f_\vartheta^2$ ein die Polarisation und $f_e^2$ ein den Wirkungsquerschnitt berücksichtigender Faktor (z. B. Thomson-, Born-, Born-Fermifaktor usf.) ist. $R(b)$ ist der vom Zeitfaktor befreite Momentanwert der Amplitude der Streuwelle und mit der Struktur $\varrho(x)$ verbunden durch ein dreidimensionales Fourierintegral (Symbol $\mathfrak{F}$):

$$R(b) = \mathfrak{F}(\varrho); \quad \mathfrak{F} = \int e^{-2\pi i (b x)} d v_x. \tag{4}$$

$i = \sqrt{-1}$ ist die imaginäre Einheit. $\varrho(x)$ hat die Dimension $cm^{-3}$ (Dichteverteilung der auf die Primärstrahlung ansprechenden Bausteine der Struktur) und ist reell. $R^*$ ist konjugiert komplex zu $R$. Der Querstrich in (3) kennzeichnet die Mittelung über die Beobachtungszeit.

Um aus den experimentell beobachtbaren Details des Interferenzversuches wirklich zuverlässige Informationen über die Struktur $\varrho$ zu gewinnen, muß man wie in der Linsentheorie von ABBE (1904) auch die Fehler und das Auflösungsvermögen der benutzten Streuanordnung quantitativ in Rechnung stellen. Dieses gelingt leicht und umfassend, weil man mittels (1) bis (4) auch den Kern der Abbeschen Linsentheorie auf eine sehr einfache mathematische Form bringen kann (HOSEMANN (1958)). Ist nämlich $f_a(x)$ die Gestaltfunktion des Gesichtsfeldes (bei Linsen zweidimensional durch die Form der Eintrittspupille gegeben) und $F_a(b)$ diejenige des experimentell zugänglichen Teiles des Fourierraumes (bei Linsen zweidimensional durch die Form der Austrittspupille gegeben) so folgt für die experimentell beobachtbaren Details $J_{exp}$ der sog. „Intensitätsfunktion" $J$ (*vgl.* HOSEMANN-BONART (1956))

$$J_{exp} = \widehat{(J F_a)} F_i; \quad J = \overline{R R^*}. \tag{5}$$

Dabei ist $F_i(b)$, die sog. „Präzisionsfunktion im $b$-Raum, die $\mathfrak{F}$-Transformierte von $f_a(x)$, während $F_a(b)$ im Röntgeninterferenzversuch der von der Ewaldschen Kugel (siehe Abb. 1) überdeckte Teil des $b$-Raumes ist und die $\mathfrak{F}$-Transformierte einer Präzisionsfunktion $f_i(x)$ im $x$-Raum darstellt:

$$F_a(b) = \mathfrak{F}(f_i); \quad F_i(b) = \mathfrak{F}(f_a). \tag{6}$$

$F_i$ ist beim Röntgeninterferenzversuch durch die Divergenz der Strahlenbündel (bedingt durch Kollimatorfehler, Körnigkeit des Röntgenfilms usf.) und die Polychromasie der Primärstrahlung gegeben. Ist $x_a$ bzw. $b_a$ der Durchmesser von $f_a$ bzw. $F_a$, so charakterisieren diese beiden Größen Leistungsfähigkeit und Auflösungsvermögen einer Beobachtungsmethode. Tabelle 1 gibt hierzu einige Zahlenbeispiele.

Es ist bemerkenswert, daß EWALD (1940) — allerdings wieder nur beschränkt auf Kristalle — den Begriff der Gestaltfunktion in die Röntgenkristallographie einführte. Jede Gestaltfunktion, also z. B. $f_a(x)$ und $F_a(b)$, hat innerhalb eines gewissen $x$- bzw. $b$-Bereiches den Wert 1 und geht außerhalb dieses Bereiches in geeigneter Weise gegen Null.

*Tabelle 1.* Gesichtsfelddurchmesser $x_a$ und Auflösungsvermögen $1/b_a$ verschiedener Beugungsanordnungen

| Methode | Bemerkung | $x_a$ (cm) | $1/b_a$ (cm) |
|---|---|---|---|
| Lichtmikroskope | Glaslinsen | — | $2 \cdot 10^{-5}$ |
| Elektronenmikroskope | el. magn. Linsen | — | $3 \cdot 10^{-8}$ |
| Streukameras | Röntgen-, Elektronen-, Neutronenstrahlen mit $\lambda \sim 0{,}5 \cdot 10^{-8}$ cm | $10^{-4}$ | $1 \cdot 10^{-9}$ |

Zur Überwindung weiterer mathematischer Schwierigkeiten kann man ein Gedankenexperiment durchführen, das zu der sog. „Funktionenalgebra" führt (vgl. Hosemann-Bagchi (1953, 1954)): Man stellt sich ein überirdisch gutes Meßinstrument mit beliebig großen Werten von $x_a$ und $b_a$ vor. Ist $x_i$ und $b_i$ die Halbwertsbreite der in (6) definierten Präzisionsfunktionen $f_i$ und $F_i$, dann gehen diese eine Ungenauigkeitslänge charakterisierenden Halbwertsbreiten gegen Null. Durch die Definition

$$g(x) = \lim_{x_i \to 0} \lim_{x_a \to \infty} (g_n \widehat{f_a}) f_i; \quad n = 1; 2; 3; \ldots \tag{7}$$

$$G(b) = \lim_{b_i \to 0} \lim_{b_a \to \infty} (G_n \widehat{F_a}) F_i; \tag{8}$$

ist ein sog. „Funktionenkomplex" $g$ bzw. $G$ gegeben, zu dem eine unendliche Mannigfaltigkeit individuell unterschiedlicher (also nicht mit einander identischer) Funktionen $g_n$ bzw. $G_n$ gehören. Es gilt dann eindeutig für alle Funktionenkomplexe das sog. Integraltheorem der Fouriertransformation, wonach die Fourier-Inverstransformation (Symbol $\mathfrak{F}^{-1}$) der $\mathfrak{F}$-Transformierten einer Funktion $g$ gleich ist $g$:

$$g = \mathfrak{F}^{-1}(\mathfrak{F}(g)); \quad \mathfrak{F}^{-1} = \int e^{2\pi i (bx)} \, d v_b \,. \tag{9}$$

Da in vielen Fällen eine individuelle, dieser Prozedur (9) unterzogene Funktion $g_n$ nicht auf $g_n$, sondern auf irgend ein anderes $g_k$ des Funktionskomplexes zurückführt, so wird man verstehen, welche Vorteile die durch (7) und (8) gegebene Konzeption der Funktionskomplexe für die Analyse von Beugungsbildern darstellt, bei der man ja auch zwischen $x$- und $b$-Raum hin und her transformieren muß. Es ist dann auch das Faltungsprodukt (2) für beliebige Funktionenkomplexe definiert und nicht nur wie in der klassischen Mathematik für gewisse Funktionsklassen existent. Insbesondere ist dann auch das für das Folgende sehr wichtige „Faltungstheorem" allgemeingültig:

$$\mathfrak{F}(\widehat{g_1 g_2}) = G_1 G_2; \quad \mathfrak{F}(g_1 g_2) = \widehat{G_1 G_2} \,. \tag{10}$$

Wie Ghosh (1957) nachwies, steht diese Funktionenalgebra in nächster Verwandtschaft zur Theorie der „Distributionen" von L. Schwartz (1951), die bewiesenermaßen große Fortschritte bei der Überwindung von Divergenzschwierigkeiten und Vieldeutigkeiten brachte. Im Gegensatz zur Distribution, die nur in einem vieldimensionalen Funktionalraum zu verstehen ist, hat die Definition (7), (8) des Funktionenkomplexes eine einfache physikalische Bedeutung, die zur Konzeption einer „Beugungsmikroskopie" führt (vgl. Hosemann-Bonart (1956)).

Die gleichfalls von EWALD (1940) in die Kristallographie eingeführte „Punktfunktion" ($P(x)$ bzw. $P(b)$) stellt einen besonders interessanten Funktionenkomplex dar, der sich definieren läßt durch

$$\widehat{P(x) f_i}(x) = f_i(x); \quad \widehat{P(b) F_i}(b) = F_i(b). \tag{11}$$

Hieraus folgt durch Transformation:

$$\mathfrak{F}(P(x)) \cdot F_a = F_a; \quad \mathfrak{F}^{-1}(P(b)) \cdot f_a = f_a. \tag{12}$$

Diese Transformierten haben also in den Meßbereichen $F_a, f_a$ den Wert 1, können außerhalb aber andere Werte annehmen. Zum Funktionenkomplex der $P$-Funktionen gehört auch die Diracsche $\delta$-Funktion.

Mit den so geschaffenen Grundlagen gelingt der Aufbau einer sehr allgemeingültigen Struktur- und Interferenztheorie. Eine fundamentale Rolle spielt in ihr die Inverstransformierte der in (5) definierten Intensitätsfunktion. Zunächst folgt aus (4), daß $\mathfrak{F}^{-1}R^* = \varrho(-x)$. Dann liefert der Faltungssatz (10) für diese sogenannte $Q$-Funktion:

$$\mathfrak{F}^{-1}(J) = Q(x) = \widehat{\varrho(x)\varrho}(-x) = \int \varrho(y)\varrho(x+y)\, dv_y = \overset{2}{\tilde{\varrho}}. \tag{13}$$

Jedes Faltungsprodukt einer Funktion $g(x)$ mit der zu ihr inversionssymmetrischen Funktion $g(-x)$ wird „Faltungsquadrat" von $g$ (Symbol $\overset{2}{\sim}$) genannt (vgl. HOSEMANN-MOTZKUS-SCHOKNECHT (1954)). Die $Q$-Funktion entartet für unbegrenzt große idealperiodische Kristalle in die für die Kristallstrukturanalyse so bedeutungsvolle Pattersonfunktion von PATTERSON (1935), hat aber für beliebige andere Strukturen eine nicht geringere Bedeutung.

Ein kardinales Interesse verdienen die sog. „Punktstrukturen", die wir durch den Index $p$ kennzeichnen wollen:

$$\varrho_p(x) = \sum_{j=1}^{N} P(x - x_j). \tag{14}$$

Sie bestehen also aus $N$ „punktförmigen" Teilchen $j$, deren jedes eine andere Lage $x_j$ haben möge, wobei alle Teilchen dasselbe Gewicht 1 haben, ihre Innenstruktur aber nicht weiter auflösbar ist. Die $Q$-Funktion von (14) lautet:

$$Q_p(x) = N P(x - 0) + \sum_{j \neq k}^{N} \sum^{N} P(x - x_j + x_k). \tag{15}$$

Gesetzt der Fall, $N$ sei so klein, daß $Q_p$ innerhalb des durch $f_a$ gegebenen Gesichtsfeldes liegt, so ist beobachtbar der zeitliche Mittelwert von (15), da er ja gemäß (5) und (13) die stets errechenbare $\mathfrak{F}^{-1}$-Transformierte der „Observablen" (3) ist. Bezeichnen wir die zeitlichen Mittelwerte von $P(x - x_j)$ und $P(x - x_j + x_k)$ mit

$$H_j(x) = \overline{P(x - x_j)}; \quad H_{jk}(x) = \overline{P(x - x_j + x_k)}, \tag{16}$$

so ist bei genügend großer Beobachtungsdauer $H_j$ die Abstandsstatistik des Teilchens $j$ vom Punkt $x = 0$ und $H_{jk}$ diejenige des Teilchens $j$ vom Teilchen $k$. Da

$$P(x - x_j + x_k) = \widehat{P(x - x_j) P}(x + x_k), \tag{17}$$

so ist der durch (16) rechts definierte Mittelwert dieses Faltungsproduktes im allgemeinen von dem Faltungsprodukt beider Mittelwerte verschieden, wenn zwischen beiden Statistiken eine Korrelation besteht. Führen wir eine Korrelationsfunktion $\delta H_{jk}$ ein, die dies berücksichtigt, so folgt also

$$\overline{P(x-x_j+x_k)} = H_{jk}(x) = \widehat{H_j(x)\,H_k(-x)} + \delta H_{jk}\,. \tag{18}$$

Somit folgt für den Mittelwert von (15)

$$\begin{aligned}\overline{Q_p}(x) &= N P(x-0) + \sum_{j\neq k}^{N}\sum^{N} H_{jk}(x) = \\ &= N P(x-0) - \sum_{j=1}^{N} \tilde{H}_j^{2} + \sum_{j=1}^{N}\sum_{k=1}^{N} \widehat{H_j(x)\,H_k(-x)} + \sum_{j\neq k}^{N}\sum^{N} \delta H_{jk}\,.\end{aligned} \tag{19}$$

Sind $F_j$, $F_k$, $\delta F_{jk}$ die $\mathfrak{F}$-Transformierten von $H_j$, $H_k$, $\delta H_{jk}$, so folgt aus (4), (14) und (16)

$$\overline{R}(b) = \mathfrak{F}\left(\sum_{j=1}^{N} H_j\right), \tag{20}$$

somit also aus (5) und (19):

$$J_p(b) = \overline{|R|^2} = |\overline{R}|^2 + J_1 \quad \text{mit} \quad J_1 = N - \sum_{j=1}^{N} |F_j|^2 + \sum_{j\neq k}^{N}\sum^{N} \delta F_{jk}\,. \tag{21}$$

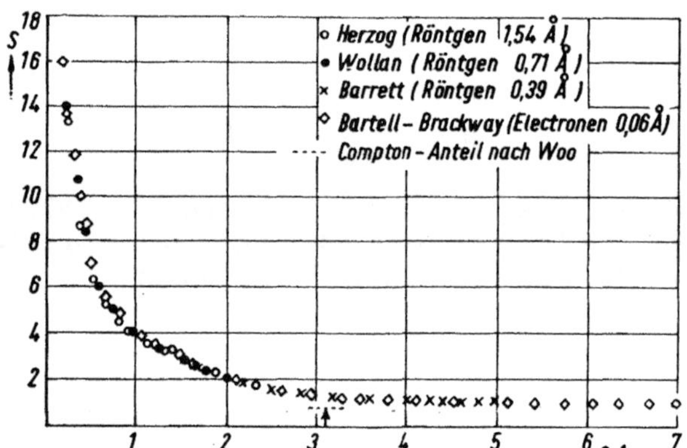


Abb. 2. Die an Argongas gemessene Intensitätsfunktion $S = J_p/18$. Der bei $|b| = 3{,}1$ Å$^{-1}$ gezeichnete Pfeil kennzeichnet durch seine Lage den Meßort von Woo (1926), durch seine Höhe den Anteil an Comptonstreuung. Der Rest ist diffuse Thomsonstreuung.

Die Theorie der Gasinterferenzen lehrt, daß dort die Intensitätsfunktion durch die Summe der von den einzelnen Atomen gelieferten Intensitätsfunktionen $J_p$ gegeben sei. Bei Streuung an reinem Argon ist dann (21) also die über alle Argonatome gemittelte Intensitätsfunktion eines Argonatoms. Wir prüfen, ob (21) mit der Erfahrung übereinstimmt. Abb. 2 zeigt Meßergebnisse. Als Ordinate ist $S=J_p/N$ aufgetragen. Offensichtlich stellt der erste Summand $|\overline{R}|^2$ den bei kleinen Streuwinkeln $|b|\lesssim 3\,\text{Å}^{-1}$ vorhandenen Anstieg dar. Er wird „Atomfaktor" genannt. $|\overline{R}|$ ist also die Atomformamplitude $f_0$, die mit der Schrödingerschen Eigenfunktion $\psi$ des Argonatoms im Grundzustand zusammenhängt durch

$$f_0(b)=\mathfrak{F}(\psi\psi^*). \tag{22}$$

Also liefert der Vergleich mit (20) die Relation

$$\psi\psi^*(x)=\sum_{j=1}^{N} H_j(x). \tag{23}$$

$N$ ist in diesem Fall die Ordnungszahl des Atoms (im Argon $N=18$). Wenn „das Atom" nun wirklich „die Dichteverteilung" $\psi\psi^*$ hat, dann ist notwendigerweise

$$\overline{|R^2|}=|\overline{R}|^2 \text{ d.h. } J_1=0.$$

Tatsächlich beobachtet man nach Abb. 2 außerhalb $|b|\sim 3\,\text{Å}^{-1}$ noch einen durch $N$ gegebenen Streuanteil, der interessanterweise durch Comptonstreuung $J_c$ erklärt wird, die nach WENTZEL (1927) wellenmechanisch zu

$$J_c=N-\sum_{j=1}^{N}|f_j|^2 \tag{24}$$

berechnet wurde, wobei die $f_j$ die Transformierten von Schrödingerfunktionen $\psi_j\psi_j^*$ der einzelnen Schalenelektronen $j$ sind. Tatsächlich haben nun aber Messungen von Woo (1926) an Metallpulvern bei $|b|=3{,}1\,\text{Å}^{-1}$ ergeben, daß die verschobene Comptonstreuung nur bei Atomen mit kleinen Ordnungszahlen ($N\lesssim 5$) die unverschobene Thomsonstreuung überwiegt, während bei Atomen mit der Ordnungszahl nahe der von Argon (z. B. Si mit $N=14$ und K mit $N=19$) schon mehr als $^1/_3$ Thomsonstreuung ist und für $N\gtrsim 30$ praktisch keine Comptonstreuung mehr auftritt. (24) kann im Fall der Abb. 2 also nur $^2/_3$ der Intensitätsfunktion für $|b|\gtrsim 3\,\text{Å}^{-1}$ erklären, während das letzte Drittel durch das Thomsonsche $J_1$ entsteht

$$J_1=\overline{|R|^2}-|\overline{R}|^2=N-\sum_{j=1}^{N}|F_j|^2+\sum_{j\neq k}^{N}\sum^{N}\delta F_{jk}. \tag{25}$$

Der Standpunkt, $\psi\psi^*$ repräsentiere *die* Elektronendichteverteilung im Atom die zeitlich konstant ist und $f_0$ *die* Atomformamplitude, muß also zu Gunsten der durch (23) gegebenen statistischen Erklärung aufgegeben werden, wonach $\psi\psi^*$ nur ein statistischer Mittelwert der Elektronenverteilung ist, diese aber statistisch fluktuiert, wobei die Elektronen im Bereich des durch Abb. 2 gegebenen Auflösungsvermögens $1/|b_{\max}|=1/7$ Å wie „punktförmige" Gebilde wirken, also kleiner als 0,13 Å sind. Eine genauere Analyse der Comptonstreuung ergibt (HOSEMANN (1959)), daß die Elektronen $j$ nicht „punktförmig" sind, sondern eine Dichtverteilung $\varrho_j$ haben mit einem Durchmesser von der Größe der Comptonwellenlänge 0,024 Å. Dann ist (25) mit dem Quadrat der Fouriertransformierten von $\varrho_j$, dem Elektronenfaktor $\overline{f_j^2}$ zu multiplizieren, der aber für $|b|<7\,\text{Å}^{-1}$ nicht merklich vom Wert 1 abweicht. Näheres hierzu findet man im Text zu Abb. 8.

Nicht minder interessant ist die Diskussion von Punktstrukturen (14), deren Teilchenzahl so groß ist, daß das von der Struktur beanspruchte Volumen $v$ über den von $f_a$ überdeckten Bereich mit dem Volumen $v_a$ herausragt. Bezeichnet nämlich z. B. (14) die auf den Wert 1 normierten Punktfunktionen der Schwerpunkte der Atome $j$ und $x_j$ die Schwerpunktlagen der Atome im Präparat und beachtet man, daß dessen Lineardimensionen im Realversuch in der Größe von mm liegen, so zeigt ein Blick auf Tabelle 1, daß diese Bedingung $v \rangle\rangle\rangle v_a$ hier im Beugungsversuch stets erfüllt ist, weil $x_a$ klein ist gegen 1 mm (das dreifache „Größer-als"-Zeichen soll besagen daß $v$ in allen drei Raumdimensionen groß ist gegen $v_a$). Experimentell beobachtbar ist vom Faltungsquadrat (15) dieser Punktstruktur nun entsprechend (5), (7) und (8) selbst bei beliebiger Präzision $f_i$ höchstens

$$Q_p(x)\, f_a(x) = N P(x-0) + \left( \sum_{j \neq k}^{N} \sum^{N} P(x - x_j + x_k)\, f_a(x) \right), \tag{26}$$

wobei $N$ hier die Zahl der Atome im durchstrahlten Teil des Präparates ist. Der Mittelwert (19) hat nun eine ganz andere Bedeutung. Selbst wenn sich die Atomschwerpunktlagen während der Expositionszeit nicht bewegen (sog. „eingefrorene Strukturen"), liefert (26) wegen der großen Zahl $N$ (sie liegt bei den meisten Realversuchen oberhalb $10^{15}$) und des kleinen Gesichtsfeldes ($v_a \langle\langle\langle v$) doch einen als „Erwartungswert" zu benennenden Mittelwert. Da nämlich in der Doppelsumme von (26) alle $j, k$-Kombinationen mit

$$|x_j - x_k| > x_a$$

durch $f_a(x)$ „weggeschnitten" werden, so wird damit praktisch über „unendlich viele" Bezugspunkte $k$ gemittelt. Das in (16) definierte $H_{jk}$ wird also in Bezug auf $k$ gemittelt derart, daß nur noch die mittlere Abstandsstatistik eines Teilchens $k$ zu seinen übrigen Partnern $j \neq k$ ins Spiel kommt: Man erhält also aus (26), ohne daß sich dadurch observabel etwas ändert,

$$Q_p(x)\, f_a(x) = N \left[ P(x-0) + \sum_{j=1}^{N} \overline{H_{jk}}(x) \right] f_a, \text{ falls } v_a \langle\langle\langle v\,. \tag{27}$$

Der Querstrich kennzeichnet hier also eine $k$-Mittelung.

Diese durch die beugungsmikroskopische Betrachtung gewonnene Mittelung zufolge mangelnder Präzision der Aufnahmeapparatur ist deshalb von Bedeutung, weil man zur Berechnung von Erwartungswerten keine Hilfsvorstellungen aus dem Gebiet der statistischen Mechanik, Thermodynamik oder Quantenelektrodynamik mehr braucht und im Gegenteil ruhig auch z. B. eingefrorene Strukturen diskutieren kann, die keiner dieser Theorien genügen, also z. B. nicht im thermodynamischen Gleichgewicht sind (siehe Abb. 5 bis 8). Denn durch die $k$-Mittelung (27) wird in jedem Zeitmoment eine $Q_p$-Funktion erzeugt, die sich so wenig zeitlich ändert, daß die zeitliche Mittelung in (5) und (16) nun ganz unwesentlich wird. Das Problem ist somit ohne Beschränkung seiner Allgemeingültigkeit auf ein statisches, hypothesenfrei lösbares reduziert, das man nachträglich durchaus auf dynamische Realstrukturen anwenden kann, nun aber, um ihren Wahrheitsgehalt mit Hilfe des Experimentes zu prüfen.

Infolge des Charakters von $Q_p$ als Faltungsquadrat folgt aus (27) durch Integration

$$\int Q_p(x)\, f_a(x)\, d\, v_x = \frac{v}{v_a} \overline{N^2}(v_a)\,. \tag{28}$$

Dabei ist $\overline{N^2(v_a)}$ der Mittelwert des Quadrates der Zahl von Punktatomen, die in einem Teilvolumen $v_a$ von $v$ vorkommen. Diese Zahl errechnet man z. B. experimentell indem man die Gestaltfunktion $f_a(x)$ um einen Vektor $\xi$ parallel verschoben nach $f_a(x-\xi)$ legt und für viele verschiedene $\xi$-Werte die jeweiligen $N^2$-Werte auszählt und nachträglich mittelt (die sog. „$\xi$-Mittelung" der Beugungsmikroskopie, vgl. HOSEMANN-BONART (1956)). Ist $\overline{N}(v_a)$ in gleicher Weise als mittlere Teilchenzahl in $f_a$ definiert und $\overline{v}_g$ das mittlere Volumen, das einem Teilchen samt seiner Umgebung zusteht, so folgt

$$\overline{N}(v_a) = v_a / \overline{v}_g\,. \tag{29}$$

Es erweist sich als sehr praktisch, diejenigen Punktstrukturen (14) als „Raumgitter" zu definieren, für die gilt*)

$$\frac{\Delta^2 N(v_a)}{\overline{N}(v_a)} = \text{const} = w(0) \text{ für alle } v_a \lll v;\; \Delta^2 N = \overline{N^2} - \overline{N}^2. \tag{30}$$

Man zeigt leicht, daß (30) nichts anderes bedeutet als daß die Volumina $v_g$ der einzelnen Gitterzellen nach einer einzigen „a priori"-Statistik statistisch schwanken, wobei

$$w(0) = \left(\frac{\Delta v_g}{\overline{v}_g}\right)^2 \tag{30a}$$

ist.

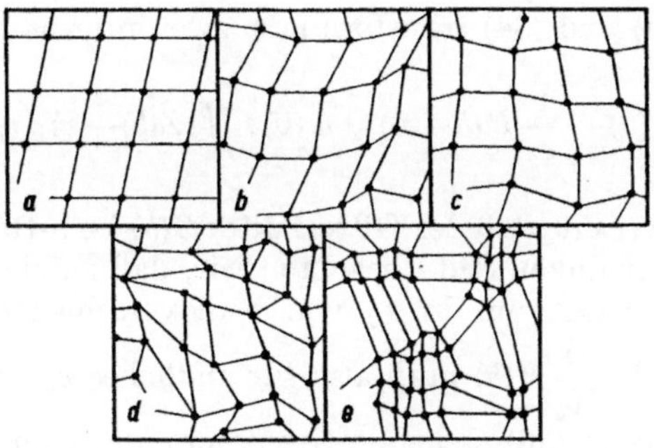

Abb. 3. Punktstrukturen

Die Abb. a bis d stellen „Punktgitter" dar, die der Relation (30) genügen: a) Kristall, b) idealer Parakristall, c) Parakristall, d) amorphes Gitter. Die Struktur e) genügt der Relation (30) nicht, sondern zeigt „Clustereffekte". Die „Überpartikel" ordnen sich in einem „Übergitter" an und stellen einzeln begrenzte „Gitter" dar.

Die in Abb. 3 a bis d dargestellten Strukturen genügen dieser Bedingung, Abb. 3e aber zweifellos nicht, weil hier außerhalb der statistischen Wahrscheinlichkeit

*) Vgl. hierzu HOSEMANN-BAGCHI (1959).

systematische Zusammenballungen von kleinen Gitterzellen (sog. „Cluster") auftreten. Weiterhin wird für jede Raumgitterfunktion verlangt, daß sie sich bis ins unendlich Ferne erstreckt. Dann folgt für sie aus (27) als weitere Definition:

$$z(x) = \lim_{x_a \to \infty} \lim_{N \to \infty} \frac{1}{N} Q_p f_a = P(x-0) + \sum_{\substack{j=1 \\ j \neq k}}^{\infty} \overline{H_{jk}(x)}. \tag{31}$$

Zweifellos wächst im allgemeinen die Halbwertsbreite der Statistik $\overline{H_{jk}}$ mit wachsendem $|x_j - x_k|$. Übersteigt sie schließlich den mittleren Abstand benachbarter Teilchen, so nähert sich die $j$-Summe in (31) dem konstanten Endwert $1/\bar{v}_g$. Den Bereich um $x = 0$, in dem dies noch nicht der Fall ist, nennen wir den „statistischen Wirkungsbereich". Hat er das Volumen $v_w$, das infolge des Charakters von (31) als Faltungsquadrat notwendigerweise zentrosymmetrisch ist zu $x = 0$, so folgt also aus (31)

$$z(x) \to 1/\bar{v}_g \text{ für alle } x \text{ endigend außerhalb } v_w. \tag{32}$$

Und es folgt aus (28) bis (30)

$$\int (z(x) - 1/\bar{v}_g)\, d\, v_x = w(0). \tag{33}$$

Da ferner die einzelnen Schwerpunktlagen $x_j$ nicht miteinander koinzidieren, ergibt sich weiterhin

$$\lim_{x \to 0} z(x) - P(x-0) = 0. \tag{34}$$

Für die Transformierte von $z$, die „Gitterfaktor" genannt wird

$$Z(b) = \mathfrak{F}(z) \tag{35}$$

folgen, indem man (33) und (34) transformiert, zwei interessante Eigenschaften:

$$\lim_{b \to 0} Z(b) - \frac{1}{\bar{\bar{v}}_g} P(b-0) = w(0); \quad \int (Z(b) - 1)\, d\, v_b = 0. \tag{36}$$

Die rechte Gleichung besagt, daß der Gitterfaktor $Z(b)$ im $b$-Raummittel den Wert 1 hat. Zur Diskussion der linken Seite beachten wir, daß zufolge (31) und (33) $z(x) - P(x) - 1/\bar{v}_g$ eine stetige und nur in $v_w$ von Null verschiedene Funktion ist. Ihre Transformierte $Z(b) - 1 - \frac{1}{\bar{\bar{v}}_g} P(b)$ muß also für endliches $v_w$ analytisch sein. Damit existiert auch der links in (36) stehende Grenzwert, der gemäß (30) allein von der statistischen Schwankung der Volumina der „Gitterzellen" abhängt. Aus (31) erkennen wir folgende Identität:

$$\lim_{N \to \infty} N(z - 1/\bar{v}_g) = \lim_{N \to \infty} \lim_{x_a \to \infty} (Q_p - N/\bar{v}_g) f_a$$

Die Transformierte der rechten Seite lautet

$$J_2 = \widehat{JF_i} - \frac{N}{\bar{\bar{v}}_g} F_i. \tag{36a}$$

Der rechte Summand stellt offensichtlich den „Nullstrahl" dar, außerhalb dessen nur eine experimentelle Beobachtung möglich ist. Somit ist $J_2$ wieder für alle $N$ analytisch. Es existiert also auch der Limes von $b \to 0$. Für ihn findet man aus (30) und (33)

$$\lim_{b \to 0} J_2 = N \frac{\Delta^2 N(v_a)}{\overline{N}(v_a)}. \tag{37}$$

Da man mit wachsender Präzision $F_i$ immer näher am Nullstrahl beobachten kann und dabei zugleich $v_a$ zunimmt, so erkennt man, daß alle Punktstrukturen, die der Relation (30) nicht genügen, eine zusätzliche Kleinwinkelstreuung haben, die nur auf den in Abb. 3e dargestellten Clustereffekt zurückzuführen ist. Alle Gitterfaktoren $Z(b)$, die nach Definition Gleichung (30) erfüllen, zeigen diesen Effekt nicht, sondern nur einen bei kleinen Winkeln konstanten diffusen Untergrund. Will man daher rationell Cluster-Strukturen berechnen, so muß man bei Ungültigkeit von (30) zum mindest mit zwei Gitterstatistiken $z_1$ und $z_2$ arbeiten; die eine betrifft die Nahordnungsverhältnisse innerhalb der Cluster, die andere die Abstandsstatistik der Schwerpunkte der Cluster. Beides sind voneinander völlig unabhängige Strukturgrößen. Weiter unten werden noch einige „Übergitter" oder „Makrogitter" besprochen werden. Leider ist der konventionalen Flüssigkeits- und Gastheorie der Gitterbegriff und erst recht derjenige der Gitter und Übergitter fremd. Wenngleich viele ihrer Gleichungen allgemeingültig sind, so ist mit ihnen doch nicht vielmehr anzufangen als mit den gleichfalls allgemeingültigen Gleichungen (5) und (13).

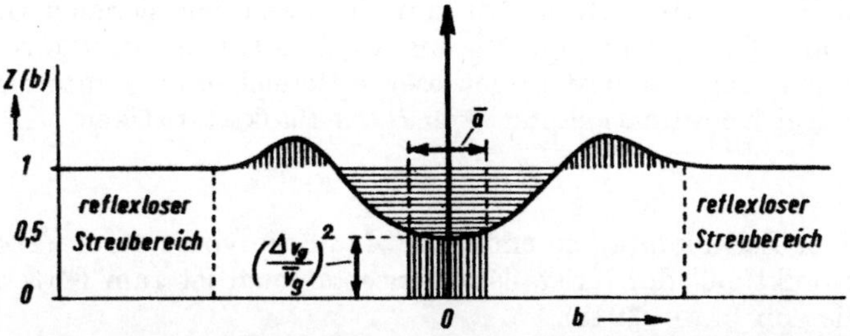


Abb. 4. Der rotationssymmetrische amorphe Gitterfaktor $Z(b)$ als Funktion von $|b|$ dargestellt. Er weist wie jeder Gitterfaktor bei $b = 0$ eine Punktfunktion auf (gekennzeichnet durch den langen vertikalen Pfeil) und einen durch $w(0)$ gegebenen diffusen Untergrund (siehe Gleichung (30)). Im „reflexlosen Streubereich" geht $Z$ gegen den Wert 1. Aus der rechten Gleichung (30) folgt, daß die Summe der drei senkrecht schraffierten (dreidimensionalen) Volumina gleich ist dem dreidimensionalen horizontal schraffierten Volumen. Das gilt auch für alle idealen Gase.

Im „amorphen" Gitter (Abb. 3d) hat der Gitterfaktor kugelsymmetrische Gestalt. Es folgen aus (36) wichtige Eigenschaften, die in Abb. 4 Berücksichtigung fanden (siehe dortige Unterschrift). Die in den meisten Veröffentlichungen als Modell gewählten Statistiken $z(x)$ widersprechen der Integraleigenschaft (33) und führen zu den bekannten Widersprüchen.

Im „ideal-parakristallinen" Gitter (Abb. 3b) lassen sich die Gitterpunkte nach Spalten und Zeilen ordnen. Die in (27) auftretenden Statistiken $\overline{H_{jk}}$ lassen sich dann mittels dreier ganzer, positiver oder negativer Zahlen $p_1, p_2, p_3$ (einschließlich Null) numerieren:

$$\overline{H_{jk}}(x) = H_{p_1 p_2 p_3}(x)$$

wobei die drei, eine parakristalline Gitterzelle aufspannenden Statistiken $H_{100}, H_{010}, H_{001}$ „Koordinationsstatistiken" $H_r(x)$ mit $r = 1, 2, 3$ genannt werden. Alle anderen Statistiken lassen sich dann wegen der in der Definitionsgleichung (30) geforderten a priori-Statistik aus Faltungspotenzen dieser 3 Koordinationsstatistiken $H_r$ errechnen. Die in (18) eingeführten Korrelationsgrößen $\delta H_{jk}$ verschwinden also, und man erhält für z. B. positive $p_1, p_2, p_3$ aus (18)

$$H_{p_1 p_2 p_3}(x) = P(x-0)\overbrace{\widehat{H_1}\,\widehat{H_1}\ldots\widehat{H_1}}^{p_1\,\mathrm{mal}}\,\overbrace{\widehat{H_2}\,\widehat{H_2}\ldots\widehat{H_2}}^{p_2\,\mathrm{mal}}\,\overbrace{\widehat{H_3}\,\widehat{H_3}\ldots\widehat{H_3}}^{p_3\,\mathrm{mal}}. \tag{38}$$

Die Gitterfunktion $z(x)$ (siehe (31)) entartet also in ein „Faltungspolynom". Ihre Transformierte (35), der ideal-parakristalline Gitterfaktor $Z(b)$ läßt sich mittels des Faltungssatzes (10) in das Produkt aus 3 geometrischen Reihen überführen. Sind

$$F_r(b) = \mathfrak{F}(H_r); \quad r = 1, 2, 3 \tag{39}$$

die drei „Statistikfaktoren", so folgt nach elementarer Rechnung

$$Z(b) = \frac{1}{v_g} P(b-0) + \prod_{r=1}^{3} \mathfrak{Re} \frac{1+F_r}{1-F_r}, \tag{40}$$

wobei $\mathfrak{Re}$ „Realteil" des dahinter stehenden Quotienten bedeutet und $\Pi$ das Produktzeichen ist.

Im parakristallinen Gitter (Abb. 3c) treten noch Korrelationsfaktoren $\delta F_{rs}$ (siehe (21)) zwischen den Koordinationsstatistiken auf (im zweidimensionalen Gitter zwei, im dreidimensionalen Gitter zehn, vgl. Hosemann, Bonart, Schoknecht (1956)). Doch ist auch dort (40) zum mindest in gewissen $b$-Bereichen eine gute erste Näherung. Entarten die drei Koordinationsstatisken $H_r$ in Punktstatistiken

$$H_r(x) \to P(x - a_r) \tag{41}$$

($a_r$ Vektor einer Zellenkante), so entartet (31) in die von Ewald (1940) errechnete „lattice-peak-funktion" des Kristalls, die proportional ist zum Gitterfaktor $G^2$ der Kristalltheorie von Laue (1948).

Der Parakristall enthält den Kristall somit als entarteten Sonderfall, gekennzeichnet durch (41). Abb. 5 gibt einige Beispiele*). Im Gegensatz zu letzterem hat der parakristalline Gitterfaktor $Z$ aber auch außerhalb der „reziproken Gitterpunkte" merklich von Null verschiedene Werte. Die Lage der Maxima der in ihm auftretenden „humps" kann man leicht aus (40) errechnen, weil dort alle drei $F_r$ positiv reell sein müssen. Diese humps erheben sich aus einem durch

$$Z_{\mathrm{diff}} = \prod_{r=1}^{3} \frac{1-|F_r|}{1+|F_r|} \tag{42}$$

gegebenen diffusen Untergrund, haben einen durch

$$\prod_{r=1}^{3} \frac{1+|F_r|}{1-|F_r|}$$

*) Die in Abb. 5 bis 8 gezeigten Modelle und Beugungsbilder wurden von Fräulein M. Schulte im Rodde und Herrn Dr. R. Bonart und Dr. D. Joerchel hergestellt.

gegebenen Maximalwert und zufolge der rechten Gleichung in (36) eine durch

$$\delta b_r = \frac{1}{|\overline{a}_r|} \, \frac{|F_r|(1-|F_r|)}{2|F_r|} \tag{43}$$

gegebene integrale Breite in Richtung des Mittelwertes $\overline{a}_r$ des Zellkantenvektors $a_r$. Die Lage dieser Maxima ist gegeben durch

$$(\overline{a}_r b) = h_r \text{ für } r = 1, 2, 3, \tag{44}$$

wobei die $h_r$ ganze Zahlen (MILLERsche Indices) sind. (44) stellt die Erweiterung der von v. LAUE (1914) für Kristalle gegebenen sog. „Reflexionsbedingung" auf Parakristalle dar. Je nachdem, ob keiner, einer, zwei oder drei Statistikfaktoren $|F_r|$ in solch einem „Gitterpunkt" (44) schon klein gegen 1 sind, ist der „Reflex" in allen drei $b$-Raumrichtungen deutlich von den Nachbarreflexen abgehoben, oder wächst in einer bzw. zwei bzw. drei Richtungen mit Nachbarreflexen zu einem „diffusen" Ganzen zusammen. Im letzten Fall hat $Z$ seinen Endwert 1 erreicht. Dieser „reflexlose" Streubereich dominiert bei den sog. „amorphen Stoffen" (siehe Abb. 4). Der Parakristall vermag aber auch „Schichtgitter"- und „Fadengitter"-Strukturen quantitativ durch spezielle Koordinationsstatistiken $H_r$ zu erklären (siehe Abb. 5). Besonders aufschlußreich ist die Berechnung der Intensitätsfunktion für räumlich begrenzte Parakristalle. Hierzu führt man die schon erwähnte Ewaldsche Gestaltfunktion $s(x)$ ein, nun aber für Parakristalle. Sie hat innerhalb des Parakristalls den Wert 1 und verschwindet außerhalb. Ihre $\mathfrak{F}$-Transformierte wird „Gestaltamplitude" $S(b)$ genannt. Verteilt man weiterhin nach Zufall auf jede Gitterzelle eine individuelle Elektronendichteverteilung $\varrho_0(x)$, so errechnet sich der Erwartungswert $\overline{Q}$ des Parakristalls zu

$$\overline{Q}(x) = \overline{N}(v_0) \left[ \overline{\overset{2}{\tilde{\varrho}_0}} - \overline{\overset{2}{\tilde{\tilde{\varrho}}_0}} \right] + \frac{1}{v_g} \, \overline{\overset{2}{\tilde{\tilde{\varrho}}_0}} \, \widehat{(z \, \overset{2}{\tilde{s}})} \,. \tag{45}$$

Dabei ist $N(v_0)$ analog (29) die durch $\xi$-Mitteilung errechenbare mittlere Zahl von parakristallinen Gitterpunkten im Volumen $v_0$ des von der Gestaltfunktion $s(x)$ definierten Gitterbereiches. Ist $f_0$ die Transformierte von $\varrho_0$, so folgt aus (45) durch $\mathfrak{F}$-Transformation als Intensitätsfunktion $J$ eines Parakristalls

$$J(b) = \overline{N}(|\overline{f_0^2}| - |\overline{f_0}|^2) + \frac{1}{\overline{v}_g} |\overline{f_0}|^2 \cdot Z \widehat{|S^2|} \,. \tag{46}$$

Ist $\overline{N_r}$ die mittlere Zahl von Gitterzellen in Richtung $\overline{a}_r$, so ist die Halbwertbreite von $|S|^2$ in dieser Richtung etwa gegeben durch

$$\delta |S_r|^2 = 1/(|\overline{a}_r| \overline{N}_r) \,. \tag{47}$$

Für alle diejenigen Reflexe, für die in allen $b$-Raumrichtungen (43) klein ist gegen (47), folgt aus (46)

$$J(b) = \overline{N}(|\overline{f_0^2}| - |\overline{f_0}|^2) + \frac{1}{\overline{v}_g^2} |\overline{f_0}|^2 \sum_{h_1} \sum_{h_2} \sum_{h_3} |S(b - b_{h_1 h_2 h_3})|^2 . \tag{48}$$

Dies ist die Intensitätsfunktion des Kristalls. Für alle Reflexe, für die (43) in allen $b$-Richtungen groß ist gegen (47), folgt dagegen aus (46)

$$J(b) = \overline{N}\,[\,|\overline{f_0^2}| - |\overline{f_0}|^2 + |\overline{f_0}|^2 \cdot Z\,]\,. \tag{49}$$

Man beweist leicht, daß diese Intensitätsfunktion dann und nur dann für alle Reflexe außerhalb des Nullstrahls gültig ist, wenn der durch (32) definierte Wirkungsbereich $v_w$ in allen drei Dimensionen klein ist gegen $v_0$. Dann und nur dann folgt aus (49) die Grundgleichung der konventionalen Flüssigkeitstheorie

$$\mathfrak{F}^{-1}\left(\frac{J - \overline{N}|\overline{f_0^2}|}{|\overline{f_0}|^2}\right) = \mathfrak{F}^{-1}(Z-1) = z - P(x-0) \to g(r)\,;\; r = |x|\,, \tag{50}$$

$$\text{falls } v_0 \ggg v_w\,.$$

$g(r)$ ist die sogenannte „Belegungsdichte", die in dieser konventionalen Theorie außerdem als kugelsymmetrisch angenommen wird. Ist umgekehrt $v_w$ in einer bzw. zwei $x$-Richtungen nicht klein gegen $v_0$, so gibt es Reflexe, die in gewissen $b$-Richtungen kristallartig, in anderen flüssigkeitsartig und in dritten gasartig sind. Im Kristall schließlich ist $v_w$ unbegrenzt groß. Darum liegt hier die Entartung (48) vor.

Es ist somit eine vollständige Brücke zwischen Kristallen und Flüssigkeiten geschlagen. Mit Hilfe des amorphen Gitterfaktors (Abb. 4) läßt sich auch eine solche zwischen Flüssigkeiten und Gasen bauen. Hierzu muß man aber im Gegensatz zu (45) auch eine Korrelation zwischen der Form und Größe einer Gitterzelle und Form und Größe der in ihr liegenden Partikel berücksichtigen. Die Rechnung läßt sich verhältnismäßig elegant durchführen (Hosemann (1950a), Joerchel (1957)) und zeigt, daß die Intensitätsfunktion dann einen Wendepunkt mit $\frac{dJ}{d|b|} = 0$ aufweist, wenn die Packungsdichte $q$ der Partikel gleich ist der relativen massenstatistischen Schwankung $g$ ihrer Radien. Ist sie größer (kleiner), so nimmt $J$ monoton mit wachsendem $|b|$ ab (zeigt eines oder mehrere Interferenzmaxima). Im ersten Fall liegt ein Beugungsphänomen vom Gastyp, im letzten ein solches vom Flüssigkeitstyp vor. Abb. 6 gibt hierzu einige zweidimensionale Beispiele.

In gleicher Weise läßt sich — wieder in Form eines Faltungspolynoms — eine Brücke schlagen zwischen geometrischer und dynamischer Kristalltheorie (Hosemann (1958)).

Besondere Beachtung verdienen die bei Realstrukturen stets vorhandenen Übergitter. Abb. 3e gab hierfür bereits im Fall der Clusterbildung ein Beispiel. Abb. 7 zeigt ein amorphes Gitter isolierter Punktatome (a) und parakristalliner Klümpchen (b), die einen speziellen Clustereffekt darstellen und wieder wie in (37) zu einer Kleinwinkelstreuung Anlaß geben, aus deren quantitativem Studium man wie in Abb. 6 Form, Größe und Größenstatistik der Parakristallite errechnen kann. Abb. 8 zeigt Klümpchen mit „amorpher Struktur", deren Übergitter nun kristallin ist. Als Folge dessen besteht die Kleinwinkelstreuung abgesehen von einem diffusen Untergrund ausschließlich aus Kristallreflexen. Sie ist also durch den 2. Summanden in (46) gegeben. Setzt man Klümpchen = Eiweißmolekül, so gibt Abb. 8a ein Modell für viele kristallisierende Globuline. Die bei etwas größeren $b$-Werten auf einem Ring um $b = 0$ noch anzutreffenden Kristallreflexe rühren von Beugungsnebenmaximis der $\mathfrak{F}$-Transformierten $\overline{f_0}$ eines Eiweißmoleküls her, die deshalb so ausgesprochen sind, weil die mittlere Dichteverteilung $\overline{\varrho_0}$ in einer Gitterzelle Häufungsstellen hat (siehe (43)). Setzt man

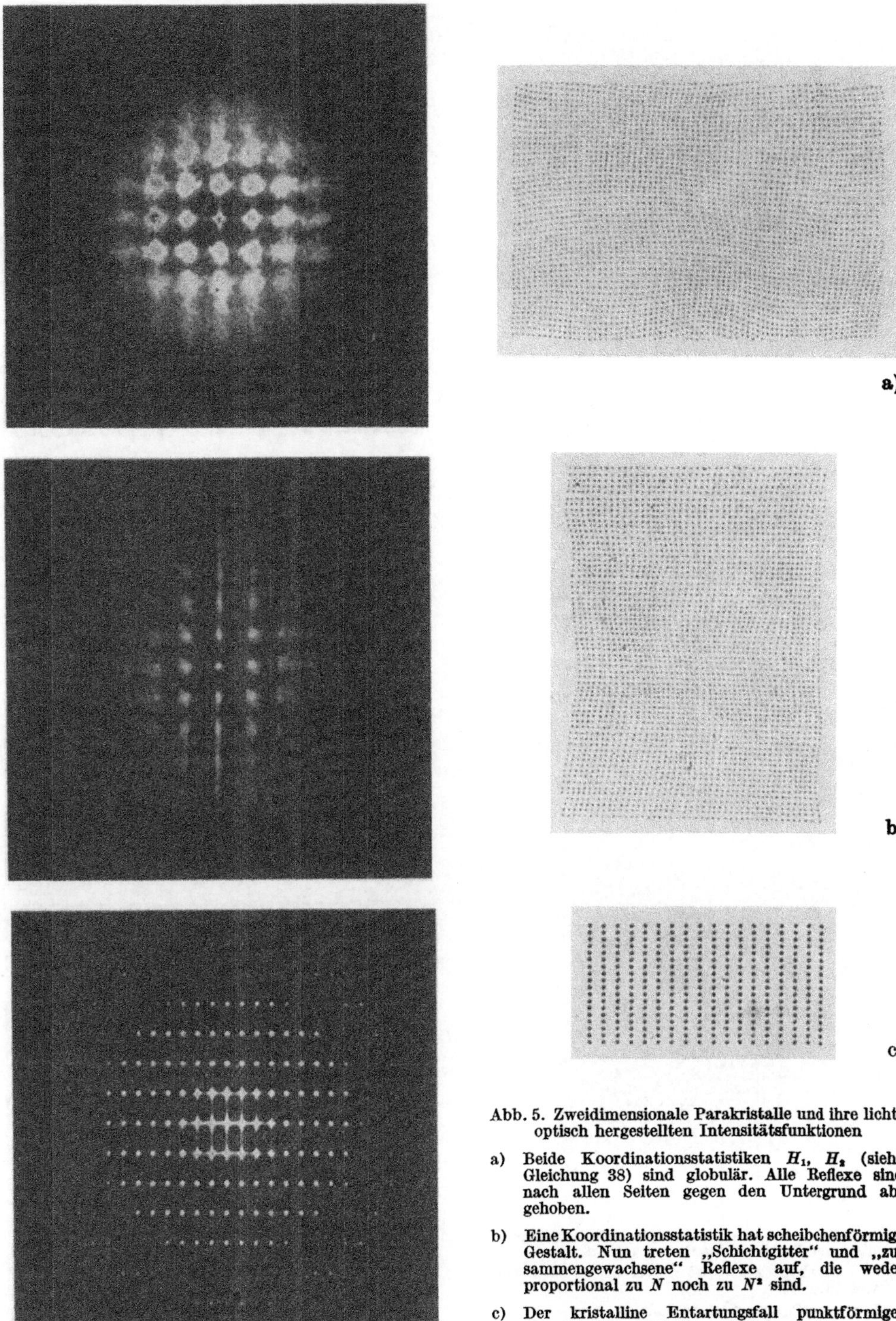

a)

b)

c)

Abb. 5. Zweidimensionale Parakristalle und ihre lichtoptisch hergestellten Intensitätsfunktionen

a) Beide Koordinationsstatistiken $H_1$, $H_2$ (siehe Gleichung 38) sind globulär. Alle Reflexe sind nach allen Seiten gegen den Untergrund abgehoben.

b) Eine Koordinationsstatistik hat scheibchenförmige Gestalt. Nun treten „Schichtgitter“ und „zusammengewachsene“ Reflexe auf, die weder proportional zu $N$ noch zu $N^2$ sind.

c) Der kristalline Entartungsfall punktförmiger Koordinationsstatistiken (Gleichung 41)

a)

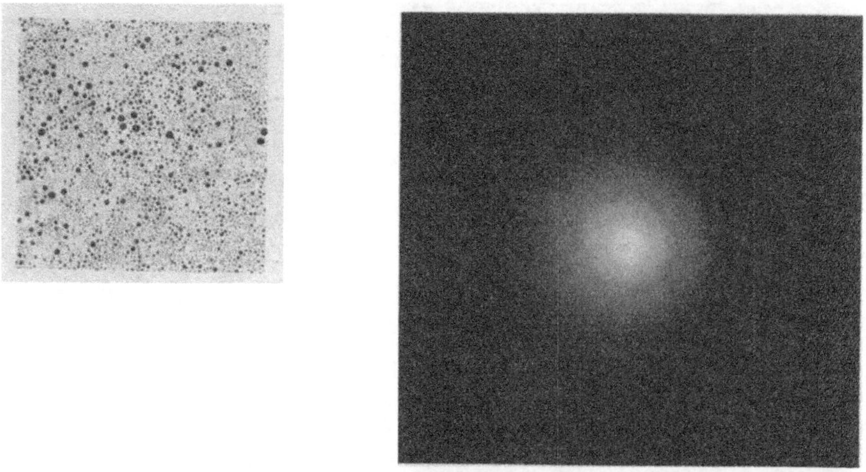

b)

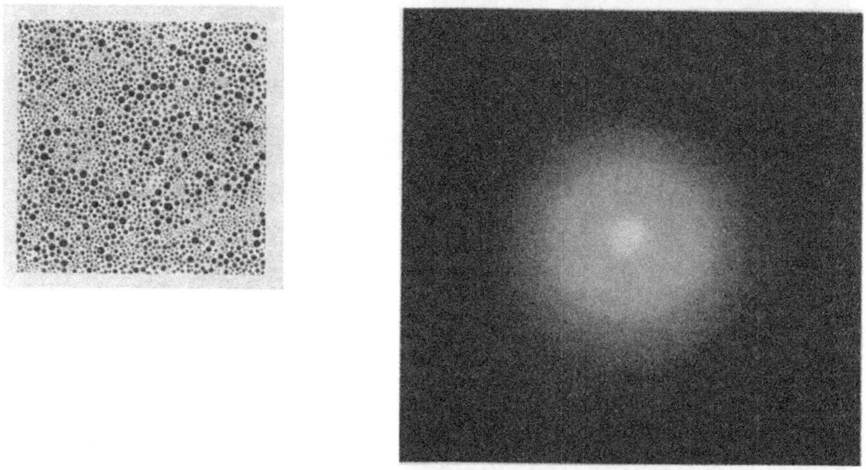

c)

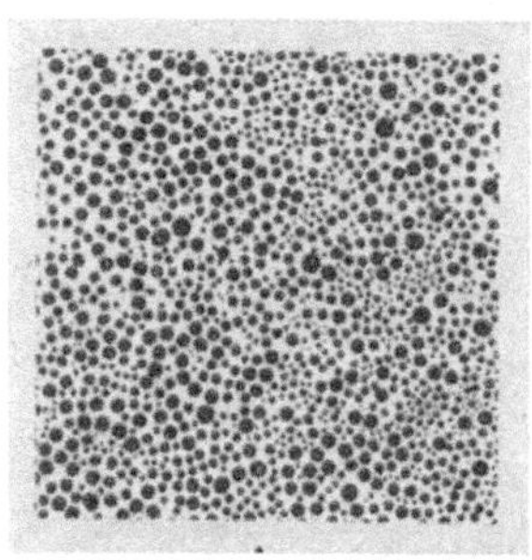

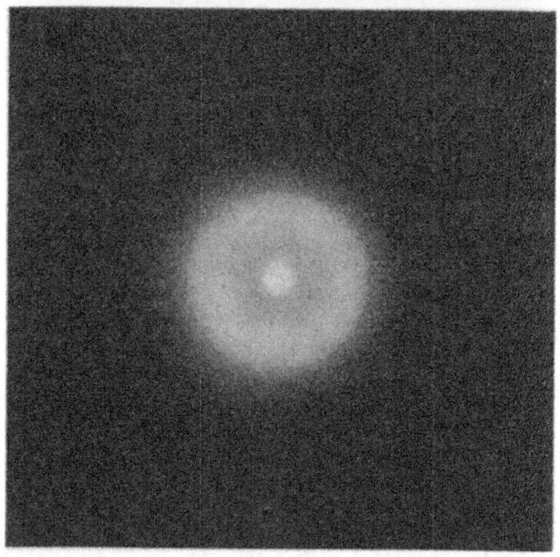

Abb. 6. Zweidimensionale amorphe Gitter mit polydispersen Partikeln der Packungsdichte $q = 0{,}5$

a) Die Polydispersität $g$ ist größer als $q$. Festkörper vom „Gastyp".

b) Der Grenzfall $g = q$ (siehe Abb. d).

c) $g$ ist kleiner als $q$. Festkörper vom „Flüssigkeitstyp".

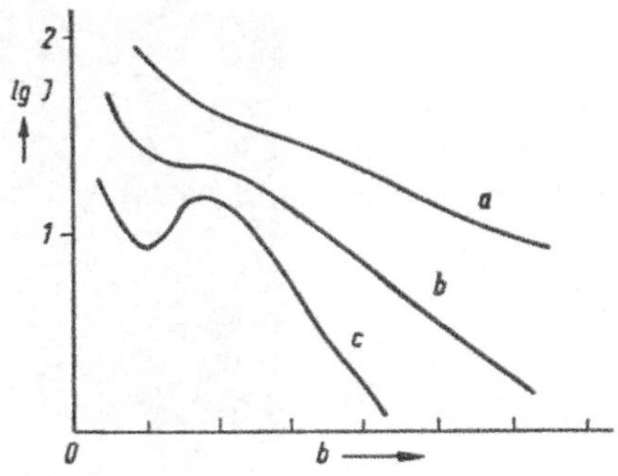


Abb. 6d) Photometrierung der „Kleinwinkelstreuung“, aus der sich $g$, $q$ und mittlere Teilchengröße errechnen lassen

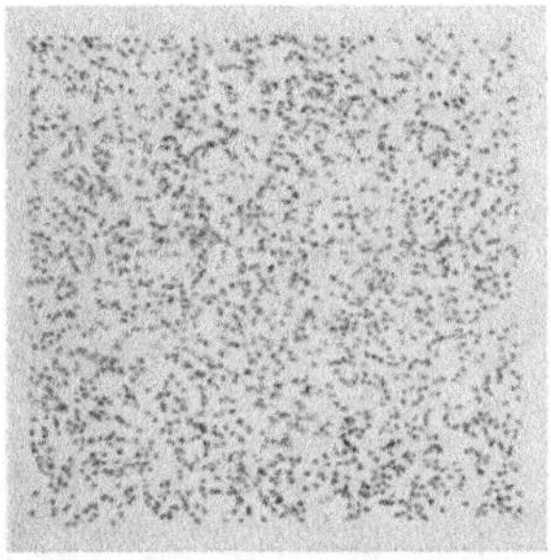

a) Amorphes Punktgitter. Es gehorcht Relation (30). Außerhalb des „Nullstrahls“ (zweiter Summand in (36a)) treten nur Interferenzen vom Gastyp auf (siehe Abb. 4).

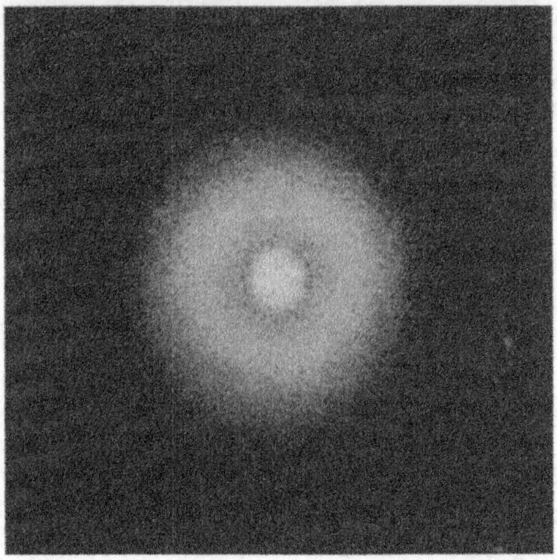

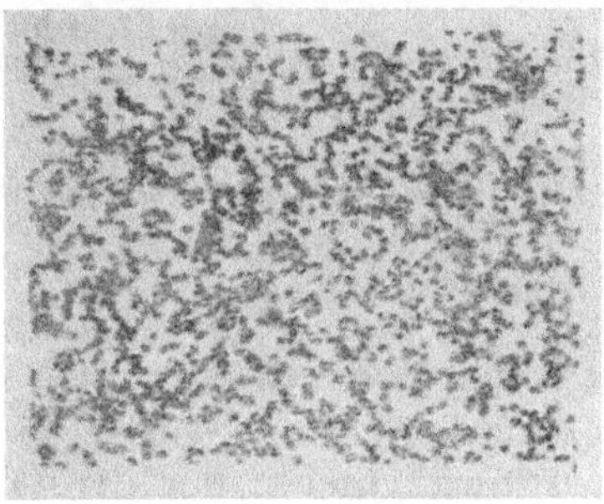

b) Clusterbildung. Sie erzeugt außerhalb des Nullstrahls eine Kleinwinkelstreuung. Da die Cluster selbst Parakristalle sind, tritt bei größeren Winkeln noch ein „Debyescher Flüssigkeitsring“ auf.

Abb. 7. Clustereffekt und Übergitter

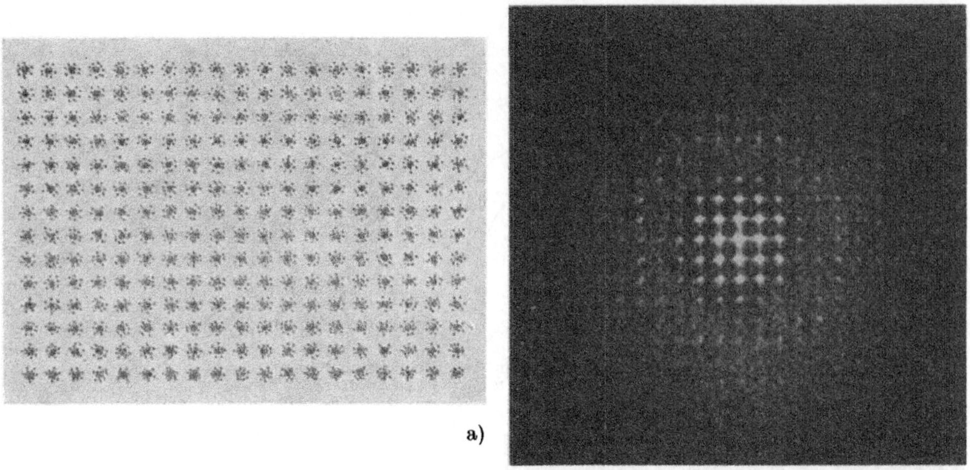

a)

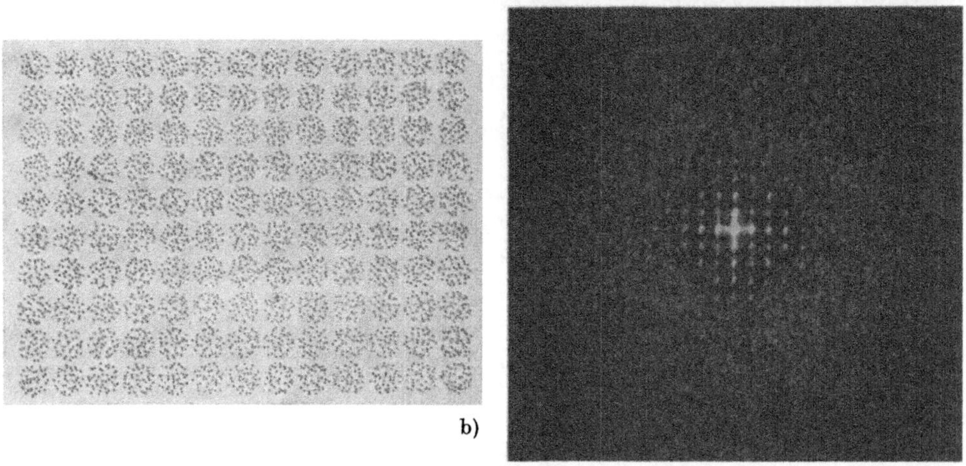

b)

Abb. 8. **Kristalline Übergitter und flüssig-amorphe Cluster**

a) Modell für globuläre Eiweiße. Die Kleinwinkelreflexe bilden außerhalb des Beugungshauptmaximums von $\bar{f}_0$ noch charakteristische Außengruppen. Der diffuse Untergrund (erster Summand von (46)) würde die bekannten diffusen Weitwinkelreflexe produzieren, falls man die Innenstruktur der Cluster kristallartiger gewählt hätte.

b) Modell für Atomgitter mit punktförmigen Elektronen. Der diffuse Untergrund rührt hier keineswegs von „inkohärenter" Comptonstreuung, sondern von „diffuser" Thomsonstreuung her (Gleichung (21) rechts statt Gleichung (24))

aber Klümpchen = Atom, so gibt Abb. 8 ein Modell für einen gewöhnlichen Kristall mit „einfachprimitiver" Gitterzelle. Ersetzen wir $\overline{f_0}$ in (46) durch (22) und (23), so ist nun $\varrho_0$ durch $\psi\psi^*$ gegeben, und der durch (25) gegebene diffuse Untergrund in Abb. 8b ist nun z. T. Compton- z. T. diffuse Thomsonstreuung.

Es hat sich damit der Ring: Atom als Punktstruktur aus diskreten Elektronen — Atomgitter — Übergitter von Atomgittern — Gitter von Atomen mit momentaner Individualstruktur — wieder geschlossen, und wir haben erkannt, wie groß die Fülle neuer Informationen ist, die man bei quantitativer Analyse der Interferenzbilder auch von Realstrukturen in Zukunft über den Aufbau der Materie noch wird gewinnen können.

## Literatur

ABBE, E., Ges. Abhandlungen (1904).
BARRETT, C. S., Phys. Rev. **38**, 15 (1928).
BARTELL, L. S. und L. O. BROCKWAY, Phys. Rev. **90**, 833 (1953).
BOERSCH, H., Nat. Wiss. **28**, 711 (1940).
BONART, R., Zs. Krist. **109**, 296 u. 309 (1957).
DE BROGLIE, L., Thèses de Doctorat, Paris (1924).
DAVISSON, C. J. und L. H. GERMER, Phys. Rev. **30**, 705 (1927).
DEBYE, P., Ann. Phys. **46**, 809 (1915).
EHRENFEST, P., Proc. Amsterdam **17**, 1184 (1915).
ELSASSER, W., Nat. Wiss. **13**, 711 (1925).
EWALD, P. P., Phys. Zs. **14**, 465 (1913).
EWALD, P. P., Ann. Phys. **54**, 517 (1917).
EWALD, P. P., Zs. Phys. **2**, 332 (1920).
EWALD, P. P., Proc. Phys. Soc. **52**, 167 (1940).
FRIEDRICH, W., P. KNIPPING und M. LAUE, Ber. Bayer. Akad. Wiss. 303 (1912).
GHOSH, P. K., Bull. of the Calcutta Math. Soc. **49**, 25 (1957).
HAÜY, R. J., Jour. de Phys. (1782).
HERTZ, H., Wied. Ann. **45**, 28 (1892).
HERZOG, G., Helv. Phys. Act. **2**, 217 (1929).
HOSEMANN, R., Zs. Phys. **113**, 751 u. **114**, 133 (1939).
HOSEMANN, R., Koll. Zs. **117**, 13 (1950 a).
HOSEMANN, R., Zs. Phys. **128**, 1 u. 465 (1950).
HOSEMANN, R. und S. N. BAGCHI, Act. Cryst. **5**, 612 (1952).
HOSEMANN, R. und S. N. BAGCHI, Zs. Phys., **135**, 50 (1953).
HOSEMANN, R. und S. N. BAGCHI, Zs. Phys. **137**, 1 (1954).
HOSEMANN, R., F. MOTZKUS und G. SCHOKNECHT, Fortschritte Phys. **2**, 1 (1954).
HOSEMANN, R. und R. BONART, Zs. Phys. **146**, 350 (1956).
HOSEMANN, R., R. BONART und G. SCHOKNECHT, Zs. Phys. **146**, 588 (1956).
HOSEMANN, R., (1958). Nat. Wiss. im Druck.
HOSEMANN, R., Zs. Phys. **154**, 389 (1959).
HOSEMANN, R., und S. N. BAGCHI, (1959) "Modern Analysis of Diffraction by Matter" North Holl. Publ. Comp. im Druck.
JOERCHEL, D., Zs. Nat. Forschg. **12a**, 123 u. 200 (1957).
LAUE, M. v., „Jahrbuch der Radioaktivität und Elektronik", **11**, 308 (1914).
LAUE, M. v., „Röntgenstrahlinterferenzen" Akad. Verl. Ges., Leipzig (1948).
LENARD, PH., Wied. Ann. **51**, 225 (1894).
PATTERSON, A. L., Zs. Krist. **90**, 517 (1935).
PFLÜCKER, J., Pogg. Ann. **103**, 88 und **105**, 67 (1858).
RAMSAUER, C., Phys. Zs. **21**, 576 (1920).
RÖNTGEN, W. C., Sitzungsber. Phys. Medizinische Ges. Würzburg (1895).
SCHWARTZ, L., „Theorie Distribution" Hermann, Paris (1951).
SOMMERFELD, A., Ann. Phys. **38**, 473 (1912).
THOMSON, J. J., „On the diffusion reflexion of Röntgen-Rays" Proc. Cambr. Phil. Soc. **9**, 393 (1898).
WALTER, B. und R. POHL, Ann. Phys. **25**, 715 (1908).
WENTZEL, G., Zs. Phys. **43**, 1 u. 779 (1927).
WOLLAN, E. O., Phys. Rev. **37**, 862 und **38**, 15 (1931).
WOO, Y. H., Phys. Rev. **27**, 119 (1926).
ZERNICKE, F. und J. A. PRINS, Zs. Phys. **41**, 184 (1927).

G. BORRMANN

# Röntgenwellenfelder

## A. RÜCKBLICK

Das Studium der Röntgenstrahlen hat zu den umwälzenden Ideen, die seit 1900 in der Physik aufkamen, manches Entscheidende beigetragen, vor allem zur Klärung des Dualismus Welle-Partikel. Es war erstaunlich genug, daß die Gesetze des klassischen Elektromagnetismus, die etwa die Aussendung einer Radiowelle durch eine Antenne beschreiben, auch noch für das Verhalten eines Gasatoms unter dem Einfluß eines Röntgenstrahls zuständig sind, obwohl dessen Wellenlänge $10^{12}$ mal kleiner ist: die Elektronen, die die Atomhülle bilden, schwingen im Takt der periodisch sich ändernden elektrischen Feldstärke der Röntgenwelle und emittieren infolgedessen eine Strahlung gleicher Wellenlänge, die i. a. in alle Richtungen geht, ohne jedoch in der Intensitätsverteilung kugelsymmetrisch zu sein (G. P. THOMSON).

Die wichtigste Konsequenz der Wellenvorstellung war ihre Verknüpfung mit der bis dahin hypothetischen regelmäßigen Anordnung der Atome im festen Körper, dem „Raumgitter" der Kristalle (v. LAUE 1912). Ein Kristall streut die Röntgenstrahlen i. a. gar nicht, weil die von den einzelnen Atomen ausgehenden Wellen sich durch Interferenz auslöschen. Nur wenn v. LAUES Interferenzbedingung erfüllt ist, entsteht ein „Reflex"; dafür ist die von einem Kriställchen reflektierte Intensität weit größer als die von der gleichen Zahl der Atome im gasförmigen Zustand in die gleiche Richtung gestreute, denn in diesem Fall sind die Intensitäten der Partialwellen zu addieren, in jenem die Amplituden. W. H. und W. L. BRAGG haben die Interferenzbedingung auf die einfachste Form gebracht. Sie betrachten eine beliebige, durch die Mittelpunkte der Atome des Raumgitters gelegte Ebene. Diese Netzebene vermag nach HUYGHENS Konstruktion eine gestreute Welle nur zu erzeugen, indem sie wie ein Spiegel wirkt; hinzu kommt aber, daß die von den aufeinander folgenden, kristallographisch identischen Netzebenen ausgehenden Wellen in Phase sein müssen. Hierdurch wird ein bestimmter Spiegelungswinkel $\vartheta/2$ ausgezeichnet, der sich aus der Wellenlänge $\lambda$ und dem Netzebenenabstand $d$ zu

$$\sin \vartheta/2 = \frac{\lambda}{2d} n \qquad (1)$$

ergibt ($\vartheta$ = Beugungswinkel, $n$ eine ganze Zahl). Vom Azimut in der Netzebene ist diese Beziehung unabhängig, die ausgezeichneten Einfalls- und Reflexionsrichtungen liegen folglich auf Kegelmänteln mit einem Netzebenenlot als Achse. Läßt man also — in der einfachsten denkbaren Anordnung zur Erzeugung von Röngenstrahl-Interferenzen — die aus der Röntgenröhre kommende divergente Strahlung, die in der Regel monochromatische Komponenten enthält, ohne jede Blende auf eine genügend große Kristallplatte fallen, so wählen die verschiedenen Netzebenen die zu ihnen passenden Einfallsrichtungen selbst aus, und auf einem in der Nähe des Kristalls aufgestellten ebenen Film erhält man interferierende Strahlung stets auf Stücken von Kegelschnitten. Abb. 1 gibt ein Beispiel, von dem später noch die Rede sein wird. (Zur Geometrie vgl. W. KOSSEL 1937.)

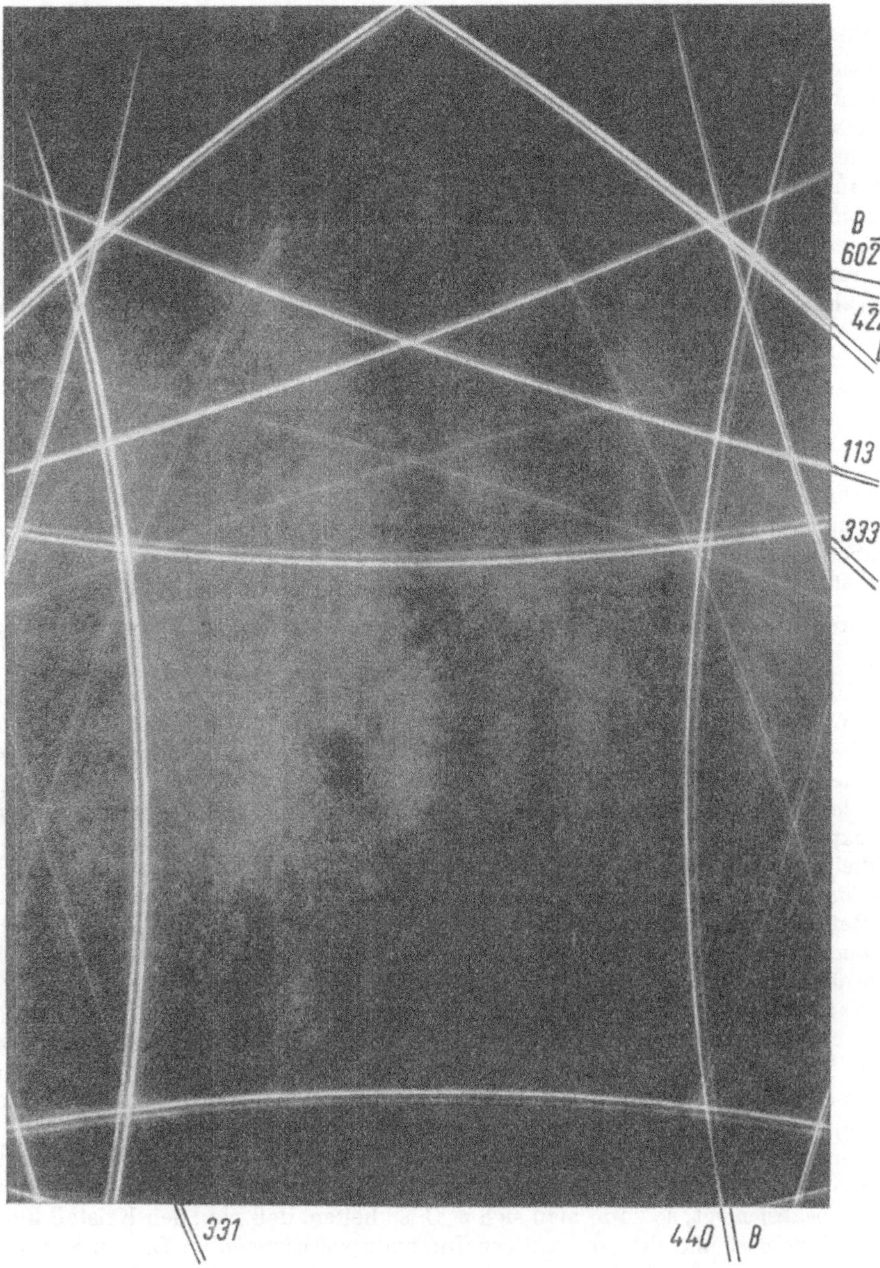


Abb. 1. Weitwinkeldiagramm eines Germanium-Kristalls mit $R_0$-Reflexen verschiedener Netzebenen, erzeugt von Kupfer K$\alpha$-Strahlung (Ausschnitt).

Planparallele Platte, 22 mm Durchmesser, 0,3 mm dick, parallel zu einer Würfelfläche orientiert, geschliffen und geätzt. 20 kV, 1,5 mA, $9^h$; 0,02 mm Ni-Filter, Abstand Fokus-Kristall 22 mm, Kristall-Film 357 mm.

Man erkennt die vierzählige Achse. Die schwachen Reflexe in ihrer Nähe stammen von {531} *B* und {711} *B* (sie scheinen helldunkel zu sein).

Die mit *B* versehenen Indizes bedeuten Reflexion im Braggfall, die übrigen im Lauefall (vgl. Abb. 13).

Nicht interferierende Strahlung aller Wellenlängen wird durch normale Absorption unterdrückt.

$\mu D = 11$ ($\mu$ Absorptionskoeffizient, *D* Dicke).

Die Elektronen der Atomhülle schwingen im Takt der Röntgenwellen, ohne durch „Ohmschen Widerstand" Strahlungsenergie aufzunehmen. Plötzlich aber „hat es eingeschlagen": ein Energiebetrag, der nach der klassischen Strahlungstheorie ganz unverständlich groß ist, wird in einem Elementarakt umgesetzt; das Atom, freilich nur die Hülle, wird dabei „zertrümmert". Ein Energiequantum $h\nu$ der Strahlung wird auf eines der innersten Elektronen übertragen, wird zum Teil verbraucht, um die Ablösearbeit aufzubringen, während der Rest der Energie das Elektron mit hoher Geschwindigkeit durch das Gitter fliegen läßt. Dieser lichtelektrische Effekt, eines der Fundamente der Quantentheorie, ist mit dem Wellenvorgang so verknüpft, daß die Wahrscheinlichkeit seines Auftretens proportional ist zur klassisch berechneten Intensität der Strahlung am Ort des Atoms, d. h. zum zeitlichen Mittelwert des Quadrats der periodisch schwankenden elektrischen Feldstärke. Der Photoeffekt ist die Ursache der Absorption der Röntgenstrahlen, die durch das Gesetz

$$I = I_0 e^{-\mu l} \tag{2}$$

beschrieben wird, worin $\mu$ den Absorptionskoeffizienten bedeutet, der auf Grund von Experimenten über die Schwächung einer Intensität $I_0$ auf den Wert $I$ tabelliert ist, der aber auch wellenmechanisch berechnet worden ist, $l$ den vom Röntgenstrahl in der Materie zurückgelegten Weg.

Von diesen Grundtatsachen der Physik der Röntgenstrahlen, Interferenz und Photoeffekt, ist auszugehen, wenn von Wellenfeldern die Rede sein soll.

C. G. Darwin hatte (1914) bei der Addition der Partialwellen von zur Kristalloberfläche parallelen Netzebenen gefunden, daß der Reflex mit der Zahl der verfügbaren Netzebenen rasch stärker wird; eine ca. $1\mu$ dicke Kristallschicht sollte bereits *total* reflektieren, allerdings nur innerhalb eines Winkelbereichs von einigen Bogensekunden. Als das berechnete integrale Reflexionsvermögen von Steinsalz hinter dem experimentellen Wert um eine Größenordnung zurückblieb, zog er im Vertrauen auf die Richtigkeit der Rechnung den Schluß, der Unterschied könne nur auf Unvollkommenheiten des Kristallgitters beruhen, die dahin wirken, den Winkelbereich der Reflexion und damit das integrale Reflexionsvermögen zu vergrößern. Sein Schema, der aus einzelnen, in sich idealen, jedoch in der Orientierung des Gitters nicht genau übereinstimmenden Blöckchen aufgebaute Kristall, erhielt von P. P. Ewald den Namen Mosaikkristall und erwies sich als fundamental, denn fast alle in der Natur vorkommenden und ebenso fast alle bisher gezüchteten Kristalle gehören zu diesem Typ. Da die Details des Mosaikbaus eines Kristalls i. a. nicht bekannt sind, kann man sein Reflexionsvermögen nicht berechnen. Berechenbar ist nur der Grenzfall des „vollkommenen Mosaikkristalls", dadurch charakterisiert, daß die Schwächung des Primärstrahls infolge der Reflexion — die Extinktion — neben der Absorption vernachlässigbar klein ist. Wird doch Extinktion beobachtet, und ist eine Strukturanalyse beabsichtigt, so kann man sich z. B. so helfen, daß man den Kristall kurzerhand pulverisiert und die notwendigen Intensitätsmessungen an Debye-Scherrer-Diagrammen durchführt. Auf diese Weise erzwingt man die Anwendbarkeit der für kleine Kristallpartikel gültigen sog. geometrischen Theorie der Röntgenstrahl-Interferenzen (v. Laue, Debye, Lorentz). Im Gegensatz zum Mosaikkristall oder Pulver überwiegt die Extinktion in einem Idealkristall die Absorption bei weitem, wie Darwin schon erkannt hat. Daß seine Formeln richtig sind, und daß Kristalle, die sich röntgenoptisch wie ideal regelmäßige Raumgitter verhalten, doch vorkommen, ist im Laufe der Jahre in sorgfältigen experimentellen Untersuchungen an ausgewählten

Exemplaren von Kalkspat, Quarz und NaCl mehrfach und bis in Feinheiten bestätigt worden (z. B. durch ALLISON 1932, PARRATT 1932, RENNINGER 1934, 1955).

Wenn im ideal regelmäßigen Gitter als Folge von Beugung und Interferenz der Röntgenstrahlen starke reflektierte Wellen auftreten, so müssen sich bei der Überlagerung mit der Primärwelle *Wellenfelder* im Gitter bilden. Diese Wellen- oder Interferenzfelder stehen im Mittelpunkt der von P. P. EWALD geschaffenen dynamischen Theorie der Röntgenstrahl-Interferenzen (1917 u. 1933). Die Schwierigkeit war: wenn im Innern eines großen Kristalls eine Welle im Interferenzfall eine reflektierte Welle erzeugt, so wird diese von derselben Netzebenenschar wieder reflektiert werden, und dieses Spiel kann sich beliebig fortsetzen, wobei aber keineswegs einfach angenommen werden darf, daß immer total reflektiert wird. Entscheidend ist nun schon der Ansatz, denn es wird nach der Existenzmöglichkeit von Interferenzfeldern gefragt, *die bei ihrer weiteren Ausbreitung im Kristall immer wieder sich selbst hervorrufen*. In der Tat konnten MAXWELLS Gleichungen mit diesem Ansatz gelöst werden. v. LAUE hat diese Theorie, die er zu den Meisterwerken der mathematischen Physik zählt, in seinem Werk „Röntgenstrahl-Interferenzen" (1941) in neuer Form, nämlich gegründet auf das als dreifach periodische Schwankung der Ladungsdichte beschriebene Raumgitter, ausführlich dargestellt. Dort ist anläßlich der Diskussion von W. KOSSELS „Interferenzen aus Gitterquellen" schon ausgerechnet, wo die Knotenebenen der Wellenfelder im Gitter liegen, und es findet sich der Satz: die Absorption der Wellenfelder ist von der Absorption einer einzelnen ebenen Welle verschieden.

Auf den Fall der Reflexion an der Kristalloberfläche angewandt, bestätigt EWALDS Theorie DARWINS Formeln. Den ganzen Reichtum der Theorie der Wellenfelder hier auszubreiten, kann nicht die Absicht sein, weil das vermutlich ohne den Formalismus nicht gelingen könnte; dieser aber kann unmöglich hier wiederholt werden. Es möge vielmehr versucht werden darzustellen, was vielleicht als Kernpunkt der neueren Entwicklung bezeichnet werden darf. Während die Wellenfelder bei EWALD ein Ansatz sind, der nach einer bewundernswürdigen mathematischen Durchführung erlaubt, die den Kristall verlassenden Wellen, ohne Berücksichtigung der Absorption, nach Stärke und Richtung zu berechnen, sind sie nun als eine Realität erkennbar, die zwei Haupteigenschaften besitzt: *eine Ausbreitungsrichtung im Gitter und eine hierdurch und durch die Lage der Knotenebenen bestimmte Absorption.*

M. v. LAUE hat soeben selbst über „Röntgenwellenfelder in Kristallen" berichtet (1959).

## B. STRAHLWEGE

### 1. Mosaikkristall

Ein Reflex setzt sich aus Beiträgen zusammen, die längs des Primärstrahlweges im Kristall entstehen, Abb. 2. Längs aller Wege ist die normale Absorption, die auch ohne Interferenz gilt, in Rechnung zu setzen.

### 2. Idealkristall

#### a: Orientierende Versuche

Die Reflexionskurve im BRAGGfall ist charakterisiert durch das nach Winkelsekunden zählende Intervall der Totalreflexion (*b* in Abb. 3); zu diesem gehört der Strahlengang der Abb. 4a: der Primärstrahl nimmt (in einer experimentell unmerkbar dünnen Schicht) exponentiell mit der Tiefe ab, dafür tritt der Reflex auf.

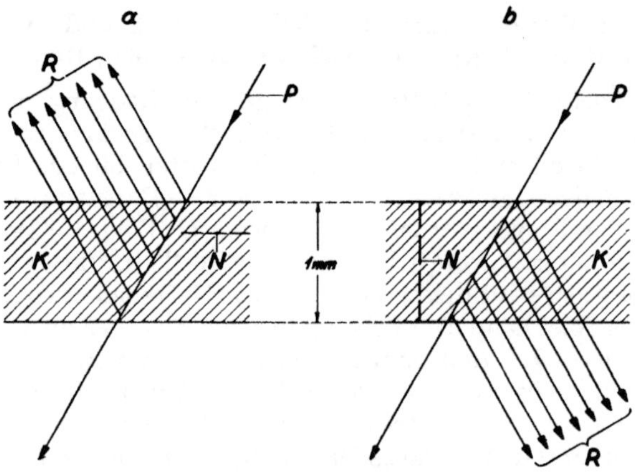


Abb. 2. Strahlengang im Mosaikkristall
*a* Braggfall *b* Lauefall *N* Netzebene des Kristalls *K* *R* Reflex des Primärstrahls *P*

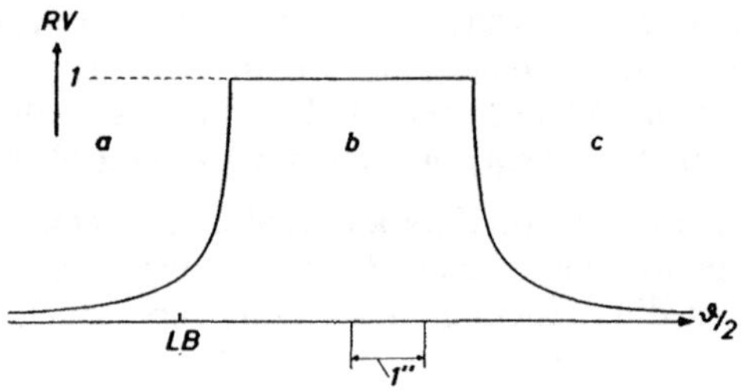


Abb. 3. Reflexionsvermögen RV im Braggfall des Idealkristalls
*LB* bedeutet den $\vartheta/2$-Wert nach der v. Laue-Braggschen Interferenzbedingung Gl.(1)

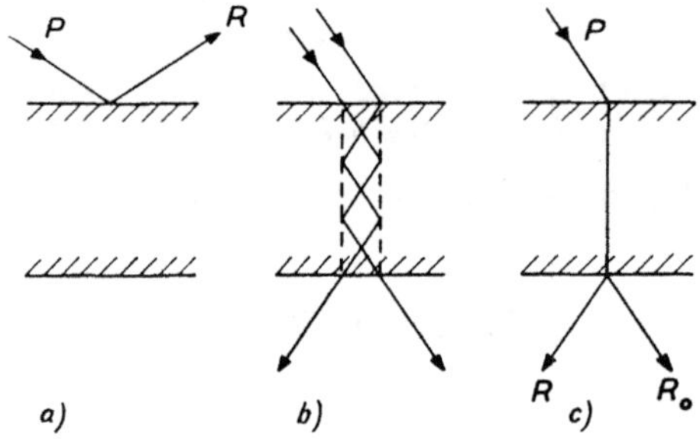


Abb. 4. Strahlengang im Idealkristall
*a* Braggfall *b*, *c* Lauefall

Kennt man nur Darwins Lösung, so wird man sich den Lauefall nach Abb. 4b als oft wiederholte Totalreflexion vorstellen wollen. Rückt man die beiden Kristallhälften zusammen, so resultiert Abb. 4c: ein Weg längs der reflektierenden Netzebene und an der Austrittsfläche zwei wahrscheinlich gleichberechtigte Reflexe $R_0$ und $R$. Zu dieser Überlegung paßten die ersten Beobachtungen. In der Tat werden zwei Reflexe beobachtet. Sie gehen von einem ihnen gemeinsamen Bereich der

Austrittsfläche aus und können gleich stark sein; $R_0$ ist gegen den Primärstrahl versetzt, wie es dem Weg längs der Netzebene entspricht (1950 u. v. LAUE 1952b). Unzweifelhaft existieren also im Innern des Kristalls *Wellenfelder*. Um auf Wellenfelder zu schließen, genügt es offenbar schon, $R_0$-Reflexe nachzuweisen. Das ist der Fall der Abb. 1, alle dort erscheinenden Kegelschnitte sind solche Reflexe; die zugehörigen $R$-Linien liegen wegen großer Beugungswinkel außerhalb des Bildausschnittes.

**b: Die Energieströmung**

Mag die mehrfache Totalreflexion als halbwegs plausible Erklärung der ersten orientierenden Experimente erscheinen, so ist diese Vorstellung doch nach der dynamischen Theorie falsch, denn diese kennt *im* LAUE*fall keine Extinktion*. So ist bis zum Verständnis des geschilderten Versuchs noch etwas Geduld erforderlich. Der Strahlweg ist in der dynamischen Theorie ein Problem der Energieströmung: da die Theorie auf den Grundlagen des Elektromagnetismus beruht, erlaubt sie, den POYNTINGschen Vektor zu berechnen (v. LAUE 1952a). Für den räumlich und zeitlich gemittelten Wert $\mathfrak{S}$ des Vektors der Energieströmung in einem Wellenfeld ergibt sich etwas sehr Einfaches, er kommt durch Vektoraddition der Intensitäten der beiden Einzelwellen zustande. Sind $\mathfrak{s}_0$ und $\mathfrak{s}$ die Einheitsvektoren in den durch Gl. (1) miteinander verbundenen Einfalls- und Reflexionsrichtungen, ferner $I_0$ und $I_h$ die Intensitäten der beiden Wellen, so gilt

$$\mathfrak{S} = I_0 \mathfrak{s}_0 + I_h \mathfrak{s} \quad \text{(Abb. 5)} \tag{3}$$

oder, wenn nur nach der Richtung gefragt wird,

$$\mathfrak{S} \propto \left( \frac{I_0}{I_h} \mathfrak{s}_0 + \mathfrak{s} \right). \tag{3a}$$

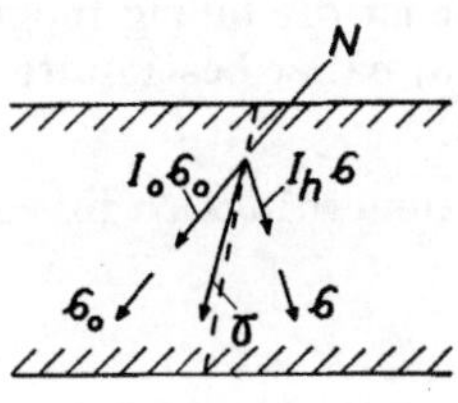


Abb. 5. Energieströmung im Wellenfeld, dessen (den Kristall erfüllende) Einzelwellen die Intensitäten $I_0$ und $I_h$ haben.

Genau genommen, fallen die Wellenvektoren $\mathfrak{K}_0$ und $\mathfrak{K}_h$ der ein Interferenzfeld bildenden Wellen *nicht* in die Richtungen $\mathfrak{s}_0$ und $\mathfrak{s}$, als Folge einer Brechung, die ein Hauptgegenstand der Theorie ist und sich z. B. in Abb. 3 darin äußert, daß der Reflex nicht genau an der durch Gl. (1) bestimmten Stelle liegt; doch sind dies Abweichungen, die für Gl. (3) bedeutungslos klein sind. Diese Gleichung gilt unabhängig davon, welche Netzebene reflektiert, und wie das Feld erzeugt wird, ob im LAUE- oder BRAGGfall. Die Energie strömt parallel zur Netzebene, wenn $I_0 = I_h$.

Sind mehrere Wellenfelder vorhanden, was (bei Reflexion an derselben Netzebene) sowohl im LAUE- wie im BRAGGfall die Regel ist, so ist zu untersuchen, welche Wellen kohärent sind. Für diese gilt dann eine analoge, aber kompliziertere Formel.

### c: Die Strahlbildung

Anstatt diese Formel zu diskutieren, empfiehlt es sich, sogleich die Frage nach der Vergleichbarkeit von Theorie und Experiment zu stellen. Die Theorie setzt *seitlich unbegrenzte* ebene Wellen voraus, während im Experiment die Interferenzbedingung in der Regel nur für einen kleinen Teil einer Kristalloberfläche erfüllt sein wird. Wir greifen auf eine Figur zurück, die schon Ewald bei derselben Fragestellung gezeichnet hat, Abb. 6a (1917). Die seitlich begrenzte Primärwelle rufe im Kristall die beiden entsprechend begrenzten Wellen $\mathfrak{K}_0$ und $\mathfrak{K}_h$ hervor; von Komplikationen an den Rändern werde abgesehen. Ewald schloß, daß ein Interferenzfeld nur innerhalb des schraffierten Gebietes existiere, wo beide Wellen überlagert sind, und folglich nur dort die dynamische Theorie gelte.

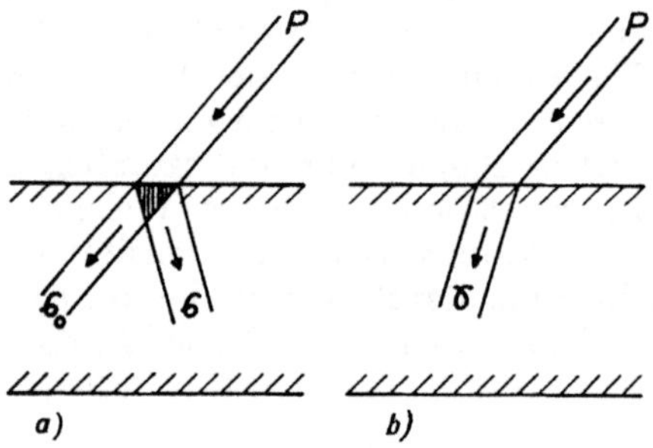


Abb. 6. Zur Strahlbildung

Geleitet von den Beobachtungen und von Ewalds Ansatz, nur Wellenfelder, nicht Einzelwellen seien im Interferenzfall existenzfähig, schließen wir gerade umgekehrt: weder $\mathfrak{K}_0$ noch $\mathfrak{K}_h$ können für sich allein in den Kristall eindringen, sie können nur gemeinsam existieren. Dann aber ist die einzig mögliche Folgerung, daß sie sich als Interferenzfeld in der durch Gl. (3) näher bestimmten Richtung ausbreiten, Abb. 6b. So erscheint $\mathfrak{S}$ als Strahl (1955a).

Mit diesem Thema befassen sich neuerdings N. Kato (1958), P. P. Ewald (1958) und E. H. Wagner (1959).

### d: Strahlbildung bei Existenz mehrerer Felder

#### α) Lauefall

Wir müssen nun als Ergebnis der Ewald-v. Laueschen Theorie übernehmen, daß im Lauefall vier Felder möglich sind, zwei für jede Polarisationsrichtung (elektrischer Vektor $\mathfrak{E}$ senkrecht oder parallel zur durch $\mathfrak{s}_0$, $\mathfrak{s}$ definierten Strahlenebene); bei unpolarisierten einfallenden Strahlen entstehen alle vier. Die vier $\mathfrak{K}_0$ weichen voneinander ein wenig ab, ebenso die vier $\mathfrak{K}_h$; zur Bestimmung von $\mathfrak{S}$ denken wir sie jedoch mit $\mathfrak{s}_0$ bzw. $\mathfrak{s}$ zusammenfallend. Die Frage ist, ob nun alle acht Wellen (oder wenigstens vier gleich polarisierte) gemeinsam einen Strahl bilden. Dies würde nur dann geschehen, wenn nur alle diese Wellen zusammen (oder je vier zusammen) eine Lösung der Grundgleichung wären. Doch genügt dazu schon jedes Wellenfeld für sich; es ist eine Frage der Randbedingungen, welche Felder entstehen. Folglich ist mit vier Strahlen $\mathfrak{S}$ zu rechnen. Die Intensitäten aller Wellen stellt die Theorie zur Verfügung, so daß zu einer bestimmten, innerhalb des Winkelbereichs der Interferenz liegenden Einfallsrichtung eines streng monochromatischen Strahls die vier Strahlen nach Gl. (3) berechnet werden können, Abb. 7. Im Überlagerungsgebiet kann eine resultierende Strömungsrichtung berechnet werden, nur dort gilt EWALDS berühmte Pendellösung, die sich nach v. LAUE in einer „Schlangenlinie" des POYNTING-Vektors äußert. Für die weitere Ausbreitung der vier Strahlen sollte dies jedoch ohne Folgen sein.

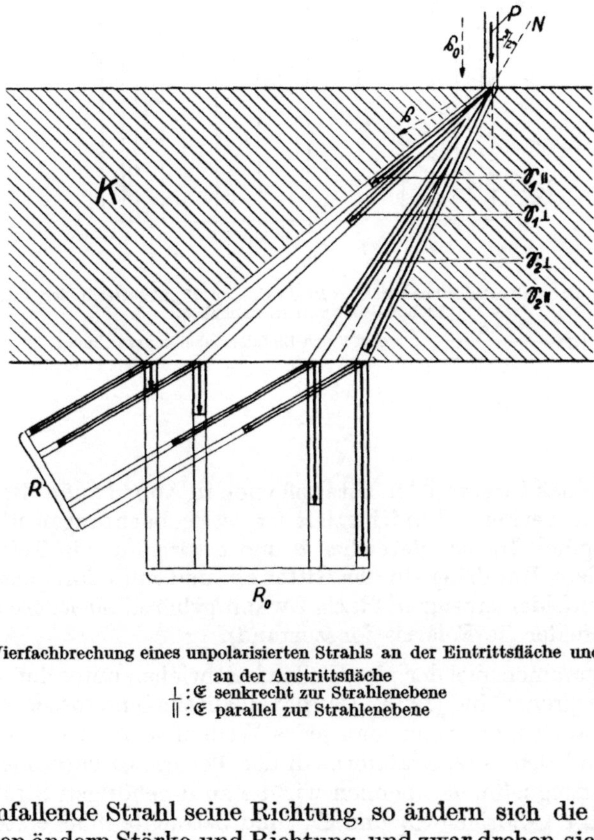


Abb. 7. LAUEfall: Vierfachbrechung eines unpolarisierten Strahls an der Eintrittsfläche und Zerfall der Wellenfelder an der Austrittsfläche
⊥ : $\mathfrak{E}$ senkrecht zur Strahlenebene
∥ : $\mathfrak{E}$ parallel zur Strahlenebene

Ändert der einfallende Strahl seine Richtung, so ändern sich die acht Intensitäten; die vier Strahlen ändern Stärke und Richtung, und zwar drehen sich zwei Strahlen im gleichen Sinn wie der einfallende ($\mathfrak{S}_1\perp$ und $\mathfrak{S}_1\|$), zwei entgegengesetzt ($\mathfrak{S}_2\perp$ und $\mathfrak{S}_2\|$). Im ganzen, wenn der Primärstrahl den vollen Winkelbereich der Interferenz durchmißt, ändern alle vier Strahlen ihre Richtung von $\mathfrak{s}_0$ bis $\mathfrak{s}$. Es entstehen vier „Strahlenfächer", deren jeder die in Abb. 8 dargestellte Form hat. An der Austrittsfläche zerfällt jeder Strahl in seine zwei Komponenten; aus den Komponenten aller Strahlen bilden sich die Reflexe $R_0$ und $R$. Die Intensitätsverteilung in den Reflexen hängt außer von der Größe der eingezeichneten Komponenten auch noch von deren gegenseitigem Abstand ab; sie ist von H. WAGNER (1956) und G. HILDEBRANDT berechnet worden.

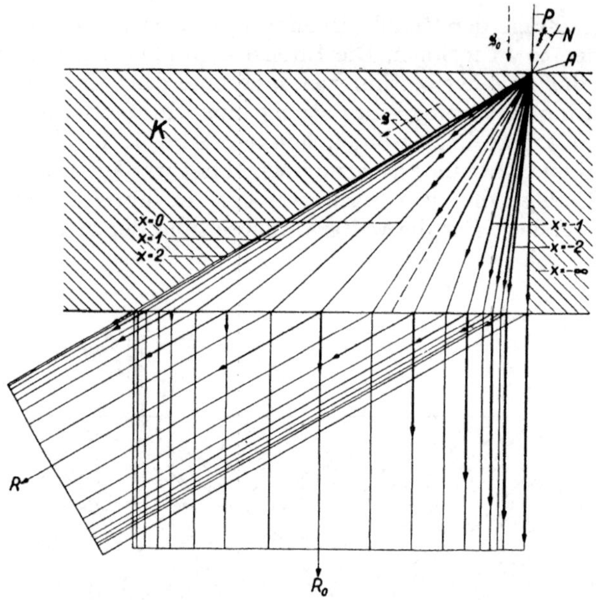


Abb. 8. Strahlenfächer im LAUEfall. Der Primärstrahl $P$ ist durch den Winkelbereich der Interferenz in Schritten gleicher Größe variiert zu denken.
$\left(x = \frac{\beta}{2C|\chi_{rh}|\sqrt{\gamma_h/\gamma_0}}\right.$, worin $\beta$ den Einfallswinkel kennzeichnet$\left.\right)$.

## $\beta$) BRAGGfall

Im BRAGGfall möge das Intervall der Totalreflexion in Abb. 3 außer Betracht bleiben, denn wegen der i. a. geringen Eindringtiefe ist es Beobachtungen über den Strahlweg schwer zugänglich. In den Bereichen $a$ und $c$ wird nur ein Teil der Strahlung reflektiert, der andere Teil dringt in das Gitter ein und muß dort, nach dem Prinzip der Theorie, Wellenfelder erzeugen. Nach EWALD gehören zu *jedem* der Bereiche $a$ und $c$ zwei Wellenfelder (je Polarisationszustand).

EWALD hat das Zusammenspiel der vier Wellen beschrieben unter der Voraussetzung, daß sie seitlich unbegrenzt sind (1933). Der physikalische Sinn dieser mathematischen Lösung zeigt sich auch hier, wenn man jedes Wellenfeld für sich nimmt und nach v. LAUES Gl. (3) und den Intensitätsformeln der Theorie $\mathfrak{S}$ berechnet (H. WAGNER 1956). Späteres vorwegnehmend, nennen wir die zu $a$ gehörigen Strahlen im Gitter $\mathfrak{S}_2$ und $\mathfrak{S}_2'$, die zu $c$ gehörigen $\mathfrak{S}_1$ und $\mathfrak{S}_1'$ und betrachten das erste dieser Paare; für das zweite gelten dieselben Überlegungen. $\mathfrak{S}_2$ weist von der Eintrittsfläche (das ist die von der Primärwelle getroffene Oberfläche) zur Austrittsfläche der planparallelen Platte, $\mathfrak{S}_2'$ von der Austritts- zur Eintrittsfläche (Abb. 9a). Bei unbegrenzten Wellen gilt dies überall im Kristall, und es wäre die Aufgabe, die aus der Überlagerung resultierende Strömung zu berechnen. Bedeutet $P$ jetzt aber einen Strahl (Abb. 9b), so erscheint als einzig plausible Lösung, den Strahl $\mathfrak{S}_2$ an der Austrittsfläche den Strahl $\mathfrak{S}_2'$ hervorrufen zu lassen. Tatsächlich lassen sich die Grenzbedingungen an der Austrittsfläche auf diese Weise erfüllen. Da ein Teil der Energie in eine zum Primärstrahl parallele Richtung geht, kann man insgesamt von einer partiellen Reflexion des Strahls $\mathfrak{S}_2$ sprechen. Dementsprechend wird $\mathfrak{S}_2'$ wiederum an der Eintrittsfläche partiell reflektiert, und dieses Spiel wiederholt sich, bis die Energie, teils wegen der Abstrahlung auf beiden Seiten der Platte, teils wegen Absorption, verbraucht ist.

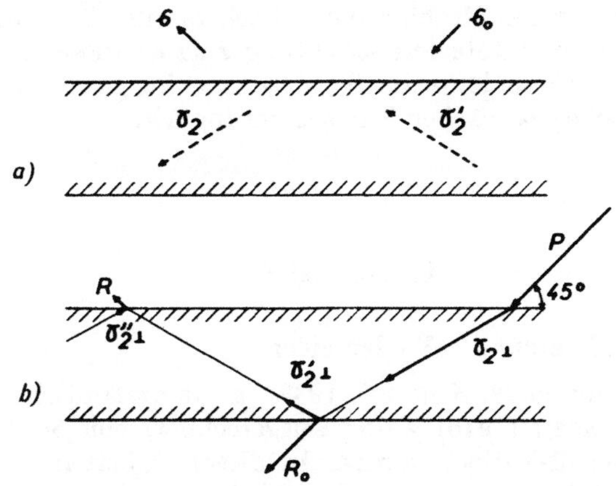


Abb. 9.

a) Braggfall. Energieströmung in den 2 Feldern, die bei Einstrahlung in einer bestimmten Richtung des Gebietes *a* der Abb. 3 entstehen.

b) Strahlbildung. Derselbe Strahlengang gilt bei Einstrahlung in der entsprechenden Richtung des Gebietes *c* der Abb. 3 für 2 Strahlen $\mathfrak{S}_1\perp$ und $\mathfrak{S}_1'\perp$.

Strahlen $\mathfrak{S}\|$ kommen nicht vor, weil $\vartheta = 90°$ gewählt wurde.

Ist $\vartheta \neq 90°$, so erleidet unpolarisiert einfallende Strahlung der Gebiete *a* und *c* Doppelbrechung.

Wenn nun der Primärstrahl den ganzen Winkelbereich der Interferenz in Abb. 3 durchmißt, so entstehen neben dem Braggreflex, $R_B$ in Abb. 10, zwei Strahlenfächer (je Polarisationszustand), einer zum Intervall *a* der Abb. 3 gehörig, der andere zu *c*. Beide sind überlagert und reichen von der Einfallsrichtung bis zur Kristalloberfläche. Was aus diesen Fächern wird, hängt von der Lage der Austrittsfläche ab. Ist diese parallel zur Eintrittsfläche, so werden die Fächer partiell reflektiert und es entstehen zwei neue. Bei nicht paralleler Lage der Oberfläche tritt zunächst der Fall ein, daß je zwei zueinander gehörige Strahlen $\mathfrak{S}$ und $\mathfrak{S}'$ nicht mehr denselben Winkel mit der Oberfläche einschließen (keine Spiegelung mehr); wie vorher erfüllen die reflektierten Fächer den Winkel zwischen Austrittsfläche und $\mathfrak{s}$. Bei stärkerer Abweichung von der parallelen Lage wird der Fall erreicht, daß die Austrittsfläche in beiden Interferenzrichtungen $\mathfrak{s}_0$ und $\mathfrak{s}$ abstrahlen kann, wie in Abb. 10 angedeutet.

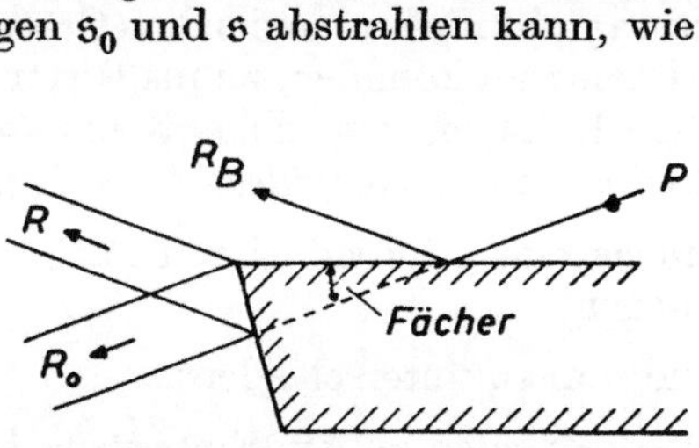


Abb. 10. Fächer im Braggfall; Entstehung zweier Reflexe $R_0$ und $R$ an einer Seitenfläche. (Im einzelnen sieht der Fächer anders aus als im Lauefall, vgl. 1955 c.)

Eine solche Anordnung hat dazu gedient, die Fächerbildung im BRAGGfall nachzuweisen und mit dem Fächer zu experimentieren, doch ist zum Verständnis dieser Versuche und ähnlicher im LAUEfall noch die Hinzunahme der Absorption notwendig.

Kehrt man mit diesen Kenntnissen zum LAUEfall zurück, so läßt sich übersehen, was geschehen wird, wenn Strahlen eines Fächers auf eine Oberfläche treffen, die nur Abstrahlung in *einer* Interferenzrichtung zuläßt: diese Abstrahlung wird mit partieller Reflexion verbunden sein. So sind nun, im ganzen gesehen, beliebig begrenzte Kristalle der dynamischen Theorie zugänglich.

## C. ABSORPTION

### 1. Die Maxima und Minima der Wellenfelder

Die Absorption ist durch M. KOHLER (1933) in die dynamische Theorie eingeführt, von W. H. ZACHARIASEN (1945) weiter ausgerechnet, von M. v. LAUE (1949) nach eigenen Rechnungen diskutiert worden. In diesen Arbeiten wird die planparallele Platte untersucht und zwar in erster Linie bei schwacher Absorption, die gegeben ist, wenn die Wellenlänge der Strahlung genügend weit von den kritischen Absorptionskanten der Gitteratome entfernt ist. Die Theorie liefert Formeln für die Intensitäten der beiden Wellen, die den Kristall verlassen, doch sind diese Formeln in ihrer Kompliziertheit schwer zu durchschauen. Deshalb ist es z. B. auch schwer, die Frage zu beantworten, wie die Formeln abzuändern sind, wenn statt einer Kristallplatte ein beliebig begrenzter Kristall vorliegt. Man versteht jene Gleichungen, wenn man zwei andere Ergebnisse der Theorie zu Hilfe nimmt: die Lage der Maxima und Minima der Wellenfelder im Gitter (v. LAUE 1941) und den oben betrachteten Strahlweg.

v. LAUES Angaben über die Lage der Knotenebenen beziehen sich auf den Fall verschwindend kleiner Absorption, doch bleibt die Lage im Rahmen der Näherung „schwache Absorption" dieselbe (v. LAUE 1949). Für alle Wellenfelder gilt

a) Ihre Knotenebenen liegen exakt parallel zur „reflektierenden" Netzebene.

b) Der Abstand benachbarter Knotenebenen ist gleich dem Netzebenenabstand $d$ (bei Reflexion in n-ter Ordnung jedoch $d/n$).

c) Der Abstand zwischen Knoten- und Netzebenen kann verschieden groß sein. In Gittern ohne Symmetriezentrum kann dieser Abstand (bestimmt durch das Azimut der zur Strukturamplitude proportionalen Größe $\chi_{rh}$) jeden Wert haben. In Gittern mit Symmetriezentrum kommen, zu ins Gitter eindringenden Strahlen $\mathfrak{S}$ gehörig, nur zwei spezielle Lagen vor: *Knoten- inmitten der Netzebenen (Fall I) und Knoten- und Netzebenen zusammenfallend (Fall II).*

Diese Lagen werden beibehalten, während $\mathfrak{S}$ den Fächer beschreibt. Sie gelten für beide Polarisationsrichtungen.

LAUE- und BRAGGfall sind nun zu unterscheiden:

Im LAUEfall hat das eine der beiden an der Eintrittsfläche entstehenden Felder die Lage I (Vektoren $\mathfrak{S}_1$), das andere die Lage II (Vektoren $\mathfrak{S}_2$).

Im BRAGGfall entsteht bei Einstrahlung im Intervall $a$ (Abb. 3) Feld II (Vektoren $\mathfrak{S}_2$), im Intervall $c$ Feld I (Vektoren $\mathfrak{S}_1$). (Auf die Begründung wollen wir verzichten.) Im Intervall $b$ der Totalreflexion vollzieht sich der kontinuierliche Übergang von Fall I zu Fall II (dabei liegt $\mathfrak{S}$ stets parallel zur Oberfläche).

Bei partieller Reflexion bleibt die Lage der Maxima und Minima erhalten, d. h. $\mathfrak{S}_1$ und $\mathfrak{S}_1'$ gehören zum Typ I, $\mathfrak{S}_2$ und $\mathfrak{S}_2'$ zum Typ II.

Bedenkt man, daß die Wellen eines Feldes, charakterisiert durch die Wellenvektoren $\mathfrak{K}_0$ und $\mathfrak{K}_h$, i. a. weder genau die gleiche Wellenlänge besitzen noch genau spiegelbildlich zur reflektierenden Netzebene liegen, so erscheint die Anpassung der Maxima und Minima an das Gitter als etwas überraschend Einfaches, und es leuchtet ein, daß hier das zum anschaulichen Verständnis der ganzen Theorie notwendige Fundament liegt (vgl. W. KOSSEL 1949).

Die solcherart dem Gitter angepaßten Wellenfelder werden anders absorbiert als Einzelwellen, weil die Wahrscheinlichkeit des Photoeffekts nun vom Amplitudenquadrat *am Ort der Atome* statt vom Mittelwert bestimmt wird.

Dieser Schluß kann sich unmittelbar auf WIENERS Versuche stützen (1890), Versuche mit stehenden Lichtwellen, die sich vor einem Spiegel bildeten, wenn Licht senkrecht oder auch schräg auffiel. Ein im Wellenfeld ausgespannter lichtempfindlicher Film zeigte einen periodischen Schwärzungsverlauf: die Maxima, als Anzeichen starken Photoeffekts, entstanden an Orten maximaler elektrischer Feldstärke.

## 2. Die Absorption stehender Wellen

Unter einer stehenden Welle möge der Spezialfall eines Wellenfeldes verstanden sein, das aus zwei gleich starken Einzelwellen besteht ($I_0 = I_h$). Das Gitter besitze ein Symmetriezentrum und sei zunächst einfach. $\mathfrak{E}$ sei senkrecht zur Strahlenebene. Dann folgt aus Abb. 11a für das Feld II:

a) Wäre die Elektronenhülle (wo der Photoeffekt stattfindet) in Kernnähe konzentriert und wären die Atome in Ruhe, so würde die Absorption verschwindend klein sein.

b) In Wirklichkeit liegt nur ein Teil der Elektronenhülle an Orten, wo das Quadrat der Feldstärke Null oder nahezu Null ist. Wenn aber, bei genügend harter Strahlung, die $K$-Schale am Photoeffekt beteiligt ist, so findet die Absorption erfahrungsgemäß zum größten Teil (z. B. zu 90 %) in dieser Schale statt. Wegen des, relativ zu d, i. a. kleinen Durchmessers dieser Schale bleibt die Absorption sehr klein.

c) Die Wärmebewegung entfernt die Atome bei Zimmertemperatur um etwa $d/20$ von ihren Gitterplätzen. Die Absorption bleibt sehr klein.

d) Nimmt man eine Netzebene mit kleinerem $d$, so wird die Absorption größer, weil die Punkte b) und c) wichtiger werden.

e) Liegt ein zusammengesetztes Gitter vor, so gibt es i. a. Atome in der Elementarzelle, deren Schwerpunkte nicht in der Knotenebene liegen. *Dann hängt die Absorption von der Kristallstruktur ab.*

Für das Feld I gilt nach Abb. 11b:

Die Absorption ist stärker als normal. Man findet, daß der Koeffizient $\dfrac{2\mu}{\cos\vartheta/2}$ wäre, wenn die Atome in Ruhe und die Elektronen auf Kernnähe beschränkt wären.

Wenn $\mathfrak{E}$ *in* der Strahlenebene schwingt, so sind Minimum und Maximum der Absorption weniger stark ausgeprägt: in der Knotenebene kann die resultierende Amplitude in diesem Fall nicht Null werden. Desgleichen sind die Extremwerte weniger ausgeprägt, wenn infolge von Reflexion in höherer Ordnung noch weitere Knotenebenen in der Elementarzelle liegen.

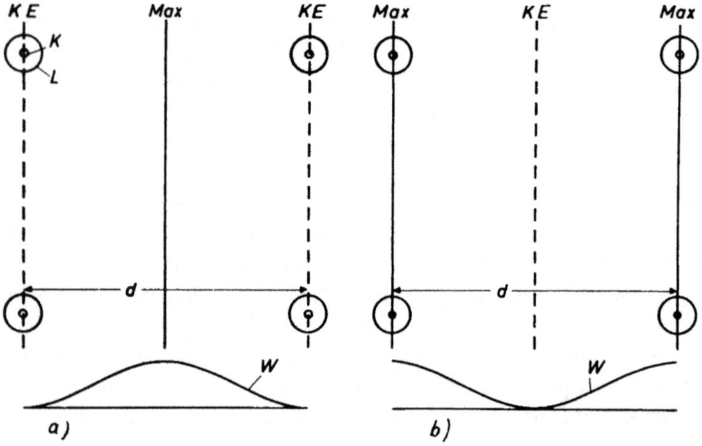


Abb. 11a, b. Lage der Knotenebene (KE) und der Schwingungsmaxima (Max) im Gitter
$K$: Maximum der „radialen Verteilung" der $K$-Elektronen (des Argon-Atoms)
$L$: Maximum der „radialen Verteilung" der $L$-Elektronen (des Argon-Atoms)
$W$: Wahrscheinlichkeit des Photoeffektes

Man kann die hier angedeuteten Zusammenhänge leicht quantitativ fassen und sich davon überzeugen, daß man dieselben Absorptionskoeffizienten erhält, wie der Formalismus der Theorie sie liefert (1954).

*In extremen Fällen ist mit theoretischen Werten des minimalen Absorptionskoeffizienten* $\mu_{\min}$ *zu rechnen, die nur wenige Prozent des normalen Koeffizienten* $\mu$ *betragen*). Da* $\mu_{\min}$ *im Exponenten steht, sind die Wellenfelder kleiner Absorption eine Sonde, die auf die Verteilung der (an der Absorption beteiligten) Elektronen in der Elementarzelle empfindlich anspricht.*

## 3. Die Absorption der Strahlen $\mathfrak{S}$

Die beiden stehenden Wellen Abb. 11a und b besitzen den kleinsten und größten denkbaren Absorptionskoeffizienten der Wellenfelder. Wie groß ist aber die Absorption, wenn $I_0 \neq I_h$? Wenn $I_h$ immer mehr abnimmt, wird der Interferenzbereich verlassen, und es muß offenbar in irgendeiner Weise ein Übergang von den Extrem-

*) W. L. Bragg schreibt in seiner „Geschichte der Röntgen-Spektralanalyse" (S. 12): „Während des Sommers 1912 hatten wir" (Bragg Vater und Sohn) „Diskussionen über die Möglichkeit, *Laues* Bilder durch irgendwelche anderen Annahmen als die der Beugung von Wellen zu erklären. Experimente, die ich anstellte, um den Beweis zu erbringen, daß es sich um „Röntgenstrahl-Korpuskeln" handelte, die die zwischen den Atomreihen des Kristalls liegenden Straßen entlangschossen, mißglückten."
Schon damals taucht also die Idee einer durch das Raumgitter der Atome ermöglichten übernormalen Durchlässigkeit auf. Aber was für die LAUE-Diagramme galt, gilt auch für die übernormale Durchlässigkeit: man braucht zum Verständnis das Wellenbild.

werten zum Absorptionskoeffizienten der Einzelwelle stattfinden. Die Formeln der Theorie beschreiben diesen Übergang, jedoch auf schwer verständliche Weise, weil der Koeffizient stets auf die Tiefe im Kristall bezogen ist. Das ändert sich, wenn man ihn auf die jeweilige Strahlrichtung $\mathfrak{S}$ bezieht; dieser Koeffizient ist mit $\mu_{\mathfrak{S}}$ (oder $\mu_S$) bezeichnet worden (1955 b, H. Wagner 1956).

In Abb. 12 ist $\mu_{\min} = 0{,}1\mu$ zugrunde gelegt, ein Wert, der sich in guter Übereinstimmung von Theorie und Experiment bei Kalkspat ergeben hatte. Aufgetragen sind berechnete Werte von $1/\mu_S$ [cm]. Die Kurve beschreibt diejenige Eindringtiefe der Strahlen $\mathfrak{S}_2$, in der bei Variation der Richtung konstante Absorption erfolgt. Die Eindringtiefe ist längs der reflektierenden Netzebene am größten und nimmt, kontinuierlich und symmetrisch, zu beiden Seiten der Netzebene auf den Wert $1/\mu$ an den Rändern des Fächers ab.

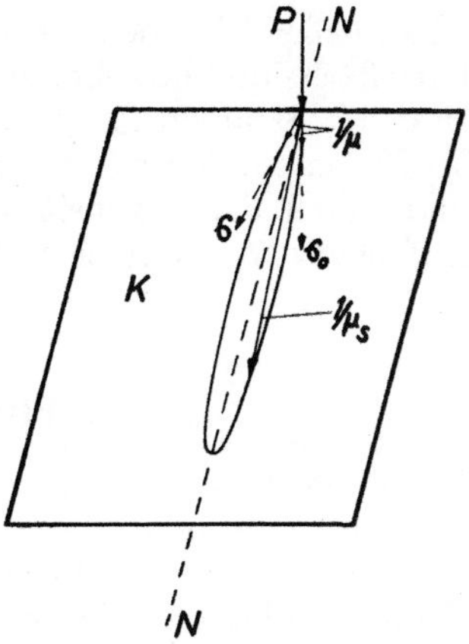


Abb. 12. Kurve konstanter Absorption im Strahlenfächer kleiner Absorption (in Kalkspat)

Aus der Theorie folgt für Gitter mit Symmetriezentrum

$$\mu_{\mathfrak{S}} = \mu \frac{1 + \alpha \mp 2\mathrm{A}\sqrt{\alpha}}{\sqrt{1 + \alpha^2 + 2\alpha \cos\vartheta}} \tag{4}$$

wo $\alpha = \frac{I_0}{I_h}$, $\vartheta$ der Beugungswinkel und $\mathrm{A} = C\left|\frac{\chi_{ih}}{\chi_{io}}\right|$; $C = 1$ bei Polarisation $\perp$ zur Strahlenebene, gleich $\cos\vartheta$ im anderen Fall; $\chi_{i0}$ ist im wesentlichen der normale Absorptionskoeffizient, $\chi_{ih}$ im wesentlichen der Fourierkoeffizient der Dichteverteilung der absorbierenden Elektronen in der Elementarzelle bei Reflexion an der durch h gekennzeichneten Netzebene. $\ominus$ im Zähler gilt für das Wellenfeld II (kleine Absorption), $\oplus$ für I (große Absorption). Bei Gittern ohne Symmetriezentrum tritt zu A als Faktor der cos eines Phasenwinkels (der Differenz der Azimute von $\chi_{rh}$ und $\chi_{ih}$, der Fourierkomponente des Real- und der des Imaginärteils der zur Ladungsdichte proportionalen Größe $\chi$, die die Abweichung der Dielektrizitätskonstanten von 1 darstellt).

Für $\alpha = 1$ geht die Beziehung über in

$$\mu_{\mathfrak{S}} = \frac{\mu}{\cos\vartheta/2}\left(1 \mp C\left|\frac{\chi_{ih}}{\chi_{i0}}\right|\right), \tag{5}$$

wo $\ominus$ $\mu_{\min}$ ergibt, $\oplus$ $\mu_{\max}$.

*Kennt man $\mu_{\min}$ einer Netzebene, so ist $\mu_{\mathfrak{S}}$ nur noch von der Strahlrichtung abhängig.*

Aus den früheren Betrachtungen über die Lage der Maxima und Minima geht hervor, daß die Gl. (4) und (5) sowohl im Laue- wie im Braggfall gelten sollten. Dies ist nachgerechnet worden mit dem Ergebnis, daß nur im Braggfall für Strahlen $\mathfrak{S}$, die nahezu parallel zur Eintrittsfläche verlaufen, mit Abweichungen zu rechnen ist.

Abschließend können wir sagen: Unabhängig von der Lage der Netzebene zur Eintrittsfläche und unabhängig davon, ob LAUE- oder BRAGGfall vorliegt, ist die Absorption der Strahlen 𝔖 gegeben durch den minimalen oder maximalen Absorptionskoeffizienten, den wir aus der Betrachtung der stehenden Wellen verstehen können, und durch das Intensitätsverhältnis $I_0/I_h$ der Einzelwellen, das andererseits in einfachster Weise nach v. LAUES Gl. (3a) auch die Strahlrichtung festlegt.

## D. FOLGERUNGEN UND BEOBACHTUNGEN

Die ersten Versuche, aus denen auf die Ungültigkeit der gewohnten Absorption im Fall der Interferenz geschlossen wurde, sind an ca. 0,2 mm dicken Quarz- und Kalkspatplättchen gemacht worden (1941). Wir können auf diese und viele andere Versuche über die Absorption im Interferenzfall (auch anomale oder vektorielle Absorption genannt) nicht eingehen sondern nur diejenigen Versuche erwähnen, die mit den oben behandelten Hauptthemen, der Strahlbildung im Kristall und dem Minimum der Absorption, in unmittelbarem Zusammenhang stehen.

Die Eigenstrahlung einer Röntgenröhre ist unpolarisiert. Sie wird, selbst wenn durch Blenden begrenzt, genügend divergent sein, um den ganzen Winkelbereich der Interferenz zu erfüllen. Wenn dies wegen sehr enger Blenden nicht zutreffen sollte, sorgt doch die Wellenlängenbreite $\Delta\lambda$ der charakteristischen Strahlung (nach Gl. 1) für die notwendige Spanne $\Delta\vartheta$. So entstehen also an der Eintrittsfläche eines vollkommenen Kristalls alle vier Strahlenfächer, gleich ob ein LAUE- oder BRAGGfall vorliegt. Wenn es sich nicht gerade um Diamant oder einen anderen leichtatomigen und deshalb sehr schwach absorbierenden Kristall handelt, werden die beiden Fächer mit übernormaler Absorption schon in geringer Tiefe vollständig absorbiert sein. Ein genügend großer Kristall wird dann auch den Fächer kleiner Absorption mit der ungünstigen Schwingungsrichtung zum Verschwinden bringen. Übrig bleibt der Fächer mit senkrecht zur Fächerebene schwingendem elektrischen Vektor, aber nicht in voller Größe, sondern nach Abb. 12 mit zunehmender Tiefe i. a. immer mehr auf die Nähe zur Netzebene beschränkt (v. LAUE 1952). Was man beobachten wird, hängt nun aber noch von der Lage der Austrittsfläche ab, denn bei beliebiger Lage der Netzebene wird der Weg längs dieser Ebene meist nicht der kürzeste Weg durch den Kristall sein. Auch hängt es von der Lage der Austrittsfläche ab, ob im Außenraum beide Interferenzrichtungen oder nur eine vorkommen; der zweite Fall bringt die partielle Reflexion ins Spiel.

So ist im ganzen nun alles übersehbar, was zur Berechnung der Intensitätsverteilung der aus einem beliebig begrenzten Idealkristall im Interferenzfall austretenden Strahlung benötigt wird: die Intensitätsverteilung in den Fächern, wenn keine Absorption stattfinden würde, die Änderung dieser Verteilung durch die richtungsabhängige Absorption und die Rolle der Austrittsfläche. Einschränkend scheint zu sein, daß die Strahlenebene stets senkrecht zu Eintritts- und Austrittsfläche angenommen wurde, doch hat v. LAUE schon skizziert (1941), wie die universellen Formeln aussehen werden.

Der Fächer kleinster Absorption ist im Kalkspat nachgewiesen worden und zwar im LAUEfall längs Wegen von 14 mm und 33 mm, im BRAGGfall bei 8 mm Strahlweg (1953, 1955c). Die Reflexion der Wellenfelder an der Oberfläche ist an einer Spaltfläche des Kalkspats beobachtet worden (1955c).

Die Aussonderung des Wellenfeldes kleinster Absorption wird in einer planparallelen Platte gelingen, wenn die Netzebene senkrecht zur Oberfläche liegt; nach Abb. 12 genügt es aber schon, wenn nur die Austrittsfläche des Kristalls zur Netzebene senkrecht ist. Die Aussonderung kann selbst nach stärkster Absorption, womit jetzt große $\mu l$-Werte nach Gl. (2) gemeint sind, nicht ganz gelingen, es wird immer ein schmaler Fächer übrigbleiben, aber mit Hilfe der Theorie kann auf $\mu_{\min}$ geschlossen werden. Die Methode besteht offensichtlich darin, die Intensität bei Variation der Kristalldicke zu messen. Die ersten Versuche hatten bei Reflexion 1. Ordnung an der Spaltfläche des Kalkspats als Ergebnis $\mu_{\min} = 0{,}08\mu$ (1950, 1954). In diesem Fall liegen zwei sehr schwach absorbierende O-Atome des $CaCO_3$ noch außerhalb der Knotenebenen.

Bei der (220)-Reflexion in Germanium hat sich $\mu_{\min} = 0{,}05\mu$ ergeben (HUNTER 1958); hier ist ein besonders tiefes Minimum zu erwarten, denn alle Atome liegen in der Knotenebene. In eigenen orientierenden Versuchen an Ge hat sich ebenfalls gezeigt, daß $\mu_{\min}/\mu$ noch merklich kleiner ist als bei Kalkspat, doch war die Güte der Kristalle noch nicht ganz befriedigend (vgl. Abschn. E).

Die Existenz der Strahlen $\mathfrak{S}$ mit sehr kleiner Absorption bedeutet, daß Kristalle, die bei normaler Absorption vollständig undurchlässig sein würden, eine beobachtbare Intensität hindurchlassen. Der am stärksten absorbierende Kristall, der bisher ausprobiert wurde, eine 32 mm dicke Kalkspatplatte, besaß eine normale Durchlässigkeit $I/I_0 = e^{-70}$. Die bei Interferenz gemessene Durchlässigkeit, gegeben durch das integrale Reflexionsvermögen mit und ohne Absorption, betrug $e^{-10}$ (1956).

Endlich können wir nun auch Abb. 1 verstehen. Die meisten Linien dieses Diagramms sind BRAGG-fälle; einer ist in Abb. 13 skizziert. Die Fächerbildung müßte sich in einer Verbreiterung der Reflexe zeigen, doch ist bei einer Kristalldicke von nur 0,3 mm keine auffällige Zunahme einer Reflexbreite zu erwarten, die schon wegen der Brennfleckgröße 0,3 mm beträgt. Der von der Austrittsfläche nach Abb. 9 reflektierte Fächer kann sich unter den gegebenen Bedingungen nicht bemerkbar machen. Daß alle Reflexe dank verminderter Absorption zustande kommen, wird durch ihre bloße Existenz bewiesen. Ein Mosaikkristall müßte Extinktionslinien geben.

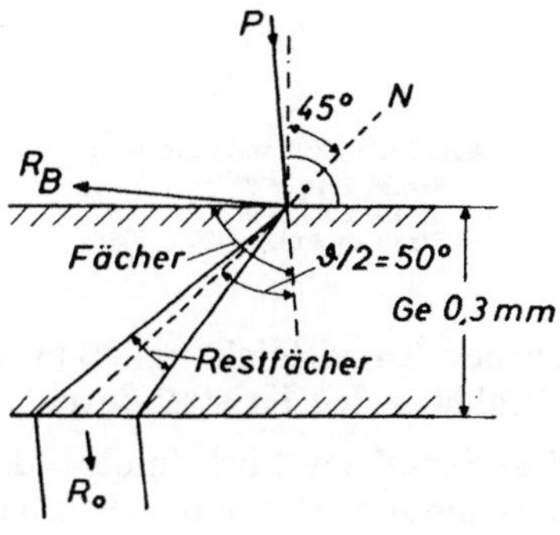


Abb. 13. Entstehung des (440)-Reflexes der Abb. 1

## E. UNVOLLKOMMENES GITTER

Entstehung und Ausbreitung der Wellenfelder sind nach der Theorie an das vollkommene Gitter gebunden. Da jedes reale Gitter Fehler hat, lautet die Frage: wie groß und welcher Art dürfen Fehler sein, ohne daß die Wellenfelder merklich beeinträchtigt werden? Und wie reagieren die Felder auf zunehmende Störungen? Halten wir uns noch einmal jenes extreme Beispiel vor Augen, das am Ende des Abschnittes D beschrieben worden ist, einen Kristall, der bei Interferenz um 26 Größenordnungen mehr Strahlung durchläßt, als es ein Mosaikkristall mit normaler Absorption zuließe, so ist evident, daß die Intensität auf Gitterstörungen höchst empfindlich reagieren muß. Wir betrachten zwei Störungen: absichtliche elastische Verformung und Versetzungen.

## 1. Elastische Verformung durch einen Temperaturgradienten

Eine Temperaturdifferenz von nur $\pm 0{,}6\,°C$ zwischen Eintritts- und Austrittsfläche der beschriebenen (32 mm dicken) Kalkspatplatte ließ die durchgehende interferierende Strahlung ungefähr um den Faktor $10^{-2}$ abnehmen. Die Wellenfelder als solche waren erhalten geblieben, denn $R_0$ und $R$ waren vorhanden; aber ihr Stärkeverhältnis hatte sich geändert (1956).

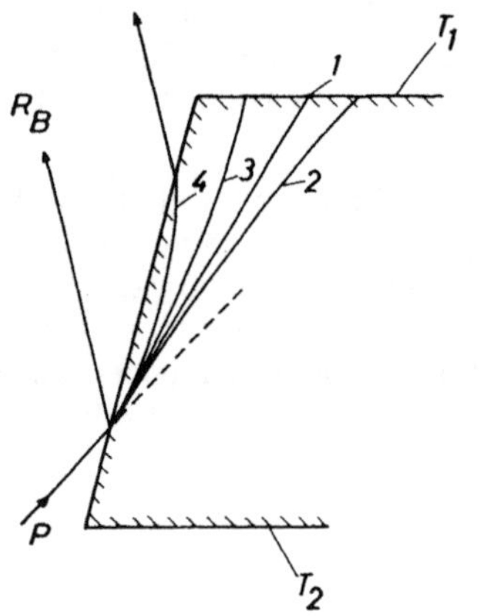

Abb. 14. Gekrümmte Strahlen
Strahl 1 $T_1 = T_2$
Strahl 2 $T_1 > T_2$
Strahlen 3 und 4 $T_2 > T_1$

Die nähere Untersuchung hatte ein etwas überraschendes Ergebnis: $\mathfrak{S}$ mußte von der Eintritts- zur Austrittsfläche die Richtung langsam ändern, d. h. die Strahlen mußten gekrümmt sein (1959). Der Übergang zum Braggfall erbrachte weitere Beweise (Abb. 14). Mit 1 ist ein Strahl des Fächers kleiner Absorption bei konstanter Temperatur bezeichnet, mit 2 und 3 derselbe Strahl bei zwei entgegengesetzt gleichen Temperaturgradienten. Die Strahlwege 2 und 3 verlangen eine Verschiebung der Austrittsstelle. Außerdem sollte Strahl 2 stärker absorbiert werden als Strahl 1, weil er sich bei Durchquerung des Gitters immer mehr von der Richtung parallel zur Netzebene entfernt (nach Abb. 12); umgekehrt sollte Strahl 3 weniger stark absorbiert werden als Strahl 1 (trotz Verformung!), weil er sich dieser Richtung nähert. Alle diese Konsequenzen sind experimentell bestätigt worden (G. Hildebrandt). Von besonderer Beweiskraft ist Strahl 4, denn er führt zur Eintrittsfläche zurück. Tatsächlich verließ bei einer Temperaturdifferenz von 1,5 °C fast die gesamte Strahlung den Kristall durch die Eintrittsfläche.

Die Netzebene wird infolge der Verformung zu einer gekrümmten Fläche; ihre Krümmung ist knapp $10^4$ mal kleiner als die Strahlkrümmung und beträgt, ausgedrückt durch die Lagenänderung von einer temperierten Oberfläche zur anderen, wenige Winkelsekunden. Sicher ist, daß ein Strahl $\mathfrak{S}$, der sich an der Eintrittsfläche — in einem praktisch idealen Gitter — bildet, in größerer Tiefe nicht mehr existieren kann. Offensichtlich vermag er sich unter Änderung von $I_0/I_h$ den veränderten Verhältnissen anzupassen. Die bisher ungelöste Frage ist, ob dabei andere Wellenfelder neu erzeugt werden.

## 2. Gitterfehler

Die Strahlen minimaler Absorption müssen eine feine Sonde auch für natürliche Gitterfehler sein. Von hundert meist zentimetergroßen Kalkspatkristallen, die zur Hälfte im Weitwinkeldiagramm nach Abb. 1, zur Hälfte mit dem Zählrohr geprüft wurden, zeigte die Mehrzahl die übernormale Durchlässigkeit sehr deutlich, aber meist doch nicht in optimaler Stärke. Nur drei gaben ziemlich gleichmäßig die größte beobachtete Intensität. Am erstaunlichsten war die erwähnte 32 mm dicke, 65 × 68 mm große Platte, die in ¼ ihres Volumens sich als gleichmäßig gut erwies. Aber auch dort war das Gitter nicht vollkommen, denn die Reflexe besaßen eine Feinstruktur, die auf Schichten parallel zur Spaltfläche hinwies. Allgemein zeigt sich die Unvollkommenheit an Intensitätsschwankungen längs und quer zum Reflex und am Intensitätsverhältnis $\frac{R_0}{R}$, das mit dem theoretischen Wert nicht immer übereinstimmt und von Ort zu Ort wechselt. Hieran läßt sich die Unvollkommenheit zur Zeit leichter ablesen als am Vergleich mit der theoretischen Durchlässigkeit. Denn bei diesem Vergleich hat sich eine angesichts der großen Abweichung von der normalen Absorption gute Übereinstimmung ergeben (1950, ferner HIRSCH 1952, ZACHARIASEN 1952), aber die in Abschnitt C2 erwähnten Feinheiten, Wärmebewegung und Struktur der Elektronenhülle, sind in den Rechnungen noch nicht oder nur näherungsweise berücksichtigt worden.

Geht man vom Bild des Mosaikkristalls aus, so würde man erwarten, daß ein Kristall sich in Absorptionsversuchen wahrscheinlich dann als röntgenoptisch vollkommen erweisen würde, wenn der Winkel zwischen den Blöckchen klein gegen 1 Winkelsekunde ist. Denn der auf die Nähe zur Netzebene beschränkte Restfächer kleiner Absorption entspricht einer Variation des Einfallswinkels um ca. 1″; bei höheren Ordnungen der Reflexion oder härterer Strahlung ist dieses Intervall noch kleiner. Es ist fraglich, ob Kalkspat diese Forderung erfüllen kann.

In den letzten Jahren hat sich die Lage gründlich geändert. Erstens ist Kalkspat nicht mehr, was er so lange Zeit war, das beinahe einzige Muster eines „Idealkristalls". Die Bemühungen der Halbleiterindustrie, möglichst reines Germanium und Silizium zu gewinnen, hatten auch den Erfolg, das Wachstum hervorragend guter Kristalle ermöglicht zu haben. Zweitens haben Theorie und Praxis der Fehlordnung im Gitter dank dem Studium der verschiedensten Eigenschaften fester Körper sich mächtig entwickelt, so daß es nicht mehr genügt, einen Realkristall summarisch als Mosaikkristall zu kennzeichnen. Der vollkommene Mosaikkristall wird als ein Netzwerk von Versetzungen aufgefaßt (vgl. SEEGER 1955). Die „Feinkorngrenze" zwischen zwei größeren Blöckchen wird im einfachsten Fall durch eine Reihe äquidistanter Stufenversetzungen gebildet: die Blöckchen sind gegeneinander geneigt, weil eine Anzahl halber Netzebenen ins Gitter eingeschoben ist, die im ganzen wie ein Keil wirken. Die den Rand der halben Netzebene bildende Atomreihe liegt auf der „Versetzungslinie". Oft sind diese Linien keine Geraden, sie können, an der Kristalloberfläche beginnend und endend, in mannigfacher Gestalt das Gitter durchziehen. In ihrer Umgebung ist das Gitter nicht einmal angenähert ideal. So besteht die Aufgabe, die Wirkung der Versetzungen auf Röntgeninterferenzen zu studieren, speziell auf die Interferenzerscheinungen des Idealkristalls.

Die einfachste Frage ist: wieviel Versetzungslinien darf ein Kristall haben, ohne daß das Winkelintervall des Idealkristalls bei Reflexion im BRAGGfall wächst? Germanium mit $10^4$ Versetzungslinien/$cm^2$ gab angenähert die nach der dynamischen Theorie berechnete Halbwertbreite (KURTZ, KULIN und AVERBACH 1956). $10^6$ bis $10^8$ Vers./$cm^2$ hatten eine gut meßbare Zunahme des Winkelbereichs der Interferenz zur Folge; solche Versetzungsdichten kennzeichnen also im alten Sinne einen Mosaikkristall.

Es lag nahe, den Strahlenfächer kleiner Absorption in einem Kristall bekannter Versetzungsdichte sich bilden zu lassen. Eine Siliziumscheibe besaß in der Mitte $5 \cdot 10^3$, am Rande $3 \cdot 10^4$ Vers./cm². Die Versetzungen wurden an den Ätzgruben abgezählt; gerade bei Si ist erwiesen, daß die Versetzungslinien an der Kristalloberfläche mit Hilfe geeigneter Lösungsmittel durch Ätzgrübchen markiert werden können (DASH 1956). Im Weitwinkeldiagramm (ähnlich Abb. 1) waren Reflexe, die das ganze Bildfeld durchquerten, deutlich sichtbar in der Mitte stärker als am Rand.

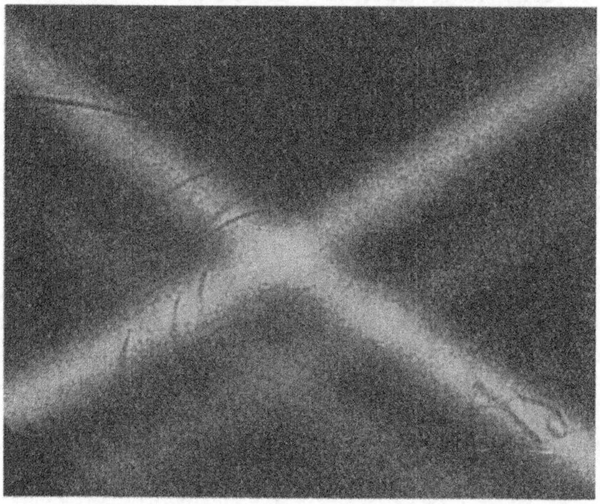

**Abb. 15 a. Kontaktdiagramm einer Siliziumscheibe mit Schatten einzelner Versetzungslinien (Ausschnitt) Kristalldicke 4 mm. 15 kV, 1,5 mA, 1h. Vergrößerung 9fach. 2 sich kreuzende {220}-Reflexe ($R_0 + R$); Cu Kα- und Kβ-Strahlung. $\mu D = 56$.**

Diese Aufnahmen waren Kontaktdiagramme, die photographische Platte lag am Kristall an. Sie zeigten noch mehr als nur eine im Mittel langsam sich ändernde Reflex-Intensität, nämlich eine Feinstruktur der Reflexe. Deren Wesen enthüllen Diagramme von Kristallen mit noch kleinerer Versetzungsdichte: einzelne Versetzungslinien werden als Schatten im Reflex sichtbar, Abb. 15a. Die Wellenfelder

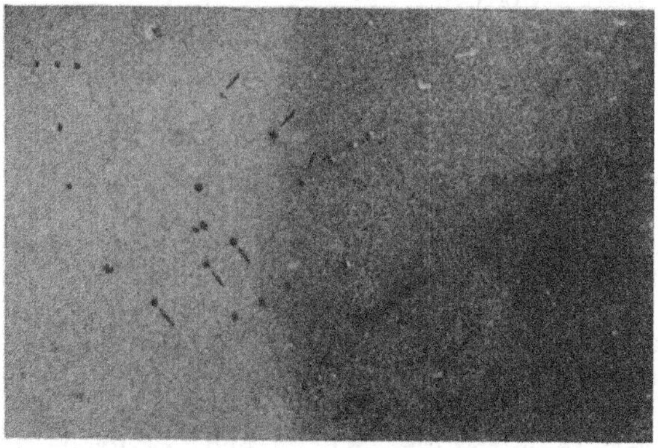

**Abb. 15 b. Photographie der Kristalloberfläche mit Ätzgruben (Ausschnitt); 9fach. Etwa 100 Ätzgruben pro cm². (Kristall von W. C. DASH)**
**Von den mit einem Strich gekennzeichneten Ätzgruben gehen Versetzungslinien aus, die in Abb. 15a als Schatten einzeln zu sehen sind.**

können sich in dem durchaus nicht kleinen gestörten Gitterbereich, der die Versetzungslinie umgibt, nicht fortpflanzen. So entsteht ein Schatten in den längs des Kegelschnitts sich wiederholenden Strahlenfächern. Der Schatten wird umso schärfer sein, je näher die Versetzungslinie der Austrittsfläche kommt. Demnach sollten die Schattenspitzen zugleich die Orte der Ätzgruben auf der Austrittsfläche sein. Dies läßt sich an Hand einer Photographie der geätzten Oberfläche leicht als richtig nachweisen, Abb. 15b. (1958; vgl. LANG 1958, BONSE und KAPPLER 1958, BONSE 1958, BARTH und HOSEMANN 1958.)

Auch der Kristall Abb. 1 zeigt im Kontaktdiagramm seine Fehler, einige tausend Versetzungslinien je cm², Abb. 16.

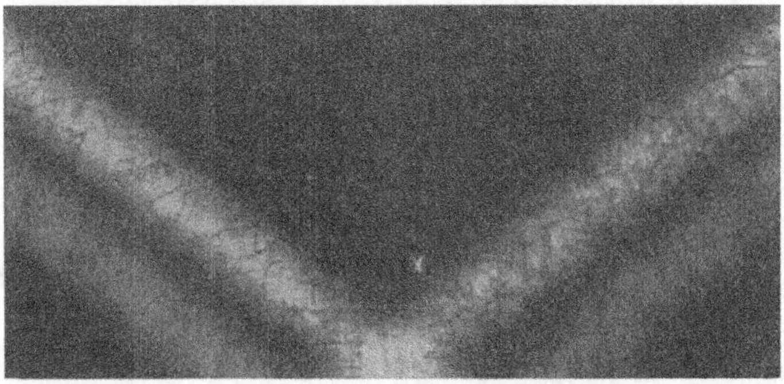

Abb. 16. Diagramm des Ge-Kristalls der Abb. 1, aufgenommen bei ca. 1 mm Abstand zwischen Kristall und Photoplatte; Ausschnitt, 18fach. 2 sich kreuzende {220}-Reflexe, $R_0$ und $R$ getrennt; Cu-K$\alpha$-Strahlung. Nur die beiden $R_0$-Reflexe besitzen (in diesem Fall) eine scharfe Zeichnung der Kristallfehler. 20 kV, 1,5 mA, 20 min.

Die Dichte der Versetzungslinien als eine den Realkristall charakterisierende Größe ist in der Tabelle in einem weiten Intervall variiert und mit den Beobachtungsmethoden, freilich nur einer kleinen Auswahl, zusammengestellt.

| | Zahl der Versetzungslinien pro cm² | |
|---|---|---|
| Stahl, schwach deformiert; Abzählung der Vers.-Linien im Elektronenmikroskop | ca. $10^{10}$ | (HIRSCH et al. 1957) |
| Ge; „Mosaikkristall". Gibt, verglichen mit dem Idealkristall, eine verbreiterte Reflexionskurve (Doppelkristall-Spektrometer, BRAGG-BRAGG-Stellung). | $10^6$—$10^8$ | (KURTZ et al. 1956) |
| Ge; Röntgenoptisch nahezu vollkommener Kristall, insofern die Reflexionskurve mit der Theorie nahezu übereinstimmt | ca. $10^4$ | (KURTZ et al. 1956) |
| Ge; Kristall zeigt anomale Absorption, absorbiert aber stärker als der versetzungsfreie Kristall (Doppelkristall-Spektrometer in BRAGG-LAUE-Stellung). | 800—$2\cdot10^5$ | (HUNTER 1958) |
| Si; Schatten einzelner Versetzungslinien. | 1—$10^4$ (s. Text) | |

Die Sichtbarmachung einzelner Versetzungslinien mit Hilfe der Wellenfelder mag von Interesse sein für das Studium der Versetzungen selbst. Die praktisch versetzungsfreien Kristalle, die es heute gibt (eine pro cm²), eröffnen die Aussicht, die hier skizzierten Aussagen der Theorie der Wellenfelder an Raumgittern von früher nicht geahnter Vollkommenheit zu prüfen.

## Literatur

ALLISON, S. K., Phys. Rev. **41**, 1 (1932).
BARTH, H. und R. HOSEMANN, Z. Naturforschg. **13a,** 792 (1958) und **14a,** 309 (1959).
BONSE, U. und E. KAPPLER, Z. Naturforschg. **13a**, 348 (1958).
BONSE, U. Z. Physik **153,** 278 (1958).
BORRMANN, G., Physik. Z. **42**, 157 (1941).
BORRMANN, G., Z. Physik **127**, 297 (1950).
BORRMANN, G., Optik **10**, 405 (1953).
BORRMANN, G., Z. Krist. **106**, 109 (1954).
BORRMANN, G., Naturwiss. **42**, 67 (1955 a).
BORRMANN, G. und H. WAGNER, Naturwiss. **42**, 68 (1955 b).
BORRMANN, G., G. HILDEBRANDT und H. WAGNER, Z. Physik **142**, 406 (1955 c).
BORRMANN, G. und G. HILDEBRANDT, Z. Naturforschg. **11a**, 585 (1956).
BORRMANN, G., W. HARTWIG und H. IRMLER, Z. Naturforschg. **13a**, 423 (1958).
BORRMANN, G. und G. HILDEBRANDT, Z. Physik (1959).
DARWIN, C. G., Phil. Mag. (Ser. 6) **27**, 315 und 675 (1914).
DASH, W. C., J. Appl. Phys. **27**, 1193 (1956).
EWALD, P. P., Ann. Physik (4) **54**, 519 (1917).
EWALD, P. P., Handb. Physik XXIII, 2, 207 (1933).
EWALD, P. P. Acta Cryst. **11,** 888 (1958).
HILDEBRANDT, G., Z. Krist. (im Druck).
HIRSCH, P. B., Acta Cryst. **5**, 176 (1952).
HIRSCH: M. J. WHELAN, P. B. HIRSCH, R. W. HORNE und W. BOLLMANN, Proc. Roy. Soc. (Ser. A) **240**, 524 (1957).
HUNTER, L. P. Proc. Kon. nederl. Akad. Wetensch. Ser. B **61**, 214 (1958).
KATO, N. Acta Cryst. **11,** 885 (1958).
KOHLER, M., Ann. Physik **18**, 265 (1933).
KOSSEL, W., Erg. ex. Naturwiss. **16**, 295 (1937).
KOSSEL, W., Ann. Physik (6) **6**, 97 (1949).
KURTZ, A. D., S. A. KULIN und B. L. AVERBACH, Phys. Rev. **101**, 1285 (1956).
LANG, A. R., J. Appl. Phys. **29**, 597 (1958).
LAUE: W. FRIEDRICH, P. KNIPPING und M. LAUE, Sitzungsber. math. physik. Kl. K. B. Akad. Wiss. München S. 303 (1912).
LAUE, M. VON, Röntgenstrahl-Interferenzen 1. Aufl. (1941). (2. Aufl. 1944, 3. Aufl. im Druck) Akademische Verlagsgesellschaft.
LAUE, M. VON, Acta Cryst. **2**, 106 (1949).
LAUE, M. VON, Acta Cryst. **5**, 619 (1952 a).
LAUE, M. VON, Proc. Int. Symp. Gothenburg 215 (1952 b).
LAUE, M. von, Sitzungsber. D. Akad. Wiss. Berlin, 1959, Nr. 1.
PARRATT, L. G., Phys. Rev. **41**, 561 (1932).
RENNINGER, M., Z. Krist. **89**, 344 (1934).
RENNINGER, M., Acta Cryst. 8, 597 (1955).
SEEGER, A., Handb. Physik VII, 1, 383 (1955).
WAGNER, E. H. Z. Physik **154,** 352 (1959).
WAGNER, H., Z. Physik **146**, 127 (1956).
ZACHARIASEN, W. H., Theory of X-ray Diffraction in Crystals, John Wiley, New York (1945).
ZACHARIASEN, W. H., Proc. nat. Acad. Sci. (USA) 38, 378 (1952).

*Gottes ist der Orient!*
*Gottes ist der Occident!*
*Nord- und südliches Gelände*
*Ruht im Frieden seiner Hände.*
GOETHE

S. ROSENBLUM

# Epilogue

Un rêve: La guerre de 1914 n'a pas eu lieu ...

«En 1914 la situation politique en Europe était très tendue. Un attentat contre JEAN JAURES, en juillet, à Paris a heureusement été empêché et le chef des socialistes français a pu gagner la Suisse, où il a présidé à une rencontre des pacifistes européens.

Lors d'une entrevue secrète, les chefs socialistes ont décrété la grève générale en Allemagne, Italie, France et Autriche et, devant la détermination des forces démocratiques européennes et l'opinion publique unanime, le conflit mondial a été empêché. Une rencontre convoquée par BRIAND a eu lieu et l'arrêt de l'armement et la destruction de toutes les armes dans tous les pays ont été décidés. A la suite de cette décision le Kaiser a dû abdiquer et une république démocratique a été installée en Allemagne, suivie très rapidement par la proclamation d'une république démocratique en Russie et en Autriche.

A la suite de la décision du désarmement général, les gouvernements se trouvaient dans la possibilité d'augmenter considérablement leurs dépenses sur le chapitre de l'éducation publique. Les savants se sont vus dotés de sommes considérables et le développement de la science et des techniques prit un essor sans précédent.

Le comité pour la réalisation du projet de l'électro-aimant de l'Académie des Sciences de Paris a ainsi pu très rapidement finir ses travaux préparatoires et en 1917 le Grand Electro-Aimant de l'Académie des Sciences a été inauguré à Bellevue.

Dès 1922, un travail de deux jeunes savants a paru dans les Comptes Rendus de l'Académie des Sciences de Paris, établissant la présence de la structure fine $\alpha$ dans le Radium, rendue probable par les travaux antérieurs de MEITNER et HAHN sur les spectres de conversion $\beta$. Dans une succession rapide des structures fines dans la famille de l'Actinium ont été décelées et en 1922 l'Immanuel Kant Institut (Le Kaiser Wilhelm Institut d'avant l'abdication de Guillaume II) a fait construire par une maison hollandaise un très grand aimant permanent à Dahlem permettant l'étude de la structure fine du Ionium et du Protactinium, connus comme émetteurs d'électrons de conversion. D'autres aimants permanents ont été construits en Russie, en Angleterre et au Danemark.

L'intérêt qui s'attachait aux travaux effectués en spectrographie $\alpha$ et $\beta$ a décidé les grandes maisons de fabrication d'émulsions photographiques à poursuivre les travaux de MÜGGE, KINOSHITA et HENRIETTE BLAU et les plaques nucléaires étaient au point dès 1923.

Dès 1925, la liaison $\gamma$—$\alpha$ a été établie d'une façon définitive. Les beaux résultats obtenus rapidement en Angleterre, en France, et en Russie sur les spectres nucléaires ont incité un grand nombre de théoriciens à établir une théorie nucléaire qui s'est développée parallèlement à la théorie atomique de Bohr. Une systématique des spectres nucléaires montrant une grande régularité a été mise au point par Moseley, établissant ainsi une théorie unifiée pour l'ensemble noyau et enveloppe électronique.

Certains savants cherchant à établir la présence d'une structure fine de l'Urane, difficilement observable par la méthode photographique de déviation magnétique, ont étudié des sources d'Urane dans une chambre Wilson continue à basse pression.

Au cours d'une expérience avec un composé volatile d'Urane, ils ont ainsi observé en 1924 des traces très courtes et denses qui ne pouvaient être expliquées que par la présence d'une radiation corpusculaire portant des charges beaucoup plus grandes que la particule $\alpha$. Ces expériences ont provoqué un grand intérêt parmi les physiciens et elles ont été continuées au Danemark et en Angleterre, notamment par Moseley. Elles ont montré, en fait, que les éléments très lourds peuvent se désintégrer par les phénomènes de fission notamment en présence de neutrons.

Lors d'un colloque de Physique en 1930 à Copenhague, auquel assistait un nombre très restreint de physiciens, l'idée de l'utilisation de l'énergie nucléaire pour fabriquer de forts explosifs a pris corps. Les premiers essais à échelle réduite ont eu lieu à Copenhague en 1931 et, sur la proposition de Einstein et de Gandhi, il a été décidé d'offrir le secret de l'énergie atomique à la Société des Nations qui a vu le jour sous l'impulsion de Jean Jaures, Hjalmar Branting et Fritjof Nansen dès 1914.

Un comité formé par des hommes de science et des arts, de notoriété internationale, pouvait seul disposer de l'application de cet explosif dans des buts pacifiques, la préférence étant donnée aux pays pauvres et sous développés. D'un commun accord toutes les ressources en carburants et en matière fissile connues étaient mises à la disposition de la Société des Nations qui en disposait suivant les besoins des différents pays, le prix étant fixé en fonction des frais d'extraction et de transport.

La «Capitale du Monde» était un seul grand building érigé dès 1917. Inspirée par le tableau d'un vieux maître hollandais, cette ville ressemblait, vue du haut, à une énorme coupe renversée. Les rues à sens unique, superposées en hauteur, parcouraient la ville-noyau dans un plan seulement. Des rues en spirale contournant la ville-noyau permettaient d'accéder aux différentes rues-étages. Les rues étaient construites en matière plastique translucide et des ascenseurs permettaient le changement rapide des étages de la capitale pour les piétons.

Cette ville contenait tous les services de la Société des Nations, une Université Internationale et l'Académie des Sciences Universelle. Les principaux trésors artistiques des différents pays étaient exposés dans cette capitale et des expositions itinérantes parcouraient les différentes anciennes capitales. Un réacteur nucléaire souterrain permettait la fourniture du chauffage central en hiver, et des conduites d'air froid la temporisation de la ville en été. La Capitale a d'ailleurs servi de ville modèle pour d'autres villes dans différents pays. Un jeu de miroirs placés en dehors produisait un éclairage latéral de la ville qui s'élevait à plusieurs centaines de mètres. Le fait de pouvoir évoluer en trois dimensions a beaucoup simplifié le problème de la circulation. Tous les véhicules étant électrifiés, l'air restait toujours pur et les plantes et fleurs gardaient leur fraîcheur. Les automobiles étaient munis d'accumulateurs que l'on échangeait dans les garages distribués le long des rues spirales.

Le problème des langues au Parlement des Nations posait certaines difficultés. La proposition d'admettre l'espéranto comme langue internationale n'a pas eu de suite et finalement une langue en signes-images a été adoptée. Une machine électronique spéciale traduisant les différentes langues parlées par les membres du Parlement du Monde en signes projetés sur un écran a été mise au point. D'autres machines permettaient d'ailleurs la traduction des signes-images en langues familières des participants. La connaissance de la langue-image était demandée à tous les fonctionnaires de la Société des Nations.

D'autre part, les congés payés existant dans tous les pays, il était décidé d'un commun accord, que les citoyens de tous les pays pouvaient passer leurs vacances à leur choix dans un autre pays.

La guerre étant déclarée «hors la loi» et une paix presque ininterrompue ayant régné dès 1905, l'utilisation à grande échelle de l'énergie atomique a été rendue possible dès 1932. Le développement a été très rapide, surtout en France, en Allemagne, et en Hollande. La construction de réacteurs atomiques était générale dès 1935 et des grands plans d'assèchement de marais ont été réalisés en Europe et en Afrique. Grâce à la fonte artificielle des glaces une industrie prospère a pu se développer au Groënland.»

Nous avons été amenés dans ces quelques pages à imaginer le rythme du développement de la science dans notre domaine entre les deux guerres et à interpoler un développement possible, sans le retard apporté par la guerre de 1914.

En face de la réalité après cette excursion hasardeuse et hâtive dans le royaume de l'utopie, où nous avons mélangé fiction et faits, «Dichtung und Wahrheit», et devant un présent plus fantasque dans le bien et dans le mal que nos rêves les plus insensés, qui saurait escompter les progrès d'avenir ? Qui oserait décrire le développement de la Science sans le détournement des énergies créatrices vers des buts destructifs pendant la dernière guerre et les années qui ont suivi ?

GPSR Compliance

*The European Union's (EU) General Product Safety Regulation (GPSR) is a set of rules that requires consumer products to be safe and our obligations to ensure this.*

*If you have any concerns about our products, you can contact us on ProductSafety@springernature.com*

In case Publisher is established outside the EU, the EU authorized representative is:

Springer Nature Customer Service Center GmbH
Europaplatz 3
69115 Heidelberg, Germany

**Batch number: 10391314**

Printed by Printforce, the Netherlands